电工电子基础

主　编　◎　宋　弘

副主编　◎　罗　毅　刘永春　江　华

　　　　　　　吴　浩　郭　辉　张　锋

主　审　◎　傅成华

西南交通大学出版社

·成都·

图书在版编目（ＣＩＰ）数据

电工电子基础 / 宋弘主编. —成都：西南交通大
学出版社，2018.8
ISBN 978-7-5643-6330-7

Ⅰ. ①电… Ⅱ. ①宋… Ⅲ. ①电工技术 – 高等学校 –
教材②电子技术 – 高等学校 – 教材 Ⅳ. ①TM②TN

中国版本图书馆 CIP 数据核字（2018）第 189940 号

电工电子基础

主　编／宋　弘

责任编辑／穆　丰
封面设计／何东琳设计工作室

西南交通大学出版社出版发行

（四川省成都市二环路北一段 111 号西南交通大学创新大厦 21 楼　610031）
发行部电话：028-87600564　028-87600533
网址：http://www.xnjdcbs.com
印刷：四川煤田地质制图印刷厂

成品尺寸　185 mm×260 mm
印张　30.25　　字数　754 千
版次　2018 年 8 月第 1 版　　印次　2018 年 8 月第 1 次

书号　ISBN 978-7-5643-6330-7
定价　66.00 元

前　言

本书是以教育部最新颁布的《高等学校工科本科电工技术（电工学Ⅰ）课程教学基本要求》和《高等学校工科本科电子技术（电工学 Ⅱ）课程教学基本要求》为依据编写的，本书可作为普通高等学校工科非电类专业电工电子基础（电工学）课程的教材，也适用于高等职业教育、高等专科及成人高等教育的非电类专业。该课程参考学时为70～120学时。

本书内容主要包括电路的基本概念和基本定律、电路的基本分析方法、正弦交流电路、电路的暂态分析、三相交流电路、磁路与变压器、电动机、电气自动控制、供配电及安全用电、电工测量技术、常用半导体器件、基本放大电路、集成运算放大电路、放大电路中的负反馈、直流稳压电源、门电路与组合逻辑电路、触发器与时序逻辑电路、模拟量与数字量的转换。

本书在《电工电子技术》基础上，重新组织老师编写。由四川理工学院宋弘教授担任主编，傅成华教授担任主审，罗毅教授、刘永春教授、江华副教授、吴浩副教授、郭辉副教授、张锋高级工程师担任副主编，李莺副教授、唐玲副教授、曾晓辉老师、徐金龙老师、冯雪老师、李晓花老师、陶雪容老师、蒋泽甫老师共同参与编写。

由于编者水平有限，书中难免有疏漏和不妥之处，恳请使用本书的教师、同学以及广大读者提出宝贵意见。

编　者

2018 年 4 月

目 录

电路基础篇

数字电路篇

电路基础篇

第 1 章　电路的基本概念和基本定律

电路是电工技术和电子技术的基础。电路的应用十分广泛，电路理论知识是以后学习和研究其他相关学科的基础。

本章首先讨论电路的基本概念和基本定律，如电路模型、电压和电流的参考方向、基尔霍夫定律、欧姆定律、电路的基本状态、电气设备的额定值与电路中电位的概念及计算等。这些内容都是分析与计算电路的基础。

1.1　电路与电路模型

随着社会不断进步和科学技术的飞速发展，电作为一种优越的能量形式已成为当今经济建设和社会生活中不可缺少的重要部分。实际电路是将各种所需要的电气元件或设备，按照一定的方式连接起来而构成的集合，也称电网络。这些电气元件或设备在日常生活中随处可见，如变压器、电动机、各种电源、晶体管以及电阻器和电容器等。但这些电气设备或器件的电磁性质比较复杂，例如，一个白炽灯除具有消耗电能的性质外，当其两端通有电流时还会产生磁场，这时它表现出电感性质（但其电感微小，几乎可以忽略不计，故一般认为白炽灯是一种电阻元件）。

在电路中，把外部能源（机械能，化学能，热能等）转化为电能，且能向外电路提供电动势的装置称为独立电源（一般称为电源）。独立电源是实际电源的理想化模型，有电压源和电流源两种。

电压源的图形符号如图 1.1（a）所示。设电压源两端的电压 $u(t)$，有

$$u(t) = u_s(t)$$

式中，$u_s(t)$ 为给定时间函数。电压源电压 $u(t)$ 仅由其本身决定，与通过它的电流无关；而流过电压源的电流大小由外电路决定。当 $u_s(t)$ 为恒定值时，称这种电压源为直流电压源。

电流源的图形符号如图 1.1（b）所示，电流源发出的电流 $i(t)$ 为

$$i(t) = i_s(t)$$

式中，$i_s(t)$ 为给定时间函数。电流源发出电流 $i(t)$ 仅由其自身决定，与其端电压及外电路无关；而电流源两端的电压由外电路决定。当 $i_s(t)$ 为恒定值时，称这种电流源为直流电流源。

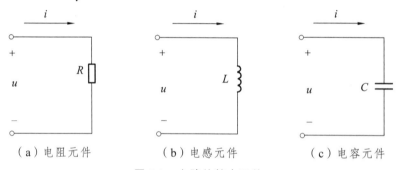

（a）电压源的图形符号　　（b）电流源的图形符号

图 1.1　电源的图形符号

电路的基本元件还有电阻、电感、电容等。在图 1.2（a）中，根据欧姆定律（后面会介绍）得出

$$u = Ri$$

电阻元件的参数 $R = \dfrac{u}{i}$，称为电阻，它具有对电流起阻碍作用的物理性质。

（a）电阻元件　　　　　（b）电感元件　　　　　（c）电容元件

图 1.2　电路的基本元件

图 1.2（b）是一个电感元件（线圈）示意图。当线圈上通过电流 i 时将产生磁通 Φ，它通过每匝线圈。若有 N 匝线圈，则电感元件的参数 $L = \dfrac{N\Phi}{i}$，称为电感或自感。

由上式可知，线圈的匝数 N 越多，其电感值越大；通过线圈的单位电流产生的磁通越大，电感也越大。电感的单位是亨［利］（H），或毫亨（mH）；磁通的单位是韦[伯]（Wb）。当电感元件中磁通 Φ 或者电流 i 发生变化时，则在电感元件中产生的感应电动势为

$$e_L = -N\frac{\mathrm{d}\Phi}{\mathrm{d}t} = -L\frac{\mathrm{d}i}{\mathrm{d}t}$$

当线圈中通过恒定电流时，其两端的电压 u 为零，故此时电感元件可视为短路。

图 1.2（c）所示是电容元件，在其两端施加电压 u 时，电容元件的两极就会聚集电量为 q 的电荷，则电容元件的参数 $C = \dfrac{q}{u}$，称为电容，它的单位是法［拉］（F）。法拉这个单位很大，工程上多采用微法（μF）或皮法（pF），其中 $1\ \mu F = 10^{-6}\ F$，$1\ pF = 10^{-12}\ F$。

当电容元件上的电量 q 或者电压 u 发生变化时，则在电路中引起电流变化

$$i = \frac{\mathrm{d}q}{\mathrm{d}t} = C\frac{\mathrm{d}u}{\mathrm{d}t}$$

当电容元件两端施加恒定电压时，流过电容的电流 i 为零，故此时电容元件可视为开路。

为了便于对实际电路进行分析和数学描述，通常将实际元件理想化（或称模型化）。即在一定的条件下突出其主要的电磁性质，而忽略其次要性质，把它近似看成理想电路元件。通常将由理想元器件所构成的电路称为实际电路的电路模型，它是对实际电路电磁性质的科学抽象和概括。电路模型的建立可以简化对电路的分析和计算，使实际电路的分析变得更方便，以后讨论的电路不做特别说明均为电路模型。

如常用的手电筒，其实际工作电路有干电池、电珠、开关和筒体等，如图 1.3（a）所示，而其电路模型如图 1.3（b）所示。用理想直流电压源 E 和反映干电池内部损耗的内电阻 R_0 的串联组合来等效表示实际电路中作为电源的干电池；电珠作为消耗能量的负载，用电阻 R 来等效；而筒体是连接干电池与电珠的中间环节（还包括开关），其电阻可忽略不计，可认为是无电阻的理想导体。

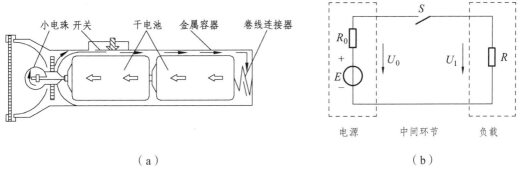

（a）   （b）

图 1.3 手电筒电路模型

电路基础课程的主要内容是分析电路中的电磁现象和过程，研究电路定律、定理和分析方法，讨论各种计算方法。这些知识是认识和分析实际电路的理论基础，更是分析和设计电路的重要工具。

1.2 电压和电流的参考方向

在电路分析中，当涉及某个元件或部分电路的电流或电压时，有必要指定电流或电压的参考方向。这是因为电流或电压的实际方向可能是未知的，也可能是随时间变动的，而确定变量的参考方向可以使实际问题的求解简单化。

关于电压和电流的方向，有实际方向和参考方向之分，要加以区别。

电路中带电粒子在电场力作用下的有规则移动形成了电流。电流既可以是负电荷的运动，也可以是正电荷的运动或两者兼有的定向运动。我们习惯上规定正电荷运动的方向或负电荷运动的相反方向为电流的方向（实际方向）。

单位时间内通过导体横截面的电荷[量]称为电流强度，简称电流，即

$$i = \frac{dq}{dt}$$

式中，电荷 q 的单位为库[仑]（C）；时间 t 的单位为秒（s）；电流的单位为安[培]（A）。

在进行电路的分析与计算时，为了列写与电流（电压）有关的表达式，可任意假设电路中某一元件上的电流（电压）方向，该假设方向称为参考方向。所选的电流（电压）的参考方向并不一定与电流（电压）的实际方向相一致。当电流（电压）的实际方向与其参考方向相一致时，则为正值；当电流（电压）的实际方向与其参考方向相反时，则为负值。因此，在参考方向选定之后，电流（电压）值才有正负之分。一般电路图中用实线箭头代表电流 i（电压 u）的参考方向，虚线箭头代表电流 i（电压 u）的实际方向。电流（电压）的参考方向有三种表示方法：

（1）用箭头表示方向，如图 1.4 所示。

（2）用双下标表示，如 i_{ab}，u_{ab}。

（3）电压的参考方向还可以用"＋""－"符号表示，如图 1.5 所示。

图 1.4　电流（电压）参考方向的箭头表示 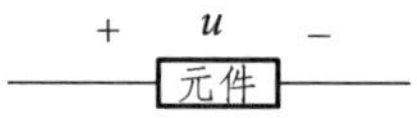　　图 1.5　电压参考方向的符号表示

电流和电压的参考方向在电路分析中起着十分重要的作用。在对任何具体电路进行实际分析之前，都应该先指定有关电流和电压的参考方向，否则将无法进行有效分析。原则上，电流和电压的参考方向可以独立地任意指定，参考方向选取的不同，只影响其值的正负，而不会影响问题的实际结论。在习惯上，同一段电路的电压和电流方向通常选取相互一致的参考方向，即电流的参考方向从电压参考方向的正极端流入，从电压参考方向的负极端流出，如图 1.6（a）所示，称电压和电流选为关联参考方向；若两者参考方向选取不一致，则称为非关联参考方向，如图 1.6（b）所示。

（a）关联参考方向　　　　　　　　　（b）非关联参考方向

图 1.6　电压与电流的关联和非关联参考方向

同一个电气元件的电流和电压不单独标明参考方向时，默认为取关联参考方向。若电流和电压选取非关联参考方向时，使用定律时前面要加负号。

思考与练习

（1）为什么要引入电压，电流的参考方向？参考方向与实际方向有何区别和联系？

（2）在图 1.8 中，$u_1 = -9\ \text{V}$，$u_2 = 5\ \text{V}$，试问 U_{ab} 等于多少伏？

1.3 欧姆定律

手电筒电路模型如图 1.3（b）所示，若将开关闭合，则干电池与电珠通过理想导线就构成了电流的回路即电路。若选取电珠（电阻元件）两端的电流方向和电压方向为关联参考方向，则电珠两端的电压 U 与通过它的电流 I 有如下关系

$$U = RI \tag{1.3.1}$$

上式被称为欧姆定律，式中的 R 为电阻，单位是欧[姆]（Ω）。上式还可以写成下列形式

$$I = GU \tag{1.3.2}$$

其中，$G = \dfrac{1}{R}$ 称为电导，其单位为西[门子]（S）。电阻 R 和电导 G 是反映电阻元件性能的两个参数，二者互为倒数。如果说电阻反映了一个电阻元件对电流的阻力，那么电导则反映了一个电阻元件导电能力的强弱。

值得注意的是式中所表示的关系，即使对 U、I 随时间变化的场合，在任何时刻也都成立。

【例 1.1】 应用欧姆定律将图 1.7 的几个电路列出式子，求出电阻。

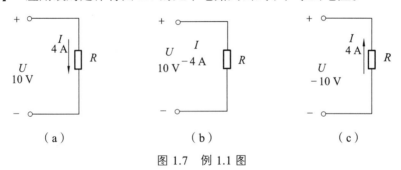

（a）　　　　　　　（b）　　　　　　　（c）

图 1.7　例 1.1 图

解： 由欧姆定律可知，流过电阻 R 的电流 I 与电阻两端的电压 U 成正比。根据电路图上所选电压和电流的参考方向，应用欧姆定律列出公式。

当所选电流和电压的参考方向为关联参考方向时，有

$$U = RI$$

当所选电流和电压的参考方向为非关联参考方向时，有

$$U = -RI$$

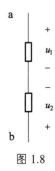

图 1.8

因此，图 1.7（a）：$R = \dfrac{U}{I} = \dfrac{10}{4} = 2.5\ \Omega$

图 1.7（b）：$R = -\dfrac{U}{I} = -\dfrac{10}{-4} = 2.5\ \Omega$

图 1.7（c）：$R = -\dfrac{U}{I} = -\dfrac{-10}{4} = 2.5\ \Omega$

思考与练习

（1）有些同学把电流源两端的电压认作零值，其理由是电流源内部不含电阻。根据欧姆定律：这种看法对吗？若不对，错在哪里？

（2）图 1.9 所示的是用变阻器 R_p 调节直流电机励磁电流 I_f 的电路。设电机励磁电阻为 315 Ω，其额定电压为 220 V，如果要求励磁电流在 0.7～0.15 A 的范围内变动，试在下列三个变阻器中选用一个合适的：1 000 Ω，0.5 A；200 Ω，1 A；350 Ω，1 A。

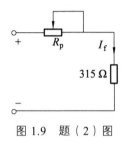

图 1.9　题（2）图

1.4　电路的基本状态

电路有三种基本状态，即正常负载工作状态、开路状态和短路状态。现以图 1.10 所示的简单直流电路为例，分别讨论当电路处于这三种状态时的电流、电压和功率。

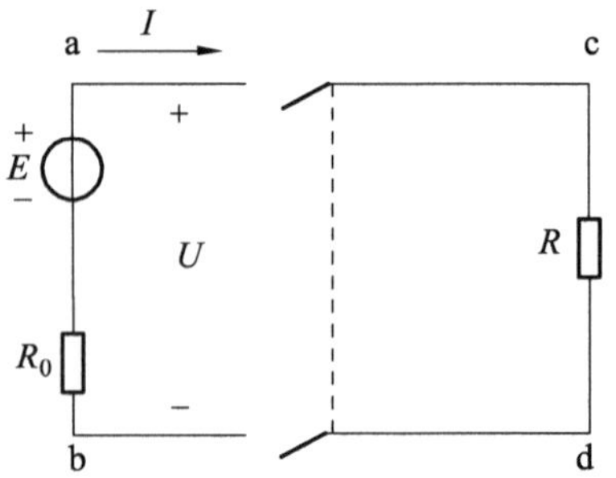

1.4.1　正常负载工作状态

将图 1.10 中的开关合上，这时负载电阻就与电源接通，此时电路处于正常负载工作状态。

图 1.10　简单直流电路

1. 电压与电流

由欧姆定律可得电路中的电流为

$$I = \dfrac{E}{R_0 + R} \tag{1.4.1}$$

负载电阻 R 两端的电压为

$$U = RI \tag{1.4.2}$$

由式（1.4.1）和式（1.4.2）可得

$$U = E - R_0 I \tag{1.4.3}$$

由式（1.4.3）可得，电源端电压小于电动势，两者之差为电流通过电源内阻 R_0 所产生的电压降 $R_0 I$。可见，电流越大，则电源端电压下降得越多。电源端电压 U 与输出电流 I 之间

关系的曲线，称为电源的外特性曲线，如图 1.11 所示，其斜率
与电源内阻有关。电源内阻一般很小，即当 $R_0 << R$ 时，则

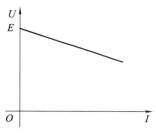

$$U \approx E \qquad (1.4.4)$$

式（1.4.4）表明，当电流（负载）变化时，若电源的端电压
变化不大，则说明此电源带负载能力强。

图 1.11　电源的外特性曲线

2. 功率与功率平衡

式（1.4.3）各项乘以电流 I，则得功率平衡式

$$UI = EI - R_0 I^2$$
$$P = P_E - \Delta P$$

式中，$P_E = EI$ 是电源产生的功率；$\Delta P = R_0 I^2$ 是电源内阻上损耗的功率；$P = UI$ 是电源输出
的功率。

功率的单位是瓦[特]（W）或千瓦（kW）。

3. 电源与负载的判别

分析电路时，还要根据电压和电流的实际方向确定某一元件是电源还是负载：若元件两
端的电压的实际方向和流过它的电流的实际方向相反，则该元件是电源，发出功率；若元件
两端的电压的实际方向和流过它的电流的实际方向一致，则该元件是负载，吸收功率。

1.4.2　开　路

将图 1.10 所示的电路中的开关断开，则电路处于开路（空载）状态，如图 1.12 所示。
开路时外电路的电阻对电源来说等于无穷大，因此电路中
电流为零。这时电源的端电压 U_O（称为开路电压或空载
电压）等于电源电动势，电源不输出能量。

如上所述，电源开路时的特征可用下列各式表示

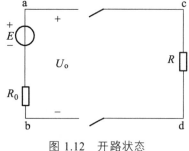

$$I = 0$$
$$U_O = E$$
$$P = 0$$

图 1.12　开路状态

1.4.3　短　路

在图 1.10 所示的电路中，若电源的两端由于某种原因而直接连在一起，则电路处于短路
状态，如图 1.13 所示。电源短路时，外电路的电阻视为零，电流不再通过负载，而直接从电
源的一端流向另一端。因为在电流的回路中仅有很小的电源内阻 R_0，所以这时的电流很大，
此电流称为短路电流 I_s。短路电流可能使电源遭受损伤甚至毁坏。短路时电源所产生的电能
全被内阻所消耗。

电源短路时由于外电路的电阻为零，所以电源的端电压也为零。这时电源的电动势全部加在内阻上。

如上所述，电源短路时的特征可用下列各式表示

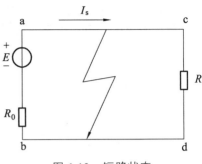

图 1.13　短路状态

$$U = 0$$

$$I = I_s = \frac{E}{R_0}$$

$$P_E = \Delta P = R_0 I^2, \ P = 0$$

短路也可发生在负载端或线路的任何地方，短路通常是一种严重事故，应该尽量预防。

【例 1.2】　若电源的开路电压 $U_0 = 30 \ \text{V}$，短路电流 $I_s = 15 \ \text{A}$，试问该电源的电动势和内阻各为多少？

解： 电源的电动势

$$E = U_0 = 30 \ \text{V}$$

电源的内阻

$$R_0 = \frac{E}{I_s} = \frac{U_0}{I_s} = \frac{30}{15} = 2 \ \Omega$$

这里是根据电源的开路电压和短路电流计算它的电动势和内阻。

1.4.4　额定值与实际值

各种电气设备的电压、电流及功率等都有一个额定值。例如一台电视机上标的 220 V/60 W，这就是它的额定电压和额定功率。额定值是制造厂为了使产品能在给定的工作条件下正常运行而规定的正常允许值。电气设备或元件的额定值常标在铭牌上或写在其说明书中。额定电压、额定电流和额定功率分别用 U_N、I_N 和 P_N 表示。

思考与练习

（1）额定功率相同的两个电阻，阻值大的额定电流大还是小？额定电压大还是小？

（2）什么是电气设备的额定值？白炽灯泡上标的 60 W/220 V 或 25 W/220 V 分别代表什么意思？这两个灯泡若接在 380 V 或 110 V 电压下使用，将发生什么现象？

（3）有一直流电源，其额定功率 $P_N = 200 \ \text{W}$，额定电压 $U_N = 50 \ \text{V}$，内阻 $R_s = 0.5 \ \Omega$，负载电阻 R 可调节。其电路如图 1.14 所示，试求额定工作状态下的电流及负载电阻、开路状态下的电源端电压以及电源短路状态下的短路电流。

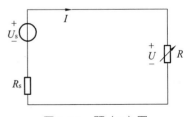

图 1.14　题（3）图

1.5　基尔霍夫定律

　　分析与计算电路的基本定律，除了欧姆定律外，还有基尔霍夫电流定律和基尔霍夫电压定律。基尔霍夫电流定律应用于节点分析，而基尔霍夫电压定律应用于回路分析。为了说明基尔霍夫定律，先介绍支路、节点和回路的概念。电路中无分支的一段电路称为支路，一条支路流过一个电流，称为支路电流。在图 1.15 中共有三条支路。电路中三条或者三条以上的支路相连接的点称为节点。在图 1.15 中共有两个节点 a 和 b。回路是由一条或者多条支路所组成的闭合路径。图 1.15 中共有三个回路：adbca，abca 和 abda。

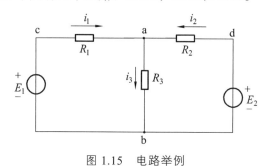

图 1.15　电路举例

1.5.1　基尔霍夫电流定律

　　基尔霍夫电流定律确定了连接在同一节点上的各支路电流间的关系。基尔霍夫电流定律（KCL）指出：在集总电路中，任何时刻、对任一节点，流入（流出）该节点的所有支路电流的代数和恒等于零。此处，电流的"代数和"是根据电流是流出节点还是流入节点判断的。若流入节点的电流前面取"＋"号，则流出节点的电流前面取"－"号；电流是流出节点还是流入节点，均根据电流的参考方向判断。所以对任一节点有

$$\sum i = 0 \tag{1.5.1}$$

上式的求和是对连接该节点的所有支路电流进行的。

　　例如图 1.16 所示的电路，各支路电流参考方向已经设定，对节点 2 应用 KCL，可得

$$i_2 + i_4 - i_5 = 0$$

上式可以改为

$$i_5 = i_2 + i_4$$

　　上式表明，流出节点 2 的支路电流之和等于流入该节点的支路电流之和。所以，KCL 也可以理解为：在集总电路中，任何时刻、对任一节点，流出该节点的支路电流之和恒等于流入该节点的支路电流之和。即有

$$\sum i_\text{入} = \sum i_\text{出} \tag{1.5.2}$$

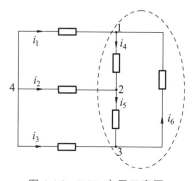

图 1.16　KCL 应用示意图

KCL 通常应用于节点，但对于包围几个节点的闭合面（也称广义节点）也是适用的。如图 1.16 电路中的虚线圈所示，在这个闭合面 S 中有 3 个节点，即节点 1、2、3，对这 3 个节点分别列写 KCL 方程

$$节点 1：i_1 - i_4 + i_6 = 0$$

$$节点 2：i_2 + i_4 - i_5 = 0$$

$$节点 3：i_3 + i_5 - i_6 = 0$$

将以上三式相加，得

$$i_1 + i_2 + i_3 = 0$$

对闭合面 S 应用 KCL 的结论为：i_1、i_2 和 i_3 流入该闭合面的电流代数和为零。

由此说明，流入（流出）一个闭合面的各支路电流的代数和总是等于零，也可以说流出某闭合面的支路电流之和恒等于流入该闭合面的支路电流之和。KCL 反映了电流的连续性，是电荷守恒的体现。

1.5.2　基尔霍夫电压定律

基尔霍夫电压定律是用来确定一个回路中各支路间的电压关系。基尔霍夫电压定律（KVL）指出：在集总电路中，任何时刻、沿任一回路，所有支路电压的代数和恒等于零。

所以，沿任一回路有

$$\sum u = 0 \tag{1.5.3}$$

上式在取代数和时，需要任意指定一个回路的绕行方向。凡是支路电压的参考方向与回路的绕行方向一致者，该电压前面取" + "号；支路电压参考方向与回路绕行方向相反者，前面取" – "号。

在图 1.17 所示的电路中，对支路 1、2、3 构成的回路列写 KVL 方程，需要先指定支路电压的参考方向和回路的绕行方向。支路电压分别用 u_1、u_2 和 u_3 表示，它们的参考方向如图 1.17 所示，回路的绕行方向用虚线箭头表示。

根据 KVL，此回路有

$$-u_1 - u_2 + u_3 = 0$$

由上式可得

$$u_1 + u_2 = u_3$$

上式表明，节点 a，c 间的电压 u_3 不是单值，不论沿支路 3 还是沿支路 1，2 构成的路径，此两节点间的电压

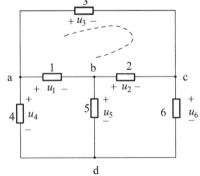

图 1.17　KVL 应用示意图

值是相等的。KVL 通常应用于回路，但对任何一段不闭合的电路也适用。电路中两点间的电压等于由起点到终点沿某一路径电压的代数和，电压方向与路径方向（由起点到终点的方向）

一致时为正，相反时为负。故可以得到这样的结论：电路中任意两点之间的电压是确定的，等于由起点到终点沿任一路径各电压的代数和，与选取的计算路径无关。

KCL 在支路电流之间施加线性约束关系；KVL 则对回路电压施加线性约束关系。这两个定律仅与元件的相互连接有关，而与元件的性质无关。不论是线性元件还是非线性元件，不论是时变元件还是时不变元件，KCL 和 KVL 总是成立的。

思考与练习

（1）求图 1.18 中电流 I_5 的数值，已知 $I_1 = 5\,A$，$I_2 = -3\,A$，$I_3 = 6\,A$，$I_4 = -4\,A$。

（2）在图 1.19 所示的电路中，有多少个节点？多少条回路？请列写出所有节点的 KCL 方程和回路的 KVL 方程。

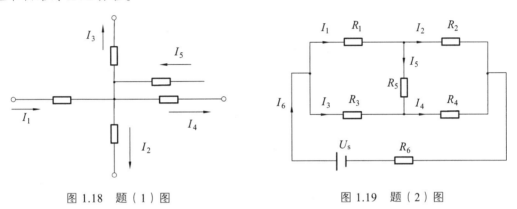

图 1.18　题（1）图　　　　　　　　图 1.19　题（2）图

1.6　电路中电位的计算

前面已经讨论过电路中电压的概念，这节我们将了解与电压有关的物理量——电位。

在电路中，某点 a 处的电位 V_a 是指 a 点到参考点处的电压，它在数值上等于电场力驱使单位正电荷从 a 点移至零电位点所做的功。零电位点即为参考点，可以任意设定，常用符号"⊥"表示。在图 1.20 中，设 b 为参考点（即 $V_b = 0$），故 a 点的电位 V_a 就等于 a，b 间的电压 U_{ab}，即 $U_{ab} = V_a - V_b = V_a$。故如需知道某一点的电位，只要计算该点到参考点的电压即可，同理，如需求两点间的电压 U_{ab}，只要知道这两点的电位 V_a，V_b，则有 $U_{ab} = V_a - V_b$。

电位的单位和电压的一样，都是伏[特]（V）。

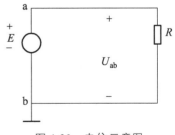

图 1.20　电位示意图

【例 1.3】　如图 1.21 所示，以 d 为电位参考点，各元件的参数及电压、电流的参考方向如图所示。并知，$i_1 = 2\,A$，$i_2 = -1.25\,A$，$i_3 = 0.75\,A$。

试求：（1）a，b，c 各点的电位 V_a，V_b，V_c。

（2）电压 U_{ab}，U_{bc}。

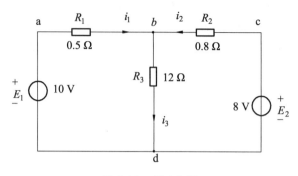

图 1.21   例 1.3 图

解：（1）d 点为参考点，则 $V_d = 0$ V，$V_a = E_1 = 10$ V，$V_c = E_2 = 8$ V
由欧姆定律得

$$U_{bd} = R_3 i_3 = 12 \times 0.75 = 9 \text{ V}$$

故 $V_b = U_{bd} = 9$ V

（2）$U_{ab} = R_1 i_1 = 0.5 \times 2 = 1$ V
因 i_2 的参考方向是从 c 向 b，故

$$U_{bc} = -R_2 i_2 = -0.8 \times (-1.25) = 1 \text{ V}$$

U_{ab} 和 U_{bc} 也可以由 $V_a - V_b$ 和 $V_b - V_c$ 求得，其结果相同。

思考与练习

（1）U_{ab} 是否表示 a 端电位高于 b 端的电位？
（2）在图 1.22 中，$U_{ab} = -6$ V，试问 a，b 两点哪点电位高？

图 1.22   题（2）图

练 习 题

1. 如图 1.23 所示电路各元件，试确定各电路中电流、电压的实际方向，判断图中电压、电流是否为关联参考方向，并说明各元件实际上是吸收还是发出功率。

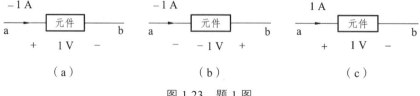

（a）   （b）   （c）

图 1.23   题 1 图

2. 图 1.24 所示电路中，5 个元件代表电源或负载。通过实验测量得知，$i_1 = -2\,\text{A}$，$i_2 = 3\,\text{A}$，$i_3 = 5\,\text{A}$，$u_1 = 70\,\text{V}$，$u_2 = -45\,\text{V}$，$u_3 = 30\,\text{V}$，$u_4 = -40\,\text{V}$，$u_5 = -15\,\text{V}$。

（1）判断哪些元件是电源？哪些元件是负载？

（2）计算各元件的功率，验证功率平衡。

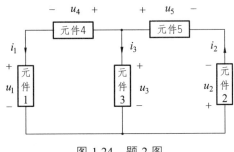

图 1.24　题 2 图

3. 在指定的电压 u 和电流 i 的参考方向下，写出图 1.25 所示各元件的 u 和 i 的约束方程。

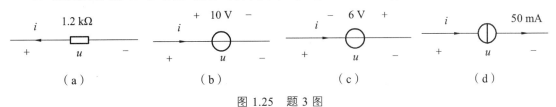

图 1.25　题 3 图

4. 将额定电压为 U_0，额定功率为 P_0 的电阻丝（线性电阻）平均截成 3 段，将这 3 段电阻丝并联后接在电压为 $\frac{1}{3}U_0$ 的电压源上，问此时电阻丝消耗的功率 P 为多少？（用 P_0 表示）

5. 在图 1.26（a）、（b）所示的电路中，要在 10 V 的直流电源上使额定电压为 5 V，额定电流为 50 mA 的电珠正常发光，该电珠应采用哪一个连接电路？

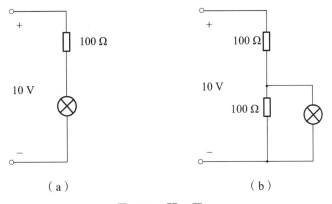

图 1.26　题 5 图

6. 试求图 1.27（a）所示电路中的 i_1、i_2；图 1.27（b）所示电路中的电流 i 和电压 u_{ab}。

7. 利用 KCL 与 KVL 求图 1.28 中的电流 i。

8. 求图 1.29 中所示电路中 a、b 两点的电位 V_a、V_b。

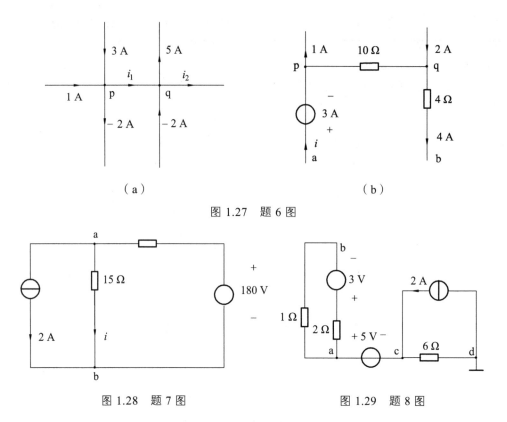

（a）

（b）

图 1.27 题 6 图

图 1.28 题 7 图

图 1.29 题 8 图

9. 求图 1.30（a）所示电路在开关 S 打开和闭合两种情况下 a 点电位 V_a 和图 1.30（b）所示电路中 b 点的电位 V_b。

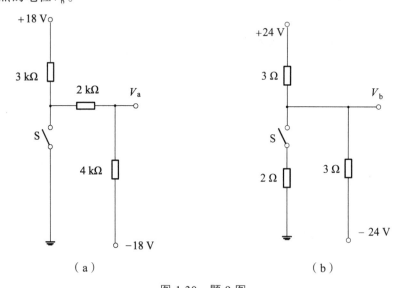

（a）

（b）

图 1.30 题 9 图

10. 设有一个非线性电阻元件，其伏安特性为 $u = f(i) = 100i + i^3$。

（1）试分别求出 $i_1 = 5\ \text{A}$，$i_2 = 0.1\ \text{A}$，$i_3 = 0.02\ \text{A}$ 时对应的电压 u_1，u_2，u_3 的值。

（2）试求 $i = 2\cos 314$ A 时对应的电压 u 的值。

（3）设 $u_{12} = f(i_1 + i_2)$，试问 u_{12} 是否等于 $(u_1 + u_2)$？

11. 如图 1.31 所示电路是由一个线性电阻 R、一个理想二极管和一个直流电压源串联组成。已知 $R = 2\,\Omega$，$U_s = 1\,\text{V}$，在 $u-i$ 平面上画出对应的伏安特性曲线。

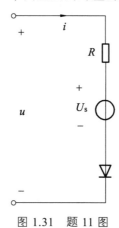

图 1.31　题 11 图

第2章　电路的基本分析方法

本章电路是指电阻电路，对于结构较为简单的电阻电路，可以利用等效变换法进行简化分析。当需要对电路进行全面分析计算时，等效变换的方法显然不够，所以本章介绍电路分析的一般方法和电路的基本定理。电路的基本分析方法主要是支路电流法以及由此衍生出来的一些方法，比如节点电压法、回路（网孔）电流法等。电路定理主要有叠加定理、戴维南定理和诺顿定理等。通过 KCL 和 KVL 等约束方程，我们可以简单地推出电路分析的一般方法。本章主要以线性电阻电路为对象，讨论在不改变电路拓扑结构的前提下建立电路方程的一般方法。而电路定理是分析线性电路的常用工具，合理地运用它们，可以使得电路分析计算大大地简化。

2.1　电阻的串并联及其等效变换

2.1.1　电阻的串联

串联是电路元件常见的一种连接方式。将各个电路元件依次首尾相连，就称为串联。显然，串联的电阻中流过的电流是同一个电流 I，如图 2.1 所示就是一个简单的串联电路。

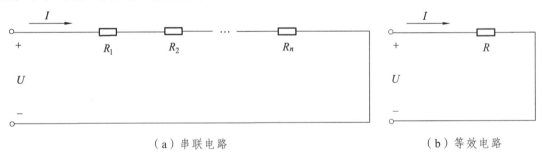

（a）串联电路　　　　　　　　　　（b）等效电路

图 2.1　串联电阻电路及其等效电路

由电阻的 VCR（电压和电流的约束关系）可得

$$U = R_1 I + R_2 I + \cdots + R_n I = (R_1 + R_2 + \cdots + R_n)I = RI \tag{2.1.1}$$

由公式可知：串联电路的总电阻等于各个串联的电阻之和。由分压关系

$$\frac{R_1}{R_2} = \frac{U_1}{U_2} , \cdots$$

所以 $\quad U_1 = R_1 I = \dfrac{R_1 U}{(R_1 + R_2 + \cdots + R_n)}$

可见，串联电路上电压的分配和各电阻阻值成正比，所以在实际应用中通过改变电阻的大小来得到不同的输出电压是一种常见的方式，比如使用滑动变阻器。

2.1.2 电阻的并联

电路中两个或者多个电阻连接于两个公共的节点之间，这样连接的电路称为电阻的并联电路，如图 2.2 所示的是一个简单的并联电路。

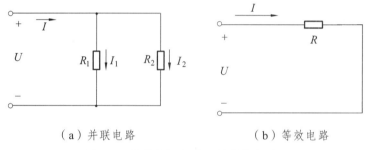

（a）并联电路　　　　　　　　（b）等效电路

图 2.2　并联电阻电路及其等效电路

由于公共连接点两端的电压是相等的，所以电路中的电阻在并联使用时，它们两端处于同一个电压之下，各个负载不受其他负载的影响。并联的电阻也可以用等效电阻 R 来代替，如两个电阻在并联时的关系为

$$\frac{1}{R} = \frac{1}{R_1} + \frac{1}{R_2} \tag{2.1.2}$$

可以轻松得到 R 的表达式

$$R = \frac{R_1 R_2}{R_1 + R_2} \tag{2.1.3}$$

由第 1 章 1.3 节提出的电导概念，电导 G 记为电阻 R 的倒数，所以上式也可以改为

$$G = G_1 + G_2 \tag{2.1.4}$$

式（2.1.2）和式（2.1.4）可以推广到多个电阻并联的情况，在此不再赘述。

我们从式（2.1.2）可以看出，并联的电阻越多，其电路的总电阻越小。这是因为并联的支路每增加一条，便增加了一条电流的通路，而其他支路电流基本不变。但是如果在某条已经存在的支路中串联电阻，则总电阻还是增大的，因为此时这条支路的电流变小了，总电流自然也就随之减小。

实际电路中往往不只是单纯的电阻并联或者串联。如果一个电路中既有并联又有串联，这样的电路称为混联电路。混联电路的等效电阻的计算方法还是建立在串并联的基础之上，不论这个电路如何复杂，一般都可以用一个等效电阻 R 来表示。

【例 2.1】 如图 2.3 所示的混联电路，试求其等效电阻和各个电阻上的电压。

解： 由图 2.3 可知，电路结构为 R_2 和 R_3 并联，再和 R_1 串联。

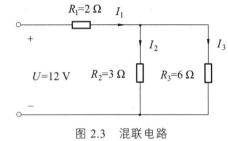

先计算 R_2 和 R_3 的并联电阻 R_{23}

$$R_{23} = \frac{R_2 R_3}{R_2 + R_3} = \frac{3 \times 6}{3 + 6} = 2 \ \Omega$$

再计算整个电路的等效电阻 R

图 2.3　混联电路

$$R = R_{23} + R_1 = 2 + 2 = 4 \ \Omega$$

则总电流　　　　　$I = I_1 = 12/4 = 3 \ \text{A}$

R_1 两端的电压　　$U_1 = R_1 \times I_1 = 2 \times 3 = 6 \ \text{V}$

由于 R_2 两端的电压等于 R_3 两端的电压，可得 $U_2 = U_3 = U - U_1 = 12 - 6 = 6 \ \text{V}$

所以　　　　　　$I_2 = \frac{U_2}{R_2} = \frac{6}{3} = 2 \ \text{A}$ ，　$I_3 = \frac{U_3}{R_3} = \frac{6}{6} = 1 \ \text{A}$

思考与练习

（1）一只 220 V、11 W 的指示灯，现在要接在 380 V 的电源上，需要串联多大阻值的电阻？

（2）是不是任何一个电阻电路都可以用串联等效或并联等效的方法进行化简？

2.2　电源的模型及其等效变换

一个电源可以用两种不同的电路模型来标记，用电压形式来标记的叫电压源，用电流形式来标记的称为电流源。我们下面来讨论实际电源的这两种模型。

2.2.1　电压源

在分析和计算电路时，我们往往用一个理想电压源和一个内阻 R_0 的串联来标识一个实际电压源，然后使这个电源作用于外电路，再利用电路的基本定律去分析。

图 2.4 是一个理想电压源接一个负载的电路模型图，图 2.5 是一个实际电压源接一个负载的电路模型图。

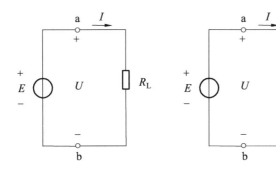

图 2.4 理想电压源电路   图 2.5 实际电压源电路

由图 2.5 可得

$$U = E - R_0 I$$

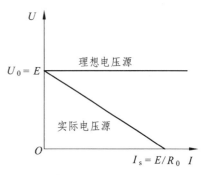

图 2.6 实际电压源和理想电压源的
外特性曲线

其中，U、I 为电源作用于外部电路的端口电压和端口电流，所以图 2.6 也称为该电压源的外特性曲线。

可以看出，当电压源开路时，$I = 0$，输出电压 U = 电动势 E；当电路短路时，$U = 0$，$I = I_s = E/R_0$。R_0 越小，直线越平，当 $R_0 = 0$ 时，输出电压 U = 电动势 E，电流 I 只由负载 R_L 和输出电压 U 本身确定，此时的电源就称为理想电压源。

理想电压源实际上是不存在的，当一个电源的内阻 $R_0 \ll R_L$ 时，其内阻所引起的电压降 $R_0 I \ll U$，于是 $U \approx E$，这个时候我们可以认为此电源是理想电压源（如实际的通用稳压电源）。

2.2.2 电流源

图 2.7 是一个理想电流源接一个负载的电路模型图。

前面已经说过实际电源的模型可以等效成一个理想电压源和一个内阻 R_0 的串联，这是电源的一种电路模型。实际的电源还可以用另外一种电路模型来表示，它可以等效成一个理想电流源和一个内阻 R_0 的并联，如图 2.8 所示。

由图 2.8 分析这个电路易知

$$I_s = I_0 + I = \frac{U}{R_0} + I$$

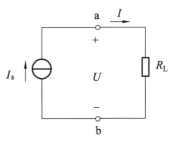

图 2.7 理想电流源电路

做出这个电流源的 U-I 曲线，如图 2.9 所示。当电流源开路时，$I = 0$，$U = U_0 = I_s R_0$；当电流源短路时，$U = 0$，$I = I_s$。由此可知，内阻 R_0 越大，直线越陡。

当 $R_0 = \infty$ 时，相当于并联的支路 R_0 断开，$I \approx I_s$，$U = I R_L \approx I_s R_L$。可以这样理解，电流源有保持本身电流恒定的性质，因此它的输出电压随着外电阻的增大而增大。

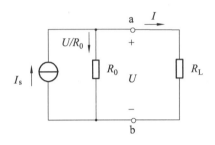
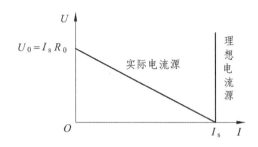

图 2.8　实际电流源电路　　图 2.9　实际电流源和理想电流源的外特性曲线

可以看出，如果一个电源的内阻≫负载电阻，即 $R_0 \gg R_L$，则 I 基本等于 I_s，这个时候的电流源

可认为是一个理想电流源，我们经常使用的晶体三极管工作在放大区便可以近似看作一个理想的电流源。

2.2.3　电压源和电流源的等效变换

经过前面的分析我们知道，实际电压源和实际电流源的外特性是类似的，因此这两种电路模型相互之间是可以进行等效变换的。此种等效关系只是针对外电路而言，至于电源的内部则是不等效的，电源内部消耗的功率损失也不一样。理想电压源和理想电流源本身没有等效关系，它们一个是保持电压不变，一个是保持电流不变；当它们分别短路和开路时，短路电流和开路电压都是无穷大，得不到有限的数值。我们所说的等效只是说它们对外部的作用效果是等效的。在实际分析电路时，既可以把一个实际电源等效成实际电压源来处理，也可以等效成实际电流源来处理，实际电压源和实际电流源之间的等效关系如图 2.10 所示。

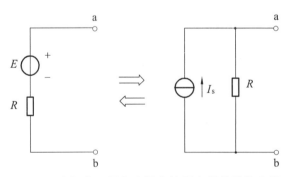

图 2.10　实际电压源和实际电流源之间的等效变换

这种等效关系一般不限于内阻 R_0，只要一个电动势为 E 的理想电压源和某个电阻 R 串联的电路，都可以等效成一个电流为 I_s 的理想电流源和这个电阻 R 并联的电路，其中

$$E = RI_s$$

【例 2.2】　利用实际电压源和实际电流源的等效变换方法计算图 2.11 中的电流 I_3。

解：根据图 2.11 的变换顺序，最后化简为一个简单的电路图，由此可以得到

$$I_3 = \frac{4}{4+6} \times 25 = 10 \text{ A}$$

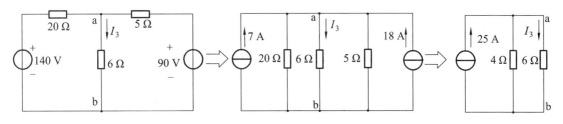

图 2.11　例 2.2 图

本题在变换电流源电流方向时要和电压源电压的极性相匹配。电压源内部电流是从负极流向正极的，外部电路则是我们平常说的电流从电源的正极流向负极。

一个实际电路应该等效成电压源还是电流源模型来分析电路，应该根据实际电路的结构来选择，哪一种等效模型可以使得电路结构更加简单、更好分析就优先使用。

思考与练习

（1）将图 2.12 中的电压源变换为电流源，电流源变换为电压源。

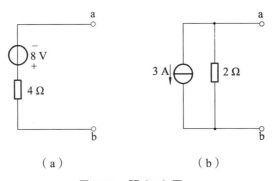

（a）　　　　　　　（b）

图 2.12　题（1）图

（2）将图 2.13 所示电路利用电源的等效变换求解电压 u_{10}，其中 $R_1 = R_3 = R_4$，$R_2 = 2R_1$。

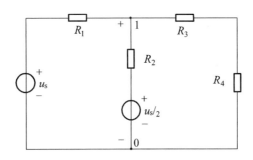

图 2.13　题（2）图

2.3 支路电流法

我们称不能用电阻的串并联等效变换化简的电路为复杂电路。在计算复杂电路的各种方法中，支路电流法是最基本的方法。它以支路电流为待求量，应用 KCL 和 KVL 对节点和回路列出方程组，然后解出各未知支路电流。列方程的时候，必须先在电路图上选定并标识未知支路电流以及电压的参考方向。

在图 2.14 所示的电路中，支路数 $m=3$，节点数 $n=2$。由图可知，要获得三条支路电流，需列出三个独立方程。各个参量的参考方向在图中已经标出。

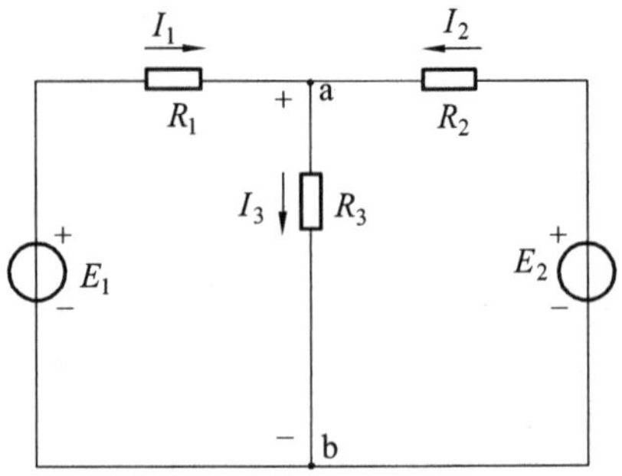

首先，应用 KCL 对节点 a 列出

$$I_1 + I_2 - I_3 = 0 \qquad (2.3.1)$$

对节点 b 列出

$$I_3 - I_1 - I_2 = 0 \qquad (2.3.2)$$

图 2.14　两个电源并联的电路

以上两个方程是非独立的方程，因为对于两个节点的电路，应用 KCL 只能列出一个独立方程。一般来说，对于具有 n 个节点的电路应用 KCL 只能得到 $(n-1)$ 个独立方程。

然后，应用 KVL 列出其余的 $(m-n+1)$ 个方程，通常我们取单孔回路（网孔）列出，在图 2.14 中有两个网孔。对左边网孔可以列出

$$E_1 = R_1 I_1 + R_3 I_3 \qquad (2.3.3)$$

对右边的网孔可以列出

$$E_2 = R_2 I_2 + R_3 I_3 \qquad (2.3.4)$$

由此可见，应用 KCL 和 KVL 一共可以列出 $(n-1)+(m-n+1)=m$ 个独立方程，所以可以解出 m 个支路电流。

【例 2.3】　在图 2.14 所示的电路中，我们设 $E_1 = 140\ \text{V}$，$E_2 = 90\ \text{V}$，$R_1 = 20\ \Omega$，$R_2 = 5\ \Omega$，$R_3 = 6\ \Omega$，试求各个支路的电流。

解：应用 KCL 和 KVL 列出式（2.3.1）、式（2.3.3）和式（2.3.4），将已知数据带入，可以得到

$$\begin{cases} I_1 + I_2 - I_3 = 0 \\ 20I_1 + 6I_3 = 140 \\ 5I_2 + 6I_3 = 90 \end{cases}$$

解方程组可以得到

$$\begin{cases} I_1 = 4\ \text{A} \\ I_2 = 6\ \text{A} \\ I_3 = 10\ \text{A} \end{cases}$$

用功率平衡关系来验证结果是否正确

$$E_1 I_1 + E_2 I_2 = 140 \times 4 + 90 \times 6 = 560 + 540 = 1\,100 \text{ W}$$

$$R_1 I_1^2 + R_2 I_2^2 + R_3 I_3^2 = 20 \times 4^2 + 5 \times 6^2 + 6 \times 10^2 = 320 + 180 + 600 = 1\,100 \text{ W}$$

即
$$E_1 I_1 + E_2 I_2 = R_1 I_1^2 + R_2 I_2^2 + R_3 I_3^2$$

两个电源产生的功率等于各个电阻上消耗的功率，因此我们计算得到的支路电流是正确。

思考与练习

（1）支路电流法的基本思路是建立在哪些电路定律上的？它和这些定律之间有什么区别和联系？

（2）应用支路电流法分析电路时需要注意哪些问题？依据回路列出的方程是不是都是独立的？如果不是，应该怎么选择回路列方程？

（3）试总结支路电流法的电路方程的一般步骤。

*2.4　网孔电流法

在电路分析的方法中，网孔电流法也是常用的方法，它以网孔电流作为电路的独立变量，但它只适用于平面电路。下面详细介绍一下网孔电流法，给定的支路编号和参考方向如图 2.15 所示。

在节点 1 应用 KCL，得

$$-i_1 + i_2 + i_3 = 0$$

所以
$$i_2 = i_1 - i_3$$

可见 i_2 不是独立的，它由 i_1、i_3 决定。这两条支路可以看成是支路 1 和支路 3 中电流 i_1 以及向上方向的 i_3 各自经过节点 1 后的延续，也就是图 2.15 中所有的电流归结为由两个沿着网

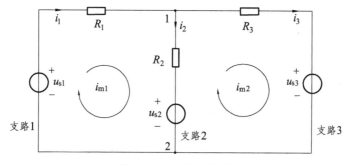

图 2.15　网孔电流法

孔连续流动的假想电流所产生，我们把这两个假想电流叫作网孔电流 i_{m1} 和 i_{m2}。根据给定的网孔电流和支路电流的参考方向可以知道：支路 1 只有电流 i_{m1} 流过，所以 $i_{m1} = i_1$；支路 3 只有 i_{m2} 流过，所以 $i_{m2} = i_3$；而支路 2 则有 i_{m2} 和 i_{m1} 同时流过，在给定的参考方向，可以得到 $i_2 = i_{m1} - i_{m2}$。

由于网孔电流已经体现了 KCL 的制约关系，就是说根据网孔电流而计算的支路电流一定满足 KCL 方程，所以此种方法求解电路只需要列出 KVL 方程。由于全部网孔都是一组独立回路，所以对应的 KVL 方程都是独立的，且独立方程的个数与电路变量数都为全部网孔个数。这种方法就称为网孔电流法。

以图 2.15 为例，对网孔 1 和网孔 2 列出 KVL 方程。列方程时以各自的网孔电流方向作为绕向，逐段写出电阻以及电源上的电压。对于电源来说，绕行的时候先接触到电源的那端是什么符号，我们列方程时就冠以什么符号。对于网孔 1，从节点 1 出发可以得到

$$R_2(i_{m1} - i_{m2}) + u_{s2} - u_{s1} + R_1 i_{m1} = 0$$

同理，对网孔 2 则有

$$R_3 i_{m2} + u_{s3} - u_{s2} + R_2(i_{m2} - i_{m1}) = 0$$

经过整理我们可以得到

$$\begin{cases} (R_1 + R_2)i_{m1} - R_2 i_{m2} = u_{s1} - u_{s2} \\ -R_2 i_{m1} + (R_2 + R_3)i_{m2} = u_{s2} - u_{s3} \end{cases} \quad (2.4.1)$$

式（2.4.1）就是以网孔电流作为求解对象的网孔电流方程。现在我们用 R_{11} 和 R_{22} 分别代表网孔 1 和 2 的自阻，他们分别是网孔 1 和网孔 2 中所有电阻之和，即 $R_{11} = R_1 + R_2$，$R_{22} = R_2 + R_3$；用 R_{12} 和 R_{21} 代表网孔 1 和网孔 2 的互阻，即两个网孔的共有电阻，本例中 $R_{12} = R_{21} = -R_2$。式（2.4.1）可以改写成

$$\begin{cases} R_{11} i_{m1} + R_{12} i_{m2} = u_{s1} - u_{s2} \\ R_{21} i_{m1} + R_{22} i_{m2} = u_{s2} - u_{s3} \end{cases} \quad (2.4.2)$$

上述方法可以推广到有 m 个网孔的平面电路，其网孔电流方程的一般形式可以由式（2.4.2）推广得到，即有

$$\begin{cases} R_{11} i_{m1} + R_{12} i_{m2} + \cdots + R_{1m} i_{mm} = u_{s11} \\ R_{21} i_{m1} + R_{22} i_{m2} + \cdots + R_{2m} i_{mm} = u_{s22} \\ \vdots \\ R_{m1} i_{m1} + R_{m2} i_{m2} + \cdots + R_{mm} i_{mm} = u_{smm} \end{cases} \quad (2.4.3)$$

自阻总是正的，互阻的正负则要看两个网孔电流在共同支路上的参考方向是否相同而定，方向相同时为正，方向相反时为负。显然，如果两个网孔之间没有共同支路或有共同支路但是电阻为 0（比如共同支路之间只有理想电源），则互阻为 0。在不含受控源的电阻电路下，$R_{ij} = R_{ji}$。方程右边分别是网孔 1、网孔 2、……中所有电源的电压代数和，各个电源的电压方向（极性）与网孔电流参考方向一致时，前面加"–"，反之取"＋"号。

【**例 2.4**】 在图 2.16 所示的电路中，电阻和电压源都已知，试用网孔电流法求解电流 i_3 和各电压源发出的功率。

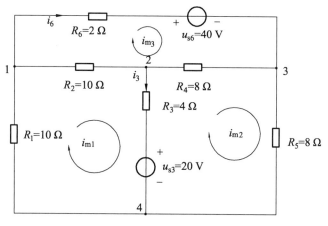

图 2.16 例 2.4 图

解： 设网孔电流为 i_{m1}、i_{m2}、i_{m3}，其绕行方向在图中已经标出。网孔电流方程根据式（2.4.3）可以得到

$$\begin{cases} (R_1 + R_2 + R_3)i_{m1} - R_3 i_{m2} - R_2 i_{m3} = -U_{s3} \\ -R_3 i_{m1} + (R_3 + R_4 + R_5)i_{m2} - R_4 i_{m3} = U_{s3} \\ -R_2 i_{m1} - R_4 i_{m2} + (R_2 + R_4 + R_6)i_{m3} = -U_{s6} \end{cases}$$

将各个已知量代入并且整理得

$$\begin{cases} 24 i_{m1} - 4 i_{m2} - 10 i_{m3} = -20 \\ -4 i_{m1} + 20 i_{m2} - 8 i_{m3} = 20 \\ -10 i_{m1} - 8 i_{m2} + 20 i_{m3} = -40 \end{cases}$$

可以得到

$$\begin{cases} i_{m1} = -2.51 \text{ A} \\ i_{m2} = -0.96 \text{ A} \\ i_{m3} = -3.64 \text{ A} \end{cases}$$

所以

$$i_3 = i_{m1} - i_{m2} = -2.51 - (-0.96) = -1.55 \text{ A}$$

$$i_6 = i_{m3} = -3.64 \text{ A}$$

电压源 U_{s3} 发出的功率为

$$P_{U_{s3}} = -U_{s3} \cdot i_3 = -20 \times (-1.55) = 31 \text{ W}$$

电压源 U_{s6} 发出的功率为

$$P_{U_{s6}} = -U_{s6} \cdot i_6 = -40 \times (-3.64) = 145.6 \text{ W}$$

思考与练习

（1）网孔电流是怎么定义的？自阻和互阻的概念及其"＋""－"号是如何确定的？在列出网孔电流方程时，电压源的符号是如何确定的？

（2）为什么网孔电流法只适合平面电路的分析？

2.5　节点电压法

节点电压法是选择独立节点对参考点的电压作为未知变量，列出独立的 KCL 方程以分析计算电路的方法。具体来说，就是将电路的 KCL 方程与支路的伏安特性相结合，导出以节点电压为未知量的一组方程。解方程求出所有节点电压，就能求出所有的支路电压，再用支路特性求支路电流，电路的工作状态就一目了然，所以这里的节点电压是一组独立完整的变量。

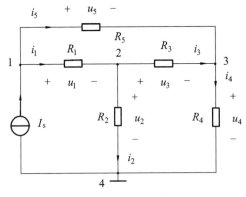

图 2.17　节点电压法

对一个具有 n 个节点和 m 条支路的电路，若选择任一节点为参考点，则其他 $(n-1)$ 个节点为独立节点。各独立节点与此参考点间的电压为各独立节点的节点电压，方向为从各独立节点指向参考点，即节点电压总是以参考点为负极性端的。每个独立节点对应一个独立 KCL 方程，故独立方程数为 $(n-1)$ 个，这也就是节点电压方程组的数目。与支路电流法相比，节点电压法减少了变量的个数，即减少了方程的个数，从而简化了计算。

对如图 2.17 所示的电路，电路共有 4 个节点，若选取节点 4 为参考点，节点 1、2、3 的节点电压分别用 u_{n1}，u_{n2}，u_{n3} 表示，则各个支路电压用节点电压表示出来，即

$$u_1 = u_{n1} - u_{n2}$$
$$u_2 = u_{n2}$$
$$u_3 = u_{n2} - u_{n3}$$
$$u_4 = u_{n3}$$
$$u_5 = u_{n1} - u_{n3}$$

同时，节点电压自动满足了 KVL，因为沿任一回路的各支路电压，若以节点电压来表示，则其代数和恒等于零。如对于 R_2，R_3，R_4 所构成的回路，有

$$u_3 + u_4 - u_2 = u_{n2} - u_{n3} + u_{n3} - u_{n2} = 0$$

在图 2.17 所示电路中，对节点 1、2 和 3 分别列写 KCL 方程

$$\left.\begin{array}{l} i_s - i_1 - i_5 = 0 \\ i_1 - i_2 - i_3 = 0 \\ i_3 + i_5 - i_4 = 0 \end{array}\right\} \tag{2.5.1}$$

根据元件的 VCR，把各支路电流用节点电压表示为

$$\left.\begin{array}{l} i_1 = \dfrac{u_1}{R_1} = \dfrac{u_{n1} - u_{n2}}{R_1} \\[2mm] i_2 = \dfrac{u_2}{R_2} = \dfrac{u_{n2}}{R_2} \\[2mm] i_3 = \dfrac{u_3}{R_3} = \dfrac{u_{n2} - u_{n3}}{R_3} \\[2mm] i_4 = \dfrac{u_4}{R_4} = \dfrac{u_{n3}}{R_4} \\[2mm] i_5 = \dfrac{u_5}{R_5} = \dfrac{u_{n1} - u_{n3}}{R_5} \end{array}\right\} \tag{2.5.2}$$

将式（2.5.2）代入到式（2.5.1），并整理得

$$\left.\begin{array}{l} \left(\dfrac{1}{R_1} + \dfrac{1}{R_5}\right)u_{n1} - \dfrac{1}{R_1}u_{n2} - \dfrac{1}{R_5}u_{n3} = i_s \\[3mm] -\dfrac{1}{R_1}u_{n1} + \left(\dfrac{1}{R_1} + \dfrac{1}{R_2} + \dfrac{1}{R_3}\right)u_{n2} - \dfrac{1}{R_3}u_{n3} = 0 \\[3mm] -\dfrac{1}{R_5}u_{n1} - \dfrac{1}{R_3}u_{n2} + \left(\dfrac{1}{R_3} + \dfrac{1}{R_4} + \dfrac{1}{R_5}\right)u_{n3} = 0 \end{array}\right\} \tag{2.5.3}$$

式（2.5.3）即为所求的节点电压方程。若令 $G_k = \dfrac{1}{R_k}$（$k = 1$，2，3，4，5），则式（2.5.3）可化为

$$\left.\begin{array}{l} (G_1 + G_5)u_{n1} - G_1 u_{n2} - G_5 u_{n3} = i_s \\ -G_1 u_{n1} + (G_1 + G_2 + G_3)u_{n2} - G_3 u_{n3} = 0 \\ -G_5 u_{n1} - G_3 u_{n2} + (G_3 + G_4 + G_5)u_{n3} = 0 \end{array}\right\} \tag{2.5.4}$$

写成一般形式

$$\left.\begin{array}{l} G_{11}u_{n1} + G_{12}u_{n2} + G_{13}u_{n3} = i_{s1} \\ G_{21}u_{n1} + G_{22}u_{n2} + G_{23}u_{n3} = i_{s2} \\ G_{31}u_{n1} + G_{32}u_{n2} + G_{33}u_{n3} = i_{s3} \end{array}\right\} \qquad (2.5.5)$$

其中

$$G_{11} = G_1 + G_5$$
$$G_{22} = G_1 + G_2 + G_5$$
$$G_{12} = G_{21} = -G_1$$
$$G_{13} = G_{31} = -G_5$$
$$G_{23} = G_{32} = -G_3$$
$$i_{s1} = i_s$$
$$i_{s2} = i_{s3} = 0$$

G_{11}、G_{22}、G_{33} 分别为节点 1、2、3 所连接支路电导，它是连接到每个相关节点上支路电导之和，G_{12} 和 G_{21} 是连接到节点 1 和 2 之间公共支路电导之和的负值，称为节点 1、2 之间的互电导。G_{13} 和 G_{31} 是连接到节点 1 和 3 之间公共支路电导之和的负值，称为节点 1、3 之间的互电导。G_{23} 和 G_{32} 是连接到节点 2 和 3 之间公共支路电导之和的负值，称为节点 2、3 之间的互电导。方程右端 i_{s1}、i_{s2} 和 i_{s3} 为各相应节点上所有电流源电流的代数和，流入节点的为正值，流出节点的为负值。

推广到具有 $(n-1)$ 个独立节点的电路，有

$$\left.\begin{array}{l} G_{11}u_{n1} + G_{12}u_{n2} + G_{13}u_{n3} + \cdots + G_{1(n-1)}u_{n(n-1)} = i_{s11} \\ G_{21}u_{n1} + G_{22}u_{n2} + G_{23}u_{n3} + \cdots + G_{2(n-1)}u_{n(n-1)} = i_{s22} \\ \vdots \\ G_{(n-1)1}u_{n1} + G_{(n-1)2}u_{n2} + G_{(n-1)3}u_{n3} + \cdots + G_{(n-1)(n-1)}u_{n(n-1)} = i_{s(n-1)(n-1)} \end{array}\right\} \qquad (2.5.6)$$

式中，G_{kk}（$k = 1$，2，3，$\cdots$，$n-1$）称为节点 k 的自导，即连接在节点 k 上的所有支路电导之和，自导总是正的。G_{jk} 称为节点 j 与节点 k 之间的互导，互导总是负的，其大小等于连接在节点 j 与节点 k 之间所有电导之和。若节点 j 与节点 k 之间没有电导直接连接，则 $G_{jk} = 0$。当电路中不含有受控源时，有 $G_{jk} = G_{kj}$。等号右边的 i_{skk}（$k = 1$，2，3，$\cdots$，$n-1$）表示流入节点的电流源电流的代数和，流入取"＋"，流出取"－"。

如果电路中含有电压源与电阻的串联支路，在写节点电压方程前可首先将该支路等效变换为电流源与电阻的并联组合，如图 2.18 所示。可见在节点电压方程右侧的流入节点的电流源电流代数和这一项中，应包含经电源等效变换而形成的电流源电流。

从节点电压方程可以解出节点电压，并据此求出各支路电压。总结列节点电压方程规则如下：

（1）方程左边：连接本节点的各支路电导之和（自导）同本节点电压的乘积，设为正；加上各相邻节点与本节点之间公共支路电导（互导）同相邻节点电压的乘积，自导为正，互导为负。

（2）方程右边：流入本节点电流源电流的代数和，流入为正，流出为负；当网络中包含电压源与电阻串联支路时，应先将该支路等效为电流源与电阻并联支路。

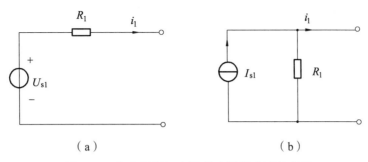

（a）　　　　　　　　　　　（b）

图 2.18　含电压源与电阻的串联组合时的处理

【例 2.5】　已知电路如图 2.19 所示，列出节点电压方程，并求出各节点电压。

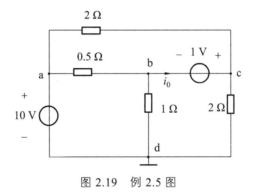

图 2.19　例 2.5 图

解：设 d 为参考点，$u_d = 0\,\text{V}$，a，d 之间跨接了一个 10 V 的理想电压源，则可直接列 a 点的方程；但 1 V 理想电压源无法转换为电流源，需设电流 i_0，如图 2.19 所示。列出的节点电压方程为

$$\begin{cases} \text{对节点}\,b\,\text{有}:\left(1+\dfrac{1}{0.5}\right)\times u_b - \dfrac{1}{0.5}\times u_a = -i_0 \\[3mm] \text{对节点}\,c\,\text{有}:\left(\dfrac{1}{2}+\dfrac{1}{2}\right)\times u_c - \dfrac{1}{2}\times u_a = i_0 \end{cases}$$

附加约束方程

$$u_b - u_c = -1\,\text{V}$$
$$u_a = 10\,\text{V}$$

解方程得

$$u_b = 6\,\text{V}\,,\quad u_c = 7\,\text{V}$$

思考与练习

（1）若两独立节点之间为电压源，建立方程时如何处理？

（2）节点电压法建立的是电压方程还是电流方程？方程中各量的量纲是什么？

*2.6　含受控源电路的分析

除独立电源之外，在电路中还经常会遇到这样一些元件，它们有着电源的一些特性，但是它们的电压或电流又不像独立电源那样是确定的时间函数或常数，而是受电路中某部分电压或电流的控制的，这种电源称为受控（电）源，又称"非独立"电源。就本身性质而言，可将受控源分为受控电压源和受控电流源。受控电压源的电压受电路中某部分电压或电流的控制；受控电流源的电流受电路中某部分电压或电流的控制。这种起控制作用的电压或电流称为控制量。

受控源是由某些电子器件抽象出来的理想化模型。例如，晶体管的集电极电流受基极电流的控制，运算放大器的输出电压受输入电压控制，描述这类元件时就需要引入受控源的概念。

受控电压源或受控电流源因控制量的不同（电压或电流）可分为电压控制电压源（VCVS）、电流控制电压源（CCVS）、电压控制电流源（VCCS）和电流控制电流源（CCCS）。这4种受控源的图形符号如图2.20所示。为了与独立电源相区别，用菱形符号表示其电源部分。图中u_1和i_1分别表示控制电压和控制电流，μ、γ、g和β分别是有关的控制系数，其中μ和β是没有量纲的，γ和g分别具有电阻和电导的量纲。当这些系数为常数时，被控制量与控制量成正比，这种受控源称为线性受控源。本书如无特殊说明，将省略其中"线性"二字而直接称其为受控源。

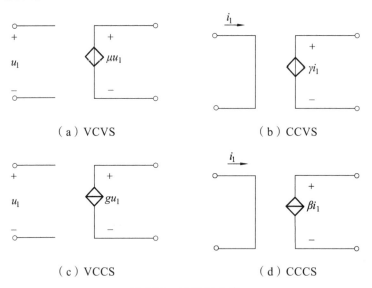

（a）VCVS　　　　　　　　　（b）CCVS

（c）VCCS　　　　　　　　　（d）CCCS

图 2.20　受控源分类

在图 2.20 中把受控源表示为具有 4 个端子的电流模型。其中受控电压源和受控电流源具有一对端子，另一对控制端子则或为开路，或为短路，分别对应控制量是开路电压或短路电流。这样处理会带来方便，所以可以把受控源看作是一种四端元件。在一般的情况下，其控制量所在的端子不需要专门画出，只需在受控源的菱形符号旁注明其受控关系，同时在控制量所在的位置加以标注就行了。

独立电源是电路中的"输入"，它表示外界对电路的作用，电路中电压或电流是由于独立电源起的"激励"作用产生的。受控源则不同，它反映了电路中某处的电压或电流能控制另一处的电压或电流的现象，或者表示一处的电路变量与另一处的电路变量之间的一种耦合关系。受控源在电路中不起激励作用，因为它的电压或电流要受到控制量的控制。当控制量为零时，受控源输出为零，此时，受控电压源表现为短路，受控电流源表现为开路。又因为受控源可以像独立电源那样对外提供能量，故受控源属于有源元件。

【例 2.6】　图 2.21 中 $i_s = 2\,\text{A}$，VCCS 的控制系数 $g = 2\,\text{S}$，求 u。

解：由图 2.21 左部分先求控制电压 u_1

$$u_1 = 5i_s = 10\,\text{V}$$

故可得

$$u = 2i = 2gu_1 = 2 \times 2 \times 10 = 40\,\text{V}$$

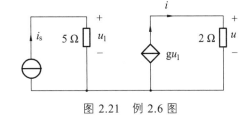

图 2.21　例 2.6 图

思考与练习

（1）当某电阻元件的伏安特性曲线是一条不经过坐标原点的直线时，该电阻元件是否为线性电阻元件？

（2）受控电源也是电源中的一种，故受控电源也是激励，这种说法对吗？

（3）在图 2.22 所示电路中，R、U_s 均已知，试求该电路中 u-i 表达式？

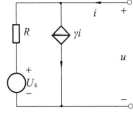

图 2.22　题（3）图

2.7　叠加定理

叠加定理体现了线性电路的一种基本性质，这种性质在线性电路中表现为电路的激励与响应之间具有的线性关系。叠加方法作为分析电路的一类基本方法，可以使复杂激励问题简化为单一激励问题。叠加定理不仅是线性电路的一个重要定理，而且根据叠加定理还可以推导出线性电路的其他重要定理。

叠加定理可以表述为：在线性电路中，任一支路电流（或电压）都是电路中各个独立电源单独作用时在该支路产生的电流（或电压）的叠加。为了便于理解，下面用一个实例来说明。

图 2.23 所示为一线性电路，若电压源、电流源及各电阻值均已知，现利用支路电流法来计算电阻 R_2 两端的电压 U_{ab}。

若选取图 2.23 中节点 b 为参考点，则电压 U_{ab} 为

$$\frac{U_s - U_{ab}}{R_1} + I_s = \frac{U_{ab}}{R_2} \tag{2.7.1}$$

得
$$U_{ab} = \frac{R_2}{R_1 + R_2} U_s + \frac{R_1 R_2}{R_1 + R_2} I_s \qquad (2.7.2)$$

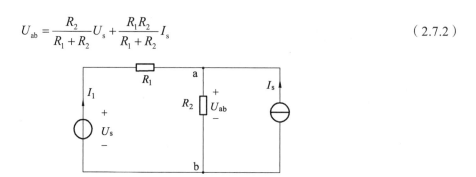

图 2.23　叠加定理说明图

从上式可知，在图 2.23 所示的具有两个独立电源的电路中，支路电压 U_{ab} 由两个部分组成，一部分与电压源 U_s 有关，而另一部分与电流源 I_s 有关。并且，每部分的系数都为常数，说明每一部分的响应均与对应的激励呈线性关系。由此可以认为，支路中所产生的电流（或电压），可以看成是每个独立电源分别在该支路中产生的电流（或电压）的代数和。

下面利用叠加定理使电压源和电流源分别作用，并将各个激励下的响应进行叠加，利用式（2.7.2）的结果来验证叠加定理的正确性。

当电压源 U_s 单独作用时，这时应使电流源不作用，令 $I_s = 0$，即将电流源支路开路，图 2.23 将变成图 2.24（a）所示。在这种情况下，电阻 R_2 两端电压 U'_{ab} 为

$$U'_{ab} = U_{ab} \mid_{(I_s = 0)} = \frac{R_2}{R_1 + R_2} U_s \qquad (2.7.3)$$

这正是式（2.7.2）中的第 1 项。

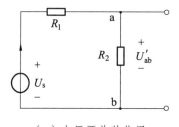 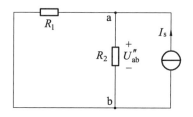

（a）电压源单独作用　　　　　　　　（b）电流源单独作用

图 2.24　叠加定理的验证

在电流源 I_s 单独作用时，这时应使电压源不作用，令 $U_s = 0$，即将电压源支路短路，图 2.23 将变为图 2.24（b）所示，在这种情况下电阻 R_2 两端的电压 U''_{ab} 为

$$U''_{ab} = U_{ab} \mid_{(U_s = 0)} = \frac{R_1 R_2}{R_1 + R_2} I_s \qquad (2.7.4)$$

这正是式（2.7.2）中的第 2 项。

由此可见，对于图 2.23 的电压 U_{ab} 可以看成为电压源 U_s 单独作用下［见图 2.24（a）］和电流源 I_s 单独作用下［见图 2.24（b）］的响应的叠加，即

$$U_{ab} = U'_{ab} + U''_{ab} = \frac{R_2}{R_1 + R_2} U_s + \frac{R_1 R_2}{R_1 + R_2} I_s$$

这个结果与支路电流法求出的式（2.7.2）的 U_{ab} 完全一致。这就验证了叠加定理的正确性。

当电路中含有受控源时，叠加定理仍适用。叠加定理说的只是独立电源的单独作用，受控源的电流（或电压）不是电路的输入，故运用此定理时，受控源不能看成激励，而应该与电阻一样，始终保留在各个独立电源单独作用下各个分电路中。

应用叠加定理时，应注意以下几点：

（1）叠加定理仅适用于线性电路，不适用于非线性电路。

（2）在应用叠加定理时，当考虑电路中某一独立电源单独作用时，其余不作用的独立源都应置零。电压源置零，则 $U_s = 0$，该支路等效为短路；电流源置零，则 $I_s = 0$，该支路等效为开路。

（3）受控源不是电路的激励，不能按叠加定理单独作用于电路。

（4）功率不能用叠加定理计算，因为功率和支路电流或支路电压是平方关系，而不是线性关系。

叠加定理反映了线性电路的特性：在线性电路中，各个激励所产生的响应是互不影响的，一个激励的存在并不会影响另一个激励所引起的响应。利用叠加定理分析电路，有助于简化复杂电路的计算。

【例 2.7】 电路如图 2.25 所示，利用叠加定理求电压 U。

解：要用叠加定理求解，首先将图 2.25 分解为每个独立电源单独作用的分电路，在分解电路中要考虑将不作用的电源"置零"。图 2.26 中的（a）、（b）和（c）是三个独立源单独作用时的分电路。

由图 2.26（a）可得电流源 4 A 单独作用下的响应

$$U_1 = \left(\frac{4}{4+2+2} \times 4 \times 2 \right) = 4 \text{ V}$$

由图 2.26（b）可得电压源 16 V 单独作用下的响应

$$U_2 = -\frac{16}{4+2+2} \times 2 = -4 \text{ V}$$

由图 2.26（c）可得电流源 8 A 单独作用下的响应

$$U_3 = \frac{2}{4+2+2} \times 8 \times 2 = 4 \text{ V}$$

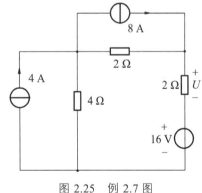

图 2.25 例 2.7 图

所以原电路的响应 U 为

$$U = U_1 + U_2 + U_3 = 4 - 4 + 4 = 4 \text{ V}$$

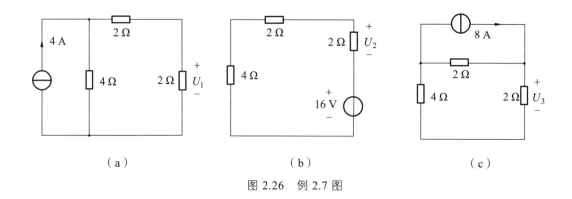

图 2.26　例 2.7 图

思考与练习

（1）是不是所有的电路都可以运用叠加定理来分析？功率的计算也可以运用叠加定理吗？

（2）利用叠加定理求解图 2.27 中的电流 I。

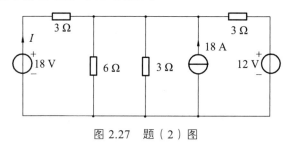

图 2.27　题（2）图

2.8　戴维南定理与诺顿定理

在电路分析中，常常研究电路中某一支路上的电流、电压或功率。这种情况下仍然可以用支路电流法、回路（网孔）电流法或节点电压法进行求解，但是计算起来往往较烦琐。本节将介绍由戴维南定理或诺顿定理得到的等效电路，它们仍然是针对有源二端网络的简化问题，但其思路是由叠加定理推出一种抽象的等效电路，可适用于解决复杂线性网络的分析计算，应用十分广泛。

2.8.1　戴维南定理

二端电路也叫作一端口电路，所谓一端口电路就是该电路对外有两个端子，构成一对端子或者叫作一个端口的电路。戴维南定理可把复杂的有源线性二端电路等效为一个理想电压源与电阻串联的电源模型。任何一个含有独立电源、线性电阻和受控源的有源线性二端电路 N_s ［见图 2.28（a）］，对其端口来说，可以等效为一个理想电压源和电阻串联的电源模型［见图 2.28（b）］。理想电压源的电压值 U_{oc} 等于有源二端电路 N_s 两个端子间的开路电压［见图 2.28（c）］，其串联电阻 R_{eq} 等于有源二端电路 N_s 内部所有独立源置零（独立电压源短路，独立电流源开路）后所得无源二端电路 N_o 的端口等效电阻［见图 2.28（d）］。

图 2.28（b）中的理想电压源 U_{OC} 和电阻 R_{eq} 的串联组合称为戴维南等效电路，等效电路中的电阻 R_{eq} 称为戴维南等效电阻。用戴维南等效电路把有源线性二端电路替代后，对外电路（端口以外的电路）求解没有影响，即外电路中的电压和电流仍然等于替代前的值。

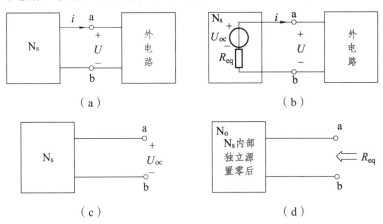

图 2.28　戴维南定理示意图

戴维南定理证明如下：

对图 2.28（a）的电路，应用替代定理（可参阅电路分析相关知识）将外电路用一个电流为 i 的电流源替代，得到如图 2.29（a）所示电路。根据叠加定理，端口电压 U 可以看成是由网络 N_s 内部的所有独立电源作用产生的电压 U_1 与网络 N_s 外部的电流源 i 单独作用产生的电压 U_2 之和，即

$$U = U_1 + U_2 \tag{2.8.1}$$

对于两个响应电压 U_1、U_2 的电路分别如图 2.29（b）和图 2.29（c）所示。

由图 2.29（b）可见，U_1 是网络 N_s 内部的所有独立源作用，外部的电流源不作用 $(i = 0)$，也就是电流源用开路替代时，二端网络 N_s 的开路电压 U_{oc}，即

$$U_1 = U_{oc} \tag{2.8.2}$$

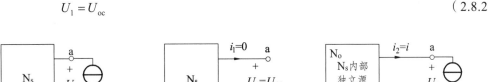
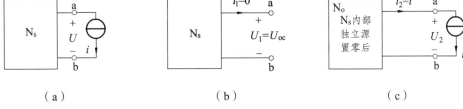

图 2.29　戴维南定理的证明

由图 2.29（c）可见，U_2 是网络 N_s 内部的所有独立源不作用，即电流源 i 作用时，无源

二端网络 N_o 的端电压。此时网络内部的独立电源不作用，即电压源用短路替代，电流源用开路替代，原来的有源二端网络 N_s 变成无源网络 N_o，而无源网络 N_o 对外端口 a、b 可等效为一个电阻 R_{eq}。对 N_o 来说，由于 U_2 和 i 取非关联参考方向，根据欧姆定律，有

$$U_2 = -R_{eq}i \qquad (2.8.3)$$

将 U_1、U_2 代入式（2.8.1）中，得有源二端网络 N_s 端口电压 U 的伏安关系为

$$U = U_{oc} - R_{eq}i \qquad (2.8.4)$$

对图 2.28（b）所示的电压源和电阻串联的戴维南等效电路而言，由于其端口上的电压 U 和电流 i 为非关联参考方向，故其伏安关系为

$$U = U_{oc} - R_{eq}i \qquad (2.8.5)$$

比较式（2.8.4）和式（2.8.5），可看到两式完全相同，所以图 2.28（a）中的有源二端网络 N_s 可以用图 2.28（b）中的电压源和电阻串联支路等效替代，从而证明了戴维南定理的正确。

应用戴维南定理的关键是求出有源二端网络的开路电压和戴维南等效电阻。计算开路电压 U_{oc}，可运用前面讲述的各种分析方法，如电源等效变换法、支路电流法、回路（网孔）电流法和节点电压法等。

计算等效电阻 R_{eq} 的方法有下列 4 种。

（1）电阻串、并联等效法。

有源二端网络 N_s 的结构已知，而且不含有受控源时，令有源网络内部所有独立电源为零（即电压源用短路替代，电流源用开路替代），将有源网络 N_s 变成无源网络 N_o，然后直接利用电阻的串、并联化简求得 R_{eq}。

（2）加压求流法。

有源二端网络 N_s 内部含有受控源时，为求其等效电阻 R_{eq}，可令有源网络 N_s 内所有独立电源为零，保留受控源，使其成为无源二端网络 N_o。这个网络 N_o 可以用一个电阻 R_{eq} 来等效：在该网络端口施加电压源 U_s，在外加电压 U_s 的作用下端口必有电流 i。因此，可得等效电阻

$$R_{eq} = \frac{\text{在网络 } N_o \text{ 端口处外加电压}}{\text{所求得端口电流}} = \frac{U_s}{i} \qquad (2.8.6)$$

（3）加流求压法。

同理对一个无源二端网络 N_o，由于它总可以用一个电阻 R_{eq} 来等效，所以可在其两端处施加电流源 i_s。在外加电流 i_s 的作用下端口必产生电压 U。电压 U、电流 i_s 及电阻 R_{eq} 之间满足欧姆定律，可得等效电阻 R_{eq} 为

$$R_{eq} = \frac{\text{所求得端口电压}}{\text{在网络 } N_o \text{ 端口处外加电流}} = \frac{U}{i_s} \qquad (2.8.7)$$

（4）开路电压，短路电流法。

等效电阻 R_{eq} 的开路电压，短路电流法的对象是含有独立源的有源二端网络，如图 2.30（a）所示。由戴维南定理可知，一个有源二端网络总可以用一个电压源 U_{oc} 串联电阻 R_{eq} 来等效，因此可将图 2.30（a）等效为图 2.30（b）。由图 2.30（b）可看到，当端口 ab 开路时，开路电压 $U_{ab} = U_{oc}$；若将图 2.30（b）中的 a、b 两端短路，如图 2.30（c）所示，则可得短路电流 i_{sc}，由此可得等效电阻

$$R_{eq} = \frac{U_{oc}}{i_{sc}}$$

这就是要分别求出有源网络的开路电压 U_{oc} 和短路电流 i_{sc} 后，算出的等效电阻 R_{eq}。

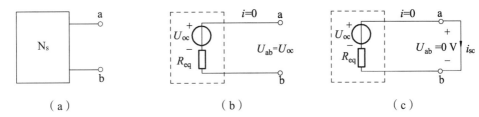

图 2.30　开路电压、短路电流法示意图

【例 2.8】　用戴维南定理求【例 2.2】中的电流 I_3，电路如图 2.31（a）所示。

解：（1）求 U_{oc}，将要求解的支路断开，得有源二端网络，U_{oc} 极性与所求电流 I_3 选为关联参考方向，如图 2.31（b）所示；

对右边部分电路 abcd 可应用基尔霍夫电压定律的推广（基尔霍夫电压定律应用于假想回路），可得 KVL 方程①：

$$U_{oc} - 5I - 90 = 0$$

由完全回路可得 KVL 方程②：

$$140 - 20I - 5I - 90 = 0$$

联立方程①、②，求解得：$I = 2$ A；$U_{oc} = 100$ V

注：由于图 2.31（b）中有两个电源，所以也可用叠加定理求解 U_{oc}，读者可自行求解。

（2）求等效电阻 R_{eq}，在有源二端网络电路图中，将所有独立电源置零（独立电压源短路，独立电流源开路），可得无源二端网络，如图 2.31（c）所示，则 R_{eq} 为 20 Ω 与 5 Ω电阻的并联，即

$$R_{eq} = 20 // 5 = \frac{1}{\frac{1}{20} + \frac{1}{5}} = \frac{20 \times 5}{20 + 5} = 4 \ \Omega$$

（3）求电流 I_3，由已求得的 U_{oc} 和 R_{eq}，可得原电路的戴维南等效电路如图 2.31（d），由该等效电路的全欧姆定律可得

$$I_3 = \frac{U_{oc}}{R_{eq}+6} = \frac{100}{4+6} = 10 \text{ A}$$

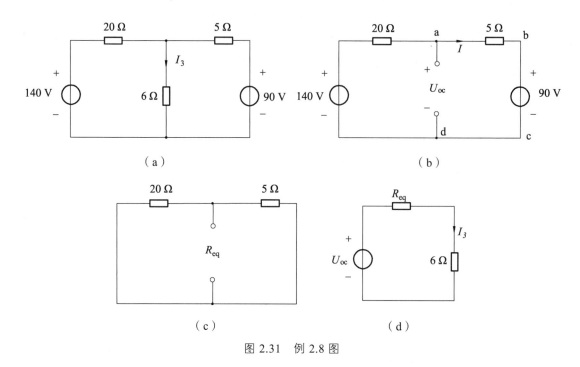

图 2.31 例 2.8 图

【例 2.9】 用戴维南定理求【例 2.7】中的电压 U，电路如图 2.32（a）所示。

解：在该电路中，要求解电压 U，可先求出电流 I，由欧姆定律可得：$U = 2I$

（1）求 U_{oc}，将要求解的支路断开，得有源二端网络，U_{oc} 极性与所求电流 I 选为关联参考方向，如图 2.32（b）所示，

由图可求得：$U_1 = 4 \times 4 = 16 \text{ V}$，$U_2 = 2 \times 8 = 16 \text{ V}$

对电路的 $abcd$ 部分电路可应用基尔霍夫电压定律的推广（基尔霍夫定律应用于假想回路），可得 KVL 方程：

$$U_1 + U_2 - U_{oc} - 16 \text{ V} = 0$$

代入 U_1，U_2 数值，求得 $U_{oc} = 16 \text{ V}$

注：由于此处有三个电源，所以也可用叠加定理求解 U_{oc}，读者可自行求解。

（2）求等效电阻 R_{eq}，在有源二端网络电路图中，将所有独立电源置零（独立电压源短路，独立电流源开路），可得无源二端网络，如图 2.32（c）所示，则 $R_{eq} = 2 + 4 = 6 \text{ Ω}$

（3）求电流 I，由已求得的 U_{oc} 和 R_{eq}，可得原电路的戴维南等效电路，如图 2.32（d）所示。

由该等效电路的全欧姆定律可得

$$I = \frac{U_{oc}}{R_{eq}+2} = \frac{16}{6+2} = 2 \text{ A}$$

由欧姆定律得：$U = 2I = 2 \times 2 = 4 \text{ V}$

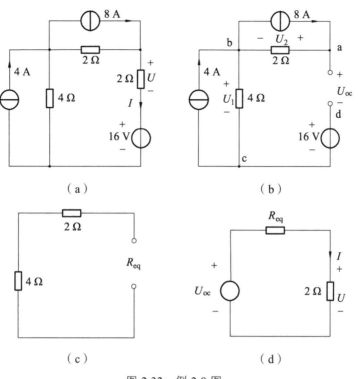

图 2.32　例 2.9 图

2.8.2　诺顿定理

诺顿定理是等效电源定理的另一种形式，它可以把复杂的有源线性二端电路等效为一个电流源与电导并联的电源模型：任何一个含有独立电源、线性电阻和受控源的有源线性二端电路 N_s ［见图 2.33（a）］，其端口都可等效为一个电流源和电导（电阻）并联的电源模型［见图 2.33（b）］。该电流源的电流值 i_{sc} 等于有源二端电路 N_s 的两个端子短路时其上的短路电流［见图 2.33（c）］，其并联的电导 G_{eq}（电阻 R_{eq}）等于有源二端电路 N_s 内部所有独立源置零（独立电压源短路，独立电流源开路）后所得无源二端电路 N_o 的端口等效电导（等效电阻）［见图 2.33（d）］。

图 2.33（b）中的电流源 i_{sc} 和电阻 R_{eq} 的并联组合称为诺顿等效电路。

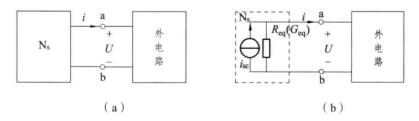

（a）　　　　　　　　　　　（b）

（c）　　　　　　　　　　　　　（d）

图 2.33　诺顿定理的示意图

　　在一般情况下有源线性二端电路可以等效为戴维南等效电路，根据实际电源两种模型等效变换即可得到诺顿等效电路，如图 2.34 所示。故诺顿定理可以看作戴维南定理的另一种形式。值得注意的是，诺顿定理的证明借助于戴维南定理及电源等效变换原理，然而在实际分析电路中，诺顿等效电路却不需要借助戴维南等效电路求得。

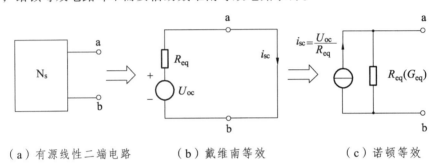

（a）有源线性二端电路　　　　（b）戴维南等效　　　　　　（c）诺顿等效

图 2.34　诺顿等效电路与戴维南等效电路的关系

　　由图 2.34 可以看出戴维南等效电路和诺顿等效电路共有开路电压 U_{oc}、等效电阻 R_{eq} 和短路电流 i_{sc} 等三个参数，其关系 $U_{oc} = R_{eq}i_{sc}$。故求出其中任意两个量就可求出另一个量。

　　【例 2.10】　用诺顿定理求解【例 2.2】中的电流 I_3，电路如图 2.35（a）所示。

　　解：（1）求短路电流 I_{sc}，将要求解的支路短路，如图 2.35（b）所示，

　　由基尔霍夫电流定律可得：$I_{sc} = I_1 + I_2$

　　又 ab 为短接导线，所以：$I_1 = \dfrac{140}{20} = 7\ \text{A}$，$I_2 = \dfrac{90}{5} = 18\ \text{A}$

　　联立上式，可得：$I_{sc} = 7 + 18 = 25\ \text{A}$

　　（2）求等效电阻 R_{eq}，诺顿定理的等效电阻求解与戴维南定理的等效电阻求解相同，无源二端网络如图 2.35（c）所示。

　　则 R_{eq} 为 20 Ω 与 5 Ω 电阻的并联，即

$$R_{eq} = 20 \text{ // } 5 = \frac{1}{\dfrac{1}{20} + \dfrac{1}{5}} = \frac{20 \times 5}{20 + 5} = 4\ \Omega$$

　　（3）求电流 I_3，由已求得的 I_{sc} 和 R_{eq}，可得原电路的诺顿等效电路如图 2.35（d）所示。

　　由并联电路分流可得：$I_3 = I_{sc} \times \dfrac{R_{eq}}{R_{eq} + 6} = 25 \times \dfrac{4}{4 + 6} = 10\ \text{A}$

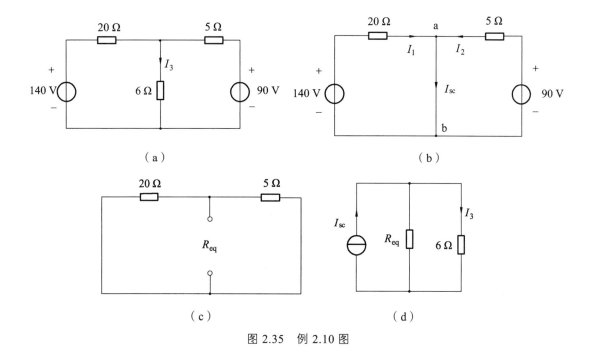

图 2.35　例 2.10 图

思考与练习

（1）诺顿定理和戴维南定理有什么区别和联系？其等效电路之间有什么关系？它们和叠加定理之间又有什么联系？

（2）应用戴维南定理或者诺顿定理将图 2.36 所示电路转化为等效电压源或电流电源模型。

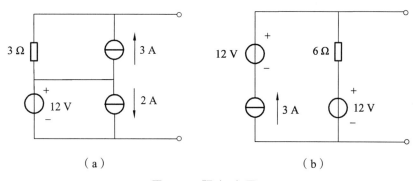

图 2.36　题（2）图

（3）有源二端网络用戴维南等效电源或诺顿等效电源代替时，为什么要对外等效，对内是否也等效？

练 习 题

1. 家里电灯开得越多，负载是越大还是越小？总负载电阻是越大还是越小？

2. 计算图 2.37 中 a、b 之间的等效电阻 R_{ab}。

3. 如图 2.38 所示的电路，试用电路等效变换法求 I。

4. 如图 2.39 所示电路，$R_1 = R_3 = R_4 = 20\,\Omega$，$R_2 = R_5 = R_6 = 10\,\Omega$，$u_{s1} = u_{s5} = 2\,\text{V}$，$u_{s6} = 4\,\text{V}$，试用支路电流法求解电流 i_5，并且用网孔电流法求解电流 i_3。

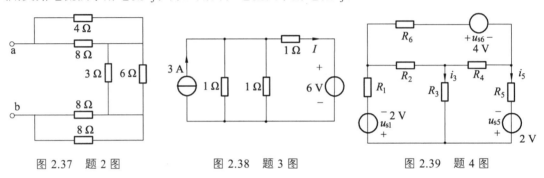

图 2.37　题 2 图　　　　图 2.38　题 3 图　　　　图 2.39　题 4 图

5. 试用网孔电流法求解如图 2.40 所示电路中的电流 I_a 和电压 U_o。

6. 在图 2.41 中所示的直流电路中，电阻和电压源都为已知，利用网孔电流法求各支路电流。

7. 列出图 2.40 中所示电路的节点电压方程。

8. 利用节点电压法求解图 2.41 中的各支路电流。

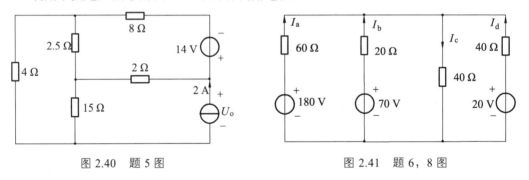

图 2.40　题 5 图　　　　　　　图 2.41　题 6，8 图

9. 用叠加定理求图 2.38 中的电流 I。

10. 应用叠加定理求解图 2.42 所示电路的电压 u_{ab}。

11. 用叠加定理求图 2.43 中的电流 I 及 4 Ω 电阻上消耗的功率。

12. 如图 2.44 所示，N_0 为无源电阻网络。当 $U_s = 1\,\text{V}$，$I_s = 1\,\text{A}$ 时，$I = 0\,\text{A}$；当 $U_s = 10\,\text{V}$，$I_s = 0\,\text{A}$ 时，$I = 1\,\text{A}$。求：当 $U_s = 0\,\text{V}$，$I_s = 10\,\text{A}$ 时，$I = ?$

13. 如图 2.45 所示，用叠加定理求电压 $u = ?$

14. 求如图 2.46 所示有源二端网络的戴维南等效电路。

15. 利用戴维南定理计算如图 2.47 所示电路图中的电流 I。

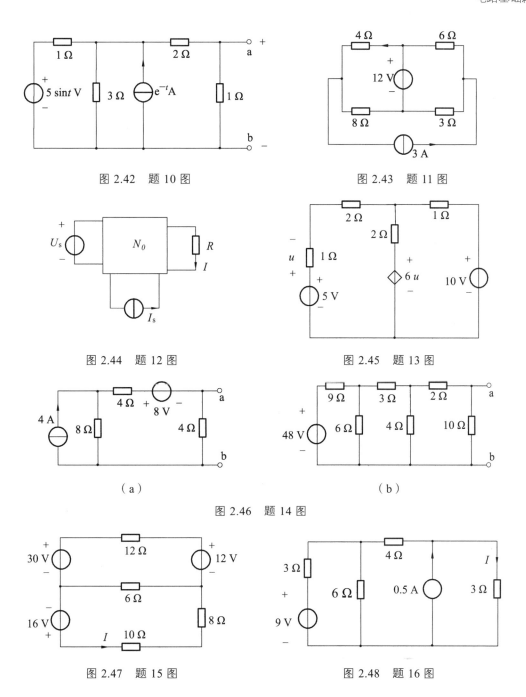

图 2.42　题 10 图　　　　　　　图 2.43　题 11 图

图 2.44　题 12 图　　　　　　　图 2.45　题 13 图

（a）　　　　　　　　　　　（b）

图 2.46　题 14 图

图 2.47　题 15 图　　　　　　　图 2.48　题 16 图

16. 利用戴维南定理计算如图 2.48 所示电路图中的电流 I。

17. 试求如图 2.49 所示电路中控制量 i_1 及电压 u_o。

18. 试求如图 2.50 所示电路中的电流 i。

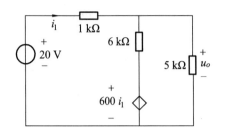

图 2.49　题 17 图

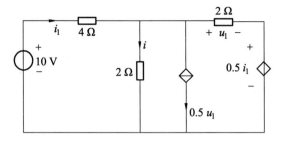

图 2.50　题 18 图

第 3 章　正弦交流电路

正弦交流电简称交流电，是目前供电和用电的主要形式。这是因为交流发电机等供电设备比直流式其他波形的供电设备性能好、效率高；交流电压的大小可以通过变压器比较方便的进行升高或降低，从而解决了远距离输电要求电压高而发电和用电的电压不能过高的矛盾。在电子技术中，正弦信号的应用十分广泛，测试电子设备最常用的信号发生器输出的是频率可调的正弦信号，无线电通信和广播所用的"载波"是高频正弦波等，这是因为非正弦周期信号可以通过傅立叶级数分解为一系列不同频率的正弦分量。

由此可见，交流电路的基本理论既是电工技术的理论基础，又是电子技术的理论基础，是学习电工学必须掌握的基本内容。

本章主要讲述正弦交流电的基本概念，电阻、电感和电容三种单一参数电路及其串联电路，交流电路的阻抗，阻抗串联和并联电路，交流电路的功率和功率因数等内容。对于电路谐振只作一般的讲解。最后，还将介绍电工技术中常遇到的非正弦周期电压和电流的一些基本概念和分析方法。

3.1　正弦交流电的基本概念

正弦交流电指电路中电压、电流、电动势等按照正弦规律周期性变化的物理量的统称，又称其为正弦量。激励源为正弦量的电路称为正弦交流电路。以电流为例，其数学表达式为

$$i(t) = I_m \sin(\omega t + \theta) \tag{3.1.1}$$

其波形如图 3.1 所示。式中，$i(t)$ 为瞬时值，表示正弦量在任一瞬时 t 的取值（自变量 (t) 常省略）；I_m 称为幅值，也是最大值；ω 为角频率；θ 称为初相位或初相角。幅值、角频率和初相位一经确定，则正弦量与时间的函数关系也就唯一的确定下来，所以也将幅值、角频率和初相位称为正弦量的三要素。

由于正弦电压和电流的方向是周期性变化的，电路图上所标的方向是指它们的参考方向。图 3.1 中，正半周时，电流为正值，说明实际方向和参考方向相同；在负半周时，电流为负值，所以实际方向和参考方向相反。图中的虚线箭头代表电流的实际方向；⊕、⊖代表电压的实际方向（极性）。

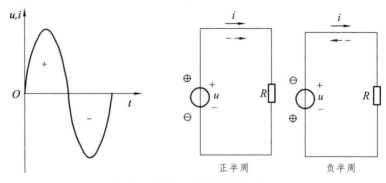

图 3.1 正弦电压和电流的方向

3.1.1 频率与周期

正弦量交替变化一次所需要的时间称为周期，用符号 T 表示，单位是秒（s）；单位时间内变化的次数称为频率，用符号 f 表示，单位是赫［兹］（Hz）。根据定义，f 恰好是 T 的倒数，即

$$f = \frac{1}{T} \tag{3.1.2}$$

我国和大多数国家都采用 50 Hz 作为电力标准频率，有些国家（美国、日本等）采用 60 Hz 或 25 Hz。这几种频率在工业上应用广泛，习惯上称为工频。通常的交流电动机和照明负载都是使用这几种频率。除了工频外，在其他各种不同的技术领域内使用着各种不同的频率，如无线电通信的频率在 30 kHz ~ 3×10^4 MHz，有线通信的频率为 300 ~ 5 000 Hz，机械工业用的高频加热设备频率是 150 ~ 2 000 Hz 等。

正弦量变化的快慢除了用周期和频率表示外，还可以用角频率 ω 来表示。因为正弦量变化每完成一个循环，在时间上是经过一个周期 T，在正弦函数的角度上是变化了 2π 弧度。所以角频率为

$$\omega = \frac{2\pi}{T} = 2\pi f \tag{3.1.3}$$

它的单位是弧度/秒（rad/s），上式表示了 T、f、ω 三者之间的关系。

3.1.2 幅值与有效值

正弦量的瞬时值，用小写字母来表示，如 u、i、e 分别表示电压、电流、电动势的瞬时值。瞬时值中最大的值称为幅值或最大值，用带有下标 m 的大写字母来表示，如 I_m、U_m 及 E_m 分别表示电流、电压及电动势的幅值。幅值虽然能够反映出交流电的大小，但毕竟只是一个特定的瞬时值，不能用来计量交流电。因此规定了一个用来计量交流电大小的量，称为交流电的有效值。

有效值是从电流的热效应来规定的。在电工技术中，不论是周期变化的交流还是不变的

直流，只要它们在相等的时间内通过同一电阻而两者的热效应相等，就把它们的数值看作是相等的。就是说，某一个周期电流 i 通过一个电阻 R 在一个周期内产生的热量，和另外一个直流电流 I 通过同一个电阻 R 在相同的时间内产生的热量相等，则把直流 I 称为这个周期电流 i 的有效值。

根据这一定义，可得

$$\int_0^T Ri^2 \mathrm{d}t = RI^2 T \tag{3.1.4}$$

由此求得有效值与瞬时值的关系是

$$I = \sqrt{\frac{1}{T}\int_0^T i^2 \mathrm{d}t} \tag{3.1.5}$$

即有效值等于瞬时值的平方在一个周期内的平均值的开方，故又称方均根值。式（3.1.5）适用于周期性变化的量，但不能用于非周期量。

当周期电流为正弦量时，比如 $i(t) = I_\mathrm{m}\sin(\omega t + \theta)$，则将

$$\int_0^T i^2(t)\mathrm{d}t = \int_0^T I_\mathrm{m}^2 \sin^2(\omega t + \theta)\mathrm{d}t = \int_0^T I_\mathrm{m}^2 \frac{1-\cos 2(\omega t + \theta)}{2}\mathrm{d}t = \frac{I_\mathrm{m}^2}{2}T$$

代入式（3.1.5）中，便得到了正弦交流电的有效值与最大值的关系为

$$I = \frac{I_\mathrm{m}}{\sqrt{2}} = 0.707 I_\mathrm{m} \tag{3.1.6}$$

规定，有效值用大写字母表示。上式也可写为 $I_\mathrm{m} = \sqrt{2}I$，因此，有时候瞬时值表达式也可写为 $i(t) = \sqrt{2}I\sin(\omega t + \theta)$。同理，正弦交流电压和电动势的有效值与其幅值关系为

$$U = \frac{U_\mathrm{m}}{\sqrt{2}} \tag{3.1.7}$$

$$E = \frac{E_\mathrm{m}}{\sqrt{2}} \tag{3.1.8}$$

一般地，我们常说的正弦电压或电流的大小以及交流测量仪表所指示的数值均是指有效值。如我们通常讲 380 V 或 220 V 交流电压，指的就是有效值。

3.1.3　初相位

交流电是随时间变化的，交流电在不同时刻 t 具有不同的相位，即 $(\omega t + \theta)$ 值。所以 $(\omega t + \theta)$ 代表了交流电的变化进程，称为相位或者相位角，单位为弧度或者度。$t = 0$ 时刻的相位角称为初相位或者初相位角，初相位与所选的计时起点有关。实际上的交流电是无始无终的，没有坐标轴，坐标轴是为了分析计算方便而人为加上去的。原则上计时起点是可以任意选择的，但在进行交流电路的分析计算时，同一个电路中所有的电流、电压和电动势只能有一个共同的计时起点。所以，在同一个电路中，通常选择其中一个正弦量作为计时起点的参

考，该正弦量称为参考正弦量，设其初相位为零，其他各正弦量的初相位即为与参考正弦量的相位之差。

初相位的数值和符号由函数的起点（sin 函数为从负到正的过零点）与计时起点（$t=0$）之间的关系确定。当二者重合时 $\theta=0$，如图 3.2（a）所示；函数起点在计时起点之前时 $\theta>0$，如图 3.2（b）所示；函数起点在计时起点之后时 $\theta<0$，如图 3.2（c）所示。初相位通常在主值范围内取值，即 $\theta \leqslant |\pi|$。

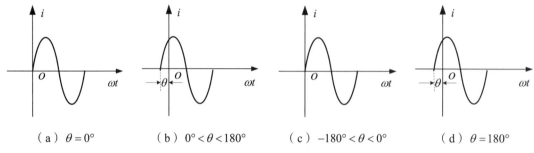

（a）$\theta=0°$ （b）$0°<\theta<180°$ （c）$-180°<\theta<0°$ （d）$\theta=180°$

图 3.2 正弦交流电的初相位

在同一正弦电路中，一般各正弦量的频率是相同的。例如

$$\left.\begin{array}{l} u(t)=u_{\mathrm{m}}\sin(\omega t+\varphi_u) \\ i(t)=I_{\mathrm{m}}\sin(\omega t+\varphi_i) \end{array}\right\} \qquad (3.1.9)$$

两个同频率正弦量的相位之差称为相位差，用 φ 表示。上式中 $u(t)$ 与 $i(t)$ 的相位差 $\varphi=(\omega t+\varphi_u)-(\omega t+\varphi_i)=\varphi_u-\varphi_i$，可见，同频率的正弦量相位差即为初相位之差。而不同频率正弦量之间的相位差不是常数，而是时间 t 的函数，这种情况一般不作讨论。

若 $\varphi>0$，称 $u(t)$ 超前于 $i(t)$，如图 3.3（a）所示；若 $\varphi<0$，称 $u(t)$ 滞后于 $i(t)$，如图 3.3（b）所示；若 $\varphi=0$，称 $u(t)$ 与 $i(t)$ 同相，如图 3.3（c）所示；若 $\varphi=\pi$ 或者 $\varphi=180°$，称 $u(t)$ 与 $i(t)$ 反相，如图 3.3（d）所示。相位差通常也是在主值范围内取值，即 $\varphi \leqslant |\pi|$。

这里要注意的是，两个正弦量进行相位比较求相位差时，应该满足的条件是相同函数、相同频率和相同符号，且在主值范围内比较。

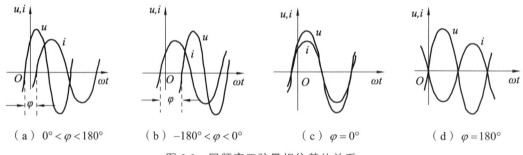

（a）$0°<\varphi<180°$ （b）$-180°<\varphi<0°$ （c）$\varphi=0°$ （d）$\varphi=180°$

图 3.3 同频率正弦量相位差的关系

【例 3.1】 已知 u_1、u_2 和 u_3 在相关参考方向情况下的瞬时三角函数式为

$$u_1=100\sin(314t+120°)\ (\mathrm{V})$$

$$u_2 = 50\sin(314t - 90°)\ (V)$$

$$u_3 = 80\cos(314t + 30°)\ (V)$$

（1）求 u_1 和 u_2 的相位差，判断 u_1 和 u_2 谁超前？

（2）若改变 u_2 的参考方向，求两者的相位差并判断 u_1 和 u_2 谁超前？

（3）求 u_1 和 u_3 的相位差。

解：（1） $\varphi = \varphi_{u_1} - \varphi_{u_2} = 120° - (-90°) = 210°$

习惯规定 $-180° \leqslant \varphi \leqslant 180°$ ，则 $\varphi = 210° - 360° = -150°$ 。可知 u_1 滞后于 u_2 150°。

（2） $u_2' = -50\sin(314t - 90°) = 50\sin(314t - 90° + 180°) = 50\sin(314t + 90°)$

则 $\varphi = \varphi_{u_1} - \varphi_{u_2'} = 120° - 90° = 30°$ 。可知 u_1 超前 u_2' 30°。

（3）表示 u_3 的函数与 u_1 不同，首先需要将 u_3 变换为 sin 函数的表达式

$u_3 = 80\sin(314t + 30° + 90°) = 80\sin(314t + 120°)$ ，则 $\varphi = \varphi_{u_1} - \varphi_{u_3} = 120° - (120°) = 0$

说明 u_1 与 u_3 同相。

思考与练习

（1）若 $i = 10\sin(314t - 30°)\ (A)$ ，试指出其三个要素值。并求出 i 的周期 T、频率 f 以及有效值 I。

（2）分析和计算正弦交流电是否也与直流电一样应从研究它们的大小和方向着手？

（3）有效值 $U = 220\ V$ 的交流电电压， $t = 0$ 时瞬时值为 155 V，初相角为多少？写出它的时间函数。

（4）已知 $e_1 = 100\sin(314t - 30°)\ (A)$ ， $e_2 = 100\sin(1\,000t - 30°)\ (V)$ ，能否算出它们的相位差？

3.2　正弦交流电与相量法

正弦交流电激励下的线性电路，在经过了暂态过程后，将产生持续稳定的、与激励频率相同的正弦稳态响应，我们在生活和生产中遇到的绝大多数是正弦稳态的情况。对于正弦稳态电路的求解，一种是采用前面求解暂态过程的经典法，求解正弦激励下的稳态响应，这对于一阶电路来说已经是不容易的了，而高阶电路的求解会非常吃力。因此我们需要寻求一种更为简便快捷的方法，这便是本章将要讲到的相量法，它借助变换方法和复数运算，在进行单一频率激励下的正弦稳态电路分析时，避免了对微分方程的求解而变得非常方便。

3.2.1　变换分析法

我们在求解某些问题时，如果直接求解会非常困难，这时我们通常采用变换的思路，如图 3.4 所示。

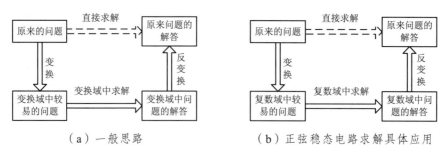

（a）一般思路　　　　　　　（b）正弦稳态电路求解具体应用

图 3.4　变换方法求解思路

变换分析法一般由以下三个步骤来实现：

（1）变换：将原来比较复杂的问题变换为变换域中比较容易的问题。

（2）求解：求解出变换域问题的解答。

（3）反变换：将变换域中的解答还原为原来问题的解答。

这种变换方法我们在数学上经常会用，比如：求解 $x^{2.35}=5$ 中的 x。如果我们直接求解是非常困难的，那我们通常是怎么做的呢？先对等式两边同时取对数：$2.35\lg x=\lg 5$，即将原来的问题变换为对数域里的问题，然后求出：$\lg x=0.297\,4$，即求出对数域的解答。而我们要求的不是 $\lg x$ 而是 x，所以还需要进行反变换，即求反对数，从而求出 $x=1.983$，这便是原来问题的解答。

在正弦稳态电路的求解中，我们将正弦稳态的问题（即正弦量的问题）变换为复数域的问题，通过复数域问题的求解，求出复数域问题的解答（此时解答为复数），然后通过反变换，从而求出正弦量的解答，这和我们采用经典法求出的结果是一样的，这种变换方法称为相量法。除了将正弦量变换到复数域以外，在电路分析中，还可以将正弦量变换到复频域，拉普拉斯变换即采用这样的变换方法。由于相量法需要用到复数及其运算方法，因此接下来首先了解一下什么是复数。

3.2.2　复数的表示方法与运算

1. 复数的表示方法

直角坐标中，横轴用 ±1 为单位，称为实轴；纵轴表示虚部，称为虚轴，以 ±j 为单位（数学上是 ±i 表示，由于电路理论中 i 已经用来表示电流的瞬时值，所以改用 j）。实轴与虚轴构成的平面称为复平面。设一个复数 A，它在复平面上表示为如图 3.5 所示的矢量。其实部 $\mathrm{Re}[A]=a$，虚部 $\mathrm{Im}[A]=b$，模为 $|A|$，幅角（与正实轴的夹角）为 θ，则复数的几种表示方式分别为

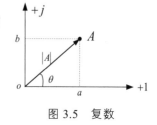

图 3.5　复数

直角坐标式：$A=a+\mathrm{j}b$

指数式：$A=|A|\mathrm{e}^{\mathrm{j}\theta}$

极坐标式：$A=|A|\angle\theta$

三角函数式：$A=|A|\cos\theta+|A|\sin\theta$

其中，$|A|=\sqrt{a^2+b^2}$，$\theta=\arctan^{-1}(b/a)$，$a=|A|\cos\theta$，$b=|A|\sin\theta$。复数的几种表示方式之间的转换关系需要掌握好。

2. 复数的运算法则与作图

1）复数的加减运算与矢量图

复数的加减运算，即为各复数的实部与虚部分别相加减。若 $A = a_1 + \mathrm{j}b_1$, $B = a_2 + \mathrm{j}b_2$，则有

$$A \pm B = (a_1 \pm a_2) + \mathrm{j}(b_1 \pm b_2) \tag{3.2.1}$$

可见，复数的加减运算必须使用直角坐标式，如果是用其他方式表示的，则应先转化为直角坐标式，再进行相应的运算。

上面是通过计算的方法求 A 和 B 的和或者差，我们还可以通过作图的方式求解。设 $C = A + B$, $D = A - B$，根据矢量的平行四边形法则和三角形法则求解矢量 C 和 D 的过程如图 3.6 和图 3.7 所示。

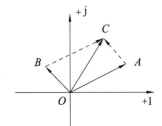 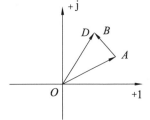

（a）平行四边形法则求 $C = A + B$　　（b）平行四边形法则求 $D = A - B$

图 3.6　平行四边形法则求 $A + B$ 与 $A - B$

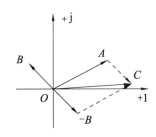 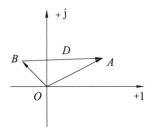

（a）三角形法则求 $C = A + B$　　（b）三角形法则求 $D = A - B$

图 3.7　三角形法则求 $A + B$ 与 $A - B$

2）复数的乘除运算与旋转因子

复数的乘除运算，即为各复数的模相乘除，幅角相加减。若 $A = |A| \angle \theta_1$, $B = |B| \angle \theta_2$，则有

$$A \cdot B = |A| \times |B| \angle \theta_1 + \theta_2 \tag{3.2.2}$$

$$A / B = \frac{|A|}{|B|} \angle \theta_1 - \theta_2 \tag{3.2.3}$$

可见，复数的乘除运算必须使用极坐标式或者指数式，如果是用其他方式表示的，则应先转化为极坐标式或者指数式，再进行相应的运算。

虽然我们也可以采用作图的方式求复数的积或者商，一般来说由于不同复数的模和幅角不同，所以没有一个统一的规律。但有几个特殊的复数，当其他复数与它们相乘后会有特殊的效果。

根据欧拉公式

$$\mathrm{e}^{\mathrm{j}\varphi} = \cos\varphi + \mathrm{j}\sin\varphi = 1\angle\varphi \tag{3.2.4}$$

由上式可知，$\mathrm{e}^{\mathrm{j}\varphi}$ 或者 $1\angle\varphi$ 是一个模为 1，幅角为 φ 的复数，任一复数 $A = |A|\angle\theta$ 与它相乘为

$$A\mathrm{e}^{\mathrm{j}\varphi} = |A|\mathrm{e}^{\mathrm{j}(\theta+\varphi)} = |A|\angle\theta+\varphi \tag{3.2.5}$$

得到的复数 $A\mathrm{e}^{\mathrm{j}\varphi}$ 是一个模仍然为 $|A|$，幅角为 $(\theta+\varphi)$，其幅角比 A 的幅角大一个 φ 角，在矢量图上 $A\mathrm{e}^{\mathrm{j}\varphi}$ 表现为将 A 沿逆时针方向转过一个 φ 角。当 φ 分别取 90°、–90° 和 180° 时，与 $\mathrm{e}^{\mathrm{j}\varphi}$ 对应的直角坐标式分别为 $\mathrm{e}^{\mathrm{j}90°} = \mathrm{j}\sin90° = \mathrm{j}$、$\mathrm{e}^{\mathrm{j}(-90°)} = \mathrm{j}\sin(-90°) = -\mathrm{j}$ 和 $\mathrm{e}^{\mathrm{j}180°} = \cos180° = -1$。因此，$\mathrm{j}A = A\mathrm{e}^{\mathrm{j}90°}$，其矢量图为将 A 沿逆时针方向转过 90°；$-\mathrm{j}A = A\mathrm{e}^{\mathrm{j}(-90°)}$，其矢量图为将 A 沿顺时针方向转过 90°；$-A = A\mathrm{e}^{\mathrm{j}(\pm180°)}$，其矢量图为将 A 沿逆时针或者顺时针方向转过 180°。故常把 j、$-\mathrm{j}$ 和 -1 看作旋转因子，以上旋转因子与 A 相乘的矢量图如图 3.8 所示。

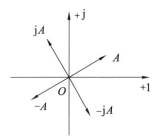

图 3.8　旋转因子与复数 A 乘积矢量图

【例 3.2】　已知 $F_1 = 3 - \mathrm{j}4$，$F_2 = -3 + \mathrm{j}4$，$F_3 = 10\angle30°$。求：（1）F_1 和 F_2 的极坐标表达式；（2）$F_1 + F_3$。

解：（1）$F_1 = \sqrt{3^2 + 4^2} \angle \arctan\dfrac{-4}{3} = 5\angle-53.1°$

$$F_2 = \sqrt{3^2 + 4^2} \angle \arctan\dfrac{4}{-3} = 5\angle126.9°$$

（2）$F_1 + F_3 = 3 - \mathrm{j}4 + 10\cos30° + \mathrm{j}10\sin30° = (3+8.66) + \mathrm{j}(-4+5)$

$$= 11.66 + \mathrm{j}1 = 11.7\angle4.9°$$

注：在求复数的极坐标表示时，根据复数所在象限中其矢量与正实轴的夹角。

3.2.3　相　量

根据电路理论的相关知识，在正弦电源激励下的线性电路达到稳态时，各电压和电流均是与激励同频率的正弦量。在描述正弦量的三要素（即幅值、角频率和初相位）中，当已知正弦电源频率时，只需要求解幅值和初相位两个要素就可以了，接下来我们来讨论正弦量与相量之间的关系。

设正弦电流为 $i(t) = I_m \sin(\omega t + \theta)$，我们根据该正弦电流的幅值 I_m 和相位 $(\omega t + \theta)$ 构造一个复函数 $A(t) = I_m e^{j(\omega t + \theta)}$，其模为正弦电流的幅值，幅角为正弦电流的相位，则 $A(t)$ 与正弦电流 $i(t)$ 之间为一一对应的映射关系。而正弦电流 $i(t)$ 与复函数 $A(t)$ 的虚部（即为 $A(t)$ 矢量图中在虚轴上的投影），即

$$i(t) = I_m \sin(\omega t + \theta) = \text{Im}[A(t)] = \text{Im}[I_m \cos(\omega t + \theta) + jI_m \sin(\omega t + \theta)] \qquad （3.2.6）$$

复函数 $A(t)$ 还可表示为

$$A(t) = I_m e^{j(\omega t + \theta)} = (I_m e^{j\theta})e^{j\omega t} = \dot{I}_m e^{j\omega t} \qquad （3.2.7）$$

其中，$\dot{I}_m = I_m e^{j\theta} = A(t)|_{t=0} = A(0)$，表示复函数 $A(t)$ 在初始时刻的值。复函数 $A(t)$ 是一个旋转矢量，它和 $\dot{I}_m$ 在复平面上的矢量图以及在虚轴上的投影波形（即正弦电流波形）如图 3.9 所示。$A(0)$（即 $\dot{I}_m$）与旋转矢量 $A(t)$ 之间是一一对应的映射关系，因此相量 $\dot{I}_m$ 与正弦量 $i(t)$ 之间亦为映射关系。

我们把包含了正弦量两个要素（即幅值 I_m 和初相位 θ）的复数 $\dot{I}_m$ 称为相量。由于一般正弦交流电路的电源角频率是已知的，我们在分析交流电路时采用只需要求解幅值和初相位两个要素就足够了，因此采用包含了正弦量这两个要素的相量表示正弦量进行相应的分析计算，使得求解过程更加简便快捷。因为 $\dot{I}_m = I_m e^{j\theta} = I_m \angle \theta$，其模表示正弦量的幅值，称其为幅值相量；把 $\dot{I} = I e^{j\theta} = I \angle \theta = \dfrac{1}{\sqrt{2}} I_m \angle \theta = \dfrac{1}{\sqrt{2}} \dot{I}_m$ 称为有效值相量。

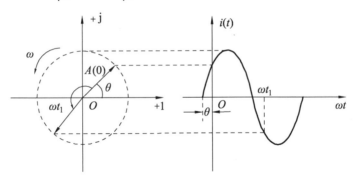

图 3.9 旋转矢量与正弦量的关系

同理，可建立正弦电压与相量之间的对应关系。设正弦电压为 $u(t) = U_m \sin(\omega t + \varphi)$，则可得其幅值相量为 $\dot{U}_m = U_m e^{j\varphi} = U_m \angle \varphi$，其有效值相量为 $\dot{U} = U e^{j\varphi} = U \angle \varphi$。

【例 3.3】 已知（1）$i(t) = 100\sqrt{2} \sin(314t + 30°)$ A，$u(t) = 220\sqrt{2} \sin(314t - 60°)$ V。试求 $i(t)$ 和 $u(t)$ 的相量表达式；（2）已知 $\dot{I} = 50 \angle 15°$ A，$f = 50$ Hz，试写出电流的瞬时值表达式。

解：（1）$\dot{I} = 100 \angle 30°$ A 或 $\dot{I}_m = 100\sqrt{2} \angle 30°$ A，$\dot{U} = 220 \angle -60°$ V 或 $\dot{U}_m = 220\sqrt{2} \angle -60°$ V；
（2）$i(t) = 50\sqrt{2} \sin(314t + 15°)$ A

相同角频率相量的矢量图可以做在同一复平面（极坐标平面）内，称为相量图。上例（1）中两个相量的相量图如图 3.10 所示（注意：不同频率的正弦量对应的相量不能做在同一个相量图中）。

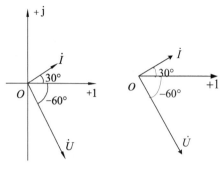

图 3.10　相量图

3.2.4　正弦量的代数运算与基尔荷夫定律的相量形式

1. 同频率正弦量的代数运算

设有两个同频率的正弦电压表示为

$$u_1(t) = \sqrt{2}U_1 \sin(\omega t + \theta_1) = \mathrm{Im}(\sqrt{2}\dot{U}_1 \mathrm{e}^{\mathrm{j}\omega t}), \quad u_2(t) = \sqrt{2}U_2 \sin(\omega t + \theta_2) = \mathrm{Im}(\sqrt{2}\dot{U}_2 \mathrm{e}^{\mathrm{j}\omega t})$$

则这两个正弦电压求和（或差）过程可分析如下

$$u(t) = u_1(t) \pm u_2(t) = \mathrm{Im}(\sqrt{2}\dot{U}_1 \mathrm{e}^{\mathrm{j}\omega t}) \pm \mathrm{Im}(\sqrt{2}\dot{U}_2 \mathrm{e}^{\mathrm{j}\omega t}) = \mathrm{Im}[\sqrt{2}(\dot{U}_1 \pm \dot{U}_2)\mathrm{e}^{\mathrm{j}\omega t}]$$

$$= \mathrm{Im}[\sqrt{2}(\dot{U})\mathrm{e}^{\mathrm{j}\omega t}] = \mathrm{Im}[\sqrt{2}U\mathrm{e}^{\mathrm{j}(\omega t + \theta)}] \quad （这里设 \dot{U} = \dot{U}_1 \pm \dot{U}_2 = U\angle\theta）$$

$$= \sqrt{2}U \sin(\omega t + \theta)$$

从以上应用复数表示正弦量进行相应的求和或者差的过程中，实质上是求两个正弦量对应的相量的和或者差。因此，我们是将正弦量的代数运算转化为复数的代数运算来实现的，由此可以简化运算过程，它的分析方法与数学上的变换域分析方法的对比如图 3.11 所示，以后有关正弦量的分析计算均采用此方法。

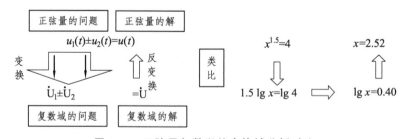

图 3.11　正弦量与数学的变换域分析对比

【例 3.4】　已知 $u_1(t) = 6\sqrt{2}\sin(314t + 30°)$ V，$u_2(t) = 4\sqrt{2}\sin(314t + 60°)$ V，$u(t) = u_1(t) + u_2(t)$。试用相量法求正弦电压 $u(t)$。

解：先求两个正弦量对应的相量为

$$\dot{U}_1 = 6\angle30° \text{ V}, \quad \dot{U}_2 = 4\angle60° \text{ V}$$

将正弦量的加法运算转化为相量的加法运算，得

$$\dot{U} = \dot{U}_1 + \dot{U}_2 = 6\angle 30° + 4\angle 60°$$

$$= 5.19 + j3 + 2 + j3.46 = 7.19 + j6.46$$

$$= 9.64\angle 41.9° \text{ V}$$

最后求相量的解反变换，即得到正弦量的解为

$$u(t) = 9.64\sqrt{2}\sin(314t + 41.9°) \text{ V}$$

2. 基尔荷夫定律的相量形式

基尔荷夫电流定律（KCL）是对连接在同一节点上的支路电流施加的约束关系，它不仅适用于直流电路，也同样适用于交流电路。在集总电路中，在任一时刻，对任一电路中的任一节点，流入（或者流出）该节点的电流代数和为零。用数学表达式可描述为

$$\sum_{k=1}^{n} i_k(t) = 0 \tag{3.2.8}$$

其中，$i_k(t)$ 表示第 k 条支路的电流。上式表示同一节点上各同频率正弦电流的代数和为零（注意支路电流与节点之间的关系是流入还是流出），根据正弦量与其对应的复函数之间的关系，上式可写为

$$\sum_{k=1}^{n} i_k(t) = \sum_{k=1}^{n} \text{Im}[\sqrt{2}\dot{I}_k \text{e}^{\text{j}\omega t}] = \text{Im}[\sqrt{2}(\sum_{k=1}^{n} \dot{I}_k)\text{e}^{\text{j}\omega t}] = 0$$

所以有

$$\sum_{k=1}^{n} \dot{I}_k = 0 \text{ 或者 } \sum_{k=1}^{n} \dot{I}_{km} = 0 \tag{3.2.9}$$

即连接在同一节点的正弦电流对应的相量的代数和也为零，这即是基尔荷夫电流定律的相量形式。

同理，在正弦交流电路中，对于基尔荷夫电压定律有：在集总电路中，在任一时刻，对任一电路中的任一回路，沿着回路环绕方向，各支路电压的代数和为零。用数学表达式可描述为

$$\sum_{k=1}^{n} u_k(t) = 0 \tag{3.2.10}$$

其中，$u_k(t)$ 表示第 k 条支路的电压。上式表示同一回路中各同频率正弦电压的代数和为零（注意支路电压与回路环绕方向之间的关系是相同还是相反），根据正弦量与其对应的复函数之间的关系，上式可写为

$$\sum_{k=1}^{n} u_k(t) = \sum_{k=1}^{n} \text{Im}[\sqrt{2}\dot{U}_k \text{e}^{\text{j}\omega t}] = \text{Im}[\sum_{k=1}^{n} \sqrt{2}\dot{U}_k \text{e}^{\text{j}\omega t}] = \text{Im}[\sqrt{2}\sum_{k=1}^{n} \dot{U}_k \text{e}^{\text{j}\omega t}] = 0$$

所以有

$$\sum_{k=1}^{n} \dot{U}_k = 0 \text{ 或者 } \sum_{k=1}^{n} \dot{U}_{km} = 0 \qquad (3.2.11)$$

即连接在同一回路的正弦电压对应的相量的代数和也为零,这即是基尔荷夫电压定律的相量形式。

思考与练习

(1)改正以下写法:

$u = 20\angle 45° \text{ V}$,$\dot{I} = 10\sin(\omega t - 60°) \text{ (A)}$,$E = 30\angle 30° \text{ (V)}$,$e = 20\sin(\omega t + 90°) \text{ (V)}$。

(2)判断下列各式错在哪里:

① $i = 10\sin(\omega t - 30°) \text{ (A)} = 10\angle(-30°) \text{ (A)}$。

② $I = 5\angle 45° \text{ (A)}$。

③ $\dot{U} = 20\angle 60° \text{ (V)} = 20\sqrt{2}\sin(\omega t + 60°) \text{ (V)}$。

(3)两复数相等的条件是什么?试用复数的代数式和极坐标式分别说明。

3.3 单一参数的交流电路

了解了正弦交流电及其相量表示法后,现在可以讨论正弦交流电路了。首先讨论最简单的交流电路,即只含有一种参数,即只含一种理想无源元件的电路。

3.3.1 纯电阻电路

1. 电压和电流的关系

图 3.12 是一个线性电阻元件的交流电路。现选择电流为参考相量,即设

$$i = I_{\text{m}} \sin \omega t$$

则在图 3.12(a)所示关联参考方向的情况下,根据欧姆定律,有

$$u = Ri = RI_{\text{m}} \sin \omega t = U_{\text{m}} \sin \omega t \qquad (3.3.1)$$

比较上面两式,便可知道在电阻元件的交流电路中,电阻两端的电压和通过电阻的电流频率相同(同频)、相位相同(同相)。电压、电流的幅值和有效值关系分别为

$$\left.\begin{aligned} U_{\text{m}} &= RI_{\text{m}} \\ U &= RI \end{aligned}\right\} \qquad (3.3.2)$$

将式（3.3.1）的正弦电压电流用相量表示，则有正弦电压电流的相量关系为

$$\left.\begin{array}{c} \dot{U}_{m} = R\dot{I}_{m} \\ \dot{U} = R\dot{I} \end{array}\right\}$$

（3.3.3）

此即欧姆定律的相量表达式。波其形图和相量图如图 3.12（b）和图 3.12（c）所示。

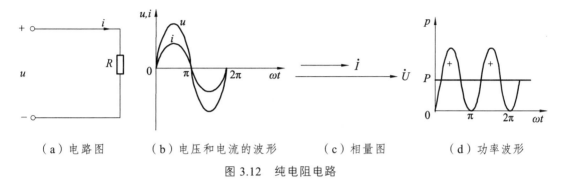

（a）电路图　　　（b）电压和电流的波形　　　（c）相量图　　　（d）功率波形

图 3.12　纯电阻电路

2. 功　率

在任意瞬间，电压瞬时值 u 与电流瞬时值 i 的乘积，称为瞬时功率，用小写字母 p 表示

$$p = ui = U_{m}I_{m}\sin^{2}\omega t = UI(1 - \cos 2\omega t)$$

（3.3.4）

变化曲线如图 3.12（d）所示。它虽然随时间不断变化，但始终为正值，这说明电阻从电源取用能量，是耗能元件。工程上常取瞬时功率在一个周期内的平均值来表示交流电功率的大小，称为平均功率（又称有功功率）用大写字母 P 表示。

$$P = \frac{1}{T}\int_{0}^{T} p\mathrm{d}t = \frac{1}{T}\int_{0}^{T} 2UI\sin^{2}\omega t\mathrm{d}t = \frac{UI}{T}\int_{0}^{T}(1 - \cos 2\omega t)\mathrm{d}t = UI$$

将式（3.3.2）代入，就得到了有功功率与电压、电流有效值之间的各种关系

$$P = UI = RI^{2} = \frac{U^{2}}{R}$$

（3.3.5）

【例 3.5】　已知电阻电路中 $R = 100\ \Omega$，$u = 220\sqrt{2}\sin 314t\ (\mathrm{V})$。求 i、I、I_{m} 和 $\dot{I}$。

解：

$$i = \frac{u}{R} = \frac{220\sqrt{2}}{100}\sin 314t\ \mathrm{A} = 2.2\sqrt{2}\sin 314t\ (\mathrm{A})$$

$$I = \frac{U}{R} = \frac{220}{100}\ \mathrm{A} = 2.2\ \mathrm{A}$$

$$I_{m} = \sqrt{2}I = 2.2\sqrt{2}\ \mathrm{A} = 3.1\ \mathrm{A}$$

$$\dot{I} = \frac{\dot{U}}{R} = \frac{220\angle 0°}{100} = 2.2\angle 0°\ \mathrm{A} = 2.2\ \mathrm{A}$$

3.3.2 纯电感电路

1. 电压和电流的关系

电路如图 3.13（a）所示，若选电流为参考量，即设

$$i = I_{\mathrm{m}} \sin \omega t$$

则在图示参考方向下

$$u = L\frac{\mathrm{d}i}{\mathrm{d}t} = L\frac{\mathrm{d}I_{\mathrm{m}}\sin\omega t}{\mathrm{d}t} = \omega L L_{\mathrm{m}}\cos\omega t = U_{\mathrm{m}}\sin(\omega t + 90°) \tag{3.3.6}$$

比较上面两式，可知电感的电压与电流频率相同（同频）；电压在相位上超前于电流 90°；电压、电流的最大值之间和有效值之间的关系分别为

$$\left.\begin{array}{l} U_{\mathrm{m}} = X_L I_{\mathrm{m}} \\ U = X_L I \end{array}\right\} \tag{3.3.7}$$

式中

$$X_L = \omega L = 2\pi f L \tag{3.3.8}$$

称为电感电抗，简称感抗，单位也是欧［姆］。电压一定时，X_L 越大，则电流越小，所以 X_L 是表示电感对电流阻碍作用大小的物理量。X_L 的大小与电感 L 和频率 f 成正比，L 越大，f 越高，X_L 就越大，故电感线圈对高频电流的阻碍作用很大。在直流电路中，由于 $f = 0$、$X_L = 0$，故电感可视作短路，起短直作用。

式（3.3.6）中的正弦电压电流若用相量表示，则有

$$\left.\begin{array}{l} \dot{U}_{\mathrm{m}} = \mathrm{j}X_L \dot{I}_{\mathrm{m}} \\ \dot{U} = \mathrm{j}X_L \dot{I} \end{array}\right\} \tag{3.3.9}$$

波形图和相量图如图 3.13（b）和图 3.13（c）所示。

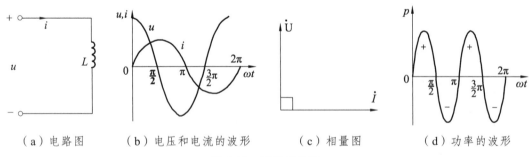

（a）电路图　　（b）电压和电流的波形　　（c）相量图　　（d）功率的波形

图 3.13　纯电感电路

2. 功　率

电感的瞬时功率

$$p = ui = U_{\mathrm{m}}I_{\mathrm{m}}\sin(\omega t + 90°) = \sin\omega t = U_{\mathrm{m}}I_{\mathrm{m}}\cos\omega t\sin\omega t = UI\sin 2\omega t \tag{3.3.10}$$

由上式可见，p 是一个幅值为 UI，并以 2ω 的角频率随时间变化的交变量，其变化曲线如图 3.13（d）所示。其在第一个和第三个 $\frac{1}{4}$ 周期内，p 是正的（u 和 i 正负相同），电感元件处于受电状态，从电源取用电能并转换成磁场能；在第二个和第四个 $\frac{1}{4}$ 周期内，p_L 是负的（u 和 i 一正一负），电感元件处于供电状态，将其储存的磁场能转换成电能送回电源。

电感的瞬时功率这一特点，说明电感并不消耗电能，它是一种储能元件，故平均功率即有功功率

$$p = \frac{1}{T}\int_0^T p\,\mathrm{d}t = \frac{1}{T}\int_0^T UI\sin 2\omega t = 0$$

但电感与电源之间是有能量在往返互换的，我们用无功功率 Q 来衡量这种能量互换的规模。我们规定无功功率等于瞬时功率 p 的幅值，它并不等于单位时间内互换了多少能量。无功功率的单位为乏（var）或千乏（kvar）。故电感的无功功率

$$Q = UI = X_L I^2 = \frac{U^2}{X_L} \tag{3.3.11}$$

【例 3.6】 线圈的电感为 127 mH，电阻可略去不计。求电源频率为 50 Hz、500 Hz 和 5 000 Hz 时的感抗。

解：
$$f = 50\ \text{Hz},\ X_L = 2\pi \times 50 \times 127 \times 10^{-3}\ \Omega = 40\ \Omega$$
$$f = 500\ \text{Hz},\ X_L = 400\ \Omega$$
$$f = 5\ 000\ \text{Hz},\ X_L = 4\ 000\ \Omega$$

可见频率越高，线圈的感抗越大。电阻的数值则与频率无关。

3.3.3 纯电容电路

1. 电压和电流的关系

线性电容元件接交流电源后，电路中的电流 i 和电容器两端的电压 u 的参考方向如图 3.14（a）所示，若选电压 u 为参考量，即设

$$u = U_{\mathrm{m}}\sin \omega t$$

则在图示参考方向下

$$i = C\frac{\mathrm{d}u}{\mathrm{d}t} = C\frac{\mathrm{d}U_{\mathrm{m}}\sin \omega t}{\mathrm{d}t} = \omega CU_{\mathrm{m}}\cos \omega t = I_{\mathrm{m}}\sin(\omega t + 90°) \tag{3.3.12}$$

比较上面两式，可知电容的电压和电流的频率相同（同频）；电流在相位上超前于电压 90°，即电压在相位上滞后于电流 90°；电压、电流的最大值之间和有效值之间的关系分别为

$$\left.\begin{array}{l} U_{\mathrm{m}} = X_C I_{\mathrm{m}} \\ U = X_C I \end{array}\right\} \tag{3.3.13}$$

式中

$$X_C = \frac{1}{\omega C} = \frac{1}{2\pi f C} \qquad (3.3.14)$$

称为电容电抗，简称容抗。C 的单位为法（F），f 的单位为赫（Hz），X_C 单位为欧（Ω）。当电压 u 一定时，X_C 越大，则电流 i 越小，可见它具有对电流起阻碍作用的物理性质。X_C 的大小与电容 C 和频率 f 成反比。这是因为电容愈大时，在同样电压下，电容器所容纳的电荷量就越大，因而电流愈大。当频率愈高时，电容器的充电与放电就进行得愈快，在同样电压下，单位时间内电荷的移动量就愈多，因而电流就愈大。所以电容元件对高频电流所呈现的容抗很小，而在直流电路中，由于 $f = 0$，$X_C \to \infty$，故电容可视作开路，起隔直作用。将上述关系统一用相量表示，则

$$\left.\begin{array}{l} \dot{U}_{\mathrm{m}} = -\mathrm{j}X_C\dot{I}_{\mathrm{m}} \\ \dot{U} = -\mathrm{j}X_C\dot{I} \end{array}\right\} \qquad (3.3.15)$$

波形图和相量图如图 3.14（b）和图 3.14（c）所示。

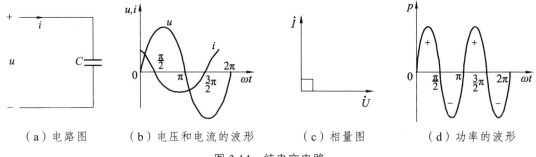

（a）电路图　　　（b）电压和电流的波形　　　（c）相量图　　　（d）功率的波形

图 3.14　纯电容电路

2. 功　率

电容的瞬时功率

$$p = ui = U_{\mathrm{m}}U_{\mathrm{m}}\sin\omega t\sin(\omega t + 90°) = U_{\mathrm{m}}I_{\mathrm{m}}\sin\omega t\cos\omega t = UI\sin 2\omega t \qquad (3.3.16)$$

由上式可见，p 是一个以 2ω 的角频率随时间变化的交变量，它的幅值为 UI。p 变化曲线如图 3.14（d）所示。

在第一个和第三个 $\frac{1}{4}$ 周期内，电容元件从电源取用电能并储存在它的电场中，所以 p 是正的。在第二个和第四个 $\frac{1}{4}$ 周期内，电容元件放出在充电时所储存的能量，把它归还给电源，所以 p 是负的。

在电容元件电路中，平均功率

$$P = \frac{1}{T}\int_0^T p\mathrm{d}t = \frac{1}{T}\int_0^T UI\sin 2\omega t\mathrm{d}t = 0$$

这说明电容元件不消耗能量，在电源与电容元件之间只发生能量的交换，其能量交换的规模

用无功功率来衡量，它等于瞬时功率的幅值 UI。

为了同电感元件电路的无功功率相比较，我们也设电流 $i = I_m \sin \omega t$ 为参考正弦量，则

$$u = U_m \sin(\omega t - 90°)$$

于是得出瞬时功率

$$p = p_C = ui = -UI \sin 2\omega t$$

则电容元件电路的无功功率

$$Q = -UI = -X_C I^2 \qquad （3.3.17）$$

即电容性无功功率取负值，而电感性无功取正值，以资区别。

【例3.7】 现有一只 47 μF、额定电压为 20 V 的无极性电容器，试问：

（1）是否能接到 20 V 的交流电源上工作？

（2）将两只这样的电容器串联后接于 20 V 的交流电源上，电路的电流和无功功率是多少？

（3）将两只这样的电容器并联后接于 1 000 Hz、10 V 的交流电源上，电路的电流和无功功率又是多少？

解：（1）由于交流电源电压 20 V 指的是有效值，其最大值

$$U_m = \sqrt{2}U = 1.414 \times 20 \text{ V} = 28.28 \text{ V}$$

超过了电容器的额定电压 20 V，故不可以接到 20 V 交流电源上。

（2）两只这样的电容器串联接在工频 20 V 的交流电源上工作时，串联等效电容及其容抗分别为

$$C = \frac{C_1 C_2}{C_1 + C_2} = \frac{47 \times 10^{-6} \times 47 \times 10^{-6}}{(47 + 47) \times 10^{-6}} = 23.5 \times 10^{-6} \text{ F} = 23.5 \text{ μF}$$

$$X_C = \frac{1}{2\pi fC} = \frac{1}{2 \times 3.14 \times 50 \times 23.5 \times 10^{-6}} = 135.5 \text{ Ω}$$

所以

$$I = \frac{U}{X_C} = \frac{20}{135.5} = 0.15 \text{ A}$$

$$Q = UI = 20 \times 0.15 = 3 \text{ var}$$

（3）两只这样的电容器并联接在 1 000 Hz、10 V 交流电源上工作时，则

$$C = C_1 + C_2 = (47 + 47) \text{ μF}$$

$$X_C = \frac{1}{2\pi FC} = \frac{1}{2 \times 3.14 \times 1\,000 \times 94 \times 10^{-6}} = 1.69 \text{ Ω}$$

$$I = \frac{U}{X_C} = \frac{10}{1.69} = 5.92 \text{ A}$$

$$Q = UI = 10 \times 5.92 = 59.2 \text{ var}$$

思考与练习

（1）已知电感 L 的电压 $u = \sqrt{2}U\sin\omega t$ ，试判断下列电流表达式的正误。

① $i_L = U \cdot \omega L\sin(\omega t - 90°)$ ② $\dot{I}_L = \dfrac{\dot{U}}{j\omega L}$

③ $i_L = \dfrac{\sqrt{2}U}{\omega L}\sin\omega t$ ④ $\dot{I}_L = j\dfrac{\dot{U}}{\omega L}$

⑤ $i_L = \dfrac{\sqrt{2}U}{\omega L}\sin(\omega t - 90°)$ ⑥ $\dot{I}_L = j\omega L\dot{U}$

（2）已知电容 C 的电压 $u_C = \sqrt{2}C\sin\omega t$ ，试判断下列电流表达式的正误。

① $i_C = \dfrac{U}{\omega C}\sin(\omega T + 90°)$ ② $\dot{I}_C = \dfrac{\dot{U}}{j\omega C}$

③ $i_C = \sqrt{2}U\omega C\sin\omega t$ ④ $\dot{I}_C = j\dfrac{\dot{U}}{\omega C}$

⑤ $i_C = \sqrt{2}U\omega C\sin(\omega t + 90°)$ ⑥ $\dot{I}_C = j\omega C\dot{U}$

（3）为什么在直流电路中常把线圈当作短路，电容器当作开路？

（4）改正下列各式中等号后的表达式。

$$i = \frac{u}{L} , \quad I = \frac{U}{\omega C} , \quad i = \frac{u}{X_C}$$

$$I = \frac{\dot{U}}{j\omega L} , \quad \dot{I} = \frac{\dot{U}}{X_L} , \quad \dot{I} = \frac{\dot{U}}{j\omega L}$$

3.4　电阻、电感与电容元件串联的交流电路

电阻、电感与电容元件串联的交流电路如图 3.15（a）所示。电路中各元件通过同一电流。电流与各电压的参考方向如图中所示。

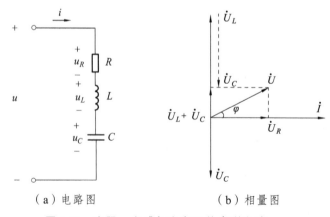

（a）电路图   （b）相量图

图 3.15　电阻、电感与电容元件串联电路

根据基尔霍夫电压定律可列出

$$u = u_R + u_L + u_C = Ri + L\frac{\mathrm{d}i}{\mathrm{d}t} + \frac{1}{C}\int i\mathrm{d}t \qquad （3.4.1）$$

设电流 $i = I_\mathrm{m}\sin\omega t$ 为参考正弦量，则电阻元件上的电压 u_R 与电流同相，即

$$u_R = RI_\mathrm{m}\sin\omega t = U_{Rm}\sin\omega t$$

电感元件上的电压 u_L 比电流超前 90°，即

$$u_L = I_\mathrm{m}\omega L\sin(\omega t + 90°) = U_{Lm}\sin(\omega t + 90°)$$

电容元件上的电压 u_C 比电流滞后了 90°，即

$$u_C = \frac{I_\mathrm{m}}{\omega C}\sin(\omega t - 90°) = U_{Cm}\sin(\omega t - 90°)$$

在上列各式中

$$\frac{U_{Rm}}{I_\mathrm{m}} = \frac{U_R}{I} = R$$

$$\frac{U_{Lm}}{I_\mathrm{m}} = \frac{U_L}{I} = \omega L = X_L$$

$$\frac{U_{Cm}}{I_\mathrm{m}} = \frac{U_C}{I} = \frac{1}{\omega C} = X_C$$

由同频率的正弦量相加，所得出的仍为同频率的正弦量。所以电源电压为

$$u = u_R + u_L + u_C = U_\mathrm{m}\sin(\omega t + \varphi) \qquad （3.4.2）$$

其幅值为 U_m，与电流 i 之间的相位差为 φ。

利用相量图来求幅值（或有效值 U）和相位差 φ 最为简便。如果将电压 u_R、u_L、u_C 用相量 $\dot U_R$、$\dot U_L$、$\dot U_C$ 表示，根据 KVL 的相量形式可求得电源电压相量 $\dot U$，如图 3.15（b）所示。由电压相量 $\dot U$、$\dot U_R$ 及 $\dot U_L + \dot U_C$ 所组成的直角三角形，称为电压三角形。利用这个电压三角形，可求得电源电压的有效值，即

$$U = \sqrt{U_R^2 + (U_L - U_C)} = \sqrt{(RI)^2 + (X_L I - X_C)^2} = I\sqrt{R^2 + (X_L - X_C)^2}$$

也可写成

$$\frac{U}{I} = \sqrt{R^2 + (X_L - X_C)^2} \qquad （3.4.3）$$

由上式可见，这种电路中电压与电流的有效值（或幅值）之比为 $\sqrt{R^2 + (X_L - X_C)^2}$。它的单位是欧[姆]，也具有对电流起阻碍作用的性质，我们称它为电路的阻抗模，用 $|Z|$ 代表，即

$$|Z| = \sqrt{R^2 + (X_L - X_C)^2} = \sqrt{R^2 + \left(\omega L - \frac{1}{\omega C}\right)^2} \tag{3.4.4}$$

至于电源电压 u 与电流 i 之间的相位差 φ 也可从电压三角形得出，即

$$\varphi = \arctan \frac{U_L - U_C}{U_R} = \arctan \frac{I_L - I_C}{R} \tag{3.4.5}$$

由上式可知 φ 角的大小是由电路（负载）的参数决定的。

至此，我们应该注意到，在分析与计算交流电路时必须时刻具有交流的概念，首先要有相位的概念。上述串联电路中 4 个电压的相位不同，电源电压应等于另外 3 个电压的相量和，如果直接写成 $U = U_R + U_L + U_C$，那就不对了。

如用相量表示电压与电流的关系，则为

$$\dot{U} = \dot{U}_R + \dot{U}_L + \dot{U}_C = R\dot{I} + jX_L\dot{I} - jX_C\dot{I} = [R + j(X_L - X_C)]\dot{I}$$

此即为基尔霍夫定律的相量表示式。

将上式写成

$$\frac{\dot{U}}{\dot{I}} = R + j(X_L - X_C) \tag{3.4.6}$$

式中的 $R + j(X_L - X_C)$ 称为电阻电抗，用大写的 Z 代表，即

$$Z = R + j(X_L - X_C) = \sqrt{R^2 + (X_L - X_C)^2}\, e^{j\arctan\frac{X_L - X_C}{R}} = |Z|\, e^{j\varphi} \tag{3.4.7}$$

上式中，阻抗的实部为电阻，虚部为电抗，它表示电路的电压与电流关系，既表示大小关系（反映在阻抗的模 $|Z|$ 上），又表示相位关系（反映在辐角 φ）。

阻抗的辐角 φ 即为电压与电流之间的相位差。若 $X_L > X_C$，则 $\varphi > 0$，说明电路的电压超前于电流，电路是感性电路；若 $X_L < X_C$，则 $\varphi < 0$，说明电压滞后于电流，电路是容性电路；若 $X_L = X_C$ 时，$Z = R$，电路中虽有电感和电容，但感抗与容抗的作用相互抵消，电路相当于纯电阻电路，电压与电流同相，这种现象称为电路"谐振"。有关谐振的问题将在第 3.7 节详细讨论。

阻抗不同于正弦量的复数表示，它不是一个相量，而是一个复数计算量。用电压与电流的相量和阻抗来表示的 RLC 串联电路如图 3.16 所示。

知道了电压 u 和电流 i 的变化规律与相互关系后，便可找出瞬时功率来，即

$$p = ui = U_m I_m \sin(\omega t + \varphi)\sin\omega t$$

因为 $\sin(\omega t + \varphi)\sin\omega t = \dfrac{1}{2}\cos\varphi - \dfrac{1}{2}\cos(\omega t + \varphi)$，$\dfrac{U_m I_m}{2} = UI$，

所以 $p = UI\cos\varphi - UI\cos(2\omega t + \varphi)$

由于电阻元件上要消耗电能，相应的平均功率为

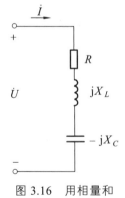

图 3.16 用相量和
阻抗表示的电路

$$P = \frac{1}{T}\int_0^T p\,\mathrm{d}t = \frac{1}{T}\int_0^T [UI\cos\varphi - UI\cos(2\omega t + \varphi)]\mathrm{d}t$$

$$= UI\cos\varphi \qquad\qquad (3.4.8)$$

从电压三角形［图 3.15（b）］可得出

$$U\cos\varphi = U_R = UI$$

于是

$$P = U_R I = RI^2 UI\cos\varphi \qquad\qquad (3.4.9)$$

由无功功率公式可以得出

$$Q = U_L I - U_C I = (U_L - U_C)I = I^2(X_L - X_C) = UI\sin\varphi \qquad (3.4.10)$$

式（3.4.9）中的 $\cos\varphi$ 称为功率因数。在交流电路中，平均功率一般不等于电压与电流有效值的乘积，如将两者的有效值相乘，则得出所谓视在功率 S，即

$$S = UI |Z| I^2 \qquad\qquad (3.4.11)$$

交流电气设备是按照规定了的额定电压 U_N 和额定电流 I_N 来设计和使用的，变压器的容量就是以额定电压和额定电流的乘积，即所谓额定视在功率 $S_N = U_N I_N$ 来表示的。视在功率的单位是伏安（V·A）或千伏·安（kV·A）。

平均功率 P、无功功率 Q 和视在功率 S 三者所代表的意义不同，为了区别，各采用不同的单位。这三个功率之间的关系如下

$$S = \sqrt{P^2 + Q^2} \qquad\qquad (3.4.12)$$

显然它们可以用一个直角三角形——功率三角形来表示。

【例 3.8】 在电阻、电感、电容元件相串联的电路中，已知：（1）$\dot{U} = 220\angle(-30°)$ V，$Z = 50\angle(-20°)\ \Omega$。（2）$\dot{U} = 220\angle 30°$，$Z = 50\angle 20°\ \Omega$。试求电路中电流 $\dot{I}$。

解：（1）$\dot{I} = \dfrac{\dot{U}}{Z} = \dfrac{220\angle -30°}{50\angle -20°} = 4.4\angle(-10°)$ A

其中，－30° 和 －10° 分别为电压和电流 i 的初相位，它们的相位差 φ 为 －20°，是负值，故为电容性电路，在相位上 i 超前于 u。

（2）$\dot{I} = \dfrac{\dot{U}}{Z} = \dfrac{220\angle 30°}{50\angle 20°} = 4.4\angle 10°$ A

其中，30° 和 10° 分别为电压 u 和电流 i 的初相位，它们的相位差 φ 为 20°，是正值，故为电感性电路，i 滞后于 u。

思考与练习

（1）在 *RLC* 串联电路中，若测得各元件上的电压都是 10 V，总电压是多少？

（2）改正以下等式：

$$I = \frac{U}{R+L+C}, \quad \dot{I} = \frac{\dot{U}}{R+X_L+X_C}$$

$$U = U_R + U_L + U_C, \quad \dot{U} = R\dot{I} + jX_L\dot{I} + jX_C\dot{I}$$

（3）已知 $Z = (6+j8)\ \Omega$，求 $|Z|$、R 和 X。

（4）电路的总视在功率 S 是否等于 $\sum_{k=1}^{n} S_k$？为什么？

（5）负载的阻抗角就是负载的功率因数角，也是负载电压与电流的相位差，对吗？

（6）负载设备的额定功率用 P_N 还是用 S_N、Q_N 表示，电源设备呢？

3.5 阻抗的串联与并联

3.5.1 阻抗的串联

图 3.17（a）上两个阻抗可用一个等效的电路。根据 KVL 可写出它的相量表达式

$$\dot{U} = \dot{U}_1 + \dot{U}_2 = Z_1\dot{I} + Z_2\dot{I} \tag{3.5.1}$$

两个串联的阻抗可用一个等效阻抗 Z 来代替，在同样电压的作用下，电路中电流的有效值和相位保持不变。根据图 3.17（b）所示等效电路可写出

$$\dot{U} = Z\dot{I} \tag{3.5.2}$$

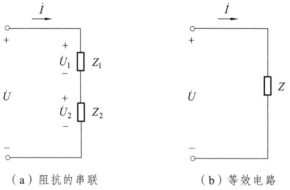

（a）阻抗的串联 　　　　　（b）等效电路

图 3.17　阻抗的串联及等效电路

比较上列两式，则得

$$Z = Z_1 + Z_2 \tag{3.5.3}$$

因为一般情况下 $U \neq U_1 + U_2$，即 $|Z|I \neq |Z_1|I + |Z_2|I$，所以 $\varphi = \arctan = \dfrac{\sum R_k}{\sum X_k}$。由此可见，

只有等效阻抗才等于各个串联阻抗之和。在一般情况下，等效阻抗可写为

$$Z = \sum Z_k = \sum R_k + \mathrm{j}\sum X_k = |Z|\,\mathrm{e}^{\mathrm{j}\varphi} \tag{3.5.4}$$

式中

$$|Z| = \sqrt{\left(\sum R_k\right)^2 + \left(\sum X_k\right)^2}$$

$$\dot{I} = \frac{1}{Z} = \frac{1}{Z_1} + \frac{1}{Z_2}$$

$$\varphi = \arctan\frac{\sum R_k}{\sum X_k}$$

在上列各式的 $\sum X_k$ 中，感抗 X_L 取正号，容抗 X_C 取负号。

【例 3.9】　在图 3.17（a）中，有两个阻抗 $Z_1 = 6.16 + \mathrm{j}9\ (\Omega)$ 和 $Z_2 = 2.5 - \mathrm{j}4\ (\Omega)$，它们串联接在 $\dot{U} = 220\angle 30°$ V 的电源上。试用相量计算电路中的电流 $\dot{I}$ 和各个阻抗上的电压 $\dot{U}_1$ 和 $\dot{U}_2$。

解：　　　$Z = Z_1 + Z_2 = \sum R_k + \mathrm{j}\sum X_k = (6.16 + 2.5) + \mathrm{j}(9 - 4) = 8.66 + \mathrm{j}5 = 10\angle 30°\ \Omega$

$$\dot{I} = \frac{\dot{U}}{Z} = \frac{220\angle 30°}{10\angle 30°} = 22\angle 0°\ \mathrm{A}$$

$$\dot{U}_1 = Z_1\dot{I} = (6.16 + \mathrm{j}9)\times 22 = 10.9\angle 55.6°\times 22 = 239.8\angle 55.6°\ \mathrm{V}$$

$$\dot{U}_2 = Z_2\dot{I} = (2.5 - \mathrm{j}4)\times 22 = 4.71\angle(-58°)\times 22 = 103.6\angle(-58°)\ \mathrm{V}$$

3.5.2　阻抗的并联

如图 3.18（a）所示是两个阻抗并联的电路。根据 KCL 可写出它的相量表达式

$$\dot{I} = \dot{I}_1 + \dot{I}_2 = \dot{U}\left(\frac{1}{Z_1} + \frac{1}{Z_2}\right) \tag{3.5.5}$$

两个并联的阻抗也可用一个等效阻抗 Z 来代替。根据图 3.18（b）所示的等效电路可写出

$$\dot{I} = \frac{\dot{U}}{Z} \tag{3.5.6}$$

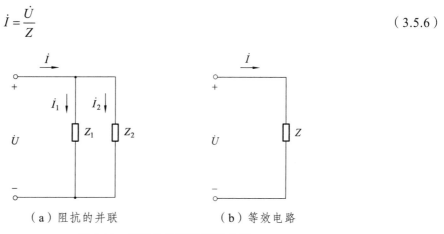

（a）阻抗的并联　　　　　　　　（b）等效电路

图 3.18　阻抗的并联及等效电路

比较上列两式，则得

$$\left.\begin{array}{l} \dfrac{1}{Z} = \sum \dfrac{1}{Z_k} \\[2mm] \dot{I} \neq \dot{I}_1 + \dot{I}_2 \\[2mm] \dfrac{1}{|Z|} \neq \dfrac{1}{|Z_1|} + \dfrac{1}{|Z_2|} \end{array}\right\} \tag{3.5.7}$$

或 $\dfrac{1}{Z} = \dfrac{Z_1 Z_2}{Z_1 + Z_2}$，因为一般情况下 $\dot{I} \neq \dot{I}_1 + \dot{I}_2$，即 $\dfrac{\dot{U}}{|Z|} \neq \dfrac{1}{|Z_1|} + \dfrac{1}{|Z_2|}$，所以 $\dfrac{1}{|Z|} \neq \dfrac{1}{|Z_1|} + \dfrac{1}{|Z_2|}$。由此可见，只有等效阻抗的倒数才等于各个并联阻抗的倒数之和，在一般情况下可写为

$$\frac{1}{Z} = \sum \frac{1}{Z_k} \tag{3.5.8}$$

【例 3.10】 在图 3.18（a）中，有两个阻抗 $Z_1 = 3 + \mathrm{j}4\ (\Omega)$ 和 $Z_2 = 8 - \mathrm{j}6\ (\Omega)$，它们并联在 $\dot{U} = 220\angle 0°\ \mathrm{V}$ 的电源上。试计算电路中电流 $\dot{I}_1$、$\dot{I}_2$ 和 $\dot{I}$。

解： $Z_1 = 3 + \mathrm{j}4\ \Omega = 5\angle 53°\ \Omega$，$Z_2 = 8 - \mathrm{j}6\ \Omega = 10\angle(-37°)\ \Omega$

$$Z = \frac{Z_1 Z_2}{Z_1 + Z_2} = \frac{5\angle 53° \times 10\angle(-37°)}{5\angle 53° + 10\angle(-37°)} = \frac{50\angle 16°}{11.8\angle(-10.5°)} = 44.7\angle 26.5°\ \Omega$$

$$\dot{I}_1 = \frac{\dot{U}}{Z_1} = \frac{220\angle 0°}{5\angle 53°} = 44\angle(-53°)\ \mathrm{A}$$

$$\dot{I}_2 = \frac{\dot{U}}{Z_2} = \frac{220\angle 0°}{10\angle -37°} = 22\angle 37°\ \mathrm{A}$$

$$\dot{I} = \frac{\dot{U}}{Z} = \frac{220\angle 0°}{4.47\angle 26.5°} = 49.2\angle(-26.5°)\ \mathrm{A}$$

【例 3.11】 在图 3.19（a）的电路中，$U = 100\ \mathrm{V}$，$f = 50\ \mathrm{Hz}$，$I = I_1 = I_2 = 10\ \mathrm{A}$，且整个电路的功率因数为 1。试求阻抗 Z_1 和 Z_2。设 Z_1 为电感性，Z_2 为电容性。

解： 设 $\dot{U} = 100\angle 0°\ \mathrm{V}$，因为电路的功率因数是 1，即 $\dot{U}$ 与 $\dot{I}$ 同相，又因为

$$\dot{I} = 10\angle 0°\ \mathrm{A}$$

$$\dot{I} = \dot{I}_1 + \dot{I}_2$$

$$I = I_1 = I_2$$

所以电流的相量图为一个正三角形，如图 3.19（b）所示，则

$$\dot{I}_1 = 10\angle(-60°)\ \mathrm{A}$$

$$\dot{I}_2 = 10\angle 60°\ \mathrm{A}$$

$$Z_1 = \frac{\dot{U}}{\dot{I}_1} = \frac{100\angle 0°}{10\angle(-60°)} = 10\angle 60°\ \Omega$$

$$Z_2 = \frac{\dot{U}}{\dot{I}_1} = \frac{100\angle 0°}{10\angle 60°} = 10\angle(-60°)\ \Omega$$

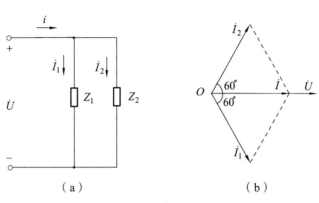

图 3.19　例 3.11 图

　　应用式（3.5.8）计算等效阻抗并不方便，特别是并联支路较多时，因此在分析与计算并联交流电路时常引用导纳。导纳是阻抗的倒数。

　　设图 3.19（a）中第一个并联支路的阻抗为

$$Z_1 = R_1 + j(X_{L_1} - X_{C_1}) = |Z_1|\,e^{j\varphi_1}$$

式中　　　　　　$$|Z_1| = \sqrt{R_1^2 + j(X_{L_1} - X_{C_1})^2}$$

$$\varphi_1 = \arctan\frac{X_{L_1} - X_{C_1}}{R_1}$$

该支路的导纳

$$Y_1 = \frac{1}{Z_1} = \frac{1}{R_1 + j(X_{L_1} - X_{C_1})} = \frac{R_1 - j(X_{L_1} - X_{C_1})}{R_1^2 + (X_{L_1} - X_{C_1})} = \frac{R}{|Z_1|^2} - j\left(\frac{X_{L_1}}{|Z_1|^2} - \frac{X_{C_1}}{|Z_1|^2}\right)$$

$$= G_1 - j(B_{L_1} - B_{C_1}) = |Y_1|\,e^{-j\varphi_1}$$

式中，$G_1 = \dfrac{R_1}{|Z_1|^2}$，称为该支路的电导；$B_{L_1} = \dfrac{X_{L_1}}{|Z_1|^2}$，称为该支路的感纳；$B_{C_1} = \dfrac{X_{C_1}}{|Z_1|^2}$，称为该支路的容纳；$|Y_1| = \sqrt{G_1^2 - (B_{L_1} - B_{C_1})^2} = \dfrac{1}{|Z_1|}$，称为该支路的导纳模；$\varphi_1 = \arctan\dfrac{B_{L_1} - B_{C_1}}{G_1} = \arctan\dfrac{X_{L_1} - X_{C_1}}{R_1}$，是该支路中电流与电压之间的相位差。在国际单位制中，电导、感纳、容纳及导纳的单位都是西［门子］（S）。

　　同理，第二个并联支路的导纳为

$$Y_2 = \frac{1}{Z_2} = G_2 - j(B_{L_2} - B_{C_2}) = |Y_2|\,e^{-j\varphi_2}$$

　　根据式（3.5.7），等效导纳为

$$Y = Y_1 + Y_2 \tag{3.5.9}$$

由式（3.5.7）可推得

$$|Y| \neq |Y_1| + |Y_2| \tag{3.5.10}$$

因此，只有等效导纳才等于各个并联导纳之和。在一般的情况下可写为

$$Y = \sum Y_k = \sum G_k - j\sum B_k = |Y|e^{-j\varphi} \tag{3.5.11}$$

式中

$$|Y| = \sqrt{(\sum G_k)^2 + (\sum B_k)^2}$$

$$\varphi = \arctan \frac{\sum B_k}{\sum G_k}$$

在上列各式的 $\sum B_k$ 中，感纳 B_L 取正号，容纳 B_C 取负号。

计算中可用导纳来代替阻抗，于是式（3.5.5）也可以写为

$$\dot{I} = \dot{I}_1 + \dot{I}_1 = Y_1\dot{U} + Y_2\dot{U} = Y\dot{U} \tag{3.5.12}$$

思考与练习

（1）在图 3.20 所示的电路中，求总电压的数值。

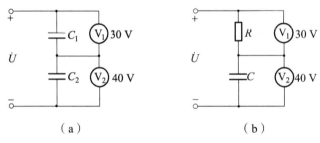

（a）　　　　　　　　　（b）

图 3.20　题（1）图

（2）在图 3.21 所示的电路中，求总电流的数值。

（3）在图 3.22 所示的电路中，已知 $U = 100\,\text{V}$，$R = 10\,\Omega$，$X_L = 10\,\Omega$，$X_C = 10\,\Omega$，求电流表的读数。

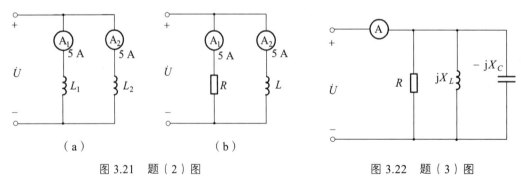

（a）　　　　　　（b）

图 3.21　题（2）图　　　　　图 3.22　题（3）图

3.6 功率因数的提高

1. 功率因数的定义

功率因数用字母 λ 表示，是电路中有功功率与视在功率的比值，所以 $\lambda = \dfrac{P}{S} = \cos\varphi$。

功率因数的数值取决于负载性质。电阻性负载如白炽灯、电阻炉等，$\cos\varphi = 1$。电感性负载和电容性负载，$\cos\varphi < 1$。日光灯电路和异步电动机都是电感性负载，前者功率因素约为 0.6，后者在满载运行时约为 0.85。

2. 功率因素低落的原因和后果

在工程上，许多电气设备都是由铁芯线圈构成的，如电动机、日光灯的镇流器等，所以大多属于电感性负载，功率因素远小于 1，这就造成了电力用户中功率因素的低落。

功率因素低落的后果是：

（1）发电设备的容量不能充分利用，由 $P = U_N I_N \cos\varphi$ 可见，当负载的功率因数 $\cos\varphi < 1$ 时，而发电机的电压和电流又不容许超过额定值，显然这时发电机所能发出的有功功率就减小了。功率因数愈低，发电机所发出的有功功率就愈小，而无功功率却愈大。无功功率愈大，即电路中能量互换的规模愈大，则发电机发出的能量就不能充分利用，其中有一部分在发电机与负载之间进行互换。

如容量为 1 000 kV·A 的变压器，如果 $\cos\varphi = 1$，即能发出 1 000 kW 的有功功率，而在 $\cos\varphi = 0.7$ 时，则只能发出 700 kW 的功率。

（2）增加线路和发电机绕组的功率损耗。

当发电机的电压 U 和输出的功率 P 一定时，电流 I 与功率因数成反比，而线路和发电机绕组上的功率损耗 ΔP 则与 $\cos\varphi$ 的平方成反比，即

$$\Delta P = I^2 r = \left(r\frac{P^2}{U^2} \right)\frac{1}{\cos^2\varphi}$$

式中，r 是发电机绕组和线路的电阻。

由上述可知，提高电网的功率因数对国民经济的发展有着极为重要的意义。功率因数的提高，能使发电设备的容量得到充分利用，同时也能使电能得到大量节约。也就是说，在同样发电设备的条件下能够多发电。

按照供电规则，高压供电的工业企业的平均功率因数应不低于 0.95，其他单位应不低于 0.9。

3. 提高功率因素的方法

1）自然提高

异步电动机是许多工厂中的主要动力负载。异步电动机满载时的功率因素可达 0.85，空载时却只有 0.2 ~ 0.3。因此，合理选择异步电动机的功率，避免轻载或空载，电路的功率因素将自然得以提高。

2）人工补偿

若是自然提高以后仍然达不到供电部门对功率因素的要求时，必须装置必要的补偿设备。

提高功率因数，常用的方法就是与电感性负载并联电容器（设置在用户或变电所中），其电路图和相量图如图 3.23 所示。

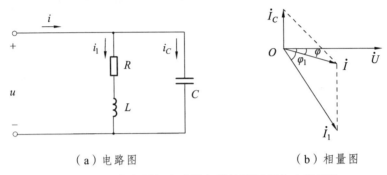

（a）电路图　　　　　　（b）相量图

图 3.23　电容器与电感性负载并联以提高功率因数

并联电容器以后，电感性负载的电流 $I_1 = \dfrac{U}{\sqrt{R^2 + X_L^2}}$ 和功率因数 $\cos\varphi = \dfrac{R}{\sqrt{R^2 + X_L^2}}$ 均未变化，这是因为所加电压和负载参数没有变化。但电压 u 和线路电流 i 之间的相位差 φ 变小了，即 $\cos\varphi$ 变大了。这里我们所讲地提高功率因数，是指提高电源或电网的功率因数，而不是指提高某个电感性负载的功率因数。

在电感性负载上并联了电容器以后，减少了电源与负载之间的能量互换。这时电感性负载所需的无功功率，大部分或全部都是就地供给（由电容器供给）。就是说能量的互换现在主要或完全发生在电感性负载与电容器之间，因而使发电机容量能得到充分利用。

由相量图可见，并联电容器以后线路电流也减小了（电流相量相加），因而减小了功率损耗。

应该注意的是，并联电容器以后有功功率并未改变，因为电容器是不消耗电能的。

【例 3.12】　有一电感性负载，其功率 $P = 10\ \text{kW}$，功率因数 $\cos\varphi = 0.6$，接在电压 $U = 220\ \text{V}$ 的电源上，电源频率 $f = 50\ \text{Hz}$。如要将功率因数提高到 $\cos\varphi = 0.95$，并且再提高到 1，试问并联电容器的电容值还需要增加多少？

解： 计算并联电容器的电容值，可从图 3.23（b）的相量图导出一个公式

$$I_C = I_1 \sin\varphi_1 - I \sin\varphi = \left(\frac{P}{U\cos\varphi_1}\right)\sin\varphi_1 - \left(\frac{P}{U\cos\varphi}\right)\sin\varphi = \frac{P}{U}(\tan\varphi_1 - \tan\varphi)$$

又因为
$$I_C = \frac{U}{X_C} = U\omega C$$

所以
$$U\omega C = \frac{P}{U}(\tan\varphi_1 - \tan\varphi)$$

由此得
$$C = \frac{P}{\omega U^2}(\tan\varphi_1 - \tan\varphi)$$

（1）$\cos\varphi_1 = 0.6$，即 $\varphi_1 = 53°$；$\cos\varphi = 0.95$，即 $\varphi = 18°$。因此所需电容值为

$$C = \frac{10\times10^3}{2\pi\times50\times220^2}(\tan 53° - \tan 18°) = 656\ \mu F$$

电容器并联前的线路电流（即负载电流）为

$$I_1 = \frac{P}{U\cos\varphi_1} = \frac{10\times10^3}{220\times0.6} = 75.8\ A$$

电容器并联后的线路电流为

$$I = \frac{P}{U\cos\varphi} = \frac{10\times10^3}{220\times0.95} = 47.8\ A$$

（2）如要将功率因数由 0.95 再提高到 1，则需要增加的电容值为

$$C = \frac{10\times10^3}{2\pi\times50\times220^2}(\tan 18° - \tan 0°) = 213.6\ \mu F$$

可见在功率因数已经接近 1 时再继续提高，则所需的电容值是很大的，因此一般不必提高到 1。

思考与练习

（1）有一电感性负载，额定功率 $P = 40\ kW$，额定电压 $U_N = 380\ V$，额定功率因数 $\cos\varphi_N = 0.4$，现接到 50 Hz、380 V 的交流电源上工作。求：① 负载电流、视在功率和无功功率。② 若与负载并联一个电容，使电路总电流降到 120 A，此时电路功率因数提高到多少？并联电容多大？

（2）为什么用并联电容的方法提高电路的功率因数，而不用电容串联的方法？

（3）并联电容器后是否会影响负载的工作？

（4）用并联电容器提高线路的功率因素时，是否电容量越大越好？

3.7 电路的谐振

在含有电感、电容和电阻的电路中，如果等效电路中的感抗作用和容抗作用相互抵消，使整个电路呈电阻性，这种现象称为谐振。根据电路的结构有串联谐振和并联谐振两种情况。下面我们将分别讨论这两种谐振的条件和特征。

3.7.1 串联谐振

1. 串联谐振的条件

在前面我们已经提到，在 R、L、C 元件串联电路中，电路的阻抗 $Z = R + \mathrm{j}(X_L - X_C)$。当

$$X_L = X_C \text{ 或者 } 2\pi fL = \frac{1}{2\pi fC} \tag{3.7.1}$$

则有 $$\varphi = \arctan\frac{X_L - X_C}{R} = 0$$

即电源电压 u 与电路中的电流 i 同相，这时电路中发生谐振现象。因为发生在串联电路中，所以称为串联谐振。式（3.7.1）是发生串联谐振的条件，并由此得出谐振频率

$$f = f_0 = \frac{1}{2\pi\sqrt{LC}} \tag{3.7.2}$$

f_0 称为电路的固有频率，它取决于电路参数 L 和 C。可见只要调节 L、C 或电源频率 f 都能使电路发生谐振。

2. 串联谐振的特征

（1）电路的阻抗模 $|Z| = \sqrt{R^2 + (X_L - X_C)} = R$，其值最小。因此，若电源电压 U 为定值，电路中的电流将在谐振时达到最大值。

（2）由于电源电压与电路中电流同相，因此电路对电源呈现电阻性。电源供给电路的能量全被电阻所消耗，电源与电路之间不发生能量的互换。能量的互换只发生在电感线圈与电容器之间。

（3）由于 $X_L = X_C$，于是 $U_L = U_C$，而 $\dot{U}_L$ 与 $\dot{U}_C$ 在相位上相反，互相抵消，对整个电路不起作用，因此电源电压 $\dot{U} = \dot{U}_R$，如图 3.24 所示。

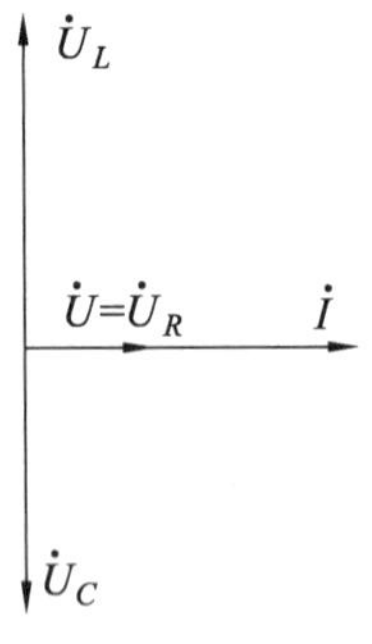

但是，$\dot{U}_L$ 和 $\dot{U}_C$ 的单独作用不容忽视，因为

$$\left.\begin{array}{l} \dot{U}_L = X_L\dot{I} = X_L\dfrac{\dot{U}}{R} \\[2mm] \dot{U}_C = X_C\dot{I} = X_C\dfrac{\dot{U}}{R} \end{array}\right\} \tag{3.7.3}$$

当 $X_L = X_C > R$ 时，$\dot{U}_L$ 和 $\dot{U}_C$ 都高于电源电压 $\dot{U}$。如果电压过高时，可能会击穿线圈和电容器的绝缘。因此，在电力工程中一般应避免发生串联谐振。但在无线电工程中则常利用串联谐振以获得较高电压，电容或电感元件上的电压常高于电源电压几十倍或几百倍。

图 3.24　串联谐振时的相量图

因为串联谐振时 U_L 和 U_C 可能超过电源电压许多倍，所以串联谐振也称电压谐振，U_L 和 U_C 与电源电压 U 的比值，通常用 Q 来表示

$$Q = \frac{U_C}{U} = \frac{U_L}{U} = \frac{1}{\omega_0 CR} = \frac{\omega_0 L}{R} \tag{3.7.4}$$

Q 称为电路的品质因数或简称 Q 值。在上式中，它的意义是表示在谐振时电容或电感元件上的电压是电源电压的 Q 倍。若 $Q=100$，$U=6\,\mathrm{V}$，那么在谐振时电容或电感元件上的电压就高达 $600\,\mathrm{V}$。

3. 串联谐振应用举例

串联谐振在无线电工程中的应用较多，如在接收机里被用来选择信号。图 3.25（a）所示是接收机里典型的输入电路。它的作用是将需要收听的信号从天线所收到的许多频率不同的信号之中选出来，其他不需要的信号则尽量地加以抑制。

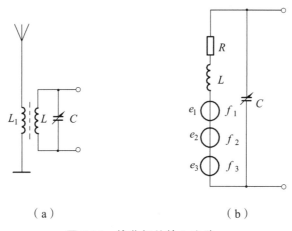

（a）　　　　　　　　　（b）

图 3.25　接收机的输入电路

输入电路的主要部分是天线线圈 L_1 和由电感线圈 L 与可变电容器 C 组成的串联谐振电路。天线所收到的各种频率不同的信号都会在 LC 谐振电路中感应出相应的电动势 e_1，e_2，e_3，……，如图 3.25（b）所示，图中的 R 是线圈 L 的电阻。改变 C，将所需信号频率调到串联谐振，那么这时 LC 回路中该频率的电流最大，在可变电容器两端的这种频率的电压也就最高。其他各种不同频率的信号虽然也在接收机里出现，但由于它们没有达到谐振，在回路中引起的电流很小。这样就起到了选择信号和抑制干扰的作用。再把挑选出来的信号通过放大、检波等环节以后，就可收听该电台的节目了。

【例 3.13】　在 RLC 串联电路中，已知 $R=20\,\Omega$，$L=500\,\mu\mathrm{H}$，$C=161.5\,\mathrm{pF}$。（1）求谐振频率 f_0。（2）若信号电压 $U=1\,\mathrm{mV}$，求 U_L。

解：（1）谐振频率

$$f_0=\frac{1}{2\pi\sqrt{LC}}=\frac{1}{2\pi\sqrt{500\times10^{-6}\times161.5\times10^{-12}}}\ \ (\mathrm{Hz})$$

（2）$\dfrac{\omega_0}{R}=\dfrac{2\pi f_0 L}{R}=\dfrac{2\pi\times560\times10^3\times500\times10^{-6}}{20}=88$

应用公式（3.7.3）得

$$U_L=\frac{U}{R}X_L=\frac{\omega_0 L}{R}U=\frac{2\pi f_0 L}{R}=88\times1=88\ \mathrm{mV}$$

可见，通过串联谐振可使信号电压从 1 mV 提高到 88 mV。

3.7.2 并联谐振

1. 并联谐振的条件

图 3.26 所示的电路是电容器与线圈并联的电路。电路的等效阻抗为

$$Z = \frac{\frac{1}{\mathrm{j}\omega C}(R+\mathrm{j}\omega L)}{\frac{1}{\mathrm{j}\omega C}+(R+\mathrm{j}\omega L)} = \frac{R+\mathrm{j}\omega L}{1+\mathrm{j}\omega RC-\omega^2 LC}$$

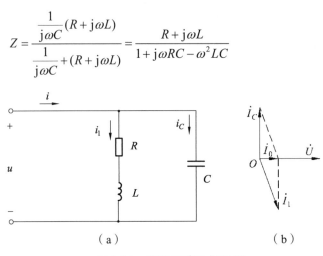

图 3.26　并联电路及相量图

通常要求线圈的电阻很小，所以一般在谐振时，ωL 远大于 R，则上式可写成

$$Z \approx \frac{1}{\frac{RC}{L}+\mathrm{j}\left(\omega C-\frac{1}{\omega L}\right)} \tag{3.7.5}$$

由此可得并联谐振频率，即将电源频率 ω 调到 ω_0 时发生谐振，这时

$$\omega_0 C - \frac{1}{\omega_0 L} \approx 0, \quad \omega_0 \approx \frac{1}{\sqrt{LC}}$$

或 $f = f_0 \approx \dfrac{1}{2\pi\sqrt{LC}}$ 与串联谐振频率近于相等。

2. 并联谐振具有下列特征

（1）由式（3.7.5）可知，谐振时电路的阻抗模为

$$|Z_0| = \frac{1}{\frac{RC}{L}} = \frac{1}{RC} \tag{3.7.6}$$

即比非谐振情况下的阻抗要大。因此在电源电压 U 一定的情况下，电路中的电流 I 将在谐振时达到最小值，即

$$I = I_0 = \frac{U}{\dfrac{L}{RC}} = \frac{U}{|Z_0|}$$

（2）电压与总电流同相，电路的 $\cos\varphi = 1$。

（3）谐振时各并联支路的电流为

$$I_1 = \frac{U}{\sqrt{R^2 + (2\pi f_0 L)^2}} \approx \frac{U}{2\pi f_0 L}$$

$$I_C = \frac{U}{\dfrac{1}{2\pi f_0 C}}$$

而
$$|Z_0| = \frac{1}{RC} = \frac{2\pi f_0 L}{R(2\pi f_0 C)} \approx \frac{(2\pi f_0 L)^2}{R}$$

当 $2\pi f_0 L \gg R$ 时，有

$$2\pi f_0 L \approx \frac{1}{2\pi f_0 C} \ll \frac{(2\pi f_0 L)^2}{R}$$

于是可得 $I_1 \approx I_C \gg I_0$（见图 3.26），即在谐振时并联支路的电流近于相等，而比总电流大许多倍。因此，并联谐振也称为电流谐振。

I_C 和 I_1 与总电流 I_0 的比值为电路的品质因数

$$Q = \frac{I_1}{I_0} = \frac{2\pi f_0 L}{R} = \frac{\omega_0}{R} = \frac{1}{\omega_0 CR} \qquad （3.7.7）$$

即在谐振时，支路电流 I_C 或 I_1 是总电流 I_0 的 Q 倍，也就是谐振时电路的阻抗为支路阻抗的 Q 倍。

并联谐振在电工和电子技术中也有广泛的用途。利用并联电容器来提高电感性电路的功率因素时，若将功率因素提高到 1，电路就处于并联谐振状态。

【**例 3.14**】 在图 3.27 所示的电路中，$U = 220\ \text{V}$。（1）当电源频率 $\omega_1 = 1\,000\ \text{rad/s}$ 时，$U_R = 0$。（2）当电源频率 $\omega_2 = 2\,000\ \text{rad/s}$ 时，$U_R = U = 220\ \text{V}$。试求电路参数 L_1、L_2，已知 $C = 1\ \mu\text{F}$。

解：（1）这时 $U_R = 0$，即 $I = 0$，电路处于并联谐振，故

$$\omega_1 L_1 = \frac{1}{\omega_1 C}$$

$$L_1 = \frac{1}{\omega_1^2 C} = \frac{1}{1\,000^2 \times 1 \times 10^{-6}} = 1\ \text{H}$$

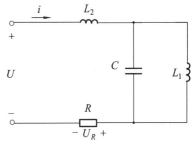

图 3.27 例 3.14 图

（2）这时电路处于串联谐振。先将 $L_1 C$ 并联电路等效为

$$Z_0 = \frac{(j\omega_2 L_1)\left(-j\dfrac{1}{\omega_2 C}\right)}{j\left(\omega_2 L_1 - \dfrac{1}{\omega_2 C}\right)} = -j\frac{\omega_2 L_1}{\omega_1^2 L_1 C - 1}$$

而后列出

$$\dot{U} = R\dot{I} + j\left(\omega_2 L_2 - \frac{\omega_2 L_1}{\omega_2^2 L_1 C - 1}\right)\dot{I}$$

在串联谐振时 $\dot{U}$ 和 $\dot{I}$ 同相，虚部为零，即

$$\omega_2 L_2 = \frac{\omega_2 L_1}{\omega_2^2 L_1 C - 1}$$

$$L_2 = \frac{1}{\omega_2^2 C - \dfrac{1}{L_1}} = \frac{1}{2\,000^2 \times 1 \times 10^{-6} - 1} = 0.33\ \text{H}$$

思考与练习

（1）在图 3.25（a）中，L 与 C 似乎是并联的，为什么说是串联谐振？

（2）在图 3.26（a）中，若电源电压的频率高于或低于电路固有频率时，$\dot{I}$ 与 $\dot{U}$ 的相位关系有什么变化？

（3）试说明当频率低于和高于谐振频率时，RLC 串联电路是电容性的还是电感性的？

练 习 题

1. 已知正弦电流的波形如图 3.28 所示，试写出该波形的瞬时表达式。

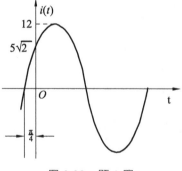

图 3.28　题 1 图

2. 设有两个同频率的正弦电流分别为 $i_1 = 100\sin(314t + 30°)$ (A)，$i_2 = 50\sin(314t - 30°)$ (A)。

试求它们的相位差，并说明哪一个电流相位超前？

3. 有三个同频率的正弦电压分别为 $u_1 = 100\sqrt{2}\sin(\omega t + 30°)$ (V)，$u_2 = 200\sqrt{2}\sin(\omega t - 60°)$ (V)，$u_3 = 300\sqrt{2}\sin(\omega t + 45°)$ (V)。试求它们的和 $u = u_1 + u_2 + u_3$。

4. 已知某正弦电流，当其相位角为 $\frac{\pi}{6}$ 时，其值为 5 A。则该电流的有效值是多少？若此电流的周期为 10 ms，且在 $t = 0$ 时正处于由正值过渡到负值时的零值，写出电流的瞬时值表达式 i 和相量 $\dot{I}$。

5. 某 $L = 35$ mH 的电感接在电压 $u = 220\sqrt{2}\sin(100\pi t - 30°)$ (V) 的电源上，试求通过此电感的电流并计算无功功率。

6. 某电感线圈，其电感 $L = 0.5$ H，电阻可忽略不计，接于 50 Hz、220 V 的正弦电压下，求：（1）该电感的电抗；（2）电路中的电流 I 及其与电压的相位差 ψ；（3）电感的无功功率 Q_L；（4）当电压频率变为 500 Hz，重求前面各项。

7. 某 R、L、C 串联的交流电路，已知 $R = X_L = X_C = 10\ \Omega$，$I = 1$ A，试求电压 U、U_R、U_L、U_C 和电路总阻抗 $|Z|$。

8. 在图 3.29 所示的电路中，已知 $f = 50$ Hz，电动机内阻 $r = 190\ \Omega$，电抗 $X_L = 260\ \Omega$，电源电压 $U = 220$ V。为了降低单相电动机转速使其端电压为 180 V，试求应串联的电感 L_1 值。若改用串联电阻 R，其值为多少？

9. 在图 3.30 所示的电路中，已知 $R = 50\ \Omega$，$f = 50$ Hz，$U = 220$ V，$U_1 = 120$ V，$U_2 = 130$ V。试求 r 和 L。

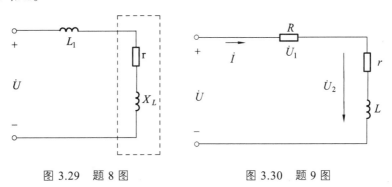

图 3.29　题 8 图　　　　　　　图 3.30　题 9 图

10. 在电阻、电感、电容元件串联的电路中，已知 $R = 30\ \Omega$，$L = 127$ mH，$C = 40\ \mu F$，电源电压 $u = 220\sqrt{2}\sin(314t + 20°)$ (V)。求：（1）感抗、容抗和阻抗。（2）电流的有效值 I 与瞬时值 i 的表达式。（3）各部分电压的有效值与瞬时值的表达式。（4）作相量图。（5）功率 P 和 Q。

11. 已知两端无源网络的复阻抗 $Z = 16 - \mathrm{j}12\ \Omega$，电源电压 $u = 100\sqrt{2}\sin(314t + 30°)$ (V)，求电路的有功功率 P，无功功率 Q，视在功率 S 和功率因数 $\cos\varphi$。

12. 在图 3.31 所示的电路中，设 $R_1 = 3\ \Omega$，$R_2 = 5\ \Omega$，$X_L = 4\ \Omega$，$X_C = 8.66\ \Omega$，并设电源电压为 220 V。求：各支路电流、功率、总电流和总功率。

13. 如图 3.32 所示电路，求：（1）AB 间的等效阻抗 Z_{AB}。（2）电压相量 $\dot{U}_{AF}$ 和 $\dot{U}_{DF}$。（3）整个电路的有功功率和无功功率。

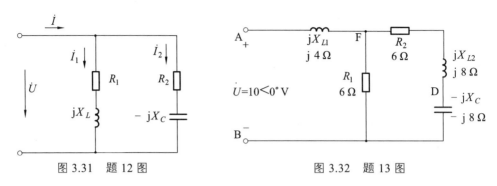

图 3.31　题 12 图　　　　　　图 3.32　题 13 图

14. 在图 3.33 所示的电路中，已知 $\omega = 2 \text{ rad/s}$，求电路的总阻抗 Z_{ab}。

15. 在图 3.34 所示的电路中，已知 $R_1 = 2 \text{ k}\Omega$，$R_2 = 10 \text{ k}\Omega$，$L = 10 \text{ H}$，$C = 1 \text{ μF}$，$f = 50 \text{ Hz}$，通过电阻 R_2 的电流 $I_2 = 10 \text{ mA}$，试求总电压 u 值。

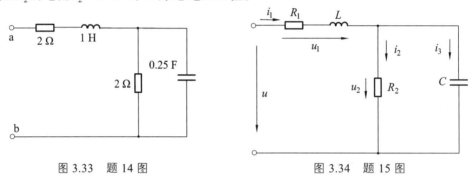

图 3.33　题 14 图　　　　　　图 3.34　题 15 图

16. 在图 3.35 所示的电路中，已知 $R_1 = R_2 = 250 \Omega$，$C_1 = 0.01 \text{ μF}$，$f = 1 \text{ kHz}$，欲使 $\dot{U}_1$ 与 $\dot{U}_2$ 同相位，试求 C_2 值。

17. 在图 3.36 所示的电路中，已知 $Z_1 = 20 + j100 \Omega$，$Z_2 = 50 + j50 \Omega$，若使 $\dot{I}$ 与 $\dot{U}$ 相位差为 90°，试求 R 值。

18. 在图 3.37 所示的电路中，$u_s = 10 \sin 314t$ (V)，$R_1 = 2 \Omega$，$R_2 = 1 \Omega$，$L = 637 \text{ mH}$，$C = 637 \text{ μF}$，求电流 i_1、i_2 和电压 u_C。

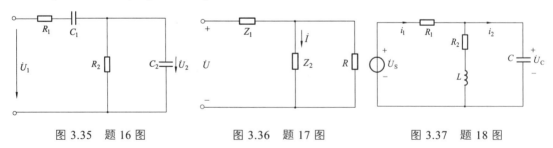

图 3.35　题 16 图　　　图 3.36　题 17 图　　　图 3.37　题 18 图

19. 在图 3.38 所示电路中，已知 $Z = X_C = X_L$，试求 $\dot{U}_R$ 与 $\dot{U}$ 相位差，并画出相量图。

20. 在图 3.39 所示的电路中，$R = 100 \Omega$，$L = 0.1 \text{ H}$，$C = 10 \text{ μF}$，计算角频率分别为 $\omega = 314 \text{ rad/s}$，$\omega = 1\,000 \text{ rad/s}$，$\omega = 4\,000 \text{ rad/s}$ 时此电路的复阻抗。

21. 在图 3.40 所示的各电路图中，除 A_0 和 V_0 外，其余电流表和电压表的读数在图上都已标出（都是正弦量的有效值），试求电流表 A_0 或电压表 V_0 的读数。

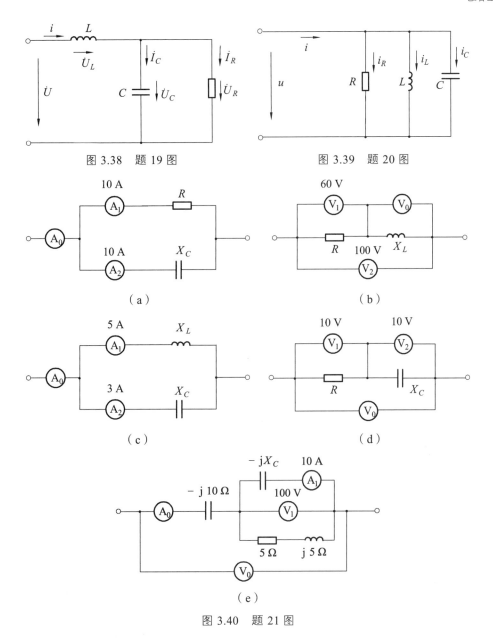

图 3.38　题 19 图　　　　　　　　图 3.39　题 20 图

（a）　　　　　　　　　　　　（b）

（c）　　　　　　　　　　　　（d）

（e）

图 3.40　题 21 图

22. 在图 3.41 所示的电路中，已知 $U_{ab} = U_{bc}$，$R = 10\ \Omega$，$X_C = \dfrac{1}{\omega C} = 10\ \Omega$，$Z_{ab} = R + jX_L$，$Z_{ab} = R + jX_L$。试求 $\dot{U}$ 和 $\dot{i}$ 同相时 Z_{ab} 等于多少？

23. 在图 3.42 所示的电路中，$R_1 = 5\ \Omega$。现调节电容 C 值使电流 I 最小，并此时测得 $I_1 = 10\ \text{A}$，$I_2 = 6\ \text{A}$，$U_Z = 113\ \text{V}$，电路总功率 $P = 1\,114\ \text{W}$。求阻抗 Z。

24. 在图 3.43 所示的电路中，已知 $I_1 = I_2 = 10\sqrt{2}\ \text{A}$，$U = 100\ \text{V}$，$\dot{U}$ 与 $\dot{i}$ 同相。求 I、R、X_C 及 X_L。

25. 在图 3.44 所示的电路中，已知 $U = 100\ \text{V}$，$R_1 = 2\ \Omega$，$R = X_L$，$I_L = 10\sqrt{2}\ \text{A}$，$I_C = 10\ \text{A}$。以 $\dot{U}_{ab}$ 为参考相量，画出相量图，求 X_L、X_C 和 R。

26. 在图 3.45 所示的电路中，已知 $r = R = 100\ \Omega$，$X_L = 100\ \Omega$，$U_{ab} = 141.4\ \text{V}$，并联电路所消耗的功率 $P'_{ab} = 100\ \text{W}$，功率因数 $\cos\varphi'_{ab} = 0.707$（容性），试求阻抗 Z 和电路的总电压 $u(t)$。

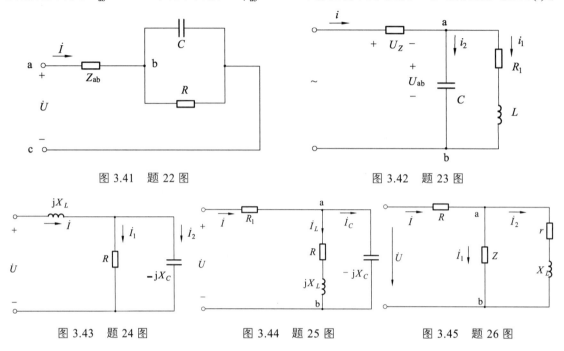

图 3.41　题 22 图　　　　　　　图 3.42　题 23 图

图 3.43　题 24 图　　　图 3.44　题 25 图　　　图 3.45　题 26 图

27. 某异步电动机，额定功率为 3 000 W，额定电压 220 V，频率 50 Hz，$\cos\varphi_1$ 为 0.6，现要将功率因数提高到 0.9，问需要补偿的无功功率为多少？应并联的电容容量是多少？

28. 某交流电源的额定容量 $S = 40\ \text{kV} \cdot \text{A}$，额定电压 $U_N = 220\ \text{V}$，为了不使电源过载：（1）供电给普通 220 V、40 W 的白炽灯照明，问最多可以点几盏？（2）供电给 $\cos\varphi = 0.5$、220 V、40 W 的日光灯，问最多可以点几盏？

29. 今有一个 40 W 的日光灯，使用时灯管与镇流器（可近似把镇流器看作纯电感）串联在电压为 220 V，频率为 50 Hz 的电源上。已知灯管工作时属于纯电阻负载，灯管两端的电压等于 110 V，试求镇流器上的感抗和电感。这时电路的功率因数等于多少？若将功率因数提高到 0.8，问应并联多大的电容？

30. 如图 3.46 所示电路，$u = 220\sqrt{2}\sin 100\pi t\ (\text{V})$，若负载的平均功率及无功功率为 700 W 和 371 var。为并联一电容以提高电路的功率因数至 0.9，求所需的电容，并计算补偿前与补偿后总电流的大小。

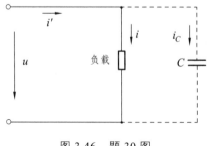

图 3.46　题 30 图

31. 已知感性负载的端电压为 220 V，吸收的有功功率为 10 kW，功率因数为 $\cos\varphi_1 = 0.8$，若把功率因数提高到 $\cos\varphi_2 = 0.95$，试求并联电容 C 多大，并比较电容并联前后的电流（设电源频率 $f = 50 \text{ Hz}$）。

32. 用如图 3.47 所示的电路测得无源线性二端网络 N 的数据如下：$U = 220 \text{ V}$，$I = 5 \text{ A}$，$P = 500 \text{ W}$，$f = 50 \text{ Hz}$。又知当与 N 并联一个适当数值的电容 C 后，电流 I 减小，而其他读数不变。试确定该网络的性质（电阻性、电感性或电容性）、等效参数及功率因素。

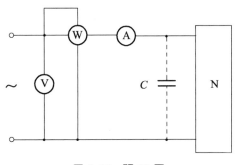

图 3.47　题 32 图

第 4 章　电路的暂态分析

前几章研究了电阻电路，这类电路是以代数方程来描述的。本章将讨论用微分方程来描述的电路。首先讨论电路的稳态、暂态以及换路定理。然后在此基础上来了解一阶线性 RC 和 RL 电路的零输入响应、零状态响应的基本概念和分析方法，最后综合零状态响应和零输入响应来探讨一阶线性电路暂态分析的三要素法。

4.1　电路的暂态过程和换路定理

在前面的章节中我们学习了电容元件和电感元件，这两种元件的电压和电流之间的约束关系是通过导数或积分来表示的，故称它们为"动态元件"，也称"储能元件"。当电路中含有电容元件或电感元件时。根据 KCL 和 KVL 以及元件的 VCR 的关系建立起来的电路方程是以电压和电流为变量的微分方程。微分方程的阶数取决于电路中动态元件的个数和电路本身的结构。

通常情况下，电路中只含有一个动态元件的时候，所建立的方程是一阶线性常微分方程，相应的电路称为一阶电路。当一个回路中含有两个或两个以上的动态元件时，所建立的方程称为二阶微分方程或其他的高阶方程。

含有电容、电感等动态元件的电路称为"动态电路"，这种电路的一个特征是，当电路的结构或元件的参数发生变化时，可能使电路改变原来的工作状态，转变到另一个工作状态。这种转变往往需要经历一个过程，把这个过程称为"换路过程"（过渡过程或暂态过程）。

在电路中出现换路过程的原因是因为电路中存在储能元件，在一定的工作状态下，这些元件可能都储存有一定的能量。而储能元件能量的改变或释放需要一定的时间，而不是瞬间完成的。电路中由于电源的接入或断开、元件参数的改变或电路结构的突然变化都可能引起电路的换路过程。

一般情况下，动态元件所引起的换路过程是比较短暂，即是在极短时间内完成的，故也称为"瞬态过程"或"暂态过程"。当过渡过程完成后电路又达到一个新的稳定状态。这种新的稳定状态和没有换路前的稳定状态都称为稳态过程。由此可知，一个电路过程由瞬态（暂态）过程和稳态过程两部分组成。

在电路中，一般称电压源、电流源为激励源或激励。在激励源的作用下，电路中的一些元件如电阻、电容、电感等都会产生相应的响应（如电压、电流）。当激励源或元件的结构参数发生变化时，电路都会经历"换路过程"。认为换路是在 $t=0$ 时刻进行的，通常把换路前

的最终时刻记为 $t = 0_-$ ，换路后的最终时刻记为 $t = 0_+$ ，那么换路所经历的时间为从 0_- 到 0_+ 。

因为动态电路的方程为微分方程，在解微分方程中为了确定微分方程中的常数，故必须寻找方程中变量的初始条件。所谓初始条件指的是所求变量的 $n-1$ 阶到 n 阶导数在 $t = 0_+$ 时的值，也称为初始值。在动态电路中电容电压 $u_C(0_+)$ 和电感电流 $i_L(0_+)$ 称为独立初始条件，其余的称为非独立初始条件。

对任意时刻 t ，线性电容的电压和电荷可表示为

$$u_C(t) = u_C(t_0) + \frac{1}{C}\int_{t_0}^{t} i_C(\xi)\mathrm{d}\xi \tag{4.1.1}$$

$$q_C(t) = q_C(t_0) + \int_{t_0}^{t} i_C(\xi)\,\mathrm{d}\xi \tag{4.1.2}$$

其中，q_C 、u_C 、i_C 分别为电容的电荷、电压和电流，设 $t_0 = 0_-$ ，$t = 0_+$ ，则有

$$u_C(0_+) = u_C(0_-) + \frac{1}{C}\int_{0_-}^{0_+} i_C(\xi)\mathrm{d}\xi \tag{4.1.3}$$

$$q_C(0_+) = q_C(0_-) + \int_{0_-}^{0_+} i_C(\xi)\mathrm{d}\xi \tag{4.1.4}$$

如果在 0_- 到 0_+ 的瞬间，电流 $i_C(t)$ 为有限值，则上式右端的积分项为零，此时电容上的电压和电荷都不发生跃变。即

$$u_C(0_-) = u_C(0_+) \tag{4.1.5}$$

$$q_C(0_-) = q_C(0_+) \tag{4.1.6}$$

若在 $t = 0_-$ 时，电容电压为 $u_C(0_-) = U_0$ ，在换路瞬间，有 $u_C(0_+) = u_C(0_-) = U_0$ ；若在 $t = 0_-$ 时刻电容的电压为零，则有 $u_C(0_+) = u_C(0_-) = 0$ 。故在换路的瞬间 $t = 0_+$ 时，电容可视为一个电压为 U_0 的电压源。

同理对于一个线性电感元件，其磁通链 $\varphi_L(t)$ 和电流 $i_L(t)$ 可以表示为

$$\varphi_L(t) = \varphi_L(t_0) + \int_{t_0}^{t} u_L(\xi)\mathrm{d}\xi \tag{4.1.7}$$

$$i_L(t) = i_L(t_0) + \frac{1}{L}\int_{t_0}^{t} u_L(\xi)\mathrm{d}\xi \tag{4.1.8}$$

式中，u_L 为电感两端的电压，设 $t_0 = 0_-$ 、$t = 0_+$ 则有

$$\varphi_L(0_+) = \varphi_L(0_-) + \int_{0_-}^{0_+} u_L(\xi)\mathrm{d}\xi \tag{4.1.9}$$

$$i_L(0_+) = i_L(0_-) + \frac{1}{L}\int_{0_-}^{0_+} u_L(\xi)\mathrm{d}\xi \tag{4.1.10}$$

若在 0_- 到 0_+ 的换路瞬间，电感两端的电压 $u_L(t)$ 为有限值，则上式右端的积分项为零，此时电感的磁通链和电流不发生跃变。即

$$\varphi_L(0_+) = \varphi_L(0_-) \tag{4.1.11}$$

$$i_L(0_+) = i_L(0_-) \tag{4.1.12}$$

若在 $t = 0_-$ 时，电感电流为 $i_L(0_-) = I_0$ 的电感，在换路的瞬间，有 $i_L(0_+) = i_L(0_-) = I_0$；若在 $t = 0_-$ 时刻电感的电流为零，则 $i_L(0_+) = i_L(0_-) = 0$。故在换路的瞬间 $t = 0_+$ 时，电感可视为一个电流等于 I_0 的电流源。

式（4.1.5）、（4.1.6）和式（4.1.11）、（4.1.12）分别说明了在换路前后电容的电流和电感的电压为有限值的条件下，换路前后的瞬间电容的电压和电感的电流不发生跃变，上述关系也称之为"换路定理"。

【例 4.1】 在图 4.1（a）所示的电路中，已知 $U_s = 10\text{ V}$，$R_1 = R_2 = R_3 = 4\ \Omega$，开关 S 动作前电路已达到稳态。当 $t = 0$ 时开关 S 突然断开，求换路后电容的电压、电流初始值，电感的电流、电压初始值。

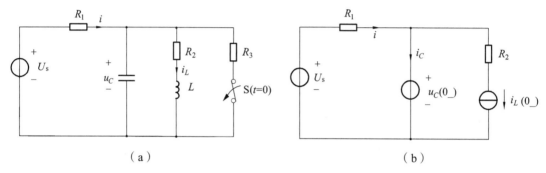

（a）   （b）

图 4.1　例 4.1 图

解： 先求 $u_C(0_+)$，$i_L(0_+)$，因电路在断开前已处于稳定状态，电容相当于开路，电感相当于短路，故

$$i = \cfrac{U}{R_1 + \cfrac{R_2 \times R_3}{R_2 + R_3}} = \frac{10}{4+2} = \frac{5}{3}\text{ A}$$

$$u_C(0_-) = 10 - 4 \times \frac{5}{3} = \frac{10}{3}\text{ V}$$

$$i_L(0_-) = \frac{10}{3} \times \frac{1}{4} = \frac{5}{6}\text{ A}$$

换路后的 0_+ 等效电路如图 4.1（b）所示。由换路定律知

$$u_C(0_+) = u_C(0_-) = \frac{10}{3}\text{ V}$$

$$i_L(0_+) = i_L(0_-) = \frac{5}{6}\text{ A}$$

由 KCL 得到

$$i(0_+) = \frac{10 - \dfrac{10}{3}}{4} = \frac{5}{3}\text{ A}$$

$$i_C(0_+) = i(0_+) - i_L(0_+) = \frac{5}{3} - \frac{5}{6} = \frac{5}{6} \text{A}$$

由 KVL 得到

$$u_C(0_+) + u_L(0_+) - R_2 i_L(0_+) = 0$$

所以

$$u_L(0_+) = R_2 i_L(0_+) - u_C(0_+) = 4 \times \frac{5}{6} - \frac{10}{3} = 0 \text{ V}$$

由换路定理可知，确定一个电路的初始条件的步骤为：

（1）根据换路前的电路确定 $u_C(0_-)$、$i_L(0_-)$。

（2）根据换路定理确定 $u_C(0_+)$、$i_L(0_+)$。

（3）根据（2）中的 $u_C(0_+)$、$i_L(0_+)$ 画出 $t=0_+$ 时的等效电路（也称为初始等效电路），通过替代定理，在电容的位置用电压等于 $u_C(0_+)$ 的电压源替代，电感的位置用电流等于 $i_L(0_+)$ 的电流源替代。若 $u_C(0_+)=0$、$i_L(0_+)=0$，则电容所在处用短路替代，电感所在处用开路替代。其他的激励源用 $U_s(0_+)$ 和 $i_s(0_+)$ 的直流源替代。这样就得到了 $t=0_+$ 时的等效电路，利用此电路来确定电路中的其他非独立的初始条件。

思考与练习

（1）如图 4.2 所示，开关动作前电路已达稳态，当 $t=0$ 时开关 S 闭合，求 $i_L(0_+)$、$u_{L1}(0_+)$、$u_{L2}(0_+)$。

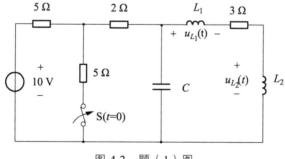

图 4.2　题（1）图

（2）如图 4.3 所示电路中，开关动作前电路已达稳态，开关 S 在 $t=0$ 时断开，求电路中各元件上电压、电流的初始值。

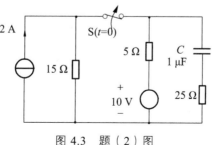

图 4.3　题（2）图

4.2 RC 电路的响应

4.2.1 RC 电路的零输入响应

所谓零输入响应指的是动态电路中无外加激励源，仅由动态元件的初始储能所产生的响应，称为动态电路的零输入响应。

首先来讨论下 RC 电路的零输入响应。在图 4.4 所示的 RC 电路中，在开关S闭合前电容 C 已充电，其电压 $u_C = U_0$；开关闭合后，电容储存的能量将通过电阻以热能的形式释放出来。现把开关S的动作时刻记为起点 $t = 0$，开关闭合后即 $t \geq 0$ 时，根据 KVL 可得

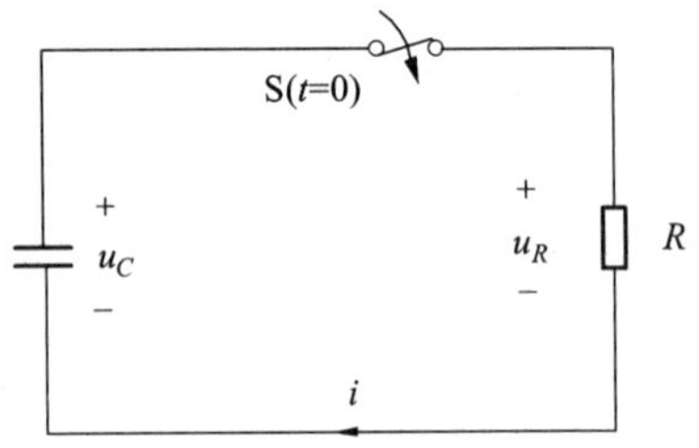

$$u_R - u_C = 0 \qquad (4.2.1)$$

将 $u = Ri$、$i = -C\dfrac{\mathrm{d}u_C}{\mathrm{d}t}$ 代入上述方程，有

$$RC\frac{\mathrm{d}u_C}{\mathrm{d}t} + u_C = 0 \qquad (4.2.2)$$

图 4.4 RC 电路

这是一阶微分方程，初始条件 $u_C(0_+) = u_C(0_-) = U_0$，设方程的通解 $u_C = A\mathrm{e}^{pt}$，代入上式后就有

$$(RCp + 1)A\mathrm{e}^{pt} = 0$$

则此微分方程相应的特征方程为

$$RCp + 1 = 0$$

特征根为

$$p = -\frac{1}{RC}$$

根据初始条件 $u_C(0_+) = u_C(0_-) = U_0$，代入通解方程 $u_C = A\mathrm{e}^{pt}$，则得到积分常数

$$A = u_C(0_+) = U_0$$

则满足初始条件的微分方程的解为

$$u_C = u_C(0_+)\mathrm{e}^{-\frac{1}{RC}t} = U_0\mathrm{e}^{-\frac{1}{RC}t} \qquad (4.2.3)$$

这就是放电过程中电容电压 u_C 的表达式。

电路中的电流为

$$i = -C\frac{\mathrm{d}u_C}{\mathrm{d}t} = \frac{U_0}{R}\mathrm{e}^{-\frac{t}{\tau}} \qquad (4.2.4)$$

电阻上的电压为

$$u_R = u_C = U_0 \mathrm{e}^{-\frac{1}{RC}t}$$

从以上的表达式可以看出，电压 u_C、u_R 及电流 i 都是按照同样的指数规律衰减的。它们衰减的快慢取决于指数中的 $\frac{1}{RC}$ 的大小，因为 $p = \frac{1}{RC}$ 是电路特征方程的特征根，它仅取决于电路的结构和元件的参数。电阻的单位符号为 Ω，电容的单位符号是 F，则 RC 的单位符号是 s，它们称为 RC 电路的时间常数，用 τ 表示，因此电容的电压 u_C 和电流 i 可以分别表示为

$$u_C = U_0 \mathrm{e}^{-\frac{t}{\tau}}$$

$$i = \frac{U_0}{R} \mathrm{e}^{-\frac{t}{\tau}}$$

τ 的大小反映了一阶电路过渡过程的进展速度，它是反应过渡过程特征的一个主要参数。

【例 4.2】 在图 4.5（a）所示电路中，$U_s = 6\ \mathrm{V}$，$R = 2\ \Omega$，$C = 1\ \mathrm{F}$，开关 S 在 $t = 0$ 时由位置 1 打到位置 2，开关动作前电路已处于稳定状态，求 $t \geqslant 0$ 时的 u_C，i。

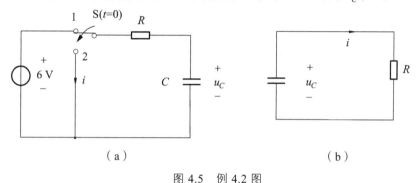

（a） （b）

图 4.5 例 4.2 图

解：据题意知在位置 1 时电路已处于稳态，故

$$u_C(0_-) = 6\ \mathrm{V}$$

由换路定律知 $u_C(0_+) = u_C(0_-) = 6\ \mathrm{V}$

在 $t \geqslant 0$ 时的等效电路如图 4.5（b）所示。由图可知 $R_{eq} = R = 2\ \Omega$

时间常数为 $\tau = R_{eq} \times C = 2\ \mathrm{s}$

由公式（4.2.3）可求得

$$u_C = u_C(0_+) \mathrm{e}^{-\frac{t}{\tau}} = 6\mathrm{e}^{-\frac{1}{2}t}\ (\mathrm{V})$$

$$i = \frac{u_C}{R_{eq}} = 3\mathrm{e}^{-\frac{1}{2}t}\ (\mathrm{A})$$

4.2.2 RC 电路的零状态响应

RC 电路的零状态响应指的是电路中动态元件的初始储能为零且仅由外加激励所引起的

响应。在图 4.6 所示的 RC 串联电路中，开关 S 闭合前电路处于另一初始状态，即 $u_C(0_-) = 0$。在 $t = 0$ 时刻，开关 S 闭合，电路接入直流电源 U_s。根据 KVL 有

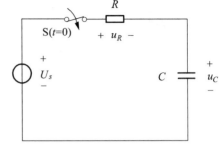

$$u_R + u_C = U_s \qquad (4.2.5)$$

将 $u_R = Ri$，$i = C\dfrac{\mathrm{d}u_C}{\mathrm{d}t}$ 代入，得到电路的微分方程

$$RC\frac{\mathrm{d}u_C}{\mathrm{d}t} + u_C = U_s \qquad (4.2.6)$$

图 4.6　RC 电路

此方程为一阶线性非齐次方程，方程的解由非齐次方程的特解 u_C' 和对应齐次方程的通解 u_C'' 组成，即

$$u_C = u_C' + u_C'' \qquad (4.2.7)$$

很明显特解为

$$u_C' = U_s$$

而齐次方程 $RC\dfrac{\mathrm{d}u_C}{\mathrm{d}t} + u_C = 0$ 的通解为

$$u_C'' = A\mathrm{e}^{-\frac{t}{\tau}}$$

其中 $\tau = RC$。因此

$$u_C = U_s + A\mathrm{e}^{-\frac{t}{\tau}}$$

代入初试值得到

$$A = -U_s$$

所以

$$\left. \begin{aligned} u_C &= U_s - U_s\mathrm{e}^{-\frac{t}{\tau}} = U_s(1 - \mathrm{e}^{-\frac{t}{\tau}}) \\ i &= C\frac{\mathrm{d}u_C}{\mathrm{d}t} = \frac{U_s}{R}\mathrm{e}^{-\frac{t}{\tau}} \end{aligned} \right\} \qquad (4.2.8)$$

从以上的关系式子可以看出 u_C 以指数形式趋向它的最终恒定值 U_s，达到最终值以后电压和电流都不再发生变化。此时电容相当于开路，电流为零，电路达到和换路前一样的状态即稳定状态。在这种情况下，特解 $u_C' = U_s$ 称为稳定分量。同时我们也可以看出 u_C' 与外加激励的变化规律有关，所以称为强制分量。齐次方程的通解 u_C'' 则由于其变化规律取决于特征根而与外加的激励无关，所以称为自由分量。自由分量是按照指数规律衰减的，最终将趋于零，故也称瞬态分量。电流 i 情况也与此类似。

【例 4.3】　如图 4.7 所示电路，已知 $U_s = 10\,\mathrm{V}$，$R = 2\,\Omega$，$C = 1\,\mathrm{F}$，开关在动作前电路已处于稳态，开关 S 在 $t = 0$ 时由位置 1 打向位置 2，求 $t \geqslant 0$ 时 $u_C(t)$。

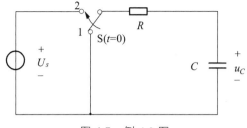

图 4.7　例 4.3 图

解： 开关在打开前电路已处于稳态，由电路图知

$$u_C(0_+) = u_C(0_-) = 0 \text{ (V)}$$

当开关 S 打向位置 2 后直流电源接入电路，由 KVL 得到电路的微分方程

$$RC\frac{\mathrm{d}u_C(t)}{\mathrm{d}t} + u_C(t) = U_s$$

由公式（4.2.8）得到　　$u_C(t) = U_s(1 - \mathrm{e}^{-\frac{t}{\tau}})$

所以　　　　　　　　$u_C(t) = 10(1 - \mathrm{e}^{-\frac{1}{2}t}) \text{ V}$

思考与练习

（1）如图 4.8 所示电路在开关 S 在闭合前已达到稳态，电容电压 $u_C(0_-)$ 为零，在 $t = 0$ 时 S 闭合。求 $t \geq 0$ 时的 $u_C(t)$ 和 $i(t)$。

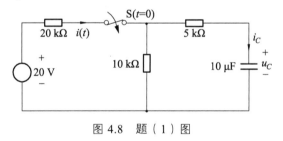

图 4.8　题（1）图

（2）如图 4.9 所示电路在开关闭合前已达到稳态，在 $t = 0$ 时开关 S 闭合，求 S 闭合后的 $u_C(t)$。

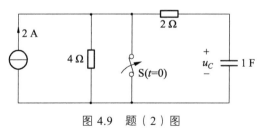

图 4.9　题（2）图

（3）如图 4.10 所示电路，$R = 4\ \Omega$，$C = 1\ \text{F}$，在 $t = 0$ 时开关 S 闭合，求 $u_C(t)$。

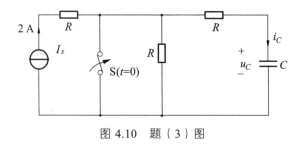

图 4.10 题（3）图

4.3 *RL* 电路的响应

4.3.1 *RL* 电路的零输入响应

与 *RC* 电路一样，*RL* 电路也是由零输入和零状态两部分组成的。

讨论 *RL* 的零输入响应。如图 4.11（a）所示电路在开关 S 动作之前电压和电流已经恒定不变，电感中有电流 $I_0 = \dfrac{U_s}{R_1} = i_L(0_-)$。在 $t = 0$ 时开关由 1 打到 2，具有初始电流 I_0 的电感 L 和电阻 R 相连接构成的一个闭合回路，如图 4.11（b）所示。在 $t \geqslant 0$ 时，根据 KVL 有

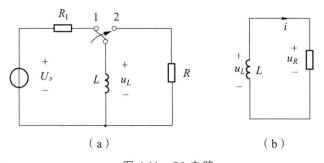

（a）   （b）

图 4.11 *RL* 电路

$$u_R - u_L = 0 \qquad\qquad (4.3.1)$$

而 $u_R = Ri$ ，$u_L = -L\dfrac{\mathrm{d}i}{\mathrm{d}t}$ ，电路的微分方程为

$$L\frac{\mathrm{d}i}{\mathrm{d}t} + Ri = 0 \qquad\qquad (4.3.2)$$

这是一个一阶齐次微分方程。设方程的通解是 $i = A\mathrm{e}^{pt}$ ，则相应的特征方程为

$$Lp + R = 0$$

特征根为

$$p = -\frac{R}{L}$$

故电流为

$$i = A\mathrm{e}^{-\frac{R}{L}t}$$

根据换路定理 $i_L(0_+) = i_L(0_-) = I_0$，代入上式可求得 $A = i_L(0_+) = I_0$，从而

$$i = i_L(0_+)\mathrm{e}^{-\frac{R}{L}t} = I_0\mathrm{e}^{-\frac{R}{L}t} \tag{4.3.3}$$

电阻和电感上的电压分别为

$$\left. \begin{array}{l} u_R = Ri = RI_0\mathrm{e}^{-\frac{R}{L}t} \\[2mm] u_L = -L\dfrac{\mathrm{d}i}{\mathrm{d}t} = RI_0\mathrm{e}^{-\frac{R}{L}t} \end{array} \right\} \tag{4.3.4}$$

与 RC 电路类似，令 $\tau = \dfrac{L}{R}$ 称为 RL 电路的时间常数，则上式可以写成

$$\left. \begin{array}{l} i = I_0\mathrm{e}^{-\frac{t}{\tau}} \\[3mm] u_R = RI_0\mathrm{e}^{-\frac{t}{\tau}} \\[3mm] u_L = RI_0\mathrm{e}^{-\frac{t}{\tau}} \end{array} \right\}$$

【例 4.4】 有电路如图 4.12（a）所示，已知 $I_S = 2\,\mathrm{A}$，$L = 1\,\mathrm{H}$，$R_0 = 2\,\Omega$，电路在动作前已经处于稳态，在 $t = 0$ 时开关突然由位置 1 合到位置 2。求 $t \geqslant 0$ 时的 u_L、i。

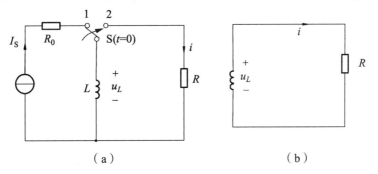

（a）　　　　　　　　　　（b）

图 4.12　例 4.4 图

解： 因为开关动作前电路已经处于稳态，故

$$i_L(0_-) = 2\,\mathrm{A}$$

开关动作后由换路定律得到

$$i_L(0_-) = i_L(0_+) = 2\,\mathrm{A}$$

开关动作后的等效电路如图 4.12（b）所示。由 KVL 知

$$u_L + Ri = 0$$

将 $u_L = -L\dfrac{\mathrm{d}i}{\mathrm{d}t}$ 代入上式，得到 $-L\dfrac{\mathrm{d}i}{\mathrm{d}t} + Ri = 0$

时间常数 $\tau = \dfrac{L}{R_{eq}} = \dfrac{1}{2}$ s

由公式（4.3.3），（4.3.4）得到

$$i = i_L(0_-)\mathrm{e}^{-\frac{t}{\tau}} = 2\mathrm{e}^{-2t} \text{ A}$$

$$u_L = -L\dfrac{\mathrm{d}i}{\mathrm{d}t} = 4\mathrm{e}^{-2t} \text{ V}$$

4.3.2　RL 电路的零状态响应

RL 电路的零状态响应和 RC 电路的零状态响应类似，下面简做介绍。

如图 4.13 所示，直流电流源的电流为 I_s，在开关打开前电感中的电流为零。根据换路定理在开关前后的瞬间有 $i_L(0_-) = i_L(0_+) = 0$，即电路的响应为零状态响应。则电路的微分方程为

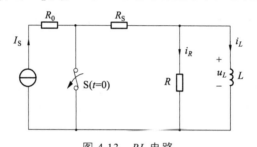

图 4.13　RL 电路

$$\frac{L}{R}\frac{\mathrm{d}i_L}{\mathrm{d}t} + i_L = I_s \tag{4.3.5}$$

很明显这是一个一阶的非齐次线性微分方程，它的解等于非齐次方程的特解 i'_L 和对应齐次方程的通解 i''_L 之和。若初始条件 $i_L(0_+) = 0$，则此方程的通解为

$$i_L = i'_L + A\mathrm{e}^{-\frac{R}{L}t} = i'_L + A\mathrm{e}^{-\frac{t}{\tau}} \tag{4.3.6}$$

式中 $\tau = \dfrac{L}{R}$ 称为 RL 电路的时间常数。特解 $i'_L = I_s$，积分常数 $I_s + A = i_L(0_+) = 0$，所以 $A = -I_s$

$$i_L = I_s(1 - \mathrm{e}^{-\frac{t}{\tau}}) \tag{4.3.7}$$

从上式可以看出它也是由一个稳态分量和一个暂态分量组成的。暂态分量按指数规律衰减，经过一定的时间必然衰减为零，最后只剩下稳态分量。

【例 4.5】　如图 4.14（a）所示电路，已知 $I_s = 5$ A，$R_1 = 1\,\Omega$，$R_2 = 3\,\Omega$，$L = 1$ H。开关在动作前电路已经处于稳态，在 $t = 0$ 时开关突然由位置 1 打到位置 2，求 $t \geqslant 0$ 时的 u_L、i。

解： 因开关在动作前电路已经处于稳态，所以有

$$i_L(0_-) = 0 \text{ A}$$

当开关动作后，由换路定律得到 $\qquad i_L(0_+) = i_L(0_-) = 0 \text{ A}$

换路后的等效电路如图 4.14（b）所示。

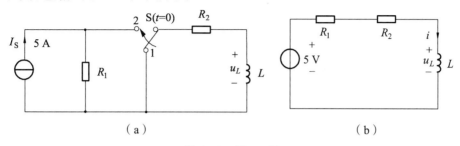

图 4.14　例 4.5 图

又因 $\qquad R_{eq} = R_1 + R_2 = 4\,\Omega$，$\quad u_L = L\dfrac{\mathrm{d}i}{\mathrm{d}t}$，$\quad \tau = \dfrac{1}{4}\text{ s}$

由 KVL 得到 $\qquad L\dfrac{\mathrm{d}i}{\mathrm{d}t} + R_{eq}i = 5$

则 $\qquad i = \dfrac{u}{R_{eq}}(1 - \mathrm{e}^{-\frac{t}{\tau}}) = \dfrac{5}{4}(1 - \mathrm{e}^{-4t})\text{ (A)}$

$$u_L = L\dfrac{\mathrm{d}i}{\mathrm{d}t} = 5\mathrm{e}^{-4t}\text{ (V)}$$

通过上一节和本节对 RC 和 RL 电路响应的讨论可以得到如下规律：

（1）从物理意义上说，零输入响应是在无激励输入状态下，由储能元件的初始储能产生的，它取决于电路的初始状态，也取决于电路的特性。电路的零状态响应是由外加激励和电路的特性决定的。一阶电路零状态响应所反映的物理过程，实质上是动态元件的储能从无到有逐渐增加的过程，电容的电压和电感的电流都是从零开始呈指数规律上升到稳态值的，上升的快慢则由时间常数 τ 决定。

（2）从数学意义上说，零输入响应就是线性齐次常微分方程在非零初始条件下的解。零状态响应就是线性非齐次常微分方程在零初始条件下的解。

思考与练习

（1）如图 4.15 所示电路，开关在 a 位置时电路已达到稳态，当 $t=0$ 时开关由 a 打到 b 位置，求 $t \geqslant 0$ 时的电流 $i_L(t)$。

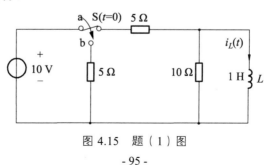

图 4.15　题（1）图

（2）如图 4.16 所示电路，开关 S 打开前电路已处于稳态，在 $t=0$ 时开关 S 打开，求 $t \geqslant 0$ 时的 $u_L(t)$。

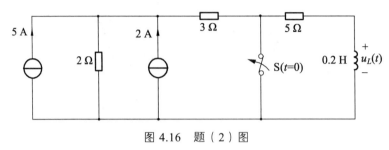

图 4.16　题（2）图

4.4　一阶线性电路瞬态分析的三要素法

从前面几节的分析讨论可以看出，对于任意的线性时不变动态电路，在动态元件的初始储能和电路的外加输入激励的共同作用下，电路所产生的响应称为电路的全响应，显然电路的全响应等于电路的零输入响应和零状态响应的叠加。

如图 4.17 所示的电路为已充电的电容经过电阻接到直流电源 U_s 上。设电容原有的电压 $u_C = U_0$，当开关 S 闭合后，根据 KVL 有

$$RC \frac{\mathrm{d}u_C}{\mathrm{d}t} + u_C = U_s \tag{4.4.1}$$

若初始条件 $u_C(0_+) = u_C(0_-) = U_0$，则方程的通解

$$u_C = u_C' + u_C'' \tag{4.4.2}$$

换路后达到稳定状态电路的特解为

$$u_C' = U_s$$

u_C'' 为上述微分方程对应的齐次方程的通解

$$u_C'' = A\mathrm{e}^{-\frac{t}{\tau}}$$

其中，$\tau = RC$ 为电路的时间常数，所以就有

$$u_C = U_s + A\mathrm{e}^{-\frac{t}{\tau}} \tag{4.4.3}$$

根据初始条件 $u_C(0_+) = u_C(0_-) = U_0$，求得积分常数为

$$A = U_0 - U_s$$

则电容的电压

$$u_C = U_s + (U_0 - U_s)\mathrm{e}^{-\frac{t}{\tau}}$$

这就是电容电压在 $t \geqslant 0$ 时的全响应。

把上式改写成

$$u_C = U_0 \mathrm{e}^{-\frac{t}{\tau}} + U_s (1 - \mathrm{e}^{-\frac{t}{\tau}}) \qquad (4.4.4)$$

此式也说明了

全响应 = 零输入响应 + 零状态响应

从式（4.4.4）也可以看出，右边的第一项是微分方程的特解，其变化规律与电路施加的激励相同，称为强制分量；右边的第二项是对应微分方程的通解，它的变化规律取决于电路的参数而与外加的激励无关，称为自由分量。所以全响应又可以表示成

全响应 = 强制分量 + 自由分量

在直流或正弦的一阶电路中，常常取换路后达到新的稳态解作为特解，而自由分量随着时间的增长按指数规律逐渐衰减为零，所以全响应又可以表示为

全响应 = 稳态分量 + 瞬态分量

$f(0_-)$ 指的是换路前的终值，也可以称为初始条件，比如前面讲的 $i_L(0_-)$、$u_C(0_-)$。$f(0_+)$ 指过渡过程开始时的状态，也可以称为初始状态，比如前面讲的 $i_L(0_+)$、$u_C(0_+)$。换路定理在 u_L 为有限值时 $i_L(0_+) = i_L(0_-)$；在 i_C 为有限值时，$u_C(0_+) = u_C(0_-)$。

从上面全响应的几种不同的表示方式中可以看出，不管用哪种方式来表达，都不过是从不同的角度去分析全响应，而全响应总是由初始值、特解和时间常数三个要素决定的。在直流激励的作用下，若初始值为 $f(0_+)$，特解为稳态解 $f(\infty)$，时间常数为 τ，则全响应 $f(t)$ 可写为

$$f(t) = f(\infty) + [f(0_+) - f(\infty)]\mathrm{e}^{-\frac{t}{\tau}} \qquad (4.4.5)$$

只要知道了 $f(0_+)$、$f(\infty)$、τ 三个要素就可以直接根据上式写出直流激励下的一阶电路的全响应，这种方法称为"三要素法"。

一阶电路在正弦电源激励下，由于电路的特解 $f'(t)$ 是时间的正弦函数。则上式可以写成

$$f(t) = f'(t) + [f(0_+) - f'(0_+)]\mathrm{e}^{-\frac{t}{\tau}} \qquad (4.4.6)$$

其中，$f'(t)$ 是特解的稳态的响应；$f'(0_+)$ 是在 $t = 0$ 时稳态响应的初始值；$f(0_+)$ 和 τ 的含义与前面的相同。

（1）$f(0_+)$ 为电压或电流的初始值，它是由 $t = 0_+$ 等效电路决定的。应先求出换路前的 $u_C(0_-)$ 或 $i_L(0_-)$，然后根据换路定理求出 $u_C(0_+)$ 或 $i_L(0_+)$，再由 $t = 0_+$ 时的等效电路求出 $f(0_+)$。

（2）$f(\infty)$ 为电压或电流的稳态值，因为在稳态时 $u_C(t)$ 和 $i_L(t)$ 不发生变化，所以稳态值 $f(\infty)$ 可以在 $t \geqslant 0$ 时的电路中令 $t \to \infty$，此时电容视作开路，电感视作短路，由此求得 $f(\infty)$。

（3）τ 为电路的时间常数，同一电路只有一个时间常数，$\tau = R_0 C_0$ 或 $\tau = \dfrac{L_0}{R_0}$。其中 R_0 应理解为从动态元件两端看进去的戴维南或诺顿等效电路中的 R_0，C_0 或 L_0 是独立的电容或电感。

【例 4.6】 如图 4.18 所示电路，已知 $I_s = 1\,\text{A}$，$C = 0.1\,\text{F}$，$R_1 = R_2 = R_3 = 4\,\Omega$，$L = 0.2\,\text{H}$，开关在断开前电路已经处于稳定状态，试用三要素法求开关 S 断开后的 $u_C(t)$、$i_L(t)$。

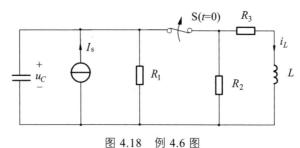

图 4.18　例 4.6 图

解： 先求初始值 $u_C(0_+)$、$i_L(0_+)$，由于在换路前电路已经达到稳态，电容相当于开路，电感相当于短路。故

$$u_C(0_-) = 1 \times \frac{4 \times 2}{4 + 2} = \frac{4}{3}\,\text{V}$$

$$i_L(0_-) = \frac{4}{3} \times \frac{1}{4} = \frac{1}{3}\,\text{A}$$

由于开关断开后将电路分成两个一阶动态电路，因此用三要素法分析，由换路定律

$$u_C(0_+) = u_C(0_-) = \frac{4}{3}\,\text{V}$$

$$i_L(0_+) = i_L(0_-) = \frac{1}{3}\,\text{A}$$

求稳态值 $u_C(\infty)$、$i_L(\infty)$。由换路后的稳态电路求得

$$u_C(\infty) = 4\,\text{V}，\quad i_L(\infty) = 0\,\text{A}$$

求时间常数 τ_C、τ_L。由换路后的电路求得

$$\tau_C = R_{eq} C = 4 \times 0.1 = 0.4\,\text{s}$$

$$\tau_L = \frac{L}{R_{eq}} = \frac{0.2}{8} = \frac{1}{40}\,\text{s}$$

由三要素法的公式（4.4.5），则有

$$u_C(t) = 4 + \left(\frac{4}{3} - 4\right) e^{-\frac{1}{0.4}t} = 4 - \frac{8}{3} e^{-2.5t}\,\text{(V)}$$

$$i_L(t) = 0 + \left(\frac{1}{3} - 0\right) e^{-40t} = \frac{1}{3} e^{-40t}\,\text{(A)}$$

思考与练习

（1）如图 4.19 所示电路，在开关动作前电路已经达到稳态，在 $t=0$ 时开关 S 闭合，用三要素法求 $t \geqslant 0$ 时的 $u_C(t)$。

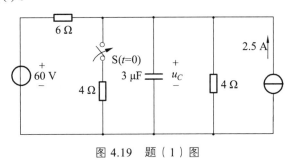

图 4.19 题（1）图

（2）如图 4.20 所示电路，$t=0$ 时开关 S_1 打开、S_2 闭合，在开关动作前电路已经达到稳态，求 $t \geqslant 0$ 时 $u_L(t)$、$i_L(t)$。

（3）如图 4.21 所示电路，开关在位置 1 时电路已处于稳态，在 $t=0$ 时开关从位置 1 打到位置 2。求 $t \geqslant 0$ 后的 $i(t)$。

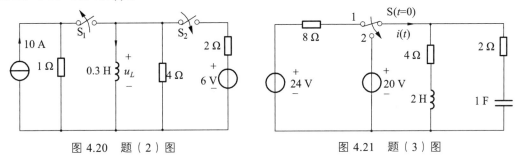

图 4.20 题（2）图   图 4.21 题（3）图

练 习 题

1. 如图 4.22 所示电路，已知 $I_s = 1\,A$，$R_1 = R_2 = 5\,\Omega$，$C = 0.1\,F$，$L = 0.1\,H$。电路在开关 S 闭合前已经达到稳态，当 $t=0$ 时 S 突然闭合，求换路后的电容电压、电感电流的初始值。

2. 如图 4.23 电路所示，已知 $U_s = 2\,V$、$R_1 = 5\,\Omega$、$R_2 = 1\,\Omega$、$C = 3\,F$、$L = 1\,H$。原电路已达到稳态，在 $t=0$ 时开关 S 突然闭合，求 $i(0_+)$、$i_L(0_+)$ 和 $u_C(0_+)$。

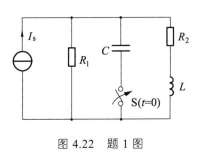 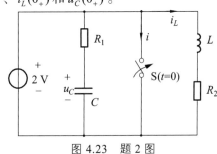

图 4.22 题 1 图   图 4.23 题 2 图

3. 如图 4.24 所示电路，已知 $R_1 = 4\,\Omega$，$R_2 = 8\,\Omega$，$I_s = 2\,A$，$C = 1\,F$，$L = 2\,H$，原电路已经达到稳态，在 $t = 0$ 时刻开关 S 闭合，求初始值 $i_1(0_+)$、$i_C(0_+)$、$u_L(0_+)$。

4. 如图 4.25 所示电路，已知 $t = 0$，$U_s = 15\,V$，$R_1 = R_3 = 2\,\Omega$，$R_2 = 4\,\Omega$，$C = 1\,F$，$L = 1\,H$。开关 S 打开前电路已处于稳态，$t = 0$ 时开关断开，求 $i_1(0_+)$、$i_2(0_+)$、$i_3(0_+)$。

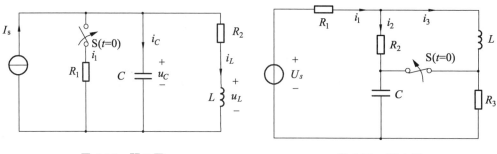

图 4.24　题 3 图　　　　　　　　图 4.25　题 4 图

5. 如图 4.26 所示电路，已知 $U_s = 10\,V$，$R = 10\,\Omega$，$C = 0.1\,F$。开关在位置 1 时电路已达到稳态，在 $t = 0$ 时开关由位置 1 打到位置 2，求 $t \geqslant 0$ 时 $u_C(t)$ 的零状态响应。

6. 如图 4.27 所示电路，已知 $U_s = 5\,V$，$R_1 = 1\,\Omega$，$R_2 = R_3 = 4\,\Omega$，$C = 0.5\,F$。开关在位置 1 时电路已达稳态，在 $t = 0$ 时开关由位置 1 打到位置 2。求 $t \geqslant 0$ 时的 $u_C(t)$ 的零状态响应。

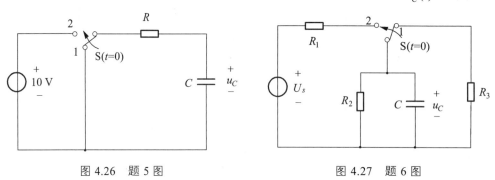

图 4.26　题 5 图　　　　　　　　图 4.27　题 6 图

7. 如图 4.28 所示电路，已知 $U_s = 30\,V$，$R_1 = 10\,\Omega$，$R_2 = 5\,\Omega$，$C = 1\,F$，开关动作前电路已达稳态，在 $t = 0$ 时开关断开，求开关断开后的 $i(t)$、$u_{R2}(t)$。

8. 如图 4.29 所示电路，已知 $I_s = 2\,A$，$R_1 = R_2 = 1\,\Omega$，$R_3 = 2\,\Omega$，$C = 1\,F$。开关动作前电路已达稳态，在 $t = 0$ 时开关 S 闭合，求 $t \geqslant 0$ 时的 $i(t)$。

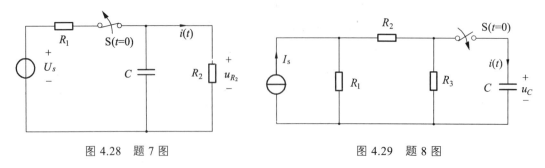

图 4.28　题 7 图　　　　　　　　图 4.29　题 8 图

9. 如图 4.30 所示电路，已知 $U_s = 9\,V$，$R_1 = 3\,\Omega$，$R_2 = 6\,\Omega$，$C = 1\,F$。原电路已处于稳

态，在 $t=0$ 时开关闭合，求 $t \geqslant 0$ 时的 $i(t)$。

10. 如图 4.31 所示电路，已知 $U_s=10\,\text{V}$，$R_1=4\,\Omega$，$R_2=2\,\Omega$，$L=0.1\,\text{H}$，开关 S 处于位置 1 时电路已达到稳态。在 $t=0$ 时开关由位置 1 打到位置 2，求 $t \geqslant 0$ 时的 $i(t)$。

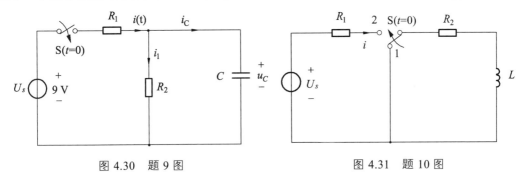

图 4.30　题 9 图　　　　　　　　　图 4.31　题 10 图

11. 如图 4.32 所示电路，已知 $U_s=20\,\text{V}$，$R_1=R_2=10\,\Omega$，$R_3=5\,\Omega$，$L=2\,\text{H}$，原电路已达到稳态。在 $t=0$ 时开关 S 打开，求 $t \geqslant 0$ 时的 $i_L(t)$。

12. 如图 4.33 所示电路，已知 $U_s=10\,\text{V}$，$R_1=2\,\Omega$，$R_2=4\,\Omega$，$I_s=4\,\text{A}$，$L=1\,\text{H}$，开关动作前电路已达到稳态，在 $t=0$ 时开关闭合，求 $t \geqslant 0$ 时的 $u_L(t)$。

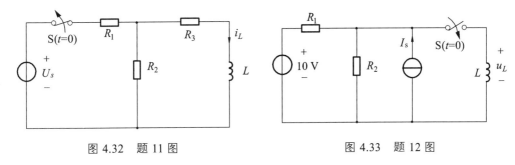

图 4.32　题 11 图　　　　　　　　　图 4.33　题 12 图

13. 如图 4.34 所示，已知 $U_s=15\,\text{V}$，$I_s=1\,\text{A}$，$R_1=R_2=5\,\Omega$，$R_3=10\,\Omega$，$L=4\,\text{H}$，原电路已达到稳态。在 $t=0$ 时开关 S 断开，试用三要素法求 $i_L(t)$ 和 $u_L(t)$。

14. 如图 4.35 所示，$I_s=2\,\text{A}$，$R_1=R_2=6\,\Omega$，$R_3=4\,\Omega$，$C=1\,\text{F}$，开关 S 打开前电路已稳定。在 $t=0$ 时开关 S 打开，求 $t \geqslant 0$ 的全响应 $i_C(t)$。

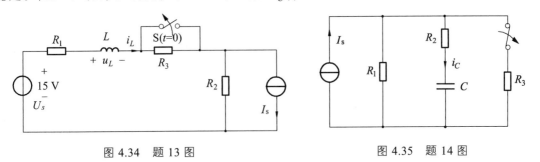

图 4.34　题 13 图　　　　　　　　　图 4.35　题 14 图

15. 如图 4.36 所示，已知 $U_s=30\,\text{V}$，$R_1=10\,\Omega$，$R_2=R_3=5\,\Omega$，$C=0.1\,\text{F}$，$L=0.2\,\text{H}$，原电路已达到稳态。在 $t=0$ 时开关 S 闭合，求 $t \geqslant 0$ 的全响应 $u_C(t)$ 和 $i_L(t)$。

16. 如图 4.37 所示电路，已知 $U_s = 24\text{ V}$，$R_1 = 3\,\Omega$，$R_2 = 2\,\Omega$，$R_3 = 6\,\Omega$，$C = 0.5\text{ F}$，$I_S = 2\text{ A}$，开关 S 在闭合前电路已达到稳态。在 $t = 0$ 时开关闭合，求 $t \geqslant 0$ 时的 $u(t)$ 和 $i(t)$。

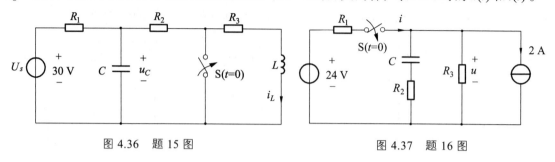

图 4.36　题 15 图　　　　　图 4.37　题 16 图

电工基础篇

第 5 章　三相电路

在电力工业中，电能的产生、传输和分配大多数采用的是三相正弦交流电形式。由三相正弦交流电源供电的电路称为三相电路。前面讨论的供给电能的交流电路，只是其中的一相电路。

三相电路与单相电路比有一系列优点：

（1）制造三相交流电机比制造同容量的单相电机节省材料、成本低、性能好、工作可靠、效率高。

（2）是生产机械的主要动力。

（3）三相输电经济实惠。

（4）对称三相交流电路的瞬时功率不随时间而变化，与其平均功率相等。

本章主要讨论三相电路中电源和负载的连接，对三相电路应用电路基本定律得出关系式，以便对实际电路进行分析计算。

5.1　三相电压

5.1.1　三相电动势的产生

三相电网的电动势是由三相发电机产生的。三相发电机的结构原理如图 5.1 所示。发电机主要由固定的定子和转动的转子两部分组成。

定子铁芯由硅钢片叠压而成，内圆表面有凹槽，槽内安放的线圈称为绕组。三相发电机有三组独立的绕组，总称为三相绕组。每相绕组的首端用 U_1、V_1、W_1 表示，末端用 U_2、V_2、W_2 表示。各绕组的首端与首端之间以及末端与末端之间都是相隔 120° 安放，如图 5.1（a）所示。

各相绕组的匝数和形状都相同，如图 5.2 所示为一相绕组的示意图。

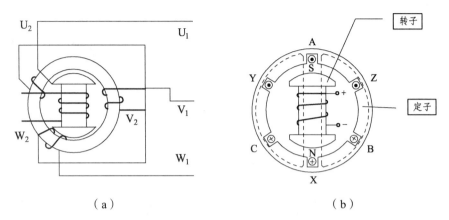

（a）　　　　　　　　　　　　　　（b）

图 5.1　三相交流发电机原理图

发电机的转子是由内燃机、汽轮机等驱动的磁极激磁铁芯，转子上装有励磁绕组，其中通以直流电。由于磁极是旋转的，所以外部直流电源要通过电刷和装在转轴上的滑环，才能将电流通入励磁绕组。采用适当的磁极极面形状，可使定子与转子之间气隙中的磁通密度呈正弦电动势。

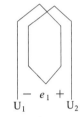

图 5.2　定子绕组示意图

设三个绕组中正弦电动势的瞬时值为 e_1、e_2 和 e_3，则其有效值为 E_1、E_2 和 E_3，最大值为 E_{1m}、E_{2m} 和 E_{3m}。由于每相绕组的匝数和形状相同，而且是由同一个磁极旋转时产生的，所以三个电动势的有效值或最大值彼此相等。

由于三相绕组以同一速度切割磁力线，所以三个电动势的频率相等，即

$$f = \frac{n}{60}p \tag{5.1.1}$$

式中，n 为转子的旋转速度，单位为转每分（r/min）；p 为磁极的对数。在如图 5.1（b）中，磁极数为 2，p 等于 1。若转速为 3 000 r/min，则电动势的频率为 50 Hz。

当磁极对数 p 为 1（二极）时，转子旋转一圈，电动势变化一个周期。但由于三个绕组在空间互差 120°，所以电动势之间有 120° 的相位差。从图 5.3 可以看出，电动势 e_2 滞后于 e_1 120°，电动势 e_3 滞后于 e_2 120°。

三个电动势到达正或负的最大值的先后顺序称为三相交流电的相序。一般以 e_1 为参考电动势，若 e_2 滞后于 e_1，e_3 又滞后于 e_2 时（1→2→3 的相序）就称为顺相序。反之，若为 1→3→2 的相序则称为逆相序。如无特别说明，三相电动势总是指顺相序。

在三相发电机中，三个电动势最大值和频率都是相同的，只是在相位上互相差 120°，这样的电动势就称为三相对称电动势。

三相对称电动势的函数表达式为

$$\left. \begin{aligned} e_1 &= E_m \sin \omega t \\ e_2 &= E_m \sin(\omega t - 120°) \\ e_3 &= E_m \sin(\omega t + 120°) \end{aligned} \right\} \tag{5.1.2}$$

它们的波形如图 5.3 所示，用相量表示时为

$$\left. \begin{array}{l} \dot{E}_1 = E\angle 0° \\ \dot{E}_2 = E\angle(-120°) \\ \dot{E}_3 = E\angle 120° \end{array} \right\} \qquad (5.1.3)$$

相量图如图 5.4 所示。

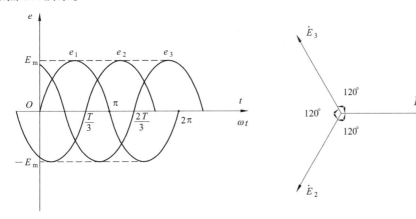

图 5.3　三相电动势波形图　　　　图 5.4　三相电动势相量图

5.1.2　三相电源的星形连接

在三相制的电力系统中，电源的三个绕组不是独立向负载供电的，而是按一定方式连接起来，形成一个整体。连接的方式有星形（Y 形）和三角形（△形）两种，如图 5.5 所示。较为常见的是星形连接四线制供电系统，其接法如图 5.5（a）所示。

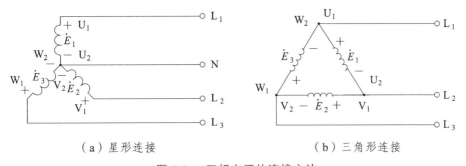

（a）星形连接　　　　　　　　　　（b）三角形连接

图 5.5　三相电源的连接方法

在星形连接中，三相绕组的三个末端 U_2、V_2、W_2 连接在一起形成一个公共点，称为中性点，用字母 N 表示。低压系统的中性点通常接地，故中性点又称零点，中性线又称零线或地线。

从三相绕组的三个首端 U_1、V_1、W_1 引出的导线称为相线或端线。相线对地有电位差，能使验电笔发光，故常称为火线。三条引出的相线在电路图中分别用 L_1、L_2、L_3 表示。

三根相线和一根中性线都引出的供电方式称为三相四线制供电，中性线不引出的方式称为三相三线制供电。

在三相四线制供电系统中，相线与中性线之间的电压称为相电压，用 U_1、U_2 和 U_3 表示；相线与相线之间的电压称为线电压，用 U_{12}、U_{23} 和 U_{31} 表示。相电压和线电压的参考方向如图 5.6 所示。

如果忽略电源三绕组以及导线中的阻抗，那么三个相电压就等于相对应的三个电动势。因为三个电动势是对称的，所以三个相电压也是对称的。故得

$$\left. \begin{aligned} \dot{U}_{12} &= \dot{U}_1 - \dot{U}_2 \\ \dot{U}_{23} &= \dot{U}_2 - \dot{U}_3 \\ \dot{U}_{31} &= \dot{U}_3 - \dot{U}_1 \end{aligned} \right\} \tag{5.1.4}$$

将式（5.1.3）代入式（5.1.4），再将相电压的有效值用 U_p 表示，得

$$U_1 = U_2 = U_3 = U_p \tag{5.1.5}$$

$$\left. \begin{aligned} \dot{U}_{12} &= \sqrt{3}\dot{U}_p \angle 30° \\ \dot{U}_{23} &= \sqrt{3}\dot{U}_p \angle (-90°) \\ \dot{U}_{31} &= \sqrt{3}\dot{U}_p \angle 150° \end{aligned} \right\} \tag{5.1.6}$$

图 5.7 为星形连接时相电压和线电压的相量图。可见，当相电压对称时，线电压也是对称的。线电压的有效值是相电压有效值的 $\sqrt{3}$ 倍。在相位关系上，各线电压分别超前于相应的相电压 30°。若将线电压用 U_l 表示，则

$$U_{12} = U_{23} = U_{31} = U_l$$

$$U_l = \sqrt{3}U_p \tag{5.1.7}$$

我国低压供电线路的标准电压为相电压 220 V，故线电压等于 380 V。

相电压和线电压的相量图也可画成闭合三角形的形式，如图 5.8 所示。对于对称三相电源，三个线电压组成一个正三角形，三个相电压相量的起点 N 位于三角形的中心。

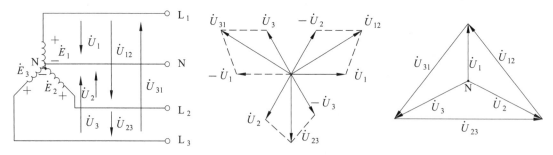

图 5.6　星形连接的相电压和线电压　　图 5.7　星形连接电压相量图　　图 5.8　电压相量三角形

5.1.3　三相电源的三角形连接

三角形（△）连接方式是三相电源连接的另一种连接方式。三角形连接是将三相绕组的首、末端依次相连，从 3 个点引出 3 条火线，接成一个闭合回路如图 5.5（b）所示。

三角形接法的输出电压只有一种电压，它的线电压与相电压相等，即：$U_l = U_p$

三相绕组形成闭合回路，回路中总的电动势应为三相电动势的代数和，由于三相电动势是对称的，因此其瞬时值代数和等于零。若三相绕组接错，回路中会产生很大的环流，将烧坏绕组（注：发电机三相绕组作三角形连接时，不允许首尾端接反，否则将在三角形环路中引起大电流而致使电源过热烧损）。

思考与练习

（1）在四个磁极的三相发电机中，要使电动势的频率为 50 Hz，转子每分钟的转速应为多少？

（2）三相发电机作星形连接时绕组的相电压均为 220 V，但有一相绕组的首端与末端接颠倒了。试画出电压相量图，求三个线电压的数值。

（3）欲将如图 5.1 所示发电机的三相绕组连成星形时，如果误将 X、Y、C 连成一点（中性点），是否也可以产生对称三相电动势？

5.2 负载星形连接的三相电路

分析三相电路和分析单相电路一样，首先也应画出电路图，并标出电压和电流的参考方向，然后应用电路的基本定律找出电压和电流之间的关系。最后知道了电压和电流的关系，便可以确定三相功率。

三相电路中负载的连接方法有两种——星形连接和三角形连接。图 5.9 所示的是三相四线制电路，设其线电压为 380 V。负载如何连接，应视其额定电压而定。通常电灯的额定电压为 220 V，因此要接在相线与中性线之间。电灯负载是大量使用的，不能集中接在一相中，从总的线路来说，它们应当比较均匀地分配在各相中，如图 5.9 所示。电灯的这种接法称为星形连接。至于其他单相负载（单相电动机、电炉、继电器吸引线圈等）应接在相线之间还是相线与中性线之间，应视额定电压是 380 V 还是 220 V 而定。如果负载的额定电压不等于电源电压，则需要使用变压器。如机床照明的额定电压为 36 V，就要用一个 380/36 V 的降压变压器。

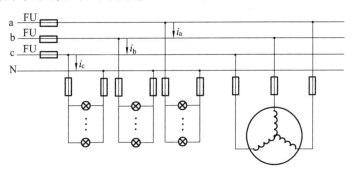

图 5.9　电灯与电动机的星形连接

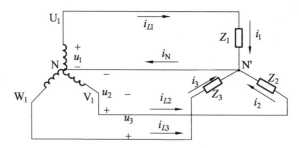

图 5.10　负载星形连接的三相四线制电路

三相电动机的三个接线端总是与电源的三根相线相连，但电动机本身的三相绕组可以连成星形或三角形。它的连接方法一般在铭牌上标出，三相异步电动机额定电压为 380/220 V，连接方式为 Y/△，当电源线电压为 380 V 时，此电动机的三相对称绕组接成 Y 形，当电源线电压为 220 V 时，则接成△形。

负载星形连接的三相四线制电路一般可用图 5.10 所示的电路表示。每相负载的阻抗模分别为 $|Z_1|$、$|Z_2|$ 和 $|Z_3|$。电压和电流的参考方向都已在图中标出。

三相电路中的电流也有相电流与线电流之分。每相负载中的电流 I_p 称为相电流，每根相线中的电流 I_l 称为线电流。在负载为星形连接时，相电流即为线电流，即

$$I_p = I_l \tag{5.2.1}$$

对三相电路应该一相一相进行计算。

设电源相电压 $\dot{U}_1$ 为参考相量，则得

$$\dot{U}_1 = U_1 \angle 0° , \quad \dot{U}_2 = U_2 \angle(-120°) , \quad \dot{U}_3 = U_3 \angle 120°$$

在图 5.10 的电路中，电源相电压即为每相负载电压。于是每相负载中的电流可分别求出，即

$$\left.\begin{aligned}
\dot{I}_1 &= \frac{\dot{U}_1}{Z_1} = \frac{U_1 \angle 0°}{|Z_1| \angle \varphi_1} = I_1 \angle(-\varphi_1) \\
\dot{I}_2 &= \frac{\dot{U}_2}{Z_2} = \frac{U_2 \angle(-120°)}{|Z_2| \angle \varphi_2} = I_2 \angle(-120° - \varphi_2) \\
\dot{I}_3 &= \frac{\dot{U}_3}{Z_3} = \frac{U_3 \angle 120°}{|Z_3| \angle \varphi_3} = I_3 \angle(120° - \varphi_3)
\end{aligned}\right\} \tag{5.2.2}$$

式中，每相负载中电流的有效值分别为

$$I_1 = \frac{U_1}{|Z_1|} , \quad I_2 = \frac{U_2}{|Z_2|} , \quad I_3 = \frac{U_3}{|Z_3|} \tag{5.2.3}$$

各相负载的电压和电流之间的相位差分别为

$$\varphi_1 = \arctan\frac{X_1}{R_1} , \quad \varphi_2 = \arctan\frac{X_2}{R_2} , \quad \varphi_3 = \arctan\frac{X_3}{R_3} \tag{5.2.4}$$

中性线中的电流可以按照图 5.10 中所选定的参考方向，根据基尔霍夫电流定律（KCL），即

$$\dot{I}_{\mathrm{N}} = \dot{I}_{L1} + \dot{I}_{L2} + \dot{I}_{L3} \qquad (5.2.5)$$

电压和电流的相量图如图 5.11 所示。作相量图时，先画出以 $\dot{U}_1$ 为参考相量的负载相电压 $\dot{U}_1$、$\dot{U}_2$、$\dot{U}_3$ 的相量；而后逐相按照式（5.2.3）和式（5.2.4）画出各相负载电流 $\dot{I}_1$、$\dot{I}_2$、$\dot{I}_3$ 的相量；再由式（5.2.5）画出中性线电流 $\dot{I}_{\mathrm{N}}$ 的相量。

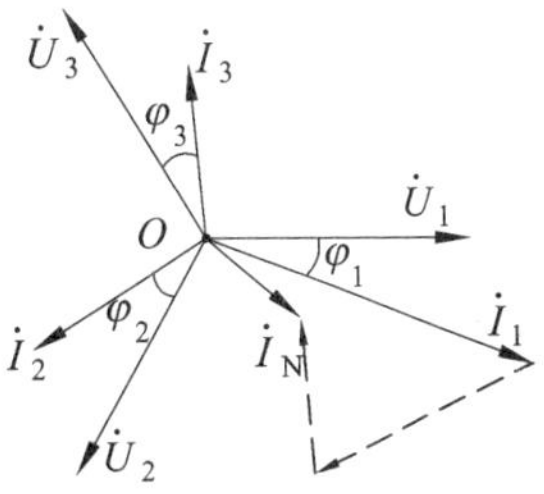

在图 5.10 所示电路中，当各相负载对称时，即指各相阻抗相等

$$Z_1 = Z_2 = Z_3 = Z$$

或

$$|Z_1| = |Z_2| = |Z_3| = |Z|$$

$$\varphi_1 = \varphi_2 = \varphi_3 = \varphi$$

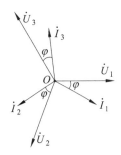

图 5.11 负载星形连接时
电压和电流相位图

由式（5.2.3）和式（5.2.4）可见：电压对称，所以各相负载电流也对称，即

$$I_1 = I_2 = I_3 = I_{\mathrm{P}} = \frac{U_{\mathrm{p}}}{|Z|}$$

$$\varphi_1 = \varphi_2 = \varphi_3 = \varphi = \arctan\frac{X}{R}$$

此时，中性线中电流等于零，即

$$\dot{I}_{\mathrm{N}} = \dot{I}_{L1} + \dot{I}_{L2} + \dot{I}_{L3} = 0$$

电压和电流的相量图如图 5.12 所示。

由 $\dot{I}_{\mathrm{N}} = \dot{I}_{L1} + \dot{I}_{L2} + \dot{I}_{L3} = 0$ 得：若中性线上没有电流流过，中性线就不需要了。因此图 5.10 中所示的电路就可以画为图 5.13 所示的电路，即为三相三线制电路。三相三线制电路在生产中的应用极为广泛，它的三相对称负载中流过的电流也对称，其波形如图 5.14 所示。

图 5.12 对称负载星形连接时
电压和电流相量图

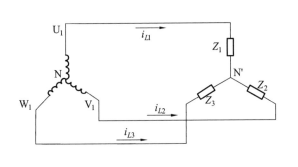

图 5.13 对称负载的三相三线制电路 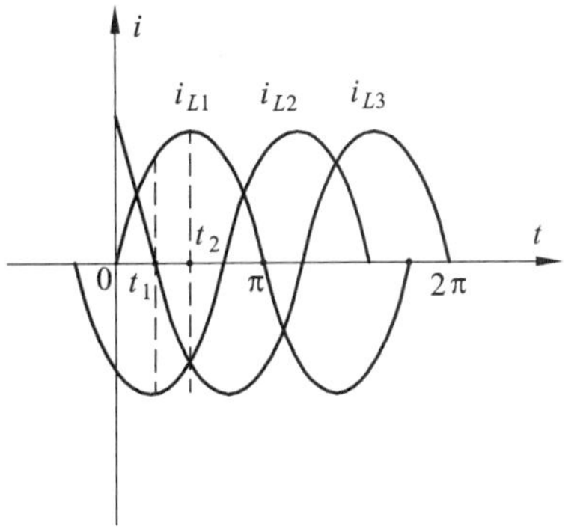　　图 5.14 对称负载时的电流波形（正弦）

计算关于对称负载的三相电路，只需计算一相即可。

【例 5.1】 相电源线电压为 380 V，负载为星形连接，每相阻抗均为 $Z = 45\angle 30° \ \Omega$。求各相的电流，并画出相量图。

解： 已知线电压等于 380 V，则相电压为

$$U_\text{p} = \frac{380}{\sqrt{3}} = 220 \text{ V}$$

由于各相负载对称，故各相电流对称，其值为

$$I_\text{p} = \frac{220}{45} = 4.9 \text{ A}$$

若令 $\dot{U}_1 = 220\angle 0° \text{ V}$ 则

$$\dot{I}_1 = 4.9\angle(-30°) \text{ A}$$

$$\dot{I}_2 = 4.9\angle(-150°) \text{ A}$$

$$\dot{I}_3 = 4.9\angle 90° \text{ A}$$

相量图如图 5.15 所示。

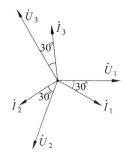

图 5.15 例 5.1 图

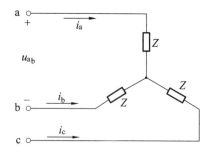

图 5.16 例 5.2 图

【例 5.2】 有一星形连接的三相负载如图 5.16 所示，已知每相的负载阻抗 $Z = 20\angle 30° \ \Omega$，$u_\text{ab} = 380\sqrt{2} \sin\omega t$ (V)。试求各相电流。

解： 电源的线电压是对称的，由于负载也是对称的，故相电压也是对称的。因此相电流也是对称的，只要计算一相电流即可写出其他两相电流。

由于 u_a 比 u_ab 滞后 30°，因此由 $u_\text{ab} = 380\sqrt{2}\sin\omega t$ 可以得出 $u_\text{a} = 220\sqrt{2}\sin(\omega t - 30°)$，或写作 $\dot{U}_\text{a} = 220\angle(-30°) \text{ V}$。于是

$$\dot{I}_\text{a} = \frac{\dot{U}_\text{a}}{Z} = \frac{220\angle(-30°)}{20\angle 30°} = 11\angle(-60°) \text{ A}$$

而

$$\dot{I}_\text{b} = \dot{I}_\text{a}\angle(-120°) = 11\angle(-60°)\cdot\angle(-120°) = 11\angle(-180°) \text{ A}$$

$$\dot{I}_\text{c} = \dot{I}_\text{a}\angle 120° = 11\angle(-60°)\cdot\angle 120° = 11\angle 60° \text{ A}$$

若用瞬时值表示，则为

$$i_\text{a} = 11\sqrt{2}\sin(\omega t - 60°) \text{ A}$$

$$i_b = 11\sqrt{2}\sin(\omega t - 180°) \text{ A}$$

$$i_c = 11\sqrt{2}\sin(\omega t + 60°) \text{ A}$$

【例 5.3】 如图 5.17 所示为三相四线制电源，线电压为 380 V。三相电动机为对称三相负载，其每相 $R = 30\,\Omega$，$X = 20\,\Omega$，采用星形连接。a 相和 c 相各接 10 个灯泡，b 相接 20 个灯泡，每个灯泡均为 100 W。试求线路电流 $\dot{I}_a$、$\dot{I}_b$、$\dot{I}_c$ 及中性线电流 $\dot{I}_N$。

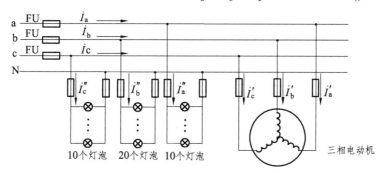

图 5.17 例 5.3 图

解： 已知 $U_l = 380$V，故 $U_p = 220$ V。现设 a 相的相电压为参考相量，即 $\dot{U}_a = 220\angle 0°$ V。

（1）电动机每相阻抗 $Z = R + jX = 30 + j20 = 36\angle 33.7°\,\Omega$，则

$$\dot{I}_a' = \frac{\dot{U}_a}{Z} = \frac{220\angle 0°}{36\angle 33.7°} = 6.1\angle(-33.7°) \text{ A}$$

$$\dot{I}_b' = 6.1\angle(-33.7° - 120°) = 6.1\angle(-153.7°) \text{ A}$$

$$\dot{I}_c' = 6.1\angle(-33.7° + 120°) = 6.1\angle 86.3° \text{ A}$$

（2）每个照明灯泡为 100 W，其电阻为

$$R = \frac{U_2^2}{P} = \frac{220^2}{100} = 484 \ \Omega$$

由题可知 10 个灯泡并联总电阻为 $484 \times \dfrac{1}{10} = 48.4\,\Omega$；20 个灯泡并联总电阻为 $484 \times \dfrac{1}{20} = 24.2\,\Omega$。于是

各相负载灯泡的电阻分别为

a 相：$R_a = 48.4\,\Omega$

b 相：$R_b = 24.2\,\Omega$

c 相：$R_c = 48.4\,\Omega$

因此可算出各相照明灯组中的电流为

$$\dot{I}_a'' = \frac{\dot{U}_a}{R_a} = \frac{220\angle 0°}{48.4} = 4.55\angle 0° \text{ A}$$

$$\dot{I}_b'' = \frac{\dot{U}_b}{R_b} = \frac{220\angle(-120°)}{24.2} = 9.1\angle(-120°) \text{ A}$$

$$\dot{I}''_c = \frac{\dot{U}_c}{R_c} = \frac{220\angle120°}{48.4} = 4.55\angle120° \text{ A}$$

则三相电源各火线中的电流分别为

$$\dot{I}_a = I'_a + I''_a = 6.1\angle(-33.7°) + 4.55\angle0°$$

$$= 5.07 - j3.38 + 4.55 = 10.2\angle19.4° \text{ A}$$

$$\dot{I}_b = I'_b + I''_b = 6.1\angle(-153.7°) + 9.1\angle(-120°)$$

$$= -5.47 - j2.7 - 4.55 - j7.88 = 14.57\angle(-133°) \text{ A}$$

$$\dot{I}_c = I'_c + I''_c = 6.1\angle(-86.3°) + 4.55\angle(-240°)$$

$$= 0.39 + j6.1 - 2.27 + j3.94 = 10.2\angle100.6° \text{ A}$$

中性线电流为

$$\dot{I}_N = \dot{I}_a + \dot{I}_b + \dot{I}_c$$

$$= 10.2\angle19.4° + 14.57\angle(-133°) + 10.2\angle100.6$$

$$= 4.53\angle(-120.2°) \text{ A}$$

相量图如图 5.18 所示。

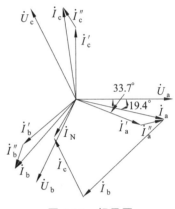

图 5.18　相量图

思考与练习

（1）什么是三相负载、单相负载和单相负载的三相连接？三相交流电动机有三根电源线接到电源的 a、b、c 三端，称为三相负载；电灯有两根电源线，为什么不称为两相负载，而称为单相负载？

（2）为何照明三相总电路中的中性线上不能接入开关或熔断器？中性线起什么作用？

（3）在星形连接的三相电路中，什么情况下 $U_l = \sqrt{3}U_p$？

（4）有 220 V，100 W 的电灯 66 个，应如何接入线电压为 380 V 的三相四线制电路？求负载在对称情况下的线电流。

5.3　负载三角形连接的三相电路

负载三角形连接的三相电路一般可用图 5.19 所示的电路来表示。每相负载的阻抗模分别为 $|Z_{12}|$、$|Z_{23}|$、$|Z_{31}|$。电压和电流的参考方向都已经在图中标出。

因为各相负载都直接接在电源的线电压上，所以负载的相电压与电源的线电压相等。因此，无论负载对称与否，其相电压总是对称的，即

$$U_{12} = U_{23} = U_{31} = U_l = U_p \tag{5.3.1}$$

在负载三角形连接时，相电流和线电流是不一样的。

各相负载的相电流的有效值分别为

$$I_{12} = \frac{U_{12}}{|Z_{12}|}, \quad I_{23} = \frac{U_{23}}{|Z_{23}|}, \quad I_{31} = \frac{U_{31}}{|Z_{31}|} \tag{5.3.2}$$

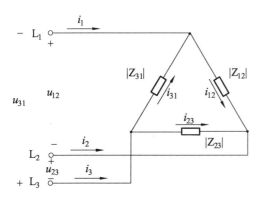

图 5.19　负载三角形连接的三相电路

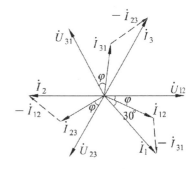

图 5.20　对称负载三角形连接时的 U、I 相量图

各相负载的电压与电流之间的相位差分别为

$$\varphi_{12} = \arctan \frac{X_{12}}{R_{12}}, \quad \varphi_{23} = \arctan \frac{X_{23}}{R_{23}}, \quad \varphi_{31} = \arctan \frac{X_{31}}{R_{31}} \tag{5.3.3}$$

负载的线电流可以应用基尔霍夫定律列出下列各式进行计算

$$\left. \begin{aligned} \dot{I}_1 &= \dot{I}_{12} - \dot{I}_{31} \\ \dot{I}_2 &= \dot{I}_{23} - \dot{I}_{12} \\ \dot{I}_3 &= \dot{I}_{31} - \dot{I}_{23} \end{aligned} \right\} \tag{5.3.4}$$

如果负载对称，即

$$Z_1 = Z_2 = Z_3 = Z$$

或

$$|Z_1| = |Z_2| = |Z_3| = |Z|$$
$$\varphi_1 = \varphi_2 = \varphi_3 = \varphi$$

则负载的相电流也是对称的，即

$$I_1 = I_2 = I_3 = I = \frac{U}{|Z|}$$

$$\varphi_1 = \varphi_2 = \varphi_3 = \varphi = \arctan \frac{X}{R}$$

从式（5.3.4）中做出的相量图 5.20 看出，相电流也是对称的，在相位上相应的相电流滞后 30°。线电流和相电流在大小上的关系，也可以容易地从相量图得出，即

$$\frac{1}{2}I_l = I_p \cos 30° = \frac{\sqrt{3}}{2}I_p$$

即 $\qquad\qquad I_l = \sqrt{3}I_p$ （5.3.5）

因此，线电流 $\dot{i}_1$，$\dot{i}_2$，$\dot{i}_3$ 也是对称的，其值为相电流的 $\sqrt{3}$ 倍，相位滞后于相应相电流 $30°$。

三相电动机的绕组可以接成星形，也可以接成三角形，而照明负载一般都连接成具有中性线的星形电路。

思考与练习

（1）一台三相异步电动机，其绕组连成三角形，接在线电压 $U_l = 380\ V$ 的电源上，从电源所取用的功率 $P_l = 11.43\ kW$，功率因数 $\cos\varphi = 0.87$，试求电动机的相电流和线电流。

5.4 三相功率

在三相电路中,无论负载为 Y 形连接还是 △ 形连接,三相负载接受的有功功率等于各相负载接受的有功功率之和，即

$$P = P_1 + P_2 + P_3 = U_{1p}I_{1p}\cos\varphi_1 + U_{2p}I_{2p}\cos\varphi_2 + U_{3p}I_{3p}\cos\varphi_3 \qquad （5.4.1）$$

式中的电压和电流是各相电压和电流的有效值，φ_1、φ_2 和 φ_3 是各相电压和该相电流之间的相位差，单位为瓦（W）或千瓦（kW）。

对于对称三相负载，各相电压和电流的有效值相等，相位差也相等，因而各相吸收的平均功率也相等，式（5.4.1）可改写为

$$p = 3U_p I_p \cos\varphi \qquad （5.4.2）$$

如果对称三相负载是星形连接，则

$$U_p = \frac{U_l}{\sqrt{3}}, \quad I_p = I_l$$

如果是三角形连接，则

$$U_p = U_l, \quad I_p = \frac{I_l}{\sqrt{3}}$$

将两种接法的 U_P，I_P 分别代入式（5.4.2），得到同一表达式，即

$$P = \sqrt{3}U_l I_l \cos\varphi \qquad （5.4.3）$$

使用公式时必须注意，φ 角仍然代表某相电压与该相电流的相位差，不能错误地理解为

线电压与线电流的相位差。φ 角取决于负载阻抗的阻抗角，而与负载的连接方式无关。

同样，三相负载接受的总无功功率 Q 也等于各相负载接受的无功功率的代数和，即

$$Q = Q_1 + Q_2 + Q_3$$

$$= U_{1p}I_{1p}\sin\varphi_1 + U_{2p}I_{2p}\sin\varphi_2 + U_{3p}I_{3p}\sin\varphi_3 \qquad (5.4.4)$$

无功功率单位为乏（var）或千乏（kvar）。

如果是对称三相负载，则

$$Q = \sqrt{3}U_l I_l \sin\varphi \qquad (5.4.5)$$

三相负载的总视在功率按功率三角形计算，单位为伏安（V·A）或千伏安（kV·A）即

$$S = \sqrt{P^2 + Q^2} \qquad (5.4.6)$$

在对称的三相负载电路中，总视在功率为

$$S = \sqrt{3}U_l I_l \qquad (5.4.7)$$

【例 5.4】 有一台三相电阻加热炉，功率因数等于 1，星形连接，另有一台三相交流电动机，功率因数等于 0.8，三角形连接。共同由线电压为 380 V 的三相电源供电，它们消耗的有功功率分别为 75 kW 和 36 kW。求电源的线电流。

解： 电阻炉的功率因数 $\cos\varphi_1 = 1$，故 $Q_1 = 0$

电动机的无功功率 $Q_2 = P_2\tan\varphi_2 = 36\times\tan36.9° \text{ kvar} = 27 \text{ kvar}$

电源输出的总有功功率、无功功率和视在功率为

$$P = P_1 + P_2 = (75+36)\text{ kW} = 111\text{ kW}$$

$$Q = Q_1 + Q_2 = (0+27)\text{ kvar} = 27\text{ kvar}$$

$$S = \sqrt{P^2 + Q^2} = 114\text{ kV·A}$$

由此求得电源的线电流为

$$I_l = \frac{S}{\sqrt{3}U_l} = 173\text{ A}$$

思考与练习

（1）一般情况下，$S = S_1 + S_2 + S_3$ 是否成立？

（3）某三相负载采用三角形连接接于线电压为 220 V 的三相电源上，或采用星形连接接在线电压为 380 V 的三相电源上。试求这两种情况下三相负载的相电流、线电流和有功功率的比值。

（3）正常接法为三角形的三相电阻炉，功率为 3 kW。若误接成星形连接在同一电源电压下使用，问耗用的功率为多少？

（4）三相异步电动机是一种对称的三相负载，正常运行时功率因数约为 0.8。试证明在线电压为 380 V 的电源上，每千瓦功率电动机的线电流可以估算为 2 A。

练 习 题

1. 若已知星形连接三相电源相电压 $u_a = U_m \sin(\omega t + \varphi)$，试写出 $\dot{U}_a$、$\dot{U}_c$、$\dot{U}_{ab}$、$\dot{U}_{bc}$、$\dot{U}_{ca}$ 各电压相值。

2. 当发电机的三相绕组连成星形时，设线电压 $u_{ab} = 380\sqrt{2}\sin(314t + 26°)$ V，试写出相电压的三角函数表达式，并说明 $t = 12$ s 时，$\dot{U}_a$、$\dot{U}_b$、$\dot{U}_c$ 三个相电压之和为多少？

3. 有一星形连接的三相对称负载，接在对称的三相电源上，已知 $u_a = 220\sqrt{2}\sin(314t + 30°)$ V，各相负载阻抗为 $Z = (40 + j30)$ Ω，求相电流 i_a、i_b、i_c。

4. 如图 5.21 所示三相电路中，三相电源对称，三相负载是星形连接，若已知 $\dot{U}_{ab} = 380\angle 0°$ V，$Z_a = Z_b = Z_c = 20\angle 0°$ Ω，试求 $\dot{U}_a$ 及 $\dot{I}_a$，并求 Z_c 断开后的 $\dot{U}_a$ 及 $\dot{I}_a$。

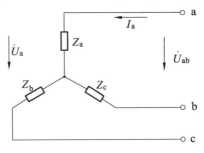

图 5.21　题 4 图

5. 一台三相交流电动机，定子绕组星形连接于 $U_l = 380$ V 的对称三相电源上，其线电流 $I_l = 2.2$ A，$\cos\varphi = 0.8$，试求每相绕组的阻抗 Z。

6. 一台三相电动机有三个绕组，每个绕组的额定电压是 220 V。现有两种电源，一种线电压为 380 V，另一种线电压为 220 V。问这两种电源下，三相电动机的绕组应如何连接？

7. 在以下三相负载的连接形式电路中，若其中一相负载改变后，对其他两相有无影响？星形负载有中线；星形负载无中线；三角形负载。

8. 有一电源为星形连接的三相电路，已知电源相电压为 220 V，负载对称，每相电压为 220 V，每相阻抗模 $|Z|$ 为 10 Ω，试求：

（1）负载星形连接时的相电流和线电流。

（2）负载三角形连接时的相电流和线电流。

9. 在图 5.22 所示电路中，已知三相电源的线电压 $U_l = 220$ V，星形连接的负载每相等效电阻 $R = 10\sqrt{3}$ Ω，等效感抗 $X_L = 10$ Ω。在星形负载 c 相发生短路故障及三角形负载 ca 相发生短路故障的情况下，试求：

（1）星形负载的线电流 I_c'。

（2）三角形负载的线电流 I_c''。

10. 如图 5.23 所示三相电路中，三相电源对称，三相负载为三角形连接，若已知 $\dot{U}_{ab} =$

$220\angle 0°$ V ， $Z_{ab}=Z_{bc}=Z_{ca}=10\angle 60°$ ，试求 $\dot{I}_{ab}$ 及 $\dot{I}_{a}$ ，并求 Z_{ab} 断开后的 $\dot{I}_{a}$ 。

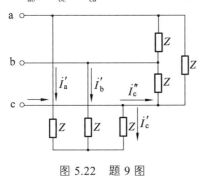

图 5.22　题 9 图

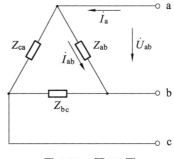

图 5.23　题 10 图

11. 对称三相电源，线电压 $U_l=380$ V ，对称三相感性负载作三角形连接，若测得线电流 $I_l=17.3$ A ，三相功率 $P=9.12$ kW ，求每相负载的电阻和感抗。

12. 图 5.24 所示电路中，已知 $Z=12+\mathrm{j}16$ Ω ， $I_l=32.9$ A ，求 U_l 。

13. 对称三相电路的线电压 $U_l=230$ V ，负载阻抗 $Z=(12+\mathrm{j}16)$ Ω ，试求：

（1）负载星形连接时的线电流及吸收的功率。

（2）负载三角形连接时的线电流、相电流及吸收的总功率。

（3）比较（1）和（2）的结果能得到什么结论？

14. 对称的三相负载，每相复阻抗 $Z=(80+\mathrm{j}60)$ Ω ，电源的线电压为 $U_l=380$ V ，计算负载接成星形和三角形时，电路的有功功率和无功功率。

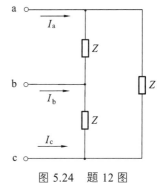

图 5.24　题 12 图

15. 图 5.25 电路中，对称三相线电压 $U_l=380$ V ， $Z=50+\mathrm{j}50$ Ω ， $Z_L=100+\mathrm{j}100$ Ω ，试求：

（1）开关 S 打开时的线电流和电路的平均功率。

（2）开关 S 合上时的线电流和电路的平均功率。

16. 如图 5.26 所示的三相四线制电路，三相负载连接成星形，已知电源线电压 $u_l=380$ V ，负载电阻 $R_a=11$ Ω ， $R_b=R_c=22$ Ω ，试求：

（1）负载的各相电压、相电流、线电流和三相总功率。

（2）中线断开，a 相短路时的各相电流和线电流。

（3）中线断开，a 相断开时的各线电流和相电流。

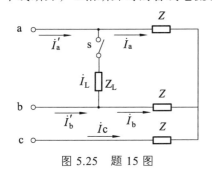

图 5.25　题 15 图

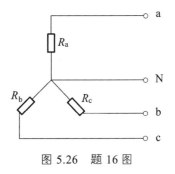

图 5.26　题 16 图

17. 三相对称负载三角形连接，其线电流为 $I_l = 5.5\,\text{A}$，有功功率为 $P = 7\,760\,\text{W}$，功率因数 $\cos\varphi = 0.8$，求电源的线电压 U_l、电路的无功功率 Q 和每相阻抗 Z。

18. 对称三相负载星形连接，已知每相阻抗为 $Z = 31 + j22\,\Omega$，线电压为 $380\,\text{V}$，求三相交流电路的有功功率、无功功率、视在功率和功率因数。

19. 对称三相电阻炉作三角形连接，每相电阻为 $38\,\Omega$，接于线电压为 $380\,\text{V}$ 的对称三相电源上，试求负载相电流 I_p、线电流 I_l 和三相有功功率 P，并绘出各电压电流的相量图。

20. 在图 5.27 中，对称负载连成△形，已知电源电压 $U_l = 220\,\text{V}$，电流表读数 $I_l = 17.3\,\text{A}$，三相功率 $P = 4.5\,\text{kW}$。试求：（1）每相负载的电阻和感抗；（2）当 AB 相断开时，图中各电流表的读数和总功率 P；（3）当 A 线断开时，图中各电流表的读数和总功率 P。

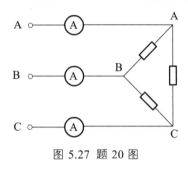

图 5.27 题 20 图

第6章 磁路与变压器

在前面 5 章中已经讨论了各种电路的基本定律和基本分析方法。我们知道电现象和磁现象有着密切的联系，电与磁之间存在互相作用和互相转化。因此在电机、电工测量仪表等电工设备中，只从电路的角度去研究是不够的，还必须研究电与磁之间的关系，研究磁路的基本定律和计算方法。只有掌握了磁路的基本理论，才能对各种电工设备进行全面的分析。

传送交流电能使用的常用电气设备是变压器，它通过磁路的耦合作用把交流电从原边送到副边，利用绕制在同一铁芯上的原边和副边绕组匝数的不同，使副边输出的电压和电流等级与原边不一样。

6.1 磁路的基本物理量和基本性质

在任何电流回路和磁极周围都有磁场存在，在电工设备中常用磁性材料做成各种形状的铁芯。这样，线圈中较小的励磁电流即可产生较大的磁通，从而得到较大的感应电动势或电磁力。铁芯的磁导率比周围的空气或其他物质的磁导率高得多，因此铁芯线圈中产生的磁通绝大多数经过铁芯的闭合通路。磁通所通过的由铁磁材料构成的路径（包括空气隙在内）称为磁路。如图 6.1 和图 6.2 所示分别表示四极直流电机和交流接触器的磁路。

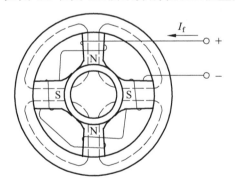 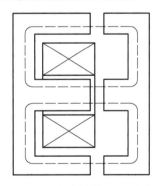

图 6.1 直流电机的磁路　　　　图 6.2 交流接触器的磁路

6.1.1 磁场的基本物理量

磁路问题是局限于一定范围内的磁场问题。因此磁场的各个基本物理量也适用于磁路，磁路的某些定律来源于磁场的某些规律。磁场的特性可以用几个基本物理量表示。

1. 磁感应强度

磁感应强度 是表示磁场内某点磁场强弱和方向的物理量，它是一个矢量。磁场是由电流产生的，磁感应强度 B 和电流之间符合右手螺旋法则。

如果磁场内各点的磁感应强度 B 的大小相等、方向相同，则称该磁场为均匀磁场。

B 的大小可用通电导体在磁场中受力的大小来衡量。若磁场均匀，导体长度为 L，导体与磁感应强度 B 的方向垂直，导体中电流为 I，导体在磁场中受力为 F，则该磁场的磁感应强度

$$B = \frac{F}{IL} \tag{6.1.1}$$

式中　F——与磁场垂直的通电导体受到的力，单位是牛［顿］，符号为 N；

　　　I——导体中的电流，单位是安［培］，符号为 A；

　　　L——通电导体在磁场中的有效长度，单位为米，符号为 m；

　　　B——导体所在处的磁感应强度，单位是特［斯拉］，符号为 T。

2. 磁　通

磁感应强度 B 仅仅反映了磁场中某一点的特性。在研究实际问题时，往往要考虑某一个面的磁场情况。为此，引入一个新的物理量——磁通，磁感应强度 B 和与垂直的某一截面面积 S 的乘积，称为通过该面积的磁通 Φ。

在均匀磁场中，磁感应强度 B 是一个常数。即

$$\Phi = BS \quad 或 \quad B = \frac{\Phi}{S} \tag{6.1.2}$$

式中　B——匀强磁场的磁感应强度，单位是特［斯拉］，符号为 T；

　　　S——与 B 垂直的某一截面面积，单位是平方米，符号为 m^2；

　　　Φ——通过该面积的磁通，单位是韦［伯］，符号为 Wb。

由上式可知，在匀强磁场中，磁感应强度就是与磁场垂直的单位面积上的磁通。故磁感应强度又叫磁通密度。

根据电磁感应定律的公式得到线圈的感应电动势

$$e = -N \frac{\mathrm{d}\Phi}{\mathrm{d}t} \tag{6.1.3}$$

可知磁通的单位可以是伏秒（Vs），但其 SI（国际单位制）单位是韦［伯］，符号为 Wb。

3. 磁场强度

磁场强度 H 也是一个矢量，在磁场计算中，通过磁场强度来建立磁场与电流的关系，这种关系就是安培环路定律，具体内容见第 6.2 节。

磁场强度的单位是安［培］每米，符号为 A/m。

4. 磁导率

磁导率 μ 又叫导磁系数，用来表示磁场媒质磁性的物理量，也就是用来衡量物质导磁能

力的物理量。磁导率与磁场强度的乘积等于磁感应强度，即

$$B = \mu H \quad \text{或} \quad \mu = \frac{B}{H} \tag{6.1.4}$$

磁导率 μ 的单位是亨［利］每米，符号为 H/m。即

$$\mu \text{ 的单位} = \frac{B \text{ 的单位}}{H \text{ 的单位}} = \frac{\text{Wb}/\text{m}^2}{\text{A}/\text{m}} = \frac{\text{V} \cdot \text{s}}{\text{A} \cdot \text{m}} = \frac{\Omega \cdot \text{s}}{\text{m}} = \frac{\text{H}}{\text{m}}$$

由实验测得真空的磁导率

$$\mu_0 = 4\pi \times 10^{-7} \quad \text{H/m}$$

这是一个常数，因此，将其他物质的磁导率和它比较是很方便的。

任意物质的磁导率 μ 与真空磁导率 μ_0 的比值，称为该物质的相对磁导率，用 μ_r 表示，即

$$\mu_r = \frac{\mu}{\mu_0} \tag{6.1.5}$$

显然 μ_r 是没有单位的量。根据 μ_r 的大小，可将物质分为以下三类：

（1）顺磁物质，它的相对磁导率 μ_r 大于 1，如空气、氧、锡、铝、铅等物质都是顺磁物质。

（2）反磁物质，它的相对磁导率 μ_r 小于 1，如氢、铜、石墨、银和锌等物质都是反磁物质。在磁场中放置反磁物质，磁感应强度 B 减小。

（3）铁磁物质，它的相对磁导率 μ_r 远大于 1，如铁、钢、铸铁、镍和钴等物质都是铁磁物质。在磁场中放置铁磁物质，可使磁感应强度增加几千倍甚至几万倍。

若将反磁物质和顺磁物质同时放置于同一磁场中，由于 $\mu_r \approx 1$，所以对磁场影响不大，一般将它们称为非磁性物质。

6.1.2 磁性材料的特性、磁导率和磁化曲线

分析磁路，首先要了解磁性材料的磁性能。磁性材料主要指铁、镍、钴及其合金等，常用的几种磁性材料列在表 6.1 中。它们具有下列磁性能：

表 6.1 常用磁性材料的最大相对磁导率、剩磁及矫顽磁力

材料名称	$\mu_{\max}$	$B_r/(\text{T})$	$H_c/(\text{A}/\text{m})$
铸铁	200	0.475 ~ 0.500	880 ~ 1 040
硅钢片	8 000 ~ 10 000	0.800 ~ 1.200	32 ~ 64
坡莫合金（78.5%Ni）	20 000 ~ 200 000	1.100 ~ 1.400	4 ~ 24
低碳钢（0.45%C）		0.800 ~ 1.100	2 400 ~ 3 200
铁镍铝钴合金		1.100 ~ 1.350	40 000 ~ 52 000
稀土钴		0.600 ~ 1.000	320 000 ~ 690 000
稀土钕铁硼		1.100 ~ 1.300	600 000 ~ 900 000

1. 高导磁性

磁性材料是构成磁路的主要材料，铁磁材料的磁导率很高，其相对磁导率 μ_r 远大于 1，可达数百、数千直至数万。铁磁材料在磁场中可被强烈磁化（呈现磁性）。

磁性材料的高导磁性与它的原子结构有关。由于运动的电子产生一个原子量级的电流，电流又产生磁场，因此物质的每一个原子都产生一个原子量级的微小磁场。对于非磁性材料，这些微小的磁场随机排列互相抵消。而对于磁性材料，在一个小的区域内磁场不会互相抵消，这些微小的区域称为磁畴，如图 6.3（a）所示。如果存在外磁场，铁磁物质的磁畴就沿着外磁场方向转向，显示出磁性来。随着外磁场的增强，磁畴的磁轴逐渐转到与外磁场相同的方向上，如图 6.3（b）所示，这时排列相同的磁畴将产生一个与外磁场方向相同的很强的磁化磁场，因而使得铁磁物质内的磁感应强度大大增加，即铁磁材料被强烈地磁化了。

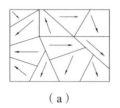 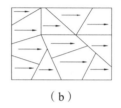

（a）　　　　　　　　　　（b）

图 6.3　磁畴及磁性材料的磁化示意图

铁磁材料可被强烈磁化的特性在电工设备中得到了广泛的应用。电机、变压器及各种铁磁元件的线圈都放有由铁磁材料制成的铁芯。只要在有铁芯的线圈中通入较小的电流，就能产生足够强的磁通和磁感应强度。

铁磁材料除了可被强烈磁化的特性外，还有铁磁饱和及磁滞两个重要特性。

2. 磁饱和性及磁化曲线

磁性物质的磁导率 $\mu = \dfrac{B}{H}$，由于 B 与 H 不成正比，所以 μ 不是常数，而是随 H 而改变，如图 6.4 所示。

铁磁材料的磁饱和性表现在磁感应强度 B 不会随磁场强度的增强而无限增强，磁性材料的磁饱和性用它的磁化曲线来描述。当磁场强度 H 增大到一定值时，磁感应强度 B 不能继续增强，达到铁磁材料的饱和性，如图 6.5 所示。

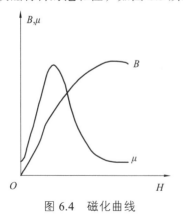 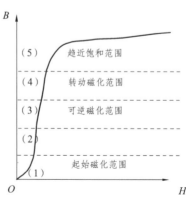

图 6.4　磁化曲线　　　　　图 6.5　铁磁物质的磁饱和性

铁磁物质从 $H = 0$，$B = 0$ 开始磁化，在（1）区磁场强度较小，磁感应强度随它的增大而增大，（2）区、（3）区随着 H 的增大，磁感应强度 B 急剧增大，接着 B 的增长更缓慢，接近于真空，达到饱和状态，见（4）、（5）区。图 6.6 给出了几种常见磁性材料的磁化曲线。

3. 磁滞性及磁滞回线

铁磁材料（如铁、镍、钴和其他铁磁合金）具有独特的磁化性质，磁滞性表现在交变磁场中反复变化时，磁感应强度 B 的变化滞后于磁场强度 H 的变化特性，其磁滞回线如图 6.7 所示。

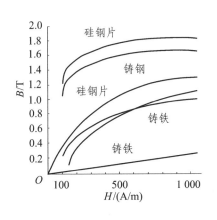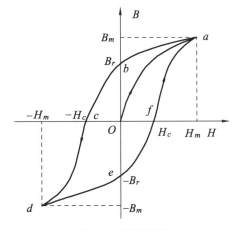

图 6.6 几种铁磁材料的磁化曲线　　　　图 6.7 磁滞回线

如果流过线圈的磁化电流从零逐渐增大，则磁感应强度 B 随磁场强度 H 的变化如图 6.7 中 Oa 段所示。继续增大磁化电流，即增加磁场强度 H 时，B 上升很缓慢。如果 H 逐渐减小，则 B 也相应减小，但并不沿 aO 段下降，而是沿另一条曲线 ab 下降。B 随 H 变化的全过程如下：

当 H 按　　$O \rightarrow H_m \rightarrow O \rightarrow -H_c \rightarrow -H_m \rightarrow O \rightarrow H_c \rightarrow H_m$ 的顺序变化时，

B 相应地沿　　$O \rightarrow B_m \rightarrow B_r \rightarrow O \rightarrow -B_m \rightarrow -B_r \rightarrow O \rightarrow B_m$ 的顺序变化。

将上述变化过程的各点连接起来，就得到一条封闭曲线 $abcdefa$，这条曲线称为磁滞回线。从图 6.7 可以看出：

（1）当 $H = 0$ 时，B 不为零，铁磁材料还保留一定值的磁感应强度 B_r，称 B_r 为铁磁材料的剩磁。

（2）要消除剩磁 B_r 降为零，必须加一个反方向磁场 H_c，该磁场强度 H_c 叫做该铁磁材料的矫顽磁力。

（3）H 上升到某一个值和下降到同一数值时，铁磁材料内的 B 值并不相同，即磁化过程与铁磁材料过去的磁化经历有关。

同一铁磁材料，选择不同的磁场强度进行反复磁化，可得一系列大小不同的磁滞回线。

由实验测得，不同的铁磁材料，其磁滞回线也不同。按照磁滞回线形状的不同，可将铁磁材料分为三类。

（1）软磁材料具有较小的矫顽磁力，磁滞回线较窄，一般用来制造电机、变压器和电器的铁芯。常用的软磁材料有纯铁、铸铁、铸钢、硅钢、铁氧体和坡莫合金等。铁氧体在电子技术中应用很广泛，如计算机的磁芯、磁鼓以及录音机的磁带、磁头等。

（2）永磁材料具有较大的矫顽磁力，磁滞回线较宽，一般用来制造永久磁铁。常用的有低碳钢及铁镍铝钴合金等。近年来稀土永磁材料发展较快，如稀土钴、稀土钕铁硼等，其矫顽磁力极大。

（3）矩磁材料具有较小的矫顽磁力和较大的剩磁，磁滞回线接近矩形，稳定性也较好。在计算机和控制系统中可用作记忆元件、开关元件和逻辑元件。常用的有镁锰铁氧体及 1J51 型铁镍合金等。

6.2　磁路的概念及安培环路定律

6.2.1　磁　路

在电机、变压器和各种铁磁元件中常用铁磁材料做成各种形状的铁芯，这样，线圈中较小的励磁电流即可产生较大的磁通，从而得到较大的感应电动势或电磁力。铁芯的磁导率比周围的空气和其他物质的磁导率高得多，因此绝大部分磁通经过铁芯形成闭合通路。磁通所通过的由铁磁材料构成的路径称为磁路，沿整个磁路的磁通均匀相同。

磁路按结构分为：分支磁路和无分支磁路，而分支磁路又分为：对称分支磁路和不对称分支磁路，如图 6.8 所示。

磁路计算时，通常是先给定磁通量，然后计算所需要的励磁磁动势。对于少数给定励磁磁动势求磁通量的逆问题，由于磁路的非线性，需要进行试探和多次迭代，才能得到解答。

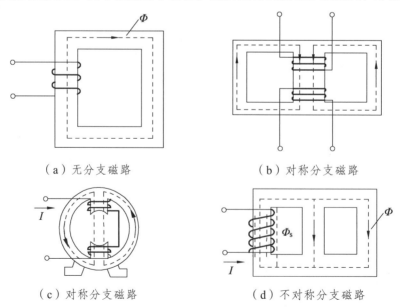

（a）无分支磁路　　　　　　　　　（b）对称分支磁路

（c）对称分支磁路　　　　　　　　　（d）不对称分支磁路

图 6.8　磁路及分类

6.2.2 磁路的安培环路定律

1. 磁路的安培环路定律（全电流定律）

安培环路定律将电流与磁场强度联系起来。具体描述为：沿空间任意条闭合回路，磁场强度 H 的线积分等于该闭合回路所包围的电流的代数和。

$$\oint \vec{H} \cdot d\vec{l} = \sum I \qquad (6.2.1)$$

其中　　H——磁场强度，安/米（A/m）；

$\sum I$——是穿过闭合回线所围面积的电流的代数和。

安培环路定律电流正负的规定：任意选定一个闭合回线的围绕方向，凡是电流方向与闭合回线围绕方向之间符合右手螺旋定则的电流作为正，反之为负。其中大拇指所指为 I 的方向，四指为 H 方向。

在均匀磁场中

$$HL = NI \text{ 或 } H = \frac{NI}{L}$$

2. 磁路的欧姆定律

以图 6.9 为例，在一环形、磁导率为 μ 的磁芯上，在线圈中通入电流 I，环上绕有 N 匝线圈。假设环的横截面积为 S，平均磁路长度为 L，同时假定环的内径与外径相差很小，磁场达到动态平衡状态，忽略漏磁通，环的横截面上磁通是均匀的。

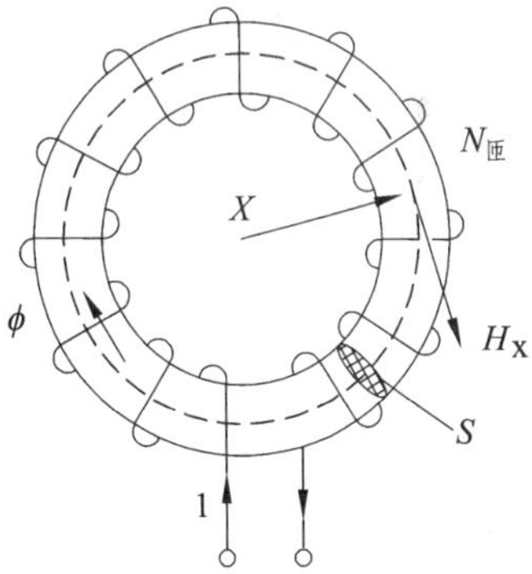

根据式（6.2.1）得

$$F = NI = HL = \frac{BL}{\mu}$$

$$= \frac{\Phi}{\mu S} L = \Phi R_{\text{m}} \qquad (6.2.2)$$

或

$$\Phi = \frac{F}{R_{\text{m}}} \qquad (6.2.3)$$

图 6.9　环形磁路

式中 $F = NI$ 是磁动势。

$$R_{\text{m}} = \frac{L}{\mu S} \qquad (6.2.4)$$

R_{m} 称为磁路的磁阻，与电阻的表达式相似，正比于磁路的长度 L，反比于 $S\mu$ 的积

其倒数称为磁导　　　$G_m = \frac{\mu S}{L}$ $\qquad (6.2.5)$

式（6.2.3）即为磁路的欧姆定律，在形式上与电路欧姆定律相似。国际单位制（SI）中，

R_m 单位为安/韦，磁导的单位是磁阻单位的倒数。由于磁性材料 μ 是非线性的，磁路欧姆定律多用作定性分析，不做定量计算。

磁阻两端的磁位差称为磁压降 U_m，即

$$U_m = \Phi R_m = HL \tag{6.2.6}$$

引入磁路以后，磁路的计算也服从于电路的基尔霍夫两个基本定律。根据磁路基尔霍夫第一定律，磁路中任意节点的磁通之和等于零，即

$$\sum \Phi = 0 \tag{6.2.7}$$

上式对应磁场的磁通连续性定理，即穿过任何闭合曲面的磁通之和为零，磁感应线是封闭曲线，无头无尾。

根据安培环路定律得到磁路基尔霍夫第二定律，沿某一方向的任意闭合回路的磁通势的代数和等于磁压降的代数和

$$\sum NI = \sum \Phi R_m \tag{6.2.8a}$$

或

$$\sum HL = \sum NI \tag{6.2.8b}$$

磁路基尔霍夫第二定律实质上是磁路的全电流定律，对磁路中某一段而定，它就是欧姆定律。

磁路与电路的对比如表 6.2 所示。

表 6.2　电路与磁路对照表

电路	磁路	电路	磁路
电动势 E	磁动势 $F = NI$	电压降 IR	磁压降 $\sum NI = \sum \Phi R_m$
电流 I	磁通量 Φ	欧姆定律 $I = \dfrac{E}{R}$	欧姆定律 $\Phi = \dfrac{F}{R_m}$
电导率 σ	磁导率 μ	基尔霍夫第一定律 $\sum I = 0$	磁路基尔霍夫第一定律 $\sum \Phi = 0$
电阻 $R = \dfrac{L}{\sigma S}$	磁阻 $R_m = \dfrac{L}{\mu S}$	基尔霍夫第一定律 $\sum IR = \sum E$	磁路基尔霍夫第二定律 $\sum \Phi R_m = \sum HL = \sum NI$

对应磁路仅在形式上将磁场的问题等效成电路来考虑，它与电路有本质上的不同：

（1）电路中，在电动势的作用下，确实存在着电荷在电路中流动，并引起电阻的发热。而磁路中磁通是伴随电流存在的，对于恒定电流，在磁导体中，并没有物质或能量在流动，因此不会在磁导体中产生损耗。即使在交变磁场下，磁导体中的损耗也不是磁通流动产生的。

（2）电路中电流限定在铜导线和其他导电元件内，这些元件的电导率高，比电路的周围材料的电导率一般要高 10^{12} 倍以上（例如空气或环氧板）。因为没有磁"绝缘"材料，周围介质（例如空气）磁导率只比组成磁路的材料的磁导率低几个数量级。对于磁路中具有空气

隙的磁路以及没有磁芯的空心线圈更是如此。一般情况下，在磁路中各个截面上的磁通是不等的。

（3）在电路中，导体的电导率与导体流过的电流无关。而在磁路中，磁路中磁导率是与磁路中磁通密度有关的非线性参数。

【例 6.1】 一个环形磁芯线圈的磁芯内径 $d = 25\ \text{mm}$，外径 $D = 41\ \text{mm}$，环的横截面为圆形（见图 6.9）。磁芯相对磁导率 $\mu_r = 50$。线圈匝数 $N = 100$ 匝。通入线圈电流为 0.5 A。求磁芯中平均磁场强度，磁通、磁链和磁通密度。

解： 磁芯的截面积

$$S = \pi \left(\frac{D-d}{2} \right)^2 = 3.14 \times \left(\frac{41-25}{2} \times 10^{-3} \right)^2 = 2.0 \times 10^{-4}\ \text{m}^2$$

磁路平均长度

$$L = \pi \frac{D+d}{2} \approx 0.12\ \text{m}$$

线圈产生的磁通势为

$$F = NI = 100 \times 0.5 = 50\ \text{A}$$

平均磁场强度

$$H = \frac{F}{L} = 416.67\ \text{A/m}$$

磁芯中平均磁通密度

$$B = \mu H = \mu_0 \mu_r H = 4\pi \times 10^{-7} \times 50 \times 416.67 = 2.62 \times 10^{-2}\ \text{T}$$

磁芯中的磁通

$$\Phi = BS = 5.24 \times 10^{-6}\ \text{Wb}$$

磁芯线圈的磁链

$$\Psi = N\Phi = 5.24 \times 10^{-4}\ \text{Wb}$$

6.2.3 磁路的分析计算

磁路分析计算问题可以分为两类，一类是已知磁路的磁通及结构、尺寸、材料，按照所定的磁通、磁路各段的尺寸和材料，求产生预定的磁通所需要的磁通势 $F = NI$，确定线圈匝数和励磁电流。另一类是已知磁路的磁通势及结构、尺寸、材料，计算磁路中的磁通。

设磁路由不同材料或不同长度和截面积的 n 段组成，则基本公式为

$$\oint \bar{H} \cdot d\bar{l} = \oint H \cdot dl = H_1 L_2 + H_2 L_2 + H_3 L_3 + H_4 L_4 + \cdots + H_n L_n = NI \qquad （6.2.9）$$

即
$$NI = \sum_{i=1}^{n} H_i L_i \qquad (6.2.10)$$

式中 $H_1 L_1$，$H_2 L_2$，$\cdots$，$H_n L_n$——磁路个段的磁压降。

1. 已知磁通 Φ，求磁通势 $F = NI$

基本步骤：

（1）按材料、横截面积，把材料相同、截面积相等的部分作为一段。

（2）画出磁路的中心线，计算各段磁路的截面积和平均长度。

（3）求各段磁感应强度 B_i。

各段磁路截面积不同，通过同一磁通 Φ，有

$$B_1 = \frac{\Phi}{S_1}, \quad B_2 = \frac{\Phi}{S_2}, \quad ..., \quad B_n = \frac{\Phi}{S_n}$$

（4）求各段磁场强度 H_i。

根据各段磁路材料的磁化曲线 $B_i = f(H_i)$，求 B_1，B_2，$\cdots$ 相对应的 H_1，H_2，$\cdots$。

（5）计算各段磁路的磁压降（HL）。

（6）根据磁路的基尔霍夫第二定律确定所需要的磁通势。

【例 6.2】 设螺绕环的平均长度为 50 cm，截面面积为 4 cm^2，磁导率为 65×10^{-4} Wb/（A·m），若环上绕线圈 200 匝。试计算产生 4×10^{-4} Wb 的磁通量需要的电流大小。若将环切去 1 mm，即留一空气隙，欲维持同样的磁通，则需要多少电流？

解：磁阻 $R_m = \dfrac{L}{\mu S} = \dfrac{0.5}{65 \times 10^{-4} \times 4 \times 10^{-4}}$ A/W $= 1.92 \times 10^5$ A/W

$$F = \Phi R_m = 4 \times 10^{-4} \times 1.92 \times 10^5 A = 77 A$$

因 $F = NI$，所以 $I = \dfrac{F}{N} = 0.385$ A

当有空气隙时，空气隙的磁阻为

$$R'_m = \frac{L'}{\mu_0 S} = \frac{10^{-3}}{4\pi \times 10^{-7} \times 4 \times 10^{-4}} \text{ A/Wb} = 20 \times 10^5 \text{ A/Wb}$$

环长度的微小变化可略而不计，它的磁阻与先前相同，即 1.92×10^5 A/Wb。那么空气隙虽然只长 1 mm，它的磁阻却比铁环大近 10 倍，这时全部磁路的磁阻为

$$R_m + R'_m = (20 \times 10^5 + 1.92 \times 10^5) \text{ A/Wb} \approx 22 \times 10^5 \text{ A/Wb}$$

$$F'_m = \phi(R_m + R'_m) = 880 A$$

欲维持同样的磁通所需的磁通势，所需电流为

$$I' = \frac{F'_m}{N} = 4.4 A$$

可以看出，空气隙尽管很小，但由于空气的磁导率很低，磁阻很大，导致这段的磁压降很大。

2. 已知磁通势 $F = NI$ ，求磁通 Φ

已知磁通势求磁通时，如果对于无分支的均匀磁路，计算不复杂，若又有分支磁路又不均匀，计算较复杂，详细计算可参考相关资料。

基本步骤：

（1）先设定一磁通值，然后按照已知磁通求磁动势的计算步骤求出所需的磁动势。

对于含有气隙的磁路，在计算时可先用给定的磁动势除以气隙磁阻得出磁通的上限值，并估出一个比此上限值小一些的磁通值进行第一次试算。

（2）把计算所得磁通势与已知磁通势加以比较，如果二者不符合，再将 Φ 值进行修正，直到所算得的磁动势与给定磁动势相近。也可根据计算结果做出 F - Φ 曲线，根据这一曲线便可由给定的磁动势找出相应的磁通。

思考与练习

（1）磁路的结构一定时，磁路的磁阻是否一定，即磁路的磁阻是否是线性的？

（2）恒定（直流）电流通过电路时会在电阻中产生功率损耗，恒定磁通通过磁路时会不会产生功率损耗？

（3）线圈的电抗与对应磁路的磁阻有什么关系？

（4）电机中涉及哪些基本电磁定律，它们的主要作用？

6.3　交流励磁下的铁芯线圈

在电机等电工设备中，铁芯线圈有通直流电的，如直流电机的励磁线圈和直流电器的线圈；也有通交流电的，如交流电机、变压器、交流接触器、交流继电器等的铁芯线圈中都流过交流电。分析直流铁芯线圈比较简单些，因为励磁电流是直流，产生的磁通是恒定的，在线圈和铁芯中不会感应出电动势来；电压 U 一定，线圈中的电流 I 只和线圈本身的电阻 R 有关；功率损耗也只有 RI^2 。所以交流铁芯线圈在电磁关系、电压电流关系及功率损耗等几个方面和直流铁芯线圈是有所不同的。

6.3.1　电压电流与磁通的关系

1. 电压与磁通的关系

图 6.10 所示磁路中，设线圈的导线电阻为 R ，匝数为 N 。在线圈两端加交流电压 u ，线

圈中的电流 i 是交变的，因此铁芯中的磁通也是交变的。

产生的磁通分为两部分：主磁通 Φ 和漏磁通 Φ_σ。主磁通 Φ 通过铁芯闭合，漏磁通通过铁芯之外的空气闭合。

交变的磁通会产生感应电动势，设主磁通 Φ 产生的感应电动势为 e，漏磁通 Φ_σ 产生的感应电动势为 e_σ，外加电压为 u、电流为 i，磁通 Φ 和 Φ_σ、感应电动势 e 和 e_σ 的正方向的规定都符合右手螺旋定则，这个电磁关系表示如下：

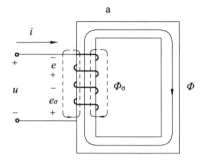

图 6.10　交流励磁下的铁芯线圈

$$u \longrightarrow i(Ni) \begin{array}{c} \nearrow \Phi \longrightarrow e \\ \searrow \Phi_\sigma \longrightarrow e_\sigma \end{array}$$

因为漏磁通基本不经过铁芯，所以励磁电流 i 与 Φ_σ 之间可以认为成线性关系，铁芯线圈的漏电感

$$L_\sigma = \frac{N\Phi_\sigma}{i} = 常数$$

因为主磁通通过铁芯，所以 i 与 Φ 之间不存在线性关系。铁芯线圈的主磁电感 L 不是一个常数，它随励磁电流而变化的关系和磁导率 μ 随磁场强度而变化的关系相似。因此，铁芯线圈是一个非线性电感。

如图 6.10 所示。根据基尔霍夫定律有

$$u = Ri + (-e) + (-e_\sigma) = Ri + L_\sigma \frac{\mathrm{d}i}{\mathrm{d}t} + (-e) \tag{6.3.1}$$

当 u 是正弦电压时，式中各量可视作正弦量，于是上式可用正弦量表示

$$\dot{U} = R\dot{I} + (-\dot{E}_\sigma) + (-\dot{E}) = R\dot{I} + \mathrm{j}X_\sigma \dot{I} + (-\dot{E}) \tag{6.3.2}$$

上式中，漏磁感应电动势 $\dot{E}_\sigma = -\mathrm{j}X_\sigma \dot{I}$，式中 $X_\sigma = \omega L$ 称为漏磁感抗，它是由漏磁通引起的；R 是铁芯线圈的电阻。一般铁芯线圈的漏磁通很小，故由漏磁通产生的感应电动势可以忽略不计；若线圈的导线电阻也很小，则由导线电阻产生的电压降也可以忽略不计；因此 $u \approx -e$

由法拉第电磁感应定律和楞次定律，有

$$e = -N\frac{\mathrm{d}\Phi}{\mathrm{d}t} \tag{6.3.3}$$

所以　　　　　　　$u \approx -e = N\frac{\mathrm{d}\Phi}{\mathrm{d}t}$ 　　　　　　　　　　　　　$(6.3.4)$

式（6.3.4）表明，若所加电压 u 是正弦波，主磁通 Φ 也是正弦波。设

$$\Phi = \Phi_\mathrm{m} \sin \omega t$$

所以
$$u \approx -e = N\frac{\mathrm{d}\Phi}{\mathrm{d}t} = \Phi_{\mathrm{m}}N\omega\sin(\omega t + 90°) \tag{6.3.5}$$

故电压 u 和感应电动势的有效值为

$$U \approx E = \frac{\Phi_{\mathrm{m}}N\omega}{\sqrt{2}} = \frac{\Phi_{\mathrm{m}}N(2\pi f)}{\sqrt{2}} \approx 4.44\Phi_{\mathrm{m}}Nf \tag{6.3.6}$$

从式（6.3.6）得

$$\Phi_{\mathrm{m}} = \frac{U}{4.44Nf} \tag{6.3.7}$$

式（6.3.7）表明，在正弦交流电压励磁下，铁芯线圈内产生的磁通最大值 Φ_{m} 与所加正弦电压的有效值成正比。

2. 电流与磁通的关系

铁芯线圈的磁化曲线是 B 与 H 的关系曲线，而 $B = \dfrac{\Phi}{S}$ ，$H = NI$ ，其中截面面积 S 和线圈匝数 N 都是常数，因此磁化曲线也就是 Φ 与 I 的关系。因此，可以在磁化曲线上通过画波形的方法得到电流 i 与 Φ 的关系。

设磁通 Φ 的波形是正弦波，最大值为 Φ_{m}。如果不考虑铁芯线圈的磁滞性，则在磁化曲线上画出电流 i 的波形。当磁通是正弦波时，励磁电流是非正弦波。也就是说，当励磁电压 u 为正弦波时，励磁电流 i 是非正弦波，励磁电压 u 与励磁电流 i 不是线性关系，这也说明铁芯线圈是非线性元件。如果考虑磁滞性，电流 i 的波形畸变更加严重。

6.3.2 功率损耗和等效电路

由 6.3.1 节可知，当励磁电压 u 为正弦波时，交流铁芯线圈中的电流 i 是周期性非正弦波。实际上，在交流铁芯线圈的电路计算中，用一个等效的正弦电流来替代这个周期性非正弦电流，即仍然将电流 i 作为正弦波来处理（如电压的计算、功率的计算都直接引用正弦交流电路的计算公式）。

1. 交流铁芯线圈的功率损耗

交流铁芯线圈的功率损耗主要有铜损和铁损两种，铜损 ΔP_{Cu} 指的是线圈导线电阻 R 上的损耗，铁损指的是在交流铁芯线圈中，处于交变磁通下的铁芯内的功率损耗，用 ΔP_{Fe} 表示，铁损是由磁滞和涡流产生的，由磁滞现象产生的铁损称为磁滞损耗，用 ΔP_h 表示，由涡流所产生的铁损称为涡流损耗，用 ΔP_e 表示，通过实验可以证明铁损与铁芯内磁感应强度的最大值 B_m 的平方成正比。下面分别介绍磁滞损耗 ΔP_h 和涡流损耗 ΔP_e 。

（1）磁滞损耗 ΔP_h 。

铁磁材料交变磁化，由磁滞现象所产生了铁损。磁滞损耗与该铁芯磁滞回线所包围的面积成正比，励磁电流频率 f 越高，磁滞损耗也越大。当电流频率一定时，磁滞损耗与铁芯磁感应强度最大值的平方成正比。

为了减小磁滞损耗，应采用磁滞回线窄小的软磁材料制造铁芯。设计时应选择适当值以减小铁芯饱和程度。

（2）涡流损耗 ΔP_e。

铁磁材料不仅有导磁能力，同时也有导电能力，因而在交变磁通的作用下铁芯内将产生感生电动势和感应电流，感应电流在垂直于磁通的铁芯平面内围绕磁感线呈旋涡状，故称为涡流，如图 6.11 所示。涡流使铁芯发热，其功率损耗称为涡流损耗。

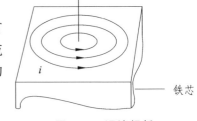

为了减小涡流损耗，当线圈用于一般工频交流电时，可将硅钢片叠成铁芯，这样将涡流限制在较小的横截面内流通，涡流损耗与电源频率的平方及铁芯磁感应强度最大值的平方成正比。

图 6.11　涡流损耗

综上，交流铁芯线圈工作时的功率损耗为

$$\Delta P = \Delta P_{Cu} + \Delta P_{Fe} = \Delta P_{Cu} + \Delta P_h + \Delta P_e \qquad (6.3.8)$$

交变磁通除了会引起铁芯损耗之外，还有以下两个效应：

① 磁通量随时间交变，必然会在激磁线圈内产生感应电动势。

② 磁饱和现象会导致电流、磁通和电动势波形的畸变。

综上，交流铁芯线圈的有功功率就是铜损耗和铁损耗的总和，即

$$P = RI^2 + \Delta P_{Fe} = UI\cos\varphi \qquad (6.3.9)$$

*2. 交流铁芯线圈的等效电路

为了简化磁路的计算，用一个不含铁芯的交流电路来等效替代铁芯线圈交流电路，等效的条件是：在同样电压作用下，功率、电流及各量之间的相位关系保持不变。先将实际铁芯线圈的线圈电阻 R，漏磁感抗 X_σ 分出，剩下的就成为一个没有电阻和漏磁的理想铁芯线圈，即把图 6.10 化成图 6.12，但铁芯中仍有能量的损耗和能量的储存与释放，因此可以将这个理想的铁芯线圈交流电路用具有电阻 R_0 和 X_0 的一段电路来等效代替，其中电阻 R_0 是和铁芯中能量损耗相应的等效电阻，其值为

$$R_0 = \frac{\Delta P_{Fe}}{I^2} \qquad (6.3.10)$$

感抗 X_0 是和铁芯中能量存储与释放相应的等效感抗，其值为

$$X_0 = \frac{Q_{Fe}}{I^2} \qquad (6.3.11)$$

式中，Q_{Fe} 表示铁芯储放能量的无功功率。

这段等效电路的阻抗的阻抗模为

$$|Z_0| = \sqrt{R_0^2 + X_0^2} = \frac{U'}{I} \approx \frac{U}{I} \qquad (6.3.12)$$

图 6.13 即为铁芯线圈交流电路（见图 6.12）的等效电路。

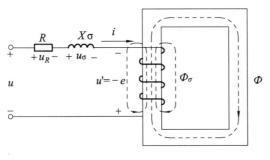

图 6.12　铁芯线圈的交流电路

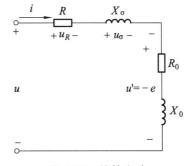

图 6.13　等效电路

【例 6.3】　有一个交流铁芯线圈，电源电压为 $U = 220\text{ V}$，电路中电流 $I = 4\text{ A}$，功率表的读数 $P = 100\text{ W}$，频率 $f = 50\text{ Hz}$，漏磁通和线圈电阻上的电压降可以忽略不计。试求：（1）铁芯线圈的功率因数。（2）铁芯线圈的等效电阻和感抗。

解：（1）$\cos\varphi = \dfrac{P}{IU} = \dfrac{100}{220\times4} = 0.114$

（2）铁芯线圈的等效阻抗模为

$$|Z'| = \frac{U}{I} = \frac{220}{4} = 55\ \Omega$$

等效电阻和等效感抗分别为

$$R' = R + R_0 = \frac{P}{I^2} = \frac{100}{4^2} = 6.25\ \Omega \approx R_0$$

$$X' = X_\sigma + X_0 = \sqrt{|Z'|^2 - R'^2} = \sqrt{55^2 - 6.25^2} = 54.6\ \Omega \approx X_0$$

【例 6.4】　要绕制一个铁芯线圈，已知电源电压 $U = 220\text{ V}$，频率 $f = 50\text{ Hz}$，今测得铁芯截面面积为 30.2 cm^2，铁芯由硅钢片叠成，设叠片间隙系数为 0.91（一般取 0.9～0.93）。试问：（1）如取 $B_\text{m} = 1.2\text{ T}$，线圈匝数应为多少？（2）如磁路平均长度为 60 cm，励磁电流应多大？

解：铁芯的有效面积为

$$S = 30.2\times0.91 = 27.5\text{ cm}^2$$

（1）线圈匝数可根据式（6.3.6）求出，即

$$N = \frac{U}{4.44\,fB_\text{m}S} = \frac{220}{4.44\times50\times1.2\times27.5\times10^{-4}} = 300$$

（2）从图 6.6 中可以查出，当 $B_\text{m} = 1.2\text{ T}$ 时，$H_\text{m} = 700\text{ A}/\text{m}$，所以

$$I = \frac{H_\text{m}l}{\sqrt{2}N} = \frac{700\times60\times10^{-2}}{\sqrt{2}\times300} = 1\text{ A}$$

思考与练习

（1）将一个空芯线圈先后接到直流电源和交流电源上，然后在这个线圈中插入铁芯，再接到上述的直流电源和交流电源上。如果交流电压的有效值和直流电源电压相等，在上述四种情况下，试比较通过线圈的电流和功率的大小，并说明其理由。

（2）如果线圈的铁芯由彼此绝缘的钢片在垂直磁场方向叠成，是否也可以？

（3）空心线圈的电感是常数，而铁芯线圈的电感不是常数，为什么？如果线圈的尺寸、形状和匝数相同，有铁芯和没有铁芯时，哪个电感大？铁芯线圈的铁芯在达到磁饱和与尚未达到磁饱和状态时，哪个电感大？

（4）电磁铁在生活中应用广泛，请写出三样物品来，并说出它们都有什么作用。

（5）交流铁芯线圈与直流铁芯线圈的区别有哪些？

（6）当线圈中的电流和匝数一定时，电磁铁的磁性强弱会不会与线圈内的铁芯大小有关？

6.4　电磁铁

电磁铁是利用通电的铁芯线圈吸引衔铁或保持某种机械零件、工件于固定位置的一种电器。衔铁的动作可使其他机械装置发生联动。当电源断开时，电磁铁的磁性随着消失，衔铁或其他零件即被释放。

电磁铁可分为线圈、铁芯及衔铁三部分。它的结构形式通常有图 6.14 所示的几种。

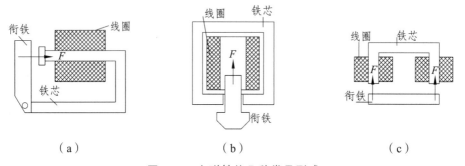

（a）　　　　　　（b）　　　　　　（c）

图 6.14　电磁铁的几种常见形式

电磁铁可以分为直流电磁铁和交流电磁铁两大类型，区别如表 6.3 所示。

表 6.3　直流电磁铁与交流电磁铁比较

内　　容	直流电磁铁	交流电磁铁
铁芯结构	由整块软钢制成，无短路环	由硅钢片制成，有短路环
吸合过程	电流不变，吸力逐渐加大	吸力基本不变，电流减小
吸合后	无振动	有轻微振动
吸合不好时	线圈不会过热	线圈会过热，可能烧坏

电磁铁在工农业生产中的应用极为普遍,图 6.15 所示的例子是用它来控制机床和起重机的电动机。当接通电源时,电磁铁动作而拉开弹簧,把抱闸提起,于是放开了装在电动机轴上的制动轮,这时电动机便可自由转动。当电源断开时,电磁铁的衔铁落下,弹簧便把抱闸压在制动轮上,于是电动机制动。在起重机中采用这种制动方法,还可避免由于工作过程中的断电而使重物滑下所造成的事故。

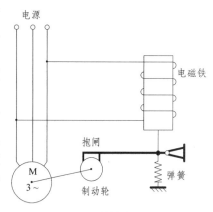

在机床中也常采用电磁铁操纵气动或液压传动机构的阀门和控制变速机构。电磁吸盘和电磁离合器也都是电磁铁具体应用的例子。此外,还可以用电磁铁起重以提放钢材。在各种电磁继电器和接触器中,电磁铁的任务是开闭电路。

图 6.15　电磁铁应用的举例

电磁铁的吸力是它的主要参数之一。吸力的大小与气隙的截面面积 S_0 及气隙中磁感应强度 B_0 的平方成正比。计算吸力的基本公式为

$$F = \frac{10^7}{8\pi} B_0^2 S_0 \tag{6.4.1}$$

式中,B_0 的单位符号是 T;S_0 的单位符号是 m^2;F 的单位符号是 N。

交流电磁铁中磁场是交变的,设

$$B_0 = B_m \sin \omega t \tag{6.4.2}$$

则吸力由式(6.4.1)和式(6.4.2)得

$$f = \frac{10^7}{8\pi} B_m^2 S_0 \sin^2 \omega t = \frac{10^7}{8\pi} B_m^2 S_0 \left(\frac{1 - \cos 2\omega t}{2} \right) = F_m \left(\frac{1 - \cos 2\omega t}{2} \right)$$

$$= \frac{1}{2} F_m - \frac{1}{2} F_m \cos 2\omega t \tag{6.4.3}$$

式中,$F_m = \frac{10^7}{8\pi} B_m^2 S_0$ 是吸力的最大值。可以看出,虽然磁感应强度是正、负正弦交变的,但是电磁吸力却是脉动的,方向不变。在计算时只考虑吸力的平均值

$$F = \frac{1}{T} \int_0^T f \mathrm{d}t = \frac{1}{2} F_m = \frac{10^7}{16\pi} B_m^2 S_0 \tag{6.4.4}$$

由式(6.4.3)可知,吸力在零与最大值 F_m 之间脉动,如图 6.16 所示,因而衔铁以两倍电源频率在振动并发出噪声,同时容易损坏触点。为了消除这种现象,可在磁极的部分端面上安装一个分磁环,如图 6.17 所示。于是在分磁环(或称短路环)中便产生感应电流,以阻碍磁通的变化,使在磁极两部分中的磁通 Φ_1 与 Φ_2 之间产生一相位差,因而磁极各部分的吸力也就不会同时降为零,两者合成后的电磁吸力在任何时刻都始终大于某一定值,这就消除了衔铁的振动,当然也就消除了噪声。一般短路环需包围 2/3 的铁芯端面。

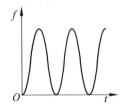

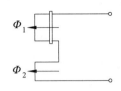

图 6.16　交流电磁铁的吸力波形图　　　图 6.17　交流电磁铁的分磁环

思考与练习

（1）在电压相等（交流电压有效值）的情况下，如果把一个直流电磁铁接到交流上使用，或者把一个交流电磁铁接到直流上使用，将会发生什么后果？

（2）交流电磁铁在吸合过程中气隙减小，试问磁路磁阻、线圈电感、线圈电流以及铁芯中磁通的最大值将作如何变化（增大、减小、不变或近于不变）？

（3）直流电磁铁在吸合过程中气隙减小，试问磁路磁阻、线圈电感、线圈电流以及铁芯中磁通将作何变化？

（4）交流电磁铁通电后，若衔铁长期被卡住而不能吸合，会引起什么后果？

（5）额定电压为 380 V 的交流接触器，误接到 220 V 的交流电源上，试问吸合时磁通 Φ_m（或 B_m）、电磁力 F、铁损 ΔP_Fe 及线圈电流 I 有何变化？反过来，将额定电压 220 V 的交流接触器误接到 380 V 的交流电源上，则又如何？

（6）两个匝数相同（ $N_1 = N_2$ ）的铁芯线圈，分别接到电压值相等（ $U_1 = U_2$ ）而频率不同（ $f_1 > f_2$ ）的两个交流电源上时，试分析两个线圈中的主磁通 $\Phi_{1\mathrm{m}}$ 和 $\Phi_{2\mathrm{m}}$ 的相对大小（分析时忽略线圈的漏阻抗）。

6.5　变压器

变压器是一种用途广泛的常见电气设备，如在输配电系统以及输电过程中使用的升压变压器和降压变压器等。在输电方面，当输送功率及负载功率因数一定时，电压愈高，则线路电流愈小。这不仅可以减小输电导线的截面面积、节约材料，同时还可以减小线路的功率损耗。因此在输电时必须利用升压变压器将电压升高，以便减少线路中损耗；到用户区，降压变压器将电压降低，以适合用户的电压等级。在各种电子仪器包括计算机和家用电器中，都要用电源变压器将 220 V 等级的交流电压降压并得到多种不同等级的输出电压，以供给仪器内部的电能需要。在电子线路中，除电源变压器外，变压器还用来传递信号、耦合电路、变换阻抗等。另外还有许多特殊用途的变压器，如自耦变压器、电焊机变压器、电流互感器、钳式电流表等。

6.5.1 变压器的结构与工作原理

1. 变压器的结构

变压器的种类很多，但它们的基本结构和基本工作原理相同。

变压器的基本结构主要由闭合的铁芯和绕组等组成。铁芯构成了变压器的磁路。为了提高磁路的导磁能力和减少铁损耗（磁滞和涡流损耗），变压器的铁芯通常采用含硅量为 5%、厚度为 0.35 mm 或 0.5 mm 两平面涂绝缘漆或经氧化膜处理的硅钢片叠装而成，并且片间浸入绝缘漆。

按照铁芯结构的不同，变压器可分为心式和壳式两种，如图 6.18 所示。

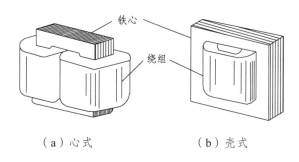

（a）心式　　　　　　　　（b）壳式

图 6.18　变压器的构造

2. 变压器的工作原理

图 6.19（a）所示为一台单相双绕组变压器原理图，它由两个互相绝缘且匝数不等的绕组套在具有良好导磁材料制成的闭合铁芯上。两绕组之间只有磁路的耦合而没有电的联系。

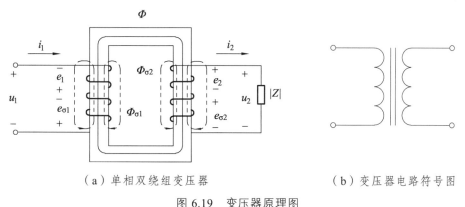

（a）单相双绕组变压器　　　　　　　　（b）变压器电路符号图

图 6.19　变压器原理图

接电源的绕组称为原绕组（又称初级绕组或一次绕组），接负载的绕组称为副绕组（又称次级绕组或二次绕组）。当原边绕组接上交流电压 u_1 时，原边绕组上有交流电流 i_1 产生，原边绕组的磁通势 $N_1 i_1$ 产生的磁通绝大部分通过铁芯而闭合产生交变磁通，少量磁通通过空气耦合产生漏磁通 $\Phi_{\sigma 1}$；交变磁通将在原、副边绕组中分别产生感应电动势 e_1 和 e_2，如果副边绕组接有负载，在副边将有感应电流 i_2 通过，而副边绕组的磁通势 $N_2 i_2$ 产生的磁通绝大部分也将通过铁芯而闭合，少量磁通通过空气耦合产生漏磁通 $\Phi_{\sigma 2}$。因此，铁芯中的磁通是由原副边的磁通势共同产生的合成磁通，称为主磁通，用 Φ 表示，漏磁通 $\Phi_{\sigma1}$ 和 $\Phi_{\sigma2}$ 较少，在理想变压器计算时可以忽略不计。

上述的电磁关系可表示如下（见图 6.20）：

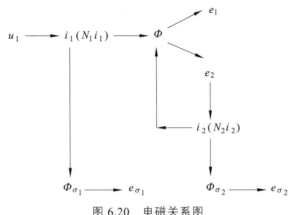

图 6.20　电磁关系图

下面分别讨论变压器的电流变换、电压变换及阻抗变换。

1）电流变换

当变压器的原边绕组接上电压，副边绕组接上负载，从负载运行的电磁关系分析可知，由于副边出现了负载电流 i_2，在副边要产生磁通势 $F_2 = N_2 I_2$，使主磁通发生变化，从而引起 E_1、E_2 的变化，E_1 的变化又使原边从空载电流 i_0 变化为负载电流 i_1，产生的磁通势为 $F_1 = N_1 I_1$，它一方面要建立主磁通 Φ_{m}，另一方面要抵消 F_2 对主磁通的影响。但是，当电源电压 U_1 和电压频率 f 不变时，由式 $U_1 \approx E_1 = 4.44 f N_1 \Phi_{\mathrm{m}}$ 可知，铁芯中主磁通 Φ 的最大值 Φ_{m} 变化不大。因此，当变压器空载和带负载时，均可以认为 Φ_{m} 近似是常数。所以，变压器带负载时产生主磁通的原、副边绕组的合成磁通势 $N_1 i_1 + N_2 i_2$ 和空载时励磁电流 i_0 产生的磁通势 $N_1 i_0$ 可以近似相等，即

$$i_1 N_1 + i_2 N_2 \approx i_0 N_1 \tag{6.5.1}$$

用相量表示为

$$\dot{I}_1 N_1 + \dot{I}_2 N_2 \approx \dot{I}_0 N_1 \tag{6.5.2}$$

将上式两边同除于 N_1，得

$$\dot{I}_1 = \dot{I}_0 + \left(-\frac{N_2}{N_1} \dot{I}_2 \right) \tag{6.5.3}$$

上式表明：接负载时，原边绕组中的电流由两部分组成，一部分为维持主磁通的励磁分量 i_0；另一部分为用以补偿副边绕组磁通势作用下的负载分量 $-\dfrac{N_2}{N_1} \dot{I}_2$，即原边侧的电流的增量。

由于变压器的空载电流 i_0 是励磁用的，铁芯的磁导率高，导致空载电流是很小的，有效值 I_0 仅为原边绕组额定电流 I_{1N} 的 2%～10%，因此 $N_1 I_0$ 与 $N_1 I_1$ 相比，常可忽略，所以

$$\dot{I}_1 \approx \left(-\frac{N_2}{N_1}\dot{I}_2\right) \quad (6.5.4)$$

由上式可知，原、副边绕组的电流关系为

$$\frac{I_1}{I_2} \approx \frac{N_2}{N_1} = \frac{1}{K} \quad (6.5.5)$$

结论：原边、副边侧电流与匝数成反比，或等于变压器变比的倒数（定义 $K = \frac{N_1}{N_2}$ 为变压器变比）。

2）电压变换

根据基尔霍夫电压定律，以图 6.19（a）为例，对原边绕组电路可列出电压方程，为

$$u_1 + e_1 + e_{\sigma 1} = R_1 i_1$$

或

$$u_1 = R_1 i_1 + (-e_1) + (-e_{\sigma 1}) = R_1 i_1 + (-e_1) + L_{\sigma 1}\frac{\mathrm{d}i_1}{\mathrm{d}t}$$

$$= R i_1 + N_1 \frac{\mathrm{d}\Phi_m}{\mathrm{d}t} + N_1 \frac{\mathrm{d}\Phi_{\sigma 1}}{\mathrm{d}t} \quad (6.5.6)$$

漏磁通 $\Phi_{\sigma 1}$ 只占主磁通的（0.1~0.2）%，主磁通 Φ_m 与 i_1 之间呈非线性关系，向副边传递能量；而漏磁通 $\Phi_{\sigma 1}$ 与 i_1 之间呈线性关系，不能向副边传递能量，通常原边绕组上所加的是正弦电压 u_1。上式可用相量表示

$$\dot{U}_1 = R_1\dot{I}_1 + (-\dot{E}_1) + (-\dot{E}_{\sigma 1}) = R_1\dot{I}_1 + (-\dot{E}_1) + jX_1\dot{I}_1 \quad (6.5.7)$$

式中，R_1 和 $X_1 = \omega L_{\sigma 1}$ 分别为原边绕组的电阻和感抗（漏磁感抗，由漏磁通产生）。

由于原边绕组的电阻 R_1 和感抗 $X_1 = \omega L_{\sigma 1}$（或漏磁通 $\Phi_{\sigma 1}$）较小，因而在它们两端的电压降也较小，与主磁通 Φ_m 感应产生的 E_1 比较起来，可以忽略不计。于是有

$$\dot{U}_1 \approx -\dot{E}_1 \quad (6.5.8)$$

由式（6.5.8）可知，e_1 的有效值为

$$U_1 \approx E_1 = 4.44 f N_1 \Phi_m \quad (6.5.9)$$

同理，对副边绕组电路有

$$e_2 + e_{\sigma 2} = R_2 i_2 + u_2$$

或

$$e_2 = R_2 i_2 + u_2 + (-e_{\sigma 2}) = R_2 i_2 + u_2 + L_{\sigma 2}\frac{\mathrm{d}i_2}{\mathrm{d}t} \quad (6.5.10)$$

相量表示为

$$\dot{E}_2 = R_2\dot{I}_2 + \dot{U}_2 + (-\dot{E}_{\sigma 2}) = R_2\dot{I}_2 + \dot{U}_2 + jX_2\dot{I}_2 \quad (6.5.11)$$

式中，R_2 和 $X_2 = \omega L_{\sigma 2}$ 分别为副边绕组的电阻和感抗（或漏磁通 $\Phi_{\sigma 2}$），均较小，因而在它们两端的电压降也较小，与主磁通 Φ_m 感应产生的 E_2 比较起来，可以忽略不计。于是有

$$\dot{U}_2 \approx \dot{E}_2 \qquad\qquad (6.5.12)$$

感应电动势 e_2 的有效值为

$$E_2 = 4.44 f N_2 \Phi_m \qquad\qquad (6.5.13)$$

在变压器空载时

$$I_2 = 0 , \quad E_2 = U_{20} \qquad\qquad (6.5.14)$$

式中，U_{20} 是变压器空载时副边绕组的端电压。

由式（6.5.9）、式（6.5.12）和式（6.5.13）可知，原、副边绕组的电压之比为

$$\frac{U_1}{U_2} \approx \frac{E_1}{E_{20}} = \frac{N_1}{N_2} = k \qquad\qquad (6.5.15)$$

式（6.5.15）表明，变压器原、副边绕组的电压比与匝数成正比，或者，电压比等于变比。这就是变压器的电压变换原理。

对于理想变压器带负载时，若忽略铁损耗和产生主磁通所需要的电流，也可以从功率的角度理解变压器的电流变换和电压变换原理。理想变压器的输入功率 P_1 应等于其输出功率 P_2，而 $P_1 = U_1 I_1$，$P_2 = U_2 I_2$。所以有 $U_1 I_1 = U_2 I_2$，即

$$\frac{U_1}{U_2} = \frac{I_2}{I_1} = \frac{N_1}{N_2} = k$$

式中，k 为变压器的变比，当 $k > 1$ 为降压变压器；$k < 1$ 为升压变压器。

结论：原边、副边侧电压之比与匝数成正比，或等于变比。

【例 6.5】 需一台小型单相变压器，额定容量 $S_N = U_N I_N = 100\ \text{V} \cdot \text{A}$，电源电压 $U_1 = 220\ \text{V}$，频率 $f = 50\ \text{Hz}$，铁芯中的最大主磁通 $\Phi_m = 11.72 \times 10^{-4}\ \text{Wb}$。试求副边空载电压 $U_{20} = 12\ \text{V}$ 时，原、副边绕组各为多少匝？

解： 由 $U_1 \approx -E_1 = 4.44 N_1 f \Phi_m$ 可得原边绕组匝数为

$$N_1 = \frac{E_1}{4.44 f \Phi_m} \approx \frac{U_1}{4.44 f \Phi_m} = \frac{220}{4.44 \times 50 \times 11.72 \times 10^{-4}} = 846\,(\text{匝})$$

当空载电压 $U_{20} = 12\ \text{V}$ 时，副边绕组匝数为

$$k = \frac{U_1}{U_2} = \frac{220}{12} = 18.35$$

$$N_2 = \frac{N_1}{K} = \frac{846}{18.35} = 46$$

【例 6.6】 有一台电压为 220/36 V 的降压变压器，副边绕组接一盏"36 V，36 W"的灯泡，试求：

（1）若变压器的原边绕组 $N_1 = 330$ 匝，副边绕组应是多少匝？

（2）灯泡点亮后，原、副绕组的电流各为多少？

解：由 $\dfrac{U_1}{U_2} = \dfrac{N_1}{N_2}$ 得

$$N_2 = \frac{U_2}{U_1} N_1 = \frac{36}{220} \times 330 = 72$$

由于灯泡是纯电阻性负载，功率因数 $\cos\varphi = 1$

所以 $I_2 = \dfrac{P_2}{U_2} = 1\ \text{A}$

由电流变换公式求出原边绕组电流：

$$I_1 = \frac{N_2}{N_1} I_2 = \frac{72}{330} \times 1 = 0.22\ \text{A}$$

3）阻抗变换

变压器除了具有变压和变流的作用外，还有变换阻抗的作用。如图 6.21（a）所示，变压器原边接电源 U_1，副边接负载阻抗 Z_L，对于电源来说，图中虚线框内的电路阻抗模 $|Z_L|$ 可用另一个阻抗模 $|Z'|$ 来等效。所谓等效，就是指输入电路的电压、电流和功率不变，即直接接在电源上的 $|Z'|$ 和接在变压器副边侧的负载的阻抗模 $|Z_L|$ 是等效的。

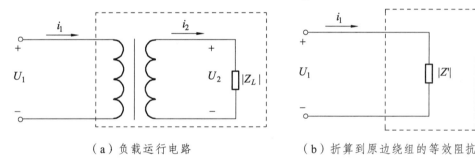

（a）负载运行电路　　　　　　　　（b）折算到原边绕组的等效阻抗

图 6.21　负载阻抗的等效变换

当忽略变压器的漏磁和损耗时，等效阻抗由下式求得

$$\left|Z'\right| = \frac{U_1}{I_1} = \frac{\left(\dfrac{N_1}{N_2}\right)U_2}{\left(\dfrac{N_2}{N_1}\right)I_2} = \left(\frac{N_1}{N_2}\right)^2 |Z_L| = k^2 |Z_L|$$

由图 6.21（b）得出 $\dfrac{U_1}{I_1} = |Z'|$，故有如下关系

$$|Z'| = k^2 |Z| \qquad\qquad (6.5.16)$$

式中，$|Z_L| = \dfrac{U_2}{I_2}$ 为变压器副边的负载阻抗。对于变比为 k 且变压器副边阻抗模为 $|Z_L|$ 的负载，相当于在电源上直接接一个阻抗模 $|Z'| = K^2 |Z_L|$ 的负载。即变压器把负载阻抗模 $|Z_L|$ 变换为

$|Z'|$。因此，通过选择合适的变比 k，可把实际负载阻抗模变换为所需的数值，以期负载获得最大功率，这种做法称为阻抗匹配。

利用这一特点，可以用变压器不同匝数的线圈来变换阻抗。在电子线路中，最简单的，就是电视机天线，用扁馈线时阻抗是 $300\ \Omega$，接电视机的天线输入端是 $75\ \Omega$，必须用一个阻抗变换插座来完成，可用一个铁氧体磁芯的 $2:1$ 的变压器，将 $300\ \Omega$ 与 $75\ \Omega$ 进行阻抗匹配。

【例 6.7】 图 6.22 所示电路，理想变压器变比为 2，开关 S 闭合前电容 C 上无储能，开关 S 在 $t=0$ 时闭合，求 $t \geqslant 0$，$u_2(t)$。

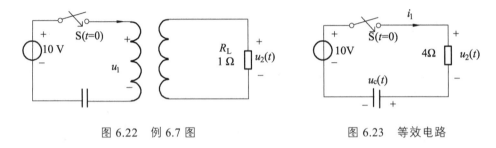

图 6.22　例 6.7 图　　　　　图 6.23　等效电路

解：理想变压器不是储能元，电路中只有一个储能元件 C，可以用三要素法求解。

R_L 等效为原边电阻为：$k=2$　$R'_L = K^2 R_L = 4 \times 1 = 4\ \Omega$

等效电路图如图 6.23 所示，利用三要素法求出 $u_c(t)$

$$u_c(0_+) = 0 \ ,$$

$$u_c(\infty) = 10\ \text{V}\ ,$$

$$\tau = R'_L C = 1\ \text{s}\ ,$$

所以 $u_c(t) = u_c(\infty) + [u_c(0_+) + u_c(\infty)]\mathrm{e}^{-\frac{t}{\tau}} = 10(1-\mathrm{e}^{-t})\ \text{(V)}$

题中 $u_c(t)$、$i_c(t)$ 采用了关联参考方向

所以 $i_1 = i_c(t) = c\dfrac{\mathrm{d}u_c(t)}{\mathrm{d}t} = 2.5\mathrm{e}^{-t}$ (A)　　$i_2 = K i_1 = 5\mathrm{e}^{-t}$ (A)

$$u_2(t) = R_L i_2 = 5\mathrm{e}^{-t}\ \text{V}\ (t \geqslant 0)$$

【例 6.8】 在图 6.24 所示电路中，交流信号源的电动势 $E = 120\ \text{V}$，内阻 $R_0 = 800\ \Omega$，负载电阻 $R_L = 8\ \Omega$。（1）当折算到一次侧的等效电阻时，求变压器的匝数比和信号源输出的功率。（2）当将负载直接接到信号源时，信号源输出功率是多少？

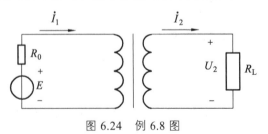

图 6.24　例 6.8 图

解：（1）变压器的匝数比应为

$$k = \frac{N_1}{N_2} = \sqrt{\frac{R_L'}{R_L}} = \sqrt{\frac{800}{8}} = 10$$

信号源的输出功率为

$$P = \left(\frac{E}{R_0 + R_L'}\right)^2 R_L' = \left(\frac{120}{800 + 800}\right)^2 \times 800 = 4.5 \text{ W}$$

（2）当将负载直接接在信号源上时

$$P = \left(\frac{E}{R_0 + R_L}\right)^2 \times R_L = \left(\frac{120}{800 + 8}\right)^2 \times 8 = 0.176 \text{ W}$$

6.5.2 变压器的参数、外特性及效率

1. 变压器的参数

1）产品型号

表示变压器的结构和规格，由字母和数字表示，如 SJL-1000/10，其中 S 表示三相（D 表示单相），J 表示油浸自冷式（F 表示风冷式），L 表示铝线圈（铜线无文字表示），1 000 表示额定容量为 1 000 kV·A，10 表示高压绕组的额定电压为 10 kV。

2）额定电压

根据变压器的绝缘强度和允许发热所规定的原边绕组的电压值，变压器的额定电压有原边绕组额定电压 U_{1N} 和副边绕组额定电压 U_{2N}。电力系统中，副边绕组的额定电压 U_{2N} 是指在变压器空载且原边绕组加额定电压 U_{1N} 时，副绕组两端端电压的有效值。在仪器仪表中，通常指在变压器原边绕组施加额定电压 U_{1N}，副边接额定负载时的输出电压有效值。例如 10 000 V/230 V

3）额定电流

额定电流 I_{1N} 和 I_{2N} 是指原绕组加上额定电压 U_{1N}，原、副绕组允许长期通过的最大电流。三相变压器的 I_{1N} 和 I_{2N} 均为线电流。

4）额定容量

是在额定工作条件下，变压器输出能力的保证值。单相变压器的额定容量为副边绕组额定电压与额定电流的乘积，用视在功率 S_N 表示，单位符号为 V·A 或 kV·A，即：

$$S_N = U_{2N}I_{2N} = U_{1N}I_{1N} \tag{6.5.17}$$

三相变压器的额定容量为：

$$S_N = \sqrt{3}U_{2N}I_{2N} \approx \sqrt{3}U_{1N}I_{1N} \tag{6.5.18}$$

5）额定频率

额定频率 f_N 是指变压器应接入的电源频率。我国电力系统的标准频率为 50 Hz，日本及北美的标准频率为 60 Hz。

变压器的主要参数中一般只给出额定电压和额定容量（指视在功率）。如变压器的额定电压 10 000/230 V，额定容量 50 kV·A，其含义是：当变压器的原边绕组接入额定输入电压 $U_{1N}=10\ 000$ V 后，变压器的开路输出电压 U_{20} 即副边绕组的额定电压 U_{2N}，且 $U_{2N}=230$ V，此时变压器为降压变压器，可以接入一个视在功率为 50 kV·A 的负载。根据变压器的额定电压和额定功率，可以通过计算得出其额定电流：包括原边的额定电流和副边的额定电流。其中原边额定电流 $I_{1N}=\dfrac{50\ \text{kV·A}}{10\ 000\ \text{V}}=5$ A，副边额定电流 $I_{2N}=\dfrac{50\ \text{kV·A}}{230\ \text{V}}=217.4$ A。反之，若以低压绕组为一次绕组，接在电压为 230 V 的交流电源上，则高压绕组为二次绕组，其空载电压为 10 000 V，这时变压器起升压作用。

2. 变压器的外特性

变压器原边接入额定电压 U_{1N} 后，变压器空载电压为 $U_{20}=U_{2N}$。当变压器接入负载后，副边绕组就有输出电流 I_2，由式（6.5.11）等公式可以看出，负载变化引起电流 I_2 变化时，漏磁阻抗的电压降变化，U_2 将发生变化。在原边绕组电压 U_1 和负载功率因数 $\lambda_2=\cos\varphi_2$ 保持不变的情况下，副边绕组电压 U_2 与电流 I_2 之间的函数 $U_2=f(I_2)$ 的关系曲线称为变压器的外特性，如图 6.25 所示。变压器向常见的电感性负载供电时，负载功率因数越低，U_2 下降越多。U_2 随 I_2 变化的程度通常用电压调整率来表示，其定义为：在原边绕组电压为额定值，负载功率因数不变的情况下，变压器从空载到额定负载（电流等于额定电流），副边绕组电压变化的数值 $U_{2N}-U_2$ 与空载电压（即额定电压）U_{2N} 的比值的百分数，用 $\Delta U_2\%$ 表示，即

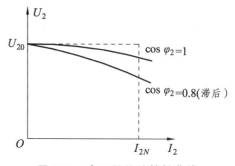

图 6.25 变压器的外特性曲线

$$\Delta U_2\%=\frac{U_{2N}-U_2}{U_{2N}}\times100\% \qquad (6.5.19)$$

通常希望变压器的电压变化率越小越好，一般电力变压器的电压变化率在 3% ~ 5%。

【例 6.9】 某单相变压器的额定电压为 10 000/230 V，接在 10 000 V 的交流电源上向一电感性负载供电，电压变化率为 0.03，求变压器的电压比及空载和满载时的副边电压。

解： 变压器的电压比

$$k=\frac{U_{1N}}{U_{2N}}=\frac{10\ 000}{230}=43.5$$

由题意知空载电压为 230 V，满载电压由式（6.5.19）求得

$$U_2=U_{2N}(1-\Delta U\%)=230\times(1-0.03)=223.1\ \text{V}$$

3. 变压器的效率

变压器的效率用 η 表示，定义为输出功率 P_2 与输入功率 P_1 之比的百分数，即

$$\eta = \frac{P_2}{P_1} \times 100\% = \frac{P_2}{P_2 + P_{Fe} + P_{Cu}} \times 100\% \tag{6.5.20}$$

变压器输入和输出功率并不是完全相等的，变压器是典型的交流铁芯线圈电路，其运行时原边和副边必然有铜损（ P_{Cu} ）和铁损（ P_{Fe} ），铁损（ P_{Fe} ）与输入电压 U_1^2 成正比，铜损（ P_{Cu} ）和负载大小有关，所以实际上变压器并不是百分百地传递电能的。通常变压器的额定功率愈大，效率就愈高。对于 220 V 电源变压器，几十瓦以上的变压器效率可达 90% 以上，几瓦的变压器效率可以低至 70% 多。通常最大功率出现在负载为额定负载的 50%~60% 时，此时效率达到最大值。

变压器在工作时，原边绕组电压的有效值和频率不变，主磁通基本不变，铁损耗也基本不变，故铁损耗又称为不变损耗。变压器在规定的功率因数（一般 $\cos\varphi = 0.8$，电感性）下满载运行时的效率称为额定效率，这是变压器运行性能的指标之一。大型大功率电力变压器的额定效率高达 98%~99%，小型小功率电力变压器的额定效率为 80%~90%。

【例 6.10】 某变压器容量为 10 kV·A，铁损耗为 300 W，满载时铜损耗为 400 W，求该变压器在满载情况下向功率因数为 0.8 的负载供电时输入和输出的有功功率及效率。

解： 忽略电压变化率，则

$$P_2 = S_N \cos\varphi_2 = 10 \times 10^3 \times 0.8 = 8 \times 10^3 \text{ W} = 8 \text{ kW}$$

$$P = P_{Fe} + P_{Cu} = (300 + 400) = 700 \text{ W} = 0.7 \text{ kW}$$

$$P_1 = P_2 + P = 8\,000 + 700 = 8\,700 \text{ W} = 8.7 \text{ kW}$$

$$\eta = \frac{P_2}{P_1} \times 100\% = \frac{8}{8.7} \times 100\% = 92\%$$

4. 变压器绕组的极性

变压器绕组的极性是指变压器原、副边绕组在同一磁通的作用下所产生的感应电动势之间的相位关系，取决于绕组的绕向，绕向改变，极性也会改变。

设有一交变磁通 Φ 通过铁芯，并任意假定其参考方向，对原、副边绕组的绕向已知，如图 6.26（a）所示，当电流从 1 和 3 流入时，根据右手螺旋定则，它们所产生的磁通方向相同，因此 1、3 端是同名端，同样 2、4 端也是同名端。如图 6.26（b）所示，当电流从 1、4 流入时，根据右手螺旋定则，它们所产生的磁通方向相同，则 1、4 是同名端。

任何瞬间，两绕组中电势极性相同的两个端钮。用符号"*""."或"Δ"表示，如图 6.26（a），（b）所示。

下面以单相变压器为例给出变压器绕组极性的判别方法。

1）交流法（电压表法）

如图 6.27 所示，将 2 和 4 连接起来。在它的原绕组上加适当的交流电压，副绕组开路，

测出电压 U_{12}，U_{34} 和 U_{13}，如果 $U_{13}=|U_{12}+U_{34}|$，则是异名端相连，即 1 和 3 是异名端。如果 $U_{13}=|U_{12}-U_{34}|$，则是同名端相连，即 1 和 3 是同名端。

注意：采用这种方法，应使电压表的量限大于 $U_{12}+U_{34}$，工厂中常用 36 V 照明变压器输出的 36 V 交流电压进行测试，测试时方便又安全。

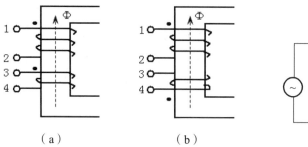

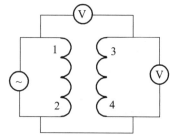

图 6.26　变压器绕组的极性　　　　　　图 6.27　交流法测变压器绕组极性

2）直流法（电流表法）

采用直流法测绕组的极性，应将高压绕组接电池，以减少电能的消耗，将低压绕组接电流计，以减少对电流计的冲击。如图 6.28 所示，接通开关 S，在通电瞬间，注意观察电流计指针的偏转方向，电流计的指针正方向偏转，则表示变压器接电池正极的端头和接电流计正极的端头为同名端（1、3）；电流计的指针负方向偏转，则表示变压器接电池正极的端头和接电流计负极的端头为同名端（1、4）。

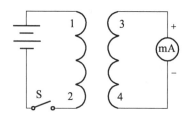

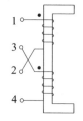

图 6.28　直流法测变压器绕组极性　　　图 6.29　例 6.11 图

无论单相变压器的高、低压绕组还是三相变压器同一相的高、低压绕组都是绕在同一铁芯柱上的。它们是被同一主磁通所交链，高、低压绕组的感应电动势的相位关系只能有两种可能，一种同相，一种反相（差 180 度）。

【例 6.11】　如图 6.29 所示一台变压器的原绕组由两个承受 110 V 电压的线圈绕成，试求：

（1）若接到 220 V 电源上，两线圈的如何连接？

（2）若接到 110 V 电源上，两线圈的如何连接？

（3）如果两绕组的极性端接错，结果如何？

解：（1）220 V：2，3 联结，1，4 接电源；

（2）110 V：1，3 连接，2，4 连接，1，3 接电；

（3）如果两绕组极性接反，有可能烧毁变压器，原因如下：

两个线圈中的磁通抵消，导致感应电动势 $e=0$，由于原边绕组的基尔霍夫电压方程：

$u_1 = i_1 R + e$，导致 $i_1 = \dfrac{u_1}{R}$ 很大，超过变压器的额定电流就有可能导致变压器烧毁。

6.5.3　三相变压器

用于变换三相电压的变压器称为三相变压器。按变换方式的不同，分为三相组式变压器和三相芯式变压器两种。

三相组式变压器的结构如图 6.30 所示。它由三个完全相同的单相变压器组成，所以又叫三相变压器组。

三相芯式变压器的结构如图 6.31 所示。它有三根铁芯柱，每根铁芯柱上绕着属于同一相的高压绕组和低压绕组，所以又叫三铁芯柱式三相变压器。

工作时，将三相变压器的三个高压绕组和三个低压绕组分别连接成星形或三角形，然后将一次绕组接三相电源，二次绕组接三相负载。三个高压绕组的首端和末端分别用 U_1、V_1、W_1 和 U_2、V_2、W_2 表示，三个低压绕组的首端和末端分别用 u_1、v_1、w_1 和 u_2、v_2、w_2 表示。

绕组的连接方式按国家标准有如下五种标准连接方式：Y、yn，Y、d，YN、d，Y、y 和 YN、y 五种，其中前三种应用最多。

三相变压器铭牌上给出的额定电压和额定电流是高压侧和低压侧线电压和线电流的额定值，容量（额定功率）是三相视在功率的额定值。

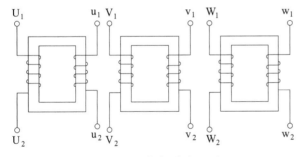

图 6.30　三相组式变压器

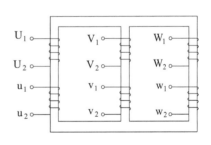

图 6.31　三相芯式变压器

【例 6.12】　某三相变压器中 $S_N = 50\ \text{kV·A}$，$U_{1N}/U_{2N} = 10\ 000/400\ \text{V}$，Y、d 连接，向 $\lambda_2 = \cos\varphi_2 = 0.9$ 的感性负载供电，满载时二次绕组的线电压为 380 V。求：（1）满载时一、二次绕组的线电流和相电流。（2）输出的有功功率。

解：（1）满载时一、二次绕组的线电流即额定电流

$$I_{1N} = \frac{S_N}{\sqrt{3}U_{1N}} = \frac{50\times10^3}{10\ 000\sqrt{3}} = 2.9\ \text{A}$$

$$I_{1N} = \frac{S_N}{\sqrt{3}U_{2N}} = \frac{50\times10^3}{400\sqrt{3}} = 72.2\ \text{A}$$

相电流为

$$I_{1p} = I_{1N} = 2.9\ \text{A}$$

$$I_{2p} = \frac{I_{2N}}{\sqrt{3}} = \frac{72.2}{\sqrt{3}} = 41.7 \text{ A}$$

（2）输出的有功功率

$$P_2 = \sqrt{3}U_2 I_2 \cos\varphi_2 = \sqrt{3} \times 380 \times 72.2 \times 0.9 = 42.8 \times 10^3 \text{ W} = 42.8 \text{ kW}$$

6.5.4　变压器的应用

1.　电力变压器

电力变压器广泛应用于电力系统中，在发电厂（包括水电站和核电站）中，要用升压变压器将电压升高（如升至 220 kV 或 500 kV）再通过输电线送到用户区。在用户区的变电站用降压变压器将高电压降低为适合用户使用的低电压。由于输电线路较长，线路电阻上有能量损耗。当输送功率和功率因数一定时，根据 $P = \sqrt{3}U_l I_l \cos\varphi$，输送电压越高，线路电流就越小，线路损耗就越小。因此，高压输电是比较经济的。

2.　电源变压器

在计算机、家用电器和电子仪器的内部，一般都使用电源变压器。通常，电源变压器的原边有一个绕组，输入 220 V 交流电源，为了满足内部电路各种电压等级的需要，副边绕组可以有多个或副边绕组有多个中间抽头。如图 6.32（a）和图 6.32（b）所示。有时为了适合不同电源的需要，电源变压器的原边有两个或有中间抽头，如图 6.33 所示。

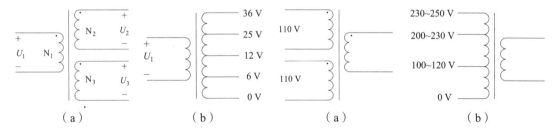

图 6.32　副边有多个或中间抽头的变压器　　　　图 6.33　原边有多个或中间抽头的变压器

3.　用于阻抗匹配的变压器

变压器可以用来阻抗匹配，如图 6.34 所示。根据映射阻抗的原理，对于理想变压器，变压器的原边等效阻抗 $Z_e = k^2 Z_L$。因此，可以选择适当的变压器变比 k，将负载阻抗变换为需要的数值，这称为阻抗匹配。

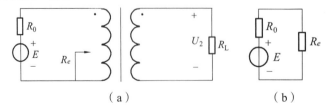

图 6.34　变压器用于阻抗匹配

变压器阻抗匹配常用于收音机、扩音机、音响等电子设备中为了在负载上获得最大功率，在信号源或放大器的输出与负载之间接入一个理想变压器，变压器原边的等效电阻 $R_e = k^2 R_L$，则只要选择适当的变比 k，使 $R_e = R_s$，根据负载最大功率的条件，能在 R_e 上获得最大功率 $P_{\max} = \dfrac{U_s^2}{4R_e}$。忽略变压器的损耗，则负载 R_L 获得最大功率为 $P_{L\max} = P_{Re\max}$。

6.5.5 其他类型变压器

1. 自耦变压器

自耦变压器的结构特点是：原边、副边绕组共用一个绕组，如图 6.35 所示。

 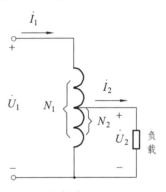

（a）单相自耦变压器实物图　　（b）自耦变压器原理图

图 6.35　自耦变压器

对于降压自耦变压器，原边绕组的一部分充当副边绕组，对于升压自耦变压器，副边绕组的一部分充当原边绕组。原、副边绕组不但有磁的联系，也有电的联系。

使用时，改变滑动端的位置，便可得到不同的输出电压，但原、副边千万不能对调使用，以防变压器损坏。

（1）自耦变压器的电压变换公式

$$\frac{U_1}{U_2} \approx \frac{E_1}{E_2} = \frac{N_1}{N_2} = k$$

（2）自耦变压器的电流变换公式

$$\dot{I}_1 = -\frac{N_2}{N_1}\dot{I}_2 = -\frac{\dot{I}_2}{k}$$

（3）自耦变压器的额定容量：指它的输入容量或输出容量，与一般双绕组变压器的容量表达式相同，额定容量为：

$$S_N = U_{1N}I_{1N} = U_{2N}I_{2N}$$

如将单相自耦变压器的输入和输出公共端焊在中心抽头处，虽然都能进行调压，当滑动触头调到输入、输出公共端的上段或下段时电压相位相反，彼此相差 180º 。用这种方法作为伺服电动机的控制电压调节，非常方便。

使用自耦变压器、调压器时应该注意：

① 原、副边不能对调使用，否则可能会烧坏绕组，甚至造成电源短路。

② 接通电源前，应先将滑动触头调到零位，接通电源后再慢慢转动手柄，将输出电压调至所需值。

另外，若自耦变压器是三相的，则三相自耦变压器由 3 个单相自耦变压器组成，3 个碳刷联动可同时调节三相输出电压。

2. 电压互感器

电压互感器用于测量高电压。电压互感器利用了变压器的电压变换原理，它实际上是一种降压变压器，其实物及原理接线如图 6.36（a）、（b）所示。使用时其原边绕组接被测量高电压，副边绕组接电压表或其他仪表的电压线圈，因为电压表的内阻很大，所以电压互感器在工作时相当于变压器空载运行。待测电压为：

待测电压 $\qquad U_1 = \dfrac{N_1}{N_2} \times$ 电压表读数 U_2 （6.5.21）

 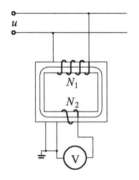

（a）油浸式电压互感器实物图　　（b）电压互感器测量原理

图 6.36　电压互感器

为防止原边绕组漏电，电压互感器的铁芯及副边绕组的一端必须可靠接地，而且副边绕组在使用时严防短路。若副边绕组短路，在原边等效为一个很小的电阻，会造成被测电源短路事故。

3. 电流互感器

电流互感器用于测量大电流。电流互感器利用了变压器的电流变换原理，其原理接线及符号如图 6.37 所示。电流互感器的原边绕组匝数很少（只有一、二匝），副边绕组匝数很多，所以电流互感器相当于一个升压变压器。使用时其原边绕组接在被测量的电路中，副边绕组接满量程为 5 A（或 1 A）的电流表。因为电流表的内阻很小，所以电流互感器工作时相当于变压器副边短路运行，待测电流如下：

待测电流 $\qquad I_1 = \dfrac{N_2}{N_1} \times$ 电流表读数I_2 （6.5.22）

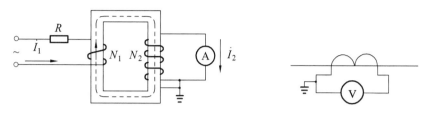

图 6.37 电流互感器的接线及其符号

使用时所接仪表阻抗应很小，否则影响测量精度。副边绕组电路不允许开路，避免产生高电压；铁心、副边绕组的一端接地，以防在绝缘损坏时，原边侧高压传到副边低压则，危及仪表及人身安全。

思考与练习

（1）在计算变压器的电压比时，为什么一般都用空载时一、二次绕组电压之比来计算？为什么变压器一、二次绕组的电流与匝数成反比，是指在满载或接近满载时才成立？而空载时不成立？

（2）有空载变压器，一次侧加额定电压 220 V，并测得一次绕组电阻 $R_1 = 10\ \Omega$，试问一次侧电流是否等于 22 A？

（3）如果变压器一次绕组的匝数增加一倍，而所加电压不变，试问励磁电流将有何变化？

（4）变压器的额定电压为 220/110 V，如果不慎将低压绕组接到 220 V 电源上，试问励磁电流有何变化？后果如何？

（5）有一台电压为 220/110 V 的变压器，$N_1 = 2\,000$，$N_2 = 1\,000$。有人想将匝数减为 400 和 200，是否也可以？

（6）变压器铭牌上标出的额定容量是"kV·A"，而不是"kW"，为什么？额定容量是指什么？

（7）某变压器的额定频率是 50 Hz，用于 25 Hz 的交流电路中，能否正常工作？

（8）用测流钳测量单相电流时，如果把两根线同时钳入，测流钳上的电流有何读数？

（9）用测流钳测量三相对称电流（有效值为 5 A），当钳入一根线、两根线及三根线时，试问电流表的读数分别是多少？

（10）调压器用毕后为什么必须转换到零位？

练 习 题

1. 有一线圈，其匝数为 $N = 1\,000$，绕在由铸钢制成的闭合铁芯上，铁芯的截面面积

$S_{Fe} = 20 \text{ cm}^2$，铁芯的平均长度 $l_{Fe} = 50 \text{ cm}$。如要在铁芯中产生磁通 $\Phi = 0.002 \text{ Wb}$，试问线圈中应通入多大的直流电流？

2. 如果练习题 1 中的铁芯中含有一长度为 $\delta = 0.2 \text{ cm}$ 的空气隙（与铁芯柱垂直），由于空气隙较短，磁通的边缘扩散可忽略不计，试问线圈中的电流必须是多大才可以使铁芯中的磁感应强度保持练习题 1 中的数值？

3. 在练习题 1 中，如果将线圈中的电流调到 2.5 A，试求铁芯中的磁通。

4. 有一线圈，假设在各种情况下工作点均在磁化曲线的直线段。在交流励磁的情况下，设电源电压与感应电动势在数值上近似于相等，且忽略磁滞和涡流。铁芯是闭合的，截面是均匀的。试分析铁芯中的磁感应强度、线圈中的电流和铜损在下列几种情况下将如何变化：

（1）直流励磁——铁芯截面面积加倍，线圈的电阻和匝数以及电源电压保持不变。

（2）交流励磁——铁芯截面面积加倍，线圈的电阻和匝数以及电源电压保持不变。

（3）直流励磁——线圈的匝数加倍，线圈的电阻及电源电压保持不变。

（4）交流励磁——线圈的匝数加倍，线圈的电阻及电源电压保持不变。

（5）交流励磁——电流的频率减半，电源电压的大小保持不变。

（6）交流励磁——频率和电源电压的大小减半。

5. 为了求出铁芯线圈的铁损，先将它接在直流电源上，从而测得线圈的电阻为 $1.75 \, \Omega$，然后接在交流电源上，测得电压 $U = 120 \text{ V}$，功率 $P = 70 \text{ W}$，电流 $I = 2 \text{ A}$。试求铁损和线圈的功率因数。

6. 有一交流铁芯线圈，接在 $f = 50 \text{ Hz}$ 的正弦电源上，在铁芯中得到磁通的最大值为 $\Phi_m = 2.25 \times 10^{-3} \text{ Wb}$。现在在此铁芯上再绕一个线圈，其匝数为 200。当此线圈开路时，求其两端电压。

7. 将一铁芯线圈接于电压 $U = 100 \text{ V}$，频率 $f = 50 \text{ Hz}$ 的正弦交流电源上，其电流 $I_1 = 5 \text{ A}$，$\cos \varphi_1 = 0.7$。若将此线圈中铁芯抽出，再接于上述电源上，则线圈中电流 $I_2 = 10 \text{ A}$，$\cos \varphi_2 = 0.5$。试求此线圈在具有铁芯时的铜损和铁损。

8. 某交流铁芯线圈电路，已知励磁线圈的电压为 $U = 220 \text{ V}$，电流 $I = 1 \text{ A}$，频率 $f = 50 \text{ Hz}$，匝数 $N = 600$，电阻 $R = 4 \, \Omega$，漏抗 $X = 3 \, \Omega$，电路的功率因数 $\lambda = 0.4$。求：（1）铁芯中主磁通的最大值。（2）铜损耗和铁损耗。

9. 有一 CJ0-10A 型交流接触器，其线圈电压为 380 V，匝数 $N = 8\,750$，导线直径为 0.09 mm。今要用在 220 V 的电源上，问应如何改装？即计算线圈匝数和换用直径为多少毫米的导线。提示：

（1）改装前后吸力不变，磁通最大值 Φ_m 应保持不变。

（2）Φ_m 保持不变，改装前后磁通势应该相等。

（3）电流与导线截面面积成正比。

10. 有一单相照明变压器，容量为 10 kV·A，电压为 3 300/220 V。今欲在二次绕组接上 60 W、220 V 的白炽灯，如果要变压器在额定情况下运行，这种电灯可接多少个？并求一、二次绕组的额定电流。

11. SJL 型三相变压器的铭牌数据如下：$S_N = 108 \text{ kV·A}$，$U_{1N} = 10 \text{ kV}$，$U_{2N} = 400 \text{ V}$，

$f = 50\ \text{Hz}$，Y、Y_0 连接。已知每匝线圈感应电动势为 5.13 V，铁芯截面面积为 $160\ \text{cm}^2$。试求：（1）一、二次绕组每相匝数。（2）变压比。（3）一、二次绕组的额定电流。（4）铁芯中磁感应强度 B_m。

12. 在图 6.24 中，将 $R_L = 8\ \Omega$ 的扬声器接在输出变压器的二次绕组，已知 $N_1 = 300$，$N_2 = 100$，信号源电动势 $E = 6\ \text{V}$，内阻 $R_0 = 100\ \Omega$。试求信号源输出的功率。

13. 在图 6.38 中，输出变压器的二次绕组有中间抽头，以便接 8 Ω 或 3.5 Ω 的扬声器，两者都能达到阻抗匹配。试求二次绕组两部分匝数之比 N_2/N_3。

14. 在图 6.39 中的变压器有两个相同的一次绕组，每个绕组的额定电压为 110 V，二次绕组的电压为 6.3 V。

（1）试问当电源电压在 220 V 和 110 V 两种情况下，一次绕组的四个接线端应如何正确连接？两种情况下，二次绕组两端电压及其电流有无变化？每个一次绕组中的电流有无改变（假设负载一定）？

（2）在图中，如果把 2 端和 4 端相连，而把 1 端和 3 端接在 220 V 的电源上，试分析这时将发生什么情况？

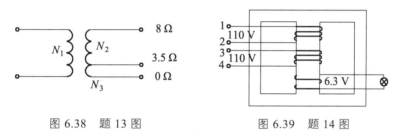

图 6.38　题 13 图　　　　　图 6.39　题 14 图

15. 如图 6.40 所示是一电源变压器，一次绕组有 550 匝，接 220 V 电压。二次绕组有两个：一个电压 36 V，负载 36 W；一个电压 12 V，负载 24 W。两个都是纯电阻负载。试求一次侧电流 I_1 和两个二次绕组的匝数。

16. 如图 6.41 所示是一个有三个二次绕组的电源变压器，试求能得出多少种输出电压？

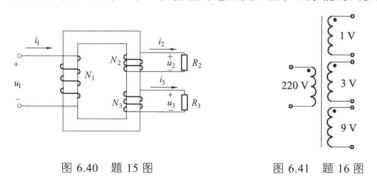

图 6.40　题 15 图　　　　　图 6.41　题 16 图

17. 某变压器容量为 $10\ \text{kV·A}$，铁损耗为 280 W，满载时铜损耗为 340 W。电压调整率忽略不计，求下列两种情况下变压器的效率：（1）在 $S_2 = S_N$ 的情况下，向 $\lambda_2 = 0.9$ 的电感性负载供电。（2）在 $S_2 = 0.75S_N$ 的情况下向 $\lambda_2 = 0.8$ 的电感性负载供电。

第 7 章　电动机

　　电动机的作用是将电能转换成机械能。现代各种生产机械都广泛使用电动机来作为动力源，这样可简化生产机械的结构，提高生产率和产品质量，实现自动控制和远程操纵以及减轻繁重的体力劳动。

　　电动机可分为交流电动机和直流电动机两大类。交流电动机又分为异步电动机（又称感应电动机）和同步电动机。直流电动机按励磁方式的不同分为他励、并励、串励和复励四种。

　　实际生产中主要使用交流电动机，特别是异步电动机，它被广泛地用来驱动各种金属切削机床、起重机、锻压机、传送带、铸造机械、通风机、水泵、油泵等。直流电动机主要应用在调速性能要求较高的场合。同步电动机主要应用于功率较大、不需调速、工作时间较长的各种生产机械上，如压缩机、水泵、通风机等。单相异步电动机常用于功率不大的电动工具和某些家用电器中。除上述动力用电动机外，在自动控制系统中还用到各种控制电机。

　　本章主要讨论三相异步电动机，对同步电动机、直流电动机、单相异步电动机和微特电机仅作简单介绍。本章应掌握三相异步电动机的工作原理，额定值，电磁物理量关系，电磁转矩，机械特性，运行特性，起动，反转，调速及制动的基本原理和基本方法，单相异步电动机的工作原理和起动方法等内容。还应了解三相异步电动机的基本结构、型号，同步电动机工作原理及机械特性，直流电动机，各种微特电机等。

7.1　三相异步电动机的基本结构

　　异步电动机结构简单、运行可靠、效率高、制造容易、成本低，但其不易平滑调速、调速范围较窄且降低了电网功率因数（对电网而言是感性负载）。

　　如图 7.1 所示是一台鼠笼式三相异步电动机的结构图。它主要由定子和转子两大部分组成，定转子之间是空气隙。此外，还有端盖、轴承、机座、风扇等部件。

7.1.1　异步电动机的定子

　　异步电动机的定子由定子铁芯、定子绕组和机座三个部分组成。

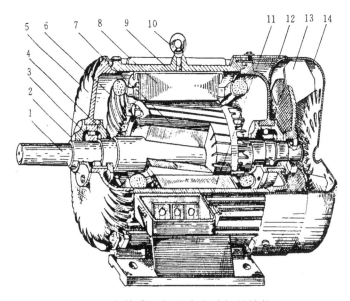

图 7.1 鼠笼式三相异步电动机的结构图

1—轴；2—轴承盖；3—轴承；4—轴承盖；5—端盖；6—定子绕组；7—转子；8—定子铁芯；
9—机座；10—吊环；11—出线盒；12—端盖；13—风扇；14—风罩

1. 定子铁芯

定子铁芯是电动机磁路的一部分，装在机座里，如图 7.2 所示。为了降低定子铁芯的铁损耗，定子铁芯用 0.5 mm 厚的硅钢片叠压而成，在硅钢片的两面还应涂上绝缘漆。如图 7.3 所示为定子槽，其中图 7.3（a）是开口槽，用于大、中型容量的高压异步电动机中；图 7.3（b）是半开口槽，用于中型 500 V 以下的异步电动机中；图 7.3（c）是半闭口槽，用于低压小型异步电动机中。

图 7.2 定子铁芯

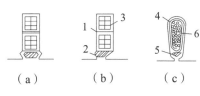

（a）　　　　（b）　　　　（c）

图 7.3 定子槽

1—层间绝缘；2—槽楔；3—扁铜线；
4—槽绝缘；5—槽楔；6—圆导线

2. 定子绕组

高压的大、中型容量异步电动机定子绕组常采用 Y 连接，只有三根引出线，如图 7.4（a）所示。对中、小容量低压异步电动机，通常把定子三相绕组的六根出线头都引出来，根据需要可接成 Y 形或△形，如图 7.4（b）所示。定子绕组用绝缘的铜（铝）导线绕成，嵌在定子槽内，绕组与槽壁间用绝缘隔开。

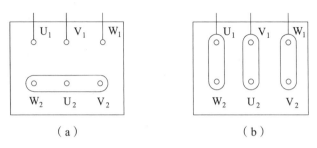

图 7.4　三相异步电动机的引出线

3．机　座

机座的作用主要是为了固定与支撑定子铁芯。如果是端盖轴承电机，还要支撑电机的转子部分。因此，机座应有足够的机械强度和刚度。对中、小型异步电动机，通常用铸铁机座；对大型电机，一般采用钢板焊接的机座，整个机座和座式轴承都固定在同一个底板上。

7.1.2　气　隙

在定、转子之间有一气隙，气隙大小对异步电动机的性能有很大影响。气隙大则磁阻大，要产生同样大小的旋转磁场就需较大的励磁电流，由于励磁电流基本上是无功电流，所以为了降低电机的空载电流，提高功率因数，气隙应尽量小。一般气隙长度应为机械条件所容许达到的最小值，中、小型异步电动机的气隙一般为 0.2～1.5 mm。

7.1.3　异步电动机的转子

异步电动机的转子由转子铁芯、转子绕组和转轴组成。

1．转子铁芯

转子铁芯也是电动机磁路的一部分，用 0.5 mm 厚的硅钢片叠压而成。整个转子铁芯固定在转轴或转子支架上，其外表呈圆柱状。

2．转子绕组

转子绕组分为鼠笼式和绕线式两类。

鼠笼式绕组与定子绕组大不相同，它是一个自己短路的绕组。在转子的每个槽里放上一根导体，每根导体都比铁芯长，在铁芯的两端用两个端环把所有的导条连接起来，形成一个自己短路的绕组。如果把转子铁芯拿掉，则可看出，剩下来的绕组形状像松鼠笼子，如图 7.5（a）所示，因此叫鼠笼转子。导条的材料有用铜的，也有用铝的。如果用的是铜料，就需要把事先做好的裸铜条插入转子铁芯上的槽里，再用铜端环套在伸出两端的铜条上，最后焊在一起，如图 7.5（b）所示。如果用的是铝料，就用熔化了的铝液直接浇铸在转子铁芯上的槽里，连同端环、风扇一次铸成，如图 7.5（c）所示。

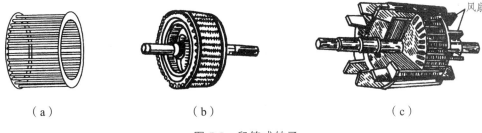

（a）　　　　　　　　（b）　　　　　　　　（c）

图 7.5　鼠笼式转子

绕线式转子的槽内嵌放有用绝缘导线组成的三相绕组，一般都连接成 Y 形。转子绕组的三根引线分别接到三个滑环上，用一套电刷装置引出来，如图 7.6 所示。这样就可以把外接电阻串联到转子绕组回路里去，以改善电动机的启动性能或调节电动机的转速。

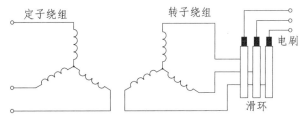

图 7.6　绕线式异步电动机定、转子绕组接线方式

与鼠笼式转子相比较，绕线式转子结构稍复杂、价格稍贵，一般在要求启动电流小、启动转矩大的场合使用。

思考与练习

（1）怎样根据三相异步电动机结构上的特点判断它是鼠笼还是绕线式？

7.2　三相异步电动机的工作原理

电动机转动的基本原理是载流导体在磁场中受到电磁力而产生转矩。因此有必要先讨论三相异步电动机中的磁场。

7.2.1　旋转磁场

1. 旋转磁场的产生

三相异步电动机的定子铁芯中放有三相对称绕组 $U_1 U_2$，$V_1 V_2$ 和 $W_1 W_2$。假设将三相绕组连接成星形，接在三相电源上，绕组中便通入三相对称电流

$$i_U = I_m \sin \omega t$$

$$i_V = I_m \sin(\omega t - 120°)$$

$$i_W = I_m \sin(\omega t + 120°)$$

其接线与波形如图 7.7 所示。取绕组始端到末端的方向作为电流的参考方向，在电流的正半周时，其值为正，其实际方向与参考方向一致；在负半周时，其值为负，其实际方向与参考方向相反。

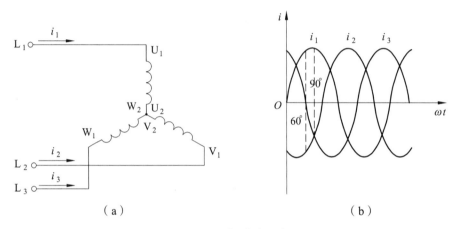

（a）   （b）

图 7.7　三相对称电流

在 $\omega t = 0$ 的瞬时，定子绕组中的电流方向如图 7.8（a）所示。这时 $i_U = 0$，i_V 是负的，其方向与参考方向相反，即从 V_2 到 V_1；i_W 是正的，其方向与参考方向相同，即从 W_1 到 W_2。将每相电流所产生的磁场相加，便得出三相电流的合成磁场。在图 7.8（a）中，合成磁场轴线的方向是自上而下。

图 7.8（b）所示的是 $\omega t = 60°$ 时，定子绕组中电流的方向和三相电流的合成磁场的方向，这时的合成磁场已在空间转过了 60°。

同理可得在 $\omega t = 90°$ 时的三相电流的合成磁场，它比 $\omega t = 60°$ 时的合成磁场在空间又转过了 30°，如图 7.8（c）所示。

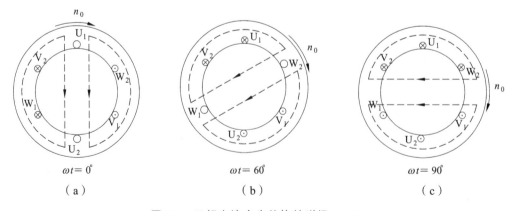

$\omega t = 0°$　　　　　　　$\omega t = 60°$　　　　　　　$\omega t = 90°$

（a）　　　　　　　　　　（b）　　　　　　　　　　（c）

图 7.8　三相电流产生的旋转磁场（$p = 1$）

由上可知，当定子绕组中通入三相电流后，它们共同产生的合成磁场是随电流的交变而在空间不断地旋转着，这就是旋转磁场。

2. 旋转磁场的转向

如图 7.8（c）所示的情况是 U 相电流 $i_U = +I_m$，这时旋转磁场轴线的方向恰好与 U 相绕组的轴线一致。在三相电流中，电流出现正幅值的顺序为 U → V → W，因此磁场的旋转方向是与这个顺序一致的，即磁场的转向与通入绕组的三相电流的相序有关。

如果将同三相电源连接的三根导线中的任意两根的一端对调位置（如对调了 V 和 W 两相），则电动机三相绕组的 V 相与 W 相对调（注意电源三相端子的相序未变），旋转磁场因此反转，如图 7.9 所示。

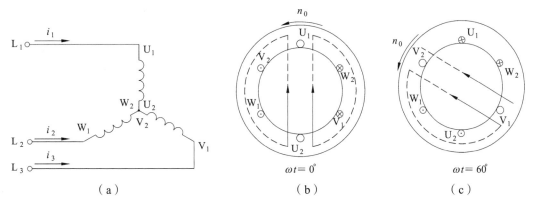

（a）　　　　　　　　（b）　　　　　　　　（c）

图 7.9　旋转磁场的反转

3. 旋转磁场的极数

三相异步电动机的极数就是旋转磁场的极数。旋转磁场的极数和三相绕组的安排有关。在上述图 7.8 的情况下，每相绕组只有一个线圈，绕组的始端之间相差 120°，则产生的旋转磁场具有一对极，即 $p = 1$（p 是磁极对数）。如果将定子每相绕组安排成由两个线圈串联，绕组的始端之间相差 60°，则产生的旋转磁场具有两对极，即 $p = 2$。

如果要产生三对极，即 $p = 3$ 的旋转磁场，则每相绕组必须有均匀安排在空间的串联的三个线圈，绕组的始端之间相差 40°。

同理可得更多对磁极的旋转磁场。

4. 旋转磁场的转速

至于三相异步电动机的转速，它与旋转磁场的转速有关，而旋转磁场的转速决定于磁场的极数。在一对极的情况下，由图 7.8 可见，当电流从 $\omega t = 0°$ 经历了 60° 时，磁场在空间也旋转了 60°。当电流交变了一次（一个周期）时，磁场恰好在空间旋转了一转。设电流的频率为 f_1，即电流每秒钟交变 f_1 次或每分钟交变 $60f_1$ 次，则旋转磁场的转速为 $n_0 = 60f_1$。转速的单位为转每分（r/min）。

在旋转磁场具有两对极的情况下，当电流也从 $\omega t = 0°$ 到 $\omega t = 60°$ 经历了 60° 时，磁场在空间仅旋转 30°。就是说，当电流交变了一次时，磁场仅旋转了半转，是 $p = 1$ 情况下转速的一半，即 $n_0 = \dfrac{60f_1}{2}$。

同理，在三对极的情况下，电流交变一次，磁场在空间仅旋转了 $\dfrac{1}{3}$ 转，只是 $p=1$ 情况下的转速的三分之一，即 $n_0 = \dfrac{60f_1}{3}$。

由此推知，当旋转磁场具有 p 对极时，磁场的转速为

$$n_0 = \frac{60f_1}{p} \tag{7.2.1}$$

因此，旋转磁场的转速 n_0 决定于电流频率 f_1 和磁场的极对数 p，而后者又决定于三相绕组的安排情况。对某一异步电动机来说，f_1 和 p 通常是一定的，所以磁场转速 n_0 是一个常数。

在我国，工频 $f_1 = 50\ \text{Hz}$，于是由式（7.2.1）可得出对应于不同旋转磁场转速 n_0（r/min），如表 7.1 所示。

表 7.1 同步转速 $\boldsymbol{n_0}$ 与极对数 $\boldsymbol{p}$ 的对应关系表

p	1	2	3	4	5	6
n_0（r/min）	3 000	1 500	1 000	750	600	500

7.2.2 电动机的转动原理

三相异步电动机的定子绕组接三相对称交流电源后，电机内便形成圆形旋转磁场，假设其转动方向为顺时针，如图 7.10 所示。若转子不转，转子绕组导条与旋转磁场有相对运动，导条中就有感应电势 e，方向由右手定则确定。由于转子导条彼此在端部短路，于是导条中有电流 i，不考虑电动势与电流的相位差时，电流方向同电动势方向。这样，导条就在磁场中受到电磁力 f，用左手定则确定受力方向，如图 7.10 所示。转子受力后产生电磁转矩 T，方向与旋转磁场方向相同，转子便在该方向上旋转起来。

转子旋转后，转速为 n，只要 $n < n_0$（n_0 为旋转磁场的同步转速），转子导条与磁场仍有相对运动，产生与转子不转时相同方向的感应电势、电流并受力，电磁转矩 T 仍旧为顺时针方向，转子继续旋转，稳定运行在 $T = T_{\text{L}}$ 情况下。

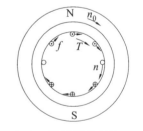

图 7.10 转子转动的原理图

7.2.3 转差率

由图 7.10 可见，电动机转子转动的方向与磁场旋转的方向相同，但转子的转速 n 不可能达到与旋转磁场的转速 n_0 相等，即 $n < n_0$。如果两者相等，则转子与旋转磁场之间就没有相对运动，因而磁通就不切割转子导条，转子电动势、转子电流以及转矩也就都不存在，转子就不可能继续以 n_0 的转速转动。因此，转子转速与磁场转速之间必须要有差异，这就是异步电动机名称的由来。而旋转磁场的转速 n_0 常称为同步转速。

我们用转差率 s 来表示转子转速 n 与磁场转速 n_0 相差的程度，即

$$s = \frac{n_0 - n}{n_0} \tag{7.2.2}$$

转差率是异步电动机的一个重要的物理量。转子转速愈接近磁场转速，则转差率愈小。由于三相异步电动机的额定转速与同步转速接近，所以它的转差率很小。通常异步电动机在额定负载时的转差率约为 $1\% \sim 5\%$。

当 $n = 0$ 时（起动初始瞬间），$s = 1$，这时转差率最大。式（7.2.2）也可写为

$$n = (1-s)n_0 \tag{7.2.3}$$

【例 7.1】　有一台三相异步电动机，其额定转速 $n_{\mathrm{N}} = 975\,\mathrm{r/min}$。试求电动机的极数和额定负载时的转差率。电源频率 $f_1 = 50\,\mathrm{Hz}$。

解：由于异步电动机的额定转速接近而略小于同步转速，而同步转速对应于不同的极对数有一系列固定的数值（见表 7.1）。显然，与 $975\,\mathrm{r/min}$ 最相近的同步转速 $n_0 = 1\,000\,\mathrm{r/min}$，与此相应的磁极对数 $p = 3$。因此，额定负载时的转差率为

$$s = \frac{n_0 - n_{\mathrm{N}}}{n_0} \times 100\% = \frac{1\,000 - 975}{1\,000} \times 100\% = 2.5\%$$

思考与练习

（1）什么是三相电源的相序？就三相异步电动机本身而言，有无相序？

（2）某些国家的工业标准频率为 $60\,\mathrm{Hz}$，这种频率的三相异步电动机在 $p = 1$、2、3 时的同步转速分别是多少？

（3）如果将三相异步电动机的转子绕组断开，是否还能产生电磁转矩？

7.3　三相异步电动机的电磁转矩和机械特性

电磁转矩 T（以下简称转矩）是三相异步电动机最重要的物理量之一，而机械特性是电动机的主要特性，分析电动机时往往都要用到。要讨论三相异步电动机的电磁转矩和机械特性，首先需要讨论它们的物理关系。

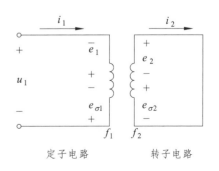

图 7.11　三相异步电动机的每相电路图

7.3.1　三相异步电动机的电路分析

三相异步电动机每相电路如图 7.11 所示。和变压

器相比，定子绕组相当于变压器的原绕组，转子绕组（正常运行时短路）相当于副绕组。定子和转子每相绕组的匝数分别为 N_1 和 N_2。

1. 定子电路

和分析变压器原绕组一样，定子电阻压降和漏磁电动势可以忽略，得出

$$u_1 \approx -e_1 \ , \quad \dot{U}_1 \approx -\dot{E}_1$$

$$E_1 = 4.44 f_1 N_1 \Phi \approx U_1 \tag{7.3.1}$$

式中，Φ 是每极磁通；f_1 是 e_1 的频率。因为旋转磁场和定子之间的相对转速为 n_0，故

$$f_1 = \frac{p n_0}{60} \tag{7.3.2}$$

2. 转子电路

因为旋转磁场和转子间相对运动的转速为（$n_0 - n$），所以转子频率

$$f_2 = \frac{p(n_0 - n)}{60} = \frac{(n_0 - n)}{n_0} \frac{p n_0}{60} = s f_1 \tag{7.3.3}$$

转子不转时 $n = 0$，$s = 1$。转子电动势

$$E_{20} = 4.44 f_1 N_2 \Phi \tag{7.3.4}$$

转子转动时的电动势

$$E_2 = 4.44 f_2 N_2 \Phi = 4.44 s f_1 N_2 \Phi = s E_{20} \tag{7.3.5}$$

转子电抗

$$X_2 = 2\pi f_2 L_2 = 2\pi s f_1 L_2 = s X_{20} \tag{7.3.6}$$

式中，$X_{20} = 2\pi f_1 L_2$ 为转子不转时的电抗。

每相转子电流

$$I_2 = \frac{E_2}{\sqrt{R_2^2 + X_2^2}} = \frac{s E_{20}}{\sqrt{R_2^2 + (s X_{20})^2}} \tag{7.3.7}$$

转子电路的功率因数

$$\cos \varphi_2 = \frac{R_2}{\sqrt{R_2^2 + X_2^2}} = \frac{R_2}{\sqrt{R_2^2 + (s X_{20})^2}} \tag{7.3.8}$$

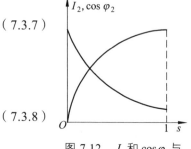

图 7.12 I_2 和 $\cos \varphi_2$ 与转差率 s 的关系

图 7.12 表示了 I_2、$\cos \varphi_2$ 与转差率 s 的关系。

7.3.2　转矩公式

异步电动机的转矩是由旋转磁场的每极磁通 Φ 与转子电流 I_2 相互作用而产生的。但因转子电路是电感性的，转子电流 $\dot{I}_2$ 比转子电动势 $\dot{E}_2$ 滞后 φ_2 角；又因电磁转矩与电磁功率 P_M 成正比，和讨论有功功率一样，也要引入 $\cos\varphi_2$。于是得出

$$T = K_T \Phi I_2 \cos\varphi_2 \qquad\qquad (7.3.9)$$

式中，K_T 是一常数，它与电动机的结构有关。

将式（7.3.1）、式（7.3.7）及式（7.3.8）代入式（7.3.9），得出转矩的另一个公式

$$T = k\frac{sR_2U_1^2}{R_2^2 + (sX_{20})^2} \qquad\qquad (7.3.10)$$

式中，k 是一常数。

由上式可见，转矩 T 还与定子每相电压 U_1 的平方成正比，所以当电源电压有所变动时，对转矩的影响很大。此外，转矩 T 还受转子电阻 R_2 的影响。

7.3.3　机械特性曲线

在一定的电源电压 U_1 和转子电阻 R_2 之下，转矩与转差率的关系曲线 $T = f(s)$，或转速与转矩的关系曲线 $n = f(T)$，称为电动机的机械特性曲线。它可根据式（7.3.9）并参照图 7.12 得出，如图 7.13 所示。图 7.14 所示的 $n = f(T)$ 曲线可从图 7.13 得出，只需将 $T = f(s)$ 曲线顺时针方向转过 90°，再将表示 T 的横轴移下即可。

研究机械特性的目的是为了分析电动机的运行性能。在机械特性曲线上，我们要讨论三个转矩。

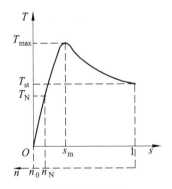
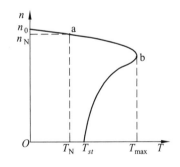

图 7.13　三相异步电动机的 $T = f(s)$ 曲线　　图 7.14　三相异步电动机的 $n = f(T)$ 曲线

1. 额定转矩 T_N

在等速转动时，电动机的转矩 T 必须与阻转矩 T_L 相平衡，即

$$T = T_L$$

阻转矩主要是机械负载转矩 T_2。此外，还包括空载损耗转矩（主要是机械损耗转矩）T_0。由于 T_0 很小，常可忽略，所以，

$$T = T_2 + T_0 \approx T_2 \tag{7.3.11}$$

并由此得

$$T \approx T_2 = \frac{P_2}{\dfrac{2\pi n}{60}} \tag{7.3.12}$$

式中，P_2 是电动机轴上输出的机械功率。上式中转矩的单位是牛·米（N·m），功率的单位是瓦（W），转速的单位是转每分（r/min）。功率如用千瓦为单位，则得出

$$T = 9\,550\frac{P_2}{n} \tag{7.3.13}$$

额定转矩是电动机在额定负载时的转矩，它可通过电动机铭牌上的额定功率（输出机械功率）和额定转速应用式（7.3.13）求得。

例如某普通车床的主轴电动机（Y132M—4 型）的额定功率为 7.5 kW，额定转速为 1 440 r/min，则额定转矩为

$$T_N = 9\,550\frac{P_{2N}}{n_N} = 9\,550 \times \frac{7.5}{1\,440} = 49.7 \text{ N·m}$$

通常三相异步电动机都工作在图 7.14 所示特性曲线的 ab 段。当负载转矩增大时（如车床切削时的吃刀量加大，起重机的起重量加大），在最初瞬间电动机的转矩 $T < T_L$，所以它的转速 n 开始下降。随着转速的下降，由图 7.14 可见，电动机的转矩增加了，因为这时 I_2 增加的影响超过 $\cos\varphi_2$ 减小的影响，如图 7.12 所示和式（7.3.9）。当转矩增加到 $T = T_L$ 时，电动机在新的稳定状态下运行，这时转速较前为低。但是，ab 段比较平坦，当负载在空载与额定值之间变化时，电动机的转速变化不大。这种特性称为硬的机械特性，三相异步电动机的这种硬特性非常适用于一般金属切削机床。

2. 最大转矩 $T_{\max}$

从机械特性曲线上看，转矩有一个最大值，称为最大转矩或临界转矩。对应于最大转矩的转差率为 s_m，它由 $\dfrac{\mathrm{d}T}{\mathrm{d}s}$ 求得，即

$$s_m = \frac{R_2}{X_{20}} \tag{7.3.14}$$

再将 s_m 代入式（7.3.10），则得

$$T_{\max} = k\frac{U_1^2}{2X_{20}} \tag{7.3.15}$$

由上列两式可见，$T_{\max}$ 与 U_1^2 成正比，而与转子电阻 R_2 无关；s_m 与 R_2 有关，R_2 愈大，s_m 愈大。

上述关系表示在图 7.15 和图 7.16 中。

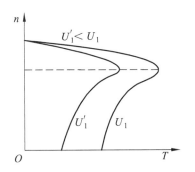
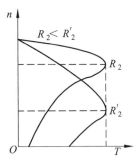

图 7.15　U_1 不同时的 $n = f(T)$ 曲线（R_2 = 常数）　图 7.16　R_2 不同时的 $n = f(T)$ 曲线（U_1 = 常数）

当负载转矩超过最大转矩时，电动机就带不动负载了，将发生所谓闷车现象。闷车后，电动机的电流马上升高 6～7 倍，电动机将严重过热以致烧坏。

另外一个方面，也说明电动机的最大过载可以接近最大转矩。如果过载时间较短，电动机不至于立即过热，这是容许的。因此，最大转矩也表示电动机短时容许过载能力。电动机的额定转矩 T_N 比 T_{max} 要小，两者之比称为过载系数 λ，即

$$\lambda = \frac{T_{max}}{T_N} \tag{7.3.16}$$

一般三相异步电动机的过载系数为 1.8～2.2。

在选用电动机时，必须考虑可能出现的最大负载转矩，再根据所选电动机的过载系数算出电动机的最大转矩，它必须大于最大负载转矩。否则，就要重选电动机。

3. 启动转矩 T_{st}

电动机刚启动（$n = 0$，$s = 1$）时的转矩称为启动转矩。将 $s = 1$ 代入式（7.3.10）即得出

$$T_{st} = k \frac{R_2 U_1^2}{R_2^2 + X_{20}^2} \tag{7.3.17}$$

由上式可见，T_{st} 与 U_1^2 及 R_2 有关，当电源电压 U_1 降低时，起动转矩会减小，如图 7.15 所示。当转子电阻适当增大时，启动转矩会增大，如图 7.16 所示。由式（7.3.14）、式（7.3.15）及式（7.3.17）可推出：当 $R_2 = X_{20}$ 时，$T_{st} = T_{max}$，$s_m = 1$。但继续增大 R_2 时，T_{st} 就要随着减小，这时 $s_m > 1$。

关于启动问题，将在 7.6 节中详细讨论。

思考与练习

（1）在三相异步电动机启动初始瞬间，即 $s = 1$ 时，为什么转子电流 I_2 大，而转子电路的功率因数 $\cos\varphi_2$ 小？

（2）某人在检修三相异步电动机时，将转子抽掉，而在定子绕组上加三相额定电压，这会产生什么后果？

（3）三相异步电动机在一定的负载转矩下运行时，如电源电压降低，电动机的转矩、电流及转速有无变化？

（4）三相异步电动机在正常运行时，如果转子突然被卡住而不能转动，试问这时电动机的电流有何改变？对电动机有何影响？

（5）为什么三相异步电动机不在最大转矩 $T_{\max}$ 处或接近最大转矩处运行？

（6）某三相异步电动机的额定转速为 $1\,460\,\mathrm{r/min}$。当负载转矩为额定转矩的一半时，电动机的转速约为多少？

（7）三相笼形异步电动机在额定状态附近运行，当（1）负载增大；（2）电压升高；（3）频率增高时，试分别说明其转速和电流作何变化？

7.4　三相异步电动机的运行特性

7.4.1　功率关系

当三相异步电动机以转速 n 稳定运行时，从电源输入的功率为

$$P_1 = 3U_{1\mathrm{p}}I_{1\mathrm{p}}\cos\varphi_1 = \sqrt{3}U_{1l}I_{1l}\cos\varphi_1 \tag{7.4.1}$$

式中，$U_{1\mathrm{p}}$ 和 $I_{1\mathrm{p}}$ 是定子绕组的相电压和相电流，U_{1l} 和 I_{1l} 是定子绕组的线电压和线电流。$\cos\varphi_1$ 是定子边的功率因数，也是异步电动机的功率因数。

电动机输出的机械功率

$$P_2 = T_2\Omega = \frac{2\pi}{60}T_2 n \tag{7.4.2}$$

式中，Ω 是转子旋转的角速度，T_2 是异步电动机的输出转矩。

P_1 和 P_2 之差是电动机总的功率损耗 $\sum p$，它包括铜损耗 p_{Cu}、铁损耗 p_{Fe}、机械损耗 p_{m}，即

$$\sum p = P_1 - P_2 = p_{\mathrm{Cu}} + p_{\mathrm{Fe}} + p_{\mathrm{m}} \tag{7.4.3}$$

三相异步电动机的效率

$$\eta = \frac{P_1}{P_2}\times100\% = 1 - \frac{\sum p}{P_2 + \sum p}\times100\% \tag{7.4.4}$$

7.4.2　工作特性

异步电动机的工作特性是指在电动机的定子绕组加额定频率的额定电压（即 $U_1 = U_{\mathrm{N}}$、

$f_1 = f_N$ 时），电动机的转速 n、定子电流 I_1、功率因数 $\cos\varphi_1$、电磁转矩 T、效率等与输出功率 P_2 的关系，可以通过直接给异步电动机带负载测得工作特性，也可以利用等值电路计算而得。

如图 7.17 所示是三相异步电动机的工作特性曲线，分别叙述如下。

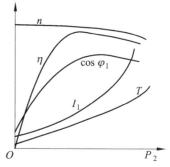

图 7.17　异步电动机的工作特性

1. 转速特性 $n = f_1(P_2)$

三相异步电动机空载时，转子的转速 n 接近于同步转速 n_0。随着负载的增加，转速 n 要略微降低，此时转子电动势 E_2 和转子电流 I_2 增大，以产生较大的电磁转矩来平衡负载转矩。因此，随着 P_2 的增加，转子转速 n 下降，转差率 s 增大。

2. 定子电流特性 $I_1 = f_2(P_2)$

当电动机空载时，转子电流 I_2 约等于零，定子电流 I_1 等于励磁电流 I_0。随着负载的增加，转速下降，转子电流增大，定子电流也增大。

3. 定子功率因数特性 $\cos\varphi_1 = f_3(P_2)$

三相异步电动机运行时必须从电网中吸收无功功率，它的功率因数永远小于 1。空载时，定子功率因数很低，不超过 0.2。当负载增大时，定子电流中的有功电流增加，使功率因数提高，接近额定负载时的 $\cos\varphi_1$ 最高。如果负载进一步增大，由于转差率 s 的增大使 φ_1 增大，$\cos\varphi_1$ 又开始减小。

4. 电磁转矩特性 $T = f_4(P_2)$

稳定运行时异步电动机的转矩方程为

$$T = T_0 + T_2 \tag{7.4.5}$$

输出功率 $P_2 = T_2\Omega$，所以

$$T = T_0 + \frac{P_2}{\Omega} \tag{7.4.6}$$

当电动机空载时，电磁转矩 $T = T_0$。随着负载增加，P_2 增大，由于机械角速度 Ω 变化不大，电磁转矩 T 随 P_2 的变化近似是一条直线。

5. 效率特性 $\eta = f_5(P_2)$

根据 $\eta = \dfrac{P_2}{P_1} = 1 - \dfrac{\sum p}{P_2 + \sum p}$ 知道，电动机空载时，$P_2 = 0$、$\eta = 0$，随着输出功率 P_2 的增加，效率 η 也在增大。在正常运行范围内因主磁通变化很小，所以铁损耗变化不大，机械损耗变

化也很小，合起来称为不变损耗。转子铜损耗与电流平方成正比，变化很大，称为可变损耗。当不变损耗等于可变损耗时，电动机的效率达到最大。对中、小型异步电动机，大约 $P_2 = 0.75 P_N$ 时，效率最高。如果负载继续增大，效率反而要降低。一般来说，电动机的容量越大，效率越高。

7.5 三相异步电动机的铭牌数据

电动机的外壳上都附有电动机的铭牌，上面标有该电动机的型号和主要额定数据等。要正确使用电动机，必须看懂铭牌，正确理解各项数据的意义。表 7.2 摘录了部分国产异步电动机的产品名称代号及其汉字意义，其余部分读者可查阅电机产品目录或电工手册。

表 7.2　部分异步电动机产品名称代号

产品名称	新代号	汉字意义	旧代号
异步电动机	Y	异	J，JO
绕线式异步电动机	YR	异绕	JR，JRO
防爆式异步电动机	YB	异爆	JB，JBS
多速异步电动机	YD	异多	JD，JDO

下面就以 Y 系列电动机为例来说明铭牌数据的意义。Y 系列电动机是我国自行设计的封闭型鼠笼式三相异步电动机，是取代 JO 等老系列的更新换代产品，它不仅符合国家标准，也符合国际电工委员会（IEC）标准。功率范围为 0.55 ~ 160 kW。在输出功率相同的情况下，与 JO 等老系列相比，Y 系列电动机具有体积小、重量轻、起动转矩大等优点。表 7.3 所示为某台 Y 系列电动机的铭牌。

表 7.3　某台 Y 系列电动机的铭牌

三相异步电动机					
型号	Y132S-6	功　率	3 kW	频　率	50 Hz
电压	380 V	电　流	7.2 A	连　接	Y
转速	960 r/min	功率因数	0.76	绝缘等级	B

7.5.1　异步电动机的型号

电机产品的型号一般采用大写印刷体的汉语拼音字母和阿拉伯数字组成。其中汉语拼音字母是根据电机的全名称选择有代表意义的汉字，再用该汉字的第一个拼音字母组成。上面的三相异步电动机表示如下：

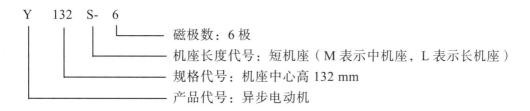

7.5.2 异步电动机的额定值

1. 额定功率 P_N

指电动机在额定条件下运行时轴上输出的机械功率，单位符号常用 kW。

2. 额定电压 U_N

指额定运行状态下加在定子绕组上的线电压，单位符号为 V。它与定子绕组的连接方式有对应的关系。Y 系列电动机的额定电压一般为 380 V，额定功率小于 3 kW 时为 Y 形连接，额定功率大于或等于 4 kW 时为 △ 形连接。有些小容量电动机，U_N 为 380/660 V，连接方式为 △/Y，这表示电源电压为 380 V 时，为 △ 形连接；电源电压为 660 V 时，为 Y 形连接。

3. 额定电流 I_N

指电动机在定子绕组上加额定电压、轴上输出额定功率时，定子绕组中的线电流，单位符号为 A。额定电流就是电动机在长期运行时所允许的定子线电流。若定子绕组有两种连接方式，则铭牌上标出两种额定电流，如 380/660 V，△/Y，2/1.15 A。

4. 额定频率 f_N

指电动机在额定条件下运行时，定子绕组所加交流电压的频率，我国工业用电的频率是 50 Hz。

5. 额定转速 n_N

指电动机定子加额定频率的额定电压，且轴端输出额定功率时电机转子的转速，单位符号为 r/min。异步电动机的额定转速接近而略小于同步转速，因此，只要知道了额定转速，就能确定同步转速和极对数，如 $n_N = 960 \, \text{r/min}$，则 $n_0 = 1\,000 \, \text{r/min}$，$p = 3$。

6. 额定功率因数 $\cos\varphi_N$

指电动机带额定负载时，定子边的功率因数。因为电动机是电感性负载，定子相电流比相电压滞后一个 φ 角。

三相异步电动机的功率因数较低，额定负载时约为 0.7 ~ 0.9，其在轻载或空载时更低，空载时只有 0.2 ~ 0.3。所以，必须正确选择电动机的容量，防止"大马拉小车"，并力求缩短空载的时间。

额定功率 $P_N = \sqrt{3}U_N I_N \eta_N \cos\varphi_N$

7. 绝缘等级

绝缘等级是按电动机绕组所用的绝缘材料在使用时容许的极限温度来划分的。所谓极限温度，是指电机绝缘结构中最热点的最高容许温度。技术数据如表7.4所示。

表 7.4　绝缘等级及其对应最高工作温度

绝缘等级	A	E	B	F	H
极限温度 / ℃	105	120	130	155	180

绕线式异步电动机的铭牌上，除了上述额定数据外，还标有转子绕组的额定电流和转子绕组开路时的额定线电压。

除铭牌数据外，异步电动机还有一些重要技术数据可以从产品目录或电工手册中查到。

思考与练习

（1）电动机的额定功率是指输出机械功率还是输入电功率？额定电压是指线电压还是相电压？功率因数角 φ 是定子相电压与相电流间的相位差，还是线电压与线电流间的相位差？

（2）额定电压为 380/220 V、Y/△ 连接的三相异步电动机，试问在什么情况下采用 Y 连接，什么情况下采用 △ 连接？采用这两种连接法时，电动机的额定值有无改变？

（3）在电源电压不变的情况下，如果电动机的 △ 连接误接成 Y 连接，或者是 Y 连接误接成 △ 连接，其后果如何？

7.6　三相异步电动机的启动、反转、调速和制动

7.6.1　三相异步电动机的启动

1. 启动性能

电动机的启动就是把它开动起来。在启动初始瞬间，$n=0$、$s=1$，我们从启动时的电流和转矩来分析电动机的启动性能。

首先讨论启动电流 I_{st}。在刚启动时，由于旋转磁场对静止的转子有着很大的相对转速，磁通切割转子导条的速度很快，这时转子绕组中感应的电动势和产生的转子电流都很大。和变压器的原理一样，转子电流增大，定子电流必然相应增大。一般中、小型电动机的定子启动电流（指线电流）是额定电流的 5~7 倍。如 Y132M—4 型电动机的额定电流为 15.4 A，启动电流与额定电流之比值为 7，因此启动电流为 7×15.4 A = 107.8 A。

电动机不是频繁启动时，启动电流对电动机影响不大，因为启动电流虽大，但启动时间一般很短（小型电动机只有 1~3 s），从发热角度考虑没有问题；并且启动后，转速很快升高，电流便很快减小。但若启动频繁时，由于热量的积累，可能使电动机过热。因此，在实际操作时应尽可能不让电动机频繁启动。如在切削加工时，一般只是用摩擦离合器或电磁离合器将主轴与电动轴脱开，而不将电动机停车。

电动机的启动电流对线路是有影响的。过大的启动电流在短时间内会在线路上造成较大的电压降落，而使负载端的电压降低，影响邻近负载的正常工作。如对邻近的异步电动机，电压的降低不仅会影响它们的转速（下降）和电流（增大），甚至可能使它们的最大转矩 T_{max} 降到小于负载转矩，以致电动机停车。

其次讨论启动转矩 T_{st}。在刚启动时，虽然转子电流较大，但转子的功率因数 $\cos\varphi_2$ 是很低的。因此由式（7.3.9）可知，启动转矩实际上是不大的，一般能达到额定转矩的 1.0~2.2 倍。

如果启动转矩过小，就不能在满载下启动，应设法提高。但启动转矩如果过大，会使传动机构（如齿轮）受到冲击而损坏，所以又应设法减小。一般机床的主电动机都是空载启动（启动后再切削），对启动转矩没有什么特别要求。但对移动床鞍、横梁以及起重用的电动机应采用较大一点的启动转矩。

由上述可知，异步电动机启动时的主要缺点是启动电流较大。为了减小启动电流（有时也为了提高或减小启动转矩），必须采用适当的启动方法。

2. 启动方法

鼠笼式异步电动机的启动方法有直接启动和降压启动两种。

（1）直接启动就是利用闸刀开关或接触器将电动机直接接到具有额定电压的电源上。这种启动方法虽然简单，但如上所述，由于启动电流较大，将使线路电压下降，影响负载正常工作。

一台电动机能否直接启动，有一定规定。有的地区规定：用电单位如有独立的变压器，则在电动机启动频繁、电动机容量小于变压器容量的 20% 时允许直接启动；如果电动机不经常启动，它的容量小于变压器容量的 30% 时允许直接启动。如果没有独立的变压器（与照明共用），电动机直接启动时所产生的电压降不应超过 5%。

20~30 kW 的异步电动机一般都是直接启动。

（2）如果电动机直接启动时所引起的线路电压降较大，必须采用降压启动，就是在启动时降低加在电动机定子绕组上的电压，以减小启动电流。鼠笼式异步电动机的降压启动常用下面几种方法：

① 星形-三角形（Y-△）换接启动。

如果电动机正常工作时定子绕组是连接成三角形的，那么在启动时可把它接成 Y 连接，等到转速接近额定值时再换接成 △ 连接。这样，在启动时就把定子绕组每相上的电压降到正常工作电压的 $1/\sqrt{3}$。

如图 7.18 所示是定子绕组的两种连接法，$|Z|$ 为启动时每相绕组的等效阻抗模。

当定子绕组连成星形，即降压启动时

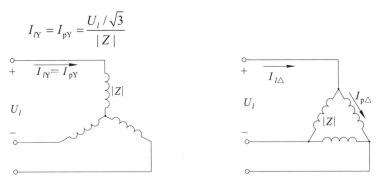

$$I_{lY} = I_{pY} = \frac{U_l / \sqrt{3}}{|Z|}$$

图 7.18 比较星形连接和三角形连接时的启动电流

当定子绕组接成三角形，即直接启动时

$$I_{l\triangle} = \sqrt{3}I_{p\triangle} = \sqrt{3}\frac{U_l}{|Z|}$$

比较上列两式，可得

$$\frac{I_{lY}}{I_{l\triangle}} = \frac{1}{3}$$

即降压启动时的电流为直接启动时的1/3。由于转矩和每相电压的平方成正比，所以启动转矩也减小到直接启动时的 $(1/\sqrt{3})^2 = \frac{1}{3}$。因此，这种方法只适合于空载或轻载时启动。

图 7.19 所示是星形-三角形换接启动的原理图，在启动时将 S_2 合向下方，电动机就连成星形。等电动机接近额定转速时，将 S_2 合向上方，电动机则换接成三角形连接。

目前 4 ~ 100 kW 的异步电动机都已设计为 380 V 三角形连接，可采用星形—三角形换接启动。

② 自耦降压起动。

自耦降压启动是利用三相自耦变压器将电动机在启动过程中的端电压降低，其接线图如图 7.20 所示。启动时，开关S投向"启动"一边，电动机的定子绕组

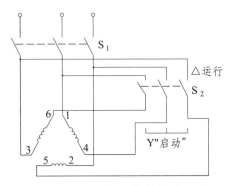

图 7.19 星形-三角形换接起动原理图

通过自耦变压器接到三相电源上，属降压启动。当转速接近额定值时，开关S投向"运行"边，切除自耦变压器，电动机定子直接接在电源上，电动机进入正常运行。

自耦变压器备有抽头，以便得到不同的电压（如为电源电压的73%、64%、55% 等），根据对启动转矩的要求而选用。

采用自耦降压启动，也同时能使启动电流和启动转矩减小。

自耦降压启动适用于容量较大或正常运行时连成星形不能采用星形-三角形启动器的鼠笼式异步电机。

至于绕线式异步电动机的启动，只要在转子电路中接入大小适当的启动电阻 R_{st}，如图 7.21 所示，就可达到减小启动电流的目的；同时，由图 7.16 可见，启动转矩也提高了。所

以它常用于要求启动转矩较大的生产机械上，如卷扬机、锻压机、起重机及转炉等。

启动后，随着转速的上升将逐段切除启动电阻。

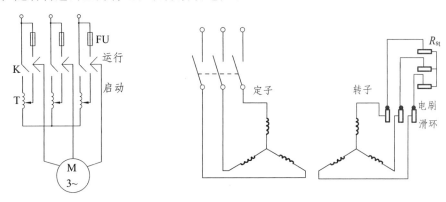

图 7.20　自耦降压启动接线图　　　图 7.21　绕线式异步电动机启动时的接线图

【例 7.2】　某 Y225M—4 型三相异步电动机，其额定数据如表 7.5 所示。试求：（1）额定电流。（2）额定转差率 s_N。（3）额定转矩 T_N、最大转矩 T_{max}、起动转矩 T_{st}。

表 7.5　Y225M—4 型三相异步电动机额定数据表

功率/kW	转速/（r/min）	电压/V	效率	功率因数	I_{st}/I_N	T_{st}/T_N	T_{max}/T_N
45	1 480	380	92.3%	0.88	7.0	1.9	2.2

解：（1）4～100 kW 的电动机通常都是 380 V，△连接。

$$I_N = \frac{P_2 \times 10^3}{\sqrt{3}\,U\cos\varphi\eta} = \frac{45 \times 10^3}{\sqrt{3} \times 380 \times 0.88 \times 0.923} = 84.2 \ (A)$$

（2）由已知 $n = 1\,480$ r/min 可知，电动机是四极的 ，即 $p = 2$，$n_0 = 1\,500$ r/min。所以

$$s_N = \frac{n_0 - n}{n_0} = \frac{1\,500 - 1480}{1\,500} = 0.013$$

（3）$T_N = 9\,550\dfrac{P_2}{n} = 9\,550 \times \dfrac{45}{1480} = 290.4$ (N·m)

$$T_{max} = \left(\frac{T_{max}}{T_N}\right)T_N = 2.2 \times 290.4 = 638.9 \ (N\cdot m)$$

$$T_{st} = \left(\frac{T_{st}}{T_N}\right)T_N = 1.9 \times 290.4 = 551.8 \ (N\cdot m)$$

【例 7.3】　在上题中：（1）如果负载转矩为 510.2 N·m，试问在 $U = U_N$ 和 $U' = 0.9U_N$ 两种情况下电动机能否启动？（2）采用 Y-△换接启动时，求启动电流和启动转矩。又当负载转矩为额定转矩 T_N 的 80% 和 50% 时，电动机能否启动？

解：（1）在 $U = U_N$ 时，$T_{st} = 551.8$ N·m > 510.2 N·m，所以能启动。

在 $U' = 0.9U_N$ 时， $T'_{st} = 0.9^2 \times 551.8 = 447 \text{ N·m} < 510.2 \text{ N·m}$ ，所以不能启动。

（2） $I_{st\triangle} = 7I_N = 7 \times 84.2 = 589.4 \text{ A}$

$$I_{stY} = \frac{1}{3} I_{st\triangle} = \frac{1}{3} \times 589.4 = 196.5 \text{ (A)}$$

$$T_{stY} = \frac{1}{3} T_{st\triangle} = \frac{1}{3} \times 551.8 = 183.9 \text{ (N·m)}$$

在 80% 额定转矩时

$$\frac{T_{stY}}{T_N 80\%} = \frac{183.9}{290.4 \times 80\%} = \frac{189.3}{232.3} < 1 ，不能启动。$$

在 50% 额定转矩时

$$\frac{T_{stY}}{T_N 50\%} = \frac{183.9}{290.4 \times 50\%} = \frac{183.9}{145.2} > 1 ，可以启动。$$

7.6.2　三相异步电动机的反转

三相异步电动机的旋转方向和旋转磁场的旋转方向相同，只要改变了旋转磁场的转向，就能实现电动机的反转。将与三相电源连接的三根导线中的任意两根的一端对调位置（如对调了 V 和 W 两相），则电动机三相绕组的 V 相与 W 相对调（注意电源三相端子的相序未变），旋转磁场因此反转，电动机也跟着反转。

7.6.3　三相异步电动机的调速

调速就是在同一负载下得到不同的转速，以满足生产实际的需要。如各种切削机床的主轴运动随着工件与刀具的材料、工件直径、加工工艺的要求及走刀量的大小等的不同，要求有不同的转速，以获得更高的生产率和保证加工质量。如果采用电气调速，就可以大大简化机械变速机构。

在讨论异步电动机的调速时，首先研究公式

$$n = (1-s)n_0 = (1-s)\frac{60 f_1}{p}$$

此式表明，改变电动机的转速有三种可能，即改变电源频率 f_1、极对数 p 及转差率 s。前两者是鼠笼式异步电动机的调速方法，后者是绕线式异步电动机的调速方法。

1. 变频调速

近年来变频调速技术发展很快，目前主要采用如图 7.22 所示的变频调速装置，它主要由整流器和逆变器两大部分组成。整流器先将频率 f 为 50 Hz 的三相交流电变换为直流电，再由逆变器变换为频率 f_1 可调、电压有效值 U_1 也可调的三相交流电，供给三相鼠笼式异步电动机。由此可得到电动机的无级调速，并具有硬的机械特性。

通常有下列两种变频调速方式：

（1）在 $f_1 < f_{1N}$，即低于额定频率调速时，应该保持 $\dfrac{U_1}{f_1}$ 的比值近似不变，也就是两者要成比例的同时调节。由 $U_1 \approx 4.44 f_1 N_1 \varPhi$ 和 $T = k_T \varPhi I_2 \cos \varphi_2$ 两式可知，这时磁通 $\varPhi$ 和转矩 T 也都近似不变。这是恒转矩调速。

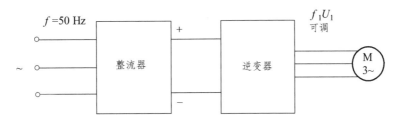

图 7.22　变频调速装置

如果把频率调低时 $U_1 = U_{1N}$ 保持不变，则磁通 $\varPhi$ 将增加。这就会使磁路饱和（电动机磁通一般设计在接近铁芯磁饱和点），从而增加了励磁电流和铁损，导致电机过热，这是不允许的。

（2）在 $f_1 > f_{1N}$，即高于额定频率调速时，应保持 $U_1 \approx U_{1N}$。这时磁通 $\varPhi$ 和转矩 T 都将减小。转速增大，转矩减小，将使功率近于不变，这是恒功率调速。

如果把频率调高时 $\dfrac{U_1}{f_1}$ 的比值不变，在增加 f_1 的同时 U_1 也要增加。U_1 超过额定电压也是不允许的。

频率调节范围一般为 0.5～320 Hz。

目前在国内由于逆变器中的开关元件（可关断晶闸管、大功率晶体管和功率场效应管等）的制造水平不断提高，鼠笼式异步电动机的变频调速技术的应用也日益广泛。

2. 变极调速

由式 $n_0 = \dfrac{60 f_1}{p}$ 可知，如果极对数 p 减小一半，则旋转磁场的转速 n_0 便提高一倍，转子转速 n 差不多也提高一倍，因此改变 p 可以得到不同的转速。如何改变极对数呢？这同定子绕组的接法有关。

如图 7.23 所示的是定子绕组的两种接法。把 A 相绕组分为两半：线圈 $A_1 X_1$ 和 $A_2 X_2$。图 7.23（a）中是两个线圈串联，得出 $p = 2$；图 7.23（b）中是两个线圈反并联（头尾相连），得出 $p = 1$。在换极时，一个线圈中的电流方向不变，而另一个线圈中的电流必须改变方向。

双速电动机在机床上用得较多，像某些镗床、磨床、铣床上都有。这种电动机的调速是有级的。

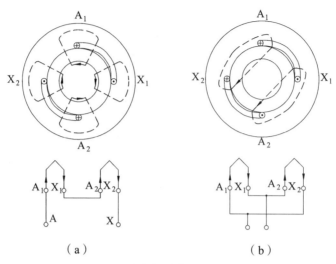

（a）　　　　　　　　　　　　　　（b）

图 7.23　改变极对数 p 的调速方法

3. 变转差率调速

只要在线绕型电动机的转子电路中接入一个调速电阻（和启动电阻一样接入，见图 7.24），改变电阻的大小，就可以得到平滑的调速。如增大调速电阻时，转差率 s 上升，而转速 n 下降。这种调速方法的优点是设备简单、投资少，但能量损耗较大。

这种调速方法广泛应用于起重设备中。

7.6.4　三相异步电动机的制动

因为电动机的转动部分有惯性，所以把电源切断后，电动机还会继续转动一定时间之后才停止。为了缩短辅助工时、提高生产机械的生产率以及保证安全，往往要求电动机能够迅速停车和反转，这时就需要对电动机制动。对电动机制动，也就是要求它的转矩与转子的转动方向相反，这时的转矩称为制动转矩。

异步电机的制动常用下列两种方法。

1. 能耗制动

这种制动方法就是在切断三相电源的同时，接通直流电源（见图 7.24），使直流电流通入定子绕组。直流电流的磁场是固定不动的，而转子由于惯性继续在原方向转动。根据右手定则和左手定则，不难确定这时的转子电流与固定磁场相互作用产生的转矩方向。它与电动机转动的方向相反，因而起制动的作用。制动转矩的大小与直流电流的大小有关，直流电流的大小一般为电动机额定电流的 0.5 ~ 1 倍。

因为这种方法是消耗转子的动能（转换为电能）来进行制动的，所以称为能耗制动。能耗制动的能量消耗小、制动平稳，但需要直流电源。在有些机床中采用这种制动方法。

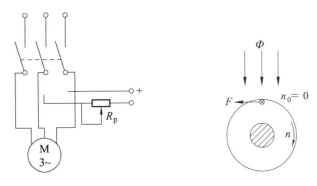

图 7.24　能耗制动

2. 反接制动

在电动机停车时，可将接到电源的三根导线中的任意两根的一端对调位置，使旋转磁场反向旋转，而转子由于惯性仍在原方向转动。这时的转矩方向与电动机的转动方向相反，如图 7.25 所示，因而起到制动作用。当转速接近零时，需利用某种控制电器将电源自动切断，否则电动机将会反转。

由于在反接制动时旋转磁场与转子的相对速度（$n_0 + n$）很大，因而电流较大。为了限制电流，对功率较大的电动机进行制动时必须在定子电路（鼠笼式）或转子电路（绕线式）中接入电阻。

反接制动比较简单、效果较好，但能量消耗较大。有部分中型车床和铣床主轴的制动采用这种方法。

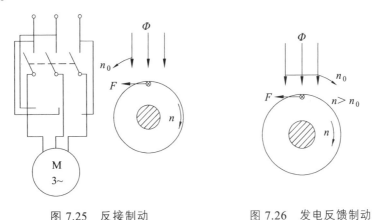

图 7.25　反接制动　　　　　图 7.26　发电反馈制动

3. 发电反馈制动

当转子的转速 n 超过旋转磁场的转速 n_0 时，这时的转矩也是制动的，如图 7.26 所示。

当起重机快速下放重物时，就会发生这种情况。这时重物拖动转子，使其转速 $n > n_0$，重物受到制动而等速下降。实际上这时电动机已进入发电机运行，将重物的位能转换为电能而反馈到电网里去，所以称为发电反馈制动。

另外，当将多速电动机从高速调到低速的过程中，也自然发生这种制动。因为在开始将极对数加倍时，磁场转速立即减半，但由于惯性，转子转速只能逐渐下降，因此就出现 $n > n_0$ 的情况。

思考与练习

（1）三相异步电动机在满载和空载下启动时，启动电流和启动转矩是否一样？

（2）绕线式异步电动机采用转子串联电阻启动时，串联电阻愈大，启动转矩是否也愈大？

（3）降低电源电压对电动机的转速、启动转矩、启动时间有何影响？

（4）三相异步电动机的启动、调速各种方法是否鼠笼式和绕线式都可采用？为什么？

（5）如何实现三相异步电动机的反转？

7.7 单相异步电动机

单相异步电动机仅需单相电源即可工作，在快速发展的家电中得到非常广泛的应用，如电风扇、吸尘器、电冰箱、空调器以及厨房中使用的碎肉机等。

单相异步电动机共有两个绕组：主绕组和辅助绕组。主绕组能够产生脉振磁场，但不能产生启动转矩；辅助绕组与主绕组一起使用时共同产生启动转矩。启动完毕之后，主绕组继续工作，而辅助绕组通过离心开关断开电源，故主绕组又叫工作绕组，辅助绕组又叫启动绕组。两个绕组均装在定子上，并相差 90°。

单相异步电动机的转子呈鼠笼形。

7.7.1 工作原理

先来分析单相异步电动机只有一个绕组（工作绕组）时的磁动势和电磁转矩。工作绕组接入单相电源，产生的是脉振磁动势。据绕组磁动势理论可知，一个正弦分布的脉振磁动势可以分解成两个幅值相等、转速相同（均为同步转速 n_0）、转向相反的旋转磁动势。这两个旋转磁动势分别产生正转磁场 Φ_+ 和反转磁场 Φ_-，这两个相反的磁场作用于静止的转子，产生两个大小相等、方向相反的电磁转矩 T_+ 和 T_-，作用于转子上的合成转矩为 0。也就是说，一个绕组的单相异步电动机没有启动转矩。若把逆时针作正方向，各物理情况如图 7.27 所示。

只有一个绕组的单相异步电动机虽然没有启动转矩，但电机转子一旦借外力旋转起来以后，两个旋转方向相反的旋转磁场就有了不同的转差率。同样设转子的逆时针方向为正方向，那么转子对正向磁场的转差率为

$$s_+ = \frac{n_1 - n}{n_1} = s$$

对反向旋转磁场而言，电动机转差率为

$$s_- = \frac{n_1 - (-n)}{n_1} = 2 - \frac{n_1 - n}{n_1} = 2 - s$$

正向电磁转矩 T_+ 和反向电磁转矩 T_- 与转差率的关系如图 7.28 所示。

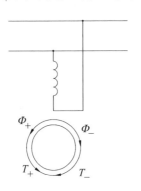
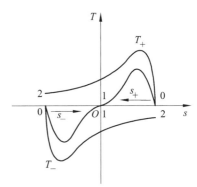

图 7.27　单相异步电动机的磁场和转矩　　图 7.28　单相异步电动机的 T-s 曲线

当 $0 < s_+ < 1$ 时，T_+ 为驱动电磁转矩，T_- 为制动电磁转矩，而且 $T_+ > |T_-|$；当 $0 < s_- < 1$ 时，T_+ 为制动电磁转矩，T_- 为驱动电磁转矩，而且 $|T_-| > |T_+|$；当 $s = 1$ 时，T_+ 与 T_- 大小相等、方向相反，合成转矩为 0，所以合成转矩曲线 $T = f(s)$ 对称于原点。

当转子静止时，$s = 1$，合成转矩为 0，故没有启动转矩；当转子受外力而正转时，$0 < s_- < 1$，$T_+ < |T_-|$，合成转矩为正，故外力消失后，电机仍能继续以正方向旋转，升速到合成电磁转矩与负载制动转矩平衡时，电机以稳定转速正方向旋转；同样，当电机受到外力而反转时，$0 < s_- < 1$，$T_+ < |T_-|$，合成转矩为负，故外力消失后电机仍能继续反方向旋转，升速到合成电磁转矩与负载制动转矩平衡时，电机以稳定速度反方向旋转。单相异步电动机只有一个绕组接单相电源时，建立起来的脉振磁动势无法产生启动转矩。当有外力带动转动时，脉振磁动势变为椭圆形旋转磁动势，合成电磁转矩不再为 0，电机转子继续沿原方向加速，椭圆形旋转磁动势会逐步接近圆形旋转磁动势，电动机加速到接近同步转速。

总之，没有任何启动措施的单相异步电动机没有启动转矩，但一旦起动，就会继续转动而不会停止，而且其旋转方向是随意的，跟随着外力的方向而变化。

7.7.2　单相异步电动机的启动方法

单相异步电动机一个绕组接上单相电源后产生的是一个脉振磁动势，在转子静止时，这个脉振磁动势由两个大小相等，方向相反的正转磁动势和反转磁动势合成。正转磁动势产生的正转电磁转矩与反转磁动势产生的反转电磁转矩也是大小相等、方向相反的，其合成电磁转矩为 0，故电机无法启动。但若加强正转磁动势，同时削弱反转磁动势，那么脉振磁动势变为椭圆形旋转磁动势，如果参数适当，甚至可以变为圆形旋转磁动势，那么就会产生启动力矩并正常运行。据此，要使单相异步电动机产生启动力矩，一个简单而有效的方法就是增加一个启动绕组，起动绕组接上单相电源后能建立一个脉振磁动势，且与原来脉振磁动势位置不同，相位也不同，与工作绕组共同建立椭圆形旋转磁场，从而产生启动转矩。

单相异步电动机启动方法常有 3 种。

1. 电阻分相启动

单相异步电动机除工作绕组外，还装有启动绕组，起动绕组与工作绕组空间上相差 90°，并在启动绕组中串入电阻 R，然后与工作绕组共同接到同一单相电源上，如图 7.29 所示。辅助绕组串入电阻 R 后，起动绕组中电流 $\dot{I}_2$ 滞后电压 $\dot{U}_1$ 的相位角小于工作绕组中电流 $\dot{I}_1$ 滞后电压 $\dot{U}_1$ 的相位角，即起动绕组中的电流 $\dot{I}_2$ 超前于工作绕组中的电流 $\dot{I}_1$，如图 7.30 所示，两个电流有相位差，形成椭圆形磁场，从而产生启动转矩。

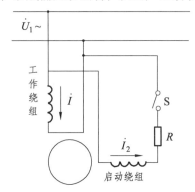
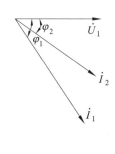

图 7.29　单相异步电动机的电阻分相启动　　图 7.30　电阻分相起动的相量图

工作绕组与辅助绕组的阻抗都是电感性的，两个绕组的电流虽有相位差，但相位差并不大，所以在电动机气隙内产生的旋转磁场椭圆度大，因而能产生的启动转矩较小，启动电流较大。

单相异步电动机的辅助绕组也可不串联电阻 R，只需用较细的导线绕制辅助绕组，同时将匝数做的比工作绕组少些，以增加其电阻，减少其电抗，即可达到串联电阻的效果。

另外，在单相异步电动机启动后，为了保护起动绕组并减少损耗，常在启动绕组中串联离心开关 S。当电机转子达到大约 75% 额定转速时，离心开关将自动断开，将启动绕组切除电源，让工作绕组单独运行。因此，启动绕组可以按短期工作设计。

如果需要改变电阻分相式电动机的转向，只要把工作绕组与启动绕组相并联的引出线对调即可实现。

2. 电容分相启动

单相异步电动机电容分相启动，是在启动绕组中串联电容 C，然后与主绕组（工作绕组）共同接到同一单相电源上，如图 7.31（a）所示。工作绕组的阻抗是电感性的，其电流 $\dot{I}_1$ 落后于电源电压 $\dot{U}_1$ 相角 φ_1，而串接了电容的启动绕组的阻抗是容抗性的，其电流 $\dot{I}_2$ 超前于电源电压 $\dot{U}_1$ 相角 φ_2，相量图如图 7.31（b）所示。如果电容的参数选取合适，可以使启动绕组的电流 $\dot{I}_2$ 超前于工作绕组的电流 $\dot{I}_1$ 90°，那么在单相异步电动机气隙内建立起椭圆度较小（近似于圆形）的旋转磁场，从而可获得启动电流较小、启动转矩较大比较好的起动性能，如图 7.32 所示。

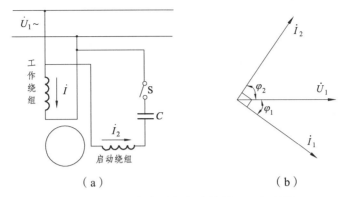

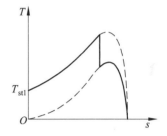

（a） （b）

图 7.31　电容分相起动接线图及相量图

如果启动绕组是按短期工作设计，启动电容也是按短期工作选取，那么可在转子轴上安装离心开关 S 。当转速达到额定转速的 75% 时，离心开关在离心力的作用下自动断开，从而切断起动绕组的电源，只让工作绕组单独运行，这种电动机称为电容启动电机。

如果启动绕组是按长期工作设计，启动电容也是按长期工作选取，那么启动绕组不仅在单相异步电动机启动时工作，而且还与工作绕组一起长期工作，这种电动机称为

图 7.32　电容分相起动 $T\text{-}s$ 曲线

电容电动机。实际上，电容电动机就是一台两相电动机，它改善了功率因数，提高了电动机的过载能力。如果所串联的电容使启动绕组的电流 $\dot{I}_2$ 超前于主绕组（工作绕组）的电流 90°，那么建立的旋转磁场是圆形或接近圆形，运行性能较好但启动性能较差；如果加大电容，启动转矩较大，起动性能较好，但正常运行后，旋转磁场的椭圆度较大。若既想得到较好的启动性能，又想在正常工作时形成近似圆形的旋转磁场，可以把与启动绕组串联的电容采用 2 个电容并联的方式，如图 7.33 所示。起动时，两个电容 C 和 C_{st} 并联使用，启动转矩 T_{st2} 较大，当转速达到额定转速的 75% 时，离心开关把正常时多余的电容 C_{st} 切除，使电机建立的磁场近似于圆形旋转磁场，这样既可获得较好的启动性能，同时也获得较好的运行性能。

与电阻分相一样，若要改变电机的转向，只需把启动绕组与主绕组并联的引出线对调即可实现。

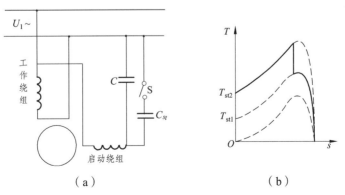

（a） （b）

图 7.33　电容电机的一种接线方式及其 $T\text{-}s$ 曲线

3. 罩极启动

罩极启动电动机的定子铁芯通常做成凸极式，也是由矽钢片或硅钢片叠压而成。每个极上装有主绕组，即工作绕组，每个磁极极靴的一边开一个小槽，用短路铜环 K 把部分极靴罩起来，如图 7.34 所示，短路铜环 K 就相当于起动绕组。

当主绕组接入单相交流电源时，产生的磁通可分为两部分，一部分 $\dot{\Phi}_0$ 不穿过短路铜环 K；另一部分 $\dot{\Phi}_1$ 穿过短路铜环 K，则在短路铜环中感应产生 $\dot{E}_K$ 和 $\dot{I}_K$，$\dot{I}_K$ 也产生一个磁通 $\dot{\Phi}_K$。因此穿过短路铜环 K 的总磁通应是主绕组产生的通过短路铜环的磁通 $\dot{\Phi}_1$ 与 $\dot{I}_K$ 产生的磁通 $\dot{\Phi}_K$ 所合成，即穿过短路铜环 K 的总磁通 $\dot{\Phi}_2 = \dot{\Phi}_1 + \dot{\Phi}_K$，如图 7.35 所示。

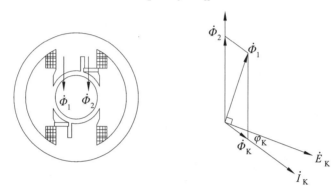

图 7.34 罩极式电动机结构示意图   图 7.35 罩级式电动机相量图

由上面的分析可知，电动机气隙中未罩部分的磁通 $\dot{\Phi}_0$ 与罩住部分的磁通 $\dot{\Phi}_2$ 在空间上处于不同位置，在时间上又有一定的相位差，因此其合成的磁场是一个沿着一方向推移的磁场。由于 $\dot{\Phi}_0$ 超前于 $\dot{\Phi}_2$，故合成磁场从 $\dot{\Phi}_0$ 推向 $\dot{\Phi}_2$。该磁场实质是一种椭圆度很大的旋转磁场，电动机可产生一定的启动转矩，但启动转矩很小。

7.7.3 单相异步电动机的应用

随着家用电器的快速发展，单相异步电动机得到了广泛的应用。电容电动机的启动转矩相对较大，普遍用于电冰箱、空调机等家用电器之中，容量从几十瓦到上千瓦；罩极式电容机的启动转矩较小，主要用于小型电扇、电唱机和录音机中，容量在几十瓦以内；电阻分相启动的电动机常用于医疗器械之中，容量从几十瓦到几百瓦。

思考与练习

（1）为什么三相异步电动机断了一根电源线即成为单相状态而不是两相状态？

（2）单相异步电动机为何不能自行启动？一般采用哪些启动方法？

（3）罩极式电动机的转子转向能否改变？

练 习 题

1. 简述三相异步电动机的基本工作原理。

2. 某四极三相异步电动机，$n_N = 1\,440\,\text{r/min}$，$R_2 = 0.02\,\Omega$，$X_{20} = 0.08\,\Omega$，$E_{20} = 20\,\text{V}$，$f_1 = 50\,\text{Hz}$。试求该电动机启动及额定转速运行时的转子电流 I_2。

3. 一台鼠笼式三相异步电动机，接在频率为 50 Hz 的三相电源上，已知在额定电压下满载运行的转速为 $940\,\text{r/min}$。试求：（1）电动机的极对数。（2）额定转差率。（3）额定条件下，转子相对于定子旋转磁场的转差。（4）当转差率为 0.04 时的转速和转子电流的频率。

4. 一台鼠笼式三相异步电动机，其额定数据如下：$P_N = 3.0\,\text{kW}$，$U_N = 220\,\text{V}/380\,\text{V}$（$\triangle / Y$），$I_N = 11.2\,\text{A}/6.48\,\text{A}$，$n_N = 1\,430\,\text{r/min}$，$f_1 = 50\,\text{Hz}$，$I_{st}/I_N = 7.0$，$T_m/T_N = 2.0$，$T_{st}/T_N = 1.8$，$\cos\varphi_N = 0.84$。试求：（1）额定转差率。（2）额定转矩。（3）最大转矩。（4）起动转矩。（5）额定状态下运行时的效率。（6）当供电电压为 380V 时，定子绕组的连接方式和直接起动时的起动电流。

5. 已知 Y100L1—4 型异步电动机的额定数据为 $P_N = 2.2\,\text{kW}$，$U_N = 380\,\text{V}$，$n_N = 1\,420\,\text{r/min}$，$f_N = 50\,\text{Hz}$，$\cos\varphi = 0.82$，$\eta = 0.81$，Y 连接。试计算：（1）相电流和线电流的额定值及额定负载时的转矩。（2）额定转差率及额定负载时的转子电流频率。

6. 已知 Y132S—4 型三相异步电动机的额定技术数据如表 7.6 所示。

表 7.6 Y132S—4 型三异步电动机的额定数据表

功率/kW	转速/（r/min）	电压/V	效率	功率因数	I_{st}/I_N	T_{st}/T_N	T_{max}/T_N
5.5 kW	1 440	380	85.5%	0.84	7	2.2	2.2

现有电源频率为 50 Hz，试求额定状态下的转差率 s_N、电流 I_N、转矩 T_N、启动电流 I_{st}、启动转矩 T_{st} 和最大转矩 T_{max}。

7. 某三相鼠笼式异步电动机铭牌数据如下：$\triangle$ 形接法，$U_N = 380\,\text{V}$，$I_N = 19.9\,\text{A}$，$P_N = 10\,\text{kW}$，$n_N = 1\,450\,\text{r/min}$，$I_{st}/I_N = 7$，$T_{st}/T_N = 1.4$。若负载转矩为 20 N·m，电源允许最大电流为 60 A，试问应采用直接起动还是采用 Y-$\triangle$ 转换方法启动，为什么？

8. 某三相异步电动机，$P_N = 30\,\text{kW}$，$U_N = 380\,\text{V}$，$I_N = 57.5\,\text{A}$，$f_N = 50\,\text{Hz}$，$\triangle$ 连接，$s_N = 0.02$，$\eta_N = 0.9$，$T_{st}/T_N = 1.2$，$I_{st}/I_N = 7$。求：（1）用 Y-$\triangle$ 换接启动时的起动电流和启动转矩。（2）当负载转矩为额定转矩的 60% 和 25% 时，电动机能否启动？

9. 上题中的电动机，如果采用自耦变压器降压启动，而使电动机的启动转矩为额定转矩的 85%。试求：（1）自耦变压器的变比。（2）电动机的启动电流和线路上的启动电流各为多少？

10. 如何改变电容分相式单相异步电动机的转向？

11. 一台 2 极三相同步电动机，频率为 50 Hz，$U_N = 380\,\text{V}$，$P_2 = 100\,\text{kW}$，$\lambda = 0.8$，$\eta = 0.85$。求：（1）转子转速。（2）定子线电流。（3）输出转矩。

12. 某它励直流电动机，电枢电阻 $R_a = 0.25\,\Omega$，励磁绕组电阻 $R_f = 153\,\Omega$，电枢电压和励磁电压 $U_a = U_f = 220\,\text{V}$，电枢电流 $I_a = 60\,\text{A}$，效率 $\eta = 0.85$，转速 $n = 1\,000\,\text{r/min}$。求：

（1）励磁电流和励磁功率。（2）电动势。（3）输出功率。（4）电磁转矩（忽略空载转矩不计）。

13. 有一 Z2-32 型它励直流电动机，其额定数据如下：$P_2 = 2.2\ \text{kW}$，$U = U_f = 110\ \text{V}$，$n = 1\,500\ \text{r/min}$，$\eta = 0.8$；并已知 $R_a = 0.4\ \Omega$，$R_f = 82.7\ \Omega$。试求：（1）启动初始瞬间的起动电流？（2）如果使起动电流不超过额定电流的 2 倍，求启动电阻，并求启动转矩？

14. 对上题的电动机，如果保持额定转矩不变，试求用下列两种方法调速时的转速：（1）磁通不变，电枢电压降低 20%。（2）磁通和电枢电压不变，在电枢绕组串联一个 1.6 Ω 的电阻。

15. 对 13 题的电动机，允许削弱磁通调到最高转速 3 000 r/min。试求当保持电枢电流为额定值的前提下，电动机调到最高转速后的电磁转矩。

16. 某并励直流电动机，$P_2 = 2.2\ \text{kW}$，$U = 220\ \text{V}$，$I = 13\ \text{A}$，$n = 750\ \text{r/min}$，$R_a = 0.2\ \Omega$，$R_f = 220\ \Omega$，空载转矩忽略不计。求：（1）输入功率 P_1。（2）电枢电流 I_a。（3）电动势 E。（4）电磁转矩 T。

17. 交流伺服电机（一对极）的两相绕组通入 400 Hz 的两相对称交流电流时产生旋转磁场，（1）试求旋转磁场的转速 n_0。（2）若转子转速 $n = 18\,000\ \text{r/min}$，试问转子导条切割磁场的速度是多少？转差率 s 和转子电流的频率 f_2 各为多少？若由于负载加大，转子转速下降为 $n = 12\,000\ \text{r/min}$，试求这时的转差率和转子电流的频率。（3）若转子转向与定子旋转磁场的方向相反时的转子转速 $n = 18\,000\ \text{r/min}$，试问这时转差率和转子电流频率各为多少？

18. 什么叫自转现象？

19. 什么是步进电机的步距角？一台步进电机可以有两个步距角，例如 1.5°/3°，这是什么意思？什么是单三拍、六拍和双三拍？

20. 为什么直流测速发电机的转速不得超过规定的最高转速？负载电阻不能小于给定值？

21. 交流测速发电机的转子静止时有无电压输出？转动时为何输出电压与转速成正比，但频率却与转速无关？

第 8 章 电气自动控制

自动控制可以通过电气、机械、液压等手段实现，其中采用电气自动控制方式最为普遍。目前许多厂矿企业，还较多地采用继电器、接触器及按钮等控制元件来实现对电动机的自动控制。本章以三相笼形异步电动机为控制对象，介绍一些常用的控制电器、保护电器和三相笼形异步电动机的继电器、接触器等典型控制电路（主要有直接启动控制电路、正反转控制电路、星形-三角形控制电路、时间控制、顺序控制、行程控制等）。最后介绍一些有关可编程控制器的知识。

8.1 常用低压控制电器

控制电路是由用电设备、控制电器和保护电器组成，用来控制用电设备工作状态的电器称为控制电器，用来保护电源和用电设备的电器称为保护电器。电器的种类繁多，分为高压电器和低压电器。高压电器专用于输变电系统；低压电器用于低压供电系统和继电器、接触器控制系统中，又分为手动电器和自动电器。刀开关、按钮等需要操作者操纵的属于手动电器；继电器、接触器、行程开关等不需要操作者操纵，而是根据指令、电信号或其他物理信号自动动作，这类电器属于自动电器。

继电器、接触器是利用电磁铁原理的自动电器，通过电磁铁的吸合释放带动触点的接通和断开，从而接通和断开电路，实现对生产设备的自动控制。

8.1.1 刀开关

刀开关是常用的手动控制电器，一般在系统检修时起隔离电源的作用，或在系统不再带负载时切断电源，给刀开关配上熔丝（俗称保险丝）可进行短路保护，也可进行小型电动机的直接启动控制。刀开关的种类有许多，常用的是胶盖刀开关，其实物如图 8.1（a）所示，胶盖可阻断拉闸时产生电弧。常用的刀开关有三极的和二极的，其电路图形符号如图 8.1（b）所示，文字符号为 QS。刀开关的主要技术指标是额定电压和额定电流，选用时注意符合电路要求。如三相 380 V 的电路，要选择额定电压是 380 V 的三极刀开关，额定电流要大于线路电流。

  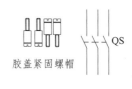

胶盖紧固螺帽

（a）刀开关实物图　　　　　　　　（b）图形符号与文字符号

图 8.1　刀开关结构示意图与电路符号

为安全起见，目前已不允许用胶盖瓷底开关直接控制电动机的启停。取而代之的是应用广泛的低压断路器。同时注意刀开关在安装时，电源和静止刀座连接的位置在上方，负载接在可动闸刀的下侧，这样可以保证在切断电源后闸刀不带电。

8.1.2　熔断器

熔断器是电路中的短路保护电器。熔断器中有一条熔点很低的熔体，串联在被保护的电路中。其常用的形式有瓷插式、螺旋式、管式等，其外形如图 8.2 所示。

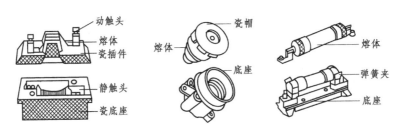

图 8.2　熔断器

熔断器通常由熔体和外壳两部分组成。熔体（熔丝或熔片）是由电阻率较高的易熔合金组成，如铅锡合金等，使用时将它串联在被保护的电路中。在电路正常工作时，熔体不会熔断；而一旦发生短路故障，很大的短路电流通过熔断器，熔体过热而迅速熔断使得电路断开，从而达到保护电路及电气设备的目的。熔体熔断所需要的时间与通过熔体的电流大小有关。一般来说，当通过熔体的电流等于或小于其额定电流的 1.25 倍时，可长期不熔断；超过其额定电流的倍数越大则熔断时间越短。熔体的额定电流范围在 2 ~ 600 A，可供用户根据实际情况选用。

熔断器的熔断时间随着电流的增大而减小，即熔断器通过的电流越大，熔断时间越短。一般熔断器的熔断时间与熔断电流的关系见表 8.1。

表 8.1　熔断器熔断电流与熔断时间的关系

熔断电流 I_N（A）	1.25 I_N	1.6 I_N	2.0 I_N	2.5 I_N	3.0 I_N	4.0 I_N	8.0 I_N	10.0 I_N
熔断时间 t（s）	∞	3 600	40	8	4.5	2.5	1	0.4

熔断器的选用方法如下：

（1）白炽灯和日光灯照明电路以及电炉等电阻性负载中，熔丝额定电流应略大于线路实际电流。

（2）单台电动机的熔断器熔丝额定电流应为 1.5～2.5 倍电动机额定电流。

（3）多台电动机同时运转但不同时启动的，熔丝额定电流应为 1.5～2.5 倍功率最大的一台电动机的额定电流与其他电动机的额定电流的总和。

8.1.3　低压断路器

低压断路器又称自动空气开关或自动开关，可用来接通和断开负载电路，也可用来控制不频繁启动的电动机。其功能相当于刀开关、过流继电器、失压继电器、热继电器及漏电保护等电器部分或全部功能的总合，是低压配电网中一种重要的保护电器。其原理图如图 8.3 所示，它的主触点是通过手动操作机构来闭合的。闭合后通过锁钩锁住，当电路发生短路或严重过载时，由于电流很大，电磁铁（过流脱扣器）克服反作用力弹簧的拉力吸引衔铁，锁钩被向上推而松开拉杆，主触点在恢复弹簧的作用下迅速断开，分断主电路而完成短路保护。只要调整反作用力弹簧的拉力，就可以根据用电设备容量调整动作电流的大小。断路器在动作后，不必像熔断器那样更换熔体，待故障排除后，若需要重新启动电动机，只要通过操作手柄合上主触点即可。当电路中的电压严重下降时，电磁铁（欠压脱扣器）释放，锁钩向上推开，同样使主触点断开，完成保护动作。断路器内装有灭弧装置，切断电流的能力大、开断时间短、工作安全可靠。而且断路器体积小，所以目前应用非常广泛，已经在很多场合取代了刀开关。

低压断路器主要有开启式和装置式两种结构形式。装置式断路器有绝缘塑料外壳，内装触点系统、灭弧室及脱扣器等，可手动或自动（对大容量断路器）合闸。它有较高的分断能力和稳定性，广泛应用于配电电路，常用的型号有 DZ15、DZ20、DZX19 和 C45N 等产品。低压断路器的外形如图 8.4 所示。

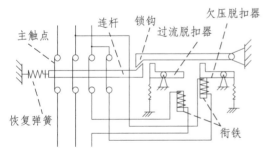

图 8.3　自动空气断路器原理图

图 8.4　低压断路器外形结构图

开启式低压断路器又叫框架式低压断路器。主要用于交流 50 Hz，额定电压 380 V 的配电网络中作为配电干线的保护设备。常用的型号有 DW15、ME、AE、AH 等系列，其中 DW15 是我国自行研制生产的，全系列有 1000A、1500A、2500A 和 4000A 等几个型号，ME、AE、AH 等系列则是引进技术生产的产品。

8.1.4 按 钮

按钮是一种手动电器，用于接通或断开电路。按钮的外形图和结构原理图如图 8.5（a）和图 8.5（b）所示。

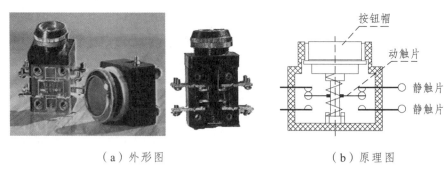

（a）外形图　　　　　　　　　　（b）原理图

图 8.5　按钮原理图

在未按下按钮帽时，上面的一对静触片接通而处于闭合状态，称为动断（常闭）触点；下面一对静触片未被动触片接通而处于断开状态，称为动合（常开）触点。当用手按下按钮帽时，动触片下移，于是动断触点先断开，动合触点闭合；松开按钮帽时，在恢复弹簧的作用下，动触片自动复位，使得动合触点先断开，动断触点后闭合。使用时可视需要只选其中的动合触点或动断触点，也可以两者同时选用。

按钮的种类很多，除上述这种复合按钮外，还有其他的形式。如有的按钮只有一组动合或动断触点，也有的是由两个或三个复合按钮组成的双串联或三串联按钮，有的按钮还装有信号灯，以显示电路的工作状态。按钮触点的接触面积都很小，额定电流通常不超过 5 A。

8.1.5 接触器

接触器是利用电磁吸引工作的自动控制电器，可用于频繁接通和断开电动机或其他电气设备的电源，并可实现远距离控制。根据电磁铁形式的不同，分为直流接触器（直流励磁）和交流接触器（交流励磁）。如图 8.6（a）和图 8.6（b）所示是一种交流接触器，它主要是由电磁铁和触点组两部分组成。电磁铁的铁芯由定、动铁芯两部分和线圈组成。定铁芯是固定不动的，也称静铁芯，动铁芯是可以上下移动的，也称动铁芯（衔铁），电磁铁的线圈（吸引线圈）装是铁芯上。每个触点组包括静触点和动触点两部分，动触点与铁芯通过连杆直接连在一起。当线圈通电时产生电磁力，在电磁吸引力的作用下，动铁芯被吸合，动铁芯带动连杆使固定在连杆上的动触点一起下移，使同一触点组中的动触点和静触点有的闭合，有的断开。当线圈断电后，电磁吸引力消失，动铁芯在恢复弹簧的作用下复位，动铁芯又推动连杆使触点组也恢复到原先的状态。

按状态的不同，接触器的触点分为动合触点和动断触点两种。接触器在线圈未通电的状态称为释放状态，线圈通电、铁芯吸合时的状态称为吸合状态。

按用途的不同，接触器的触点又分为主触点和辅助触点两种。主触点接通面积大，能通过较大的电流；辅助触点接触面积小，只能通过较小的电流。

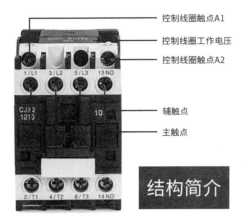

（a）外形图

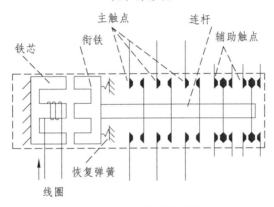

（b）交流接触器原理图

图 8.6　交流接触器的外形及原理图

主触点一般为三副动合触点，串联在电源和电动机之间，用来切换供电给电动机的电路，以起到直接控制电动机启停的作用，这部分电路称为主电路。主触点断开的瞬间，触点间会产生电弧而烧坏触点，并使切断电路的时间拉长。因此，额定电流较大的交流接触器还装有灭弧装置，以加速电弧的熄灭。

辅助触点一般为四副（两副动合触点，两副动断触点），通常接在由按钮和接触器线圈组成的控制电路中，以实现某些功能，这部分电路又称为辅助电路。

交流接触器在选用时，一定要注意看清其铭牌上标示的数据。额定电压和额定电流均为主触点的额定电压和额定电流，选用时注意与用电设备相符。线圈的额定电压一般标在线圈上或线圈接线柱附近，选用时注意与控制电路的电源电压相符。另外，触点的额定电流和触点的数量一般也在铭牌上。目前常用的国产系列交流接触器有 CJ1、CJ10、CJ20、CJX、3TB、TE 等系列，线圈的额定电压有 36 V、110 V、127 V、220 V、380 V 等。主触点的额定电流有 5 A、10 A、20 A、40 A、60 A、100 A、150 A 等七个等级。辅助触点的额定电流为 5 A。

8.1.6　中间继电器

中间继电器通常用来传递信号和同时控制多个电路，也可直接控制小容量电动机或其他执行元件。中间继电器的外形与原理图如图 8.7（a）和图 8.7（b）所示。它与交流接触器的工作原理相同，也是利用线圈通电，吸合动铁而使触点动作，只是它的电磁系统要小些。中间继电器主要用在辅助电路中，用以补充辅助触点的不足。因此，中间继电器触点的额定电流都比较小，没有主、辅触点之分，一般不超过 5 A，且触点的数量也较多。

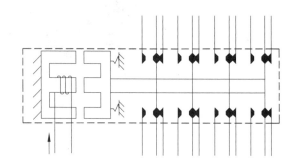

（a）外形图 　　　　　　　　　　　　　（b）继电器原理图

图 8.7　继电器外形图及原理图

8.1.7　热继电器

热继电器用于保护电动机免于因长期过载而受到损坏。

电动机在实际运转时常会由于某种原因（负载过大、抱闸等）过载，过载时绕组中的电流会超过额定电流，但只要过载不严重、时间短、绕组不超过允许的温度，这种现象是允许的，电动机过载后不会使熔断器熔断。但如果过载严重或时间长了会加速电动机绝缘的老化，缩短电动机的使用年限甚至烧坏绕组。因此要及时检测电动机的过载，如发生严重过载或过载时间较长时，应及时切断电源，这称为电动机的过载保护。电动机不允许长期过载运行，但又具有一定的短时过载能力。因此，当电动机过载时间不长，温度未超过允许值时，应允许电动机继续运行；但是当电动机的温度超过允许值，就应立即将电动机的电源切断。这样，既达到了保护电动机不受过热危害的目的，又可以充分发挥它的短时过载能力。

由于熔断器熔体的熔断电流大于其额定电流，在三相笼形异步电动机的控制电路中，所选熔体的额定电流会远大于电动机的额定电流。因此，熔断器通常只能做短路保护，不能做过载保护。由于断路器的过电流保护特性与电动机所需要的过载保护特性不一定匹配，所以一般也不能做电动机的过载保护。目前常用的过载保护电器是热继电器。

热继电器是利用电流的热效应工作的。热继电器的外形图和原理如图 8.8（a）和图 8.8（b）所示。图中三个发热元件安装在三个双金属片的周围。双金属片是由两层膨胀系数相差较大的金属碾压而成，左边一层膨胀系数小，右边一层膨胀系数大，工作原理如图 8.9 所示。工作时，将发热元件串联在主电路中，通过它们的电流是电动机的线电流。当电机过载后，电流超过额定电流，发热元件发出较多热量，使双金属片变形而向左弯曲，推动导板，带动杠杆，向右压迫弹簧变形，使动触点和静触点分开而与螺钉接触。这就是说，动触点和静触点构成了一副动断触点，动触点和螺钉构成了一副动合触点。只要将动断触

（a）外形图

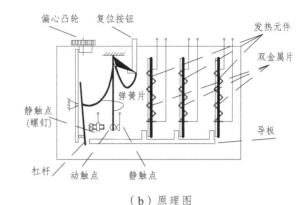

（b）原理图

图 8.8　热继电器的外形及原理图

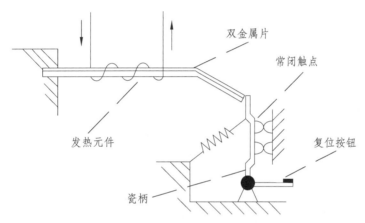

图 8.9　热继电器工作原理

点串联在控制电动机的交流接触器的线圈电路内，那么，电动机过载后，动断触点断开使接触器的线圈断电，接触器主触点断开，电动机与电源自动切断而得到保护。若要使热继电器的动断触点重新闭合，即使触点重新复位，需要经过一段时间待双金属片冷却后才有可能。复位的方式有两种，当螺钉旋入时，弹簧片的变形受到螺钉的限制而处于弹性变形状况，只要双金属片冷却，动触点便会自动复位。如果将螺钉旋出至一定位置时，使弹簧片到达自由变形状态，则双金属片冷却后，动触点不可能自动复位，而必须按下复位按钮，使动触点实现手动复位。

偏心凸轮用于对热继电器的整定电流做小范围调节。选用热继电器时，应使其整定电流与电动机的额定电流一致。

由于热惯性，双金属片的温度升高需要一定的时间，不会因为电动机过载而立即动作。这样既可发挥电动机的短时过载能力，又能保护电动机不致因过载时间过长出现过热的危险。由于同一原因，当发热元件通过较大电流甚至短路电流时，热继电器也不会立即动作。因此，它只能用作过载保护，不能用作短路保护，这就避免了电动机在启动或短时过载时引起不必要的停车。

热继电器一般有两个或三个发热元件。常用的热继电器型号有 JR20、JR5、JR15、JR16和引进技术的 JRS 等系列。热继电器的主要技术数据是额定电流，但由于被保护对象的额定电流很多，热继电器的额定电流登记是有限的。为此，热继电器具有电流调节装置，它的调节范围是 66%~100%。例如额定电流为 16 A 的热继电器，最小可以调节整定电流为 10 A。

8.1.8 漏电保护器

当电气设备不应带电的金属部分出现对地电压时就会出现漏电现象。设备一旦漏电就有可能造成人身伤亡或者设备损坏，使生产中断，也有可能造成其他灾害事故（火灾等）。漏电保护电器一般用于 1 000 V 以下的低压系统中，主要用来防止因漏电而引起的事故，同时也可用来监视或消除一相接地故障。

1. 电流动作型漏电保护器

漏电保护器的形式很多，按检测信号可分为电压动作型和电流动作型；按动作灵敏度可分为高、中、低三种；按动作时间可分为快速型、延时型和反时限型；按用途可分为配电用、电机用、电焊机用等；按保护功能分为漏电断路器（兼短路保护）、漏电开关、漏电继电器（仅发信号，不带开关）等。常用的有电流动作形漏电保护器，这种漏电保护器用在中性线接地的三相供电系统中。保护的关键部件是零序电流互感器。

所谓"零序电流"，指的是通过设备部件的漏电点经过大地而流入电源零线的电流。零序电流互感器的结构与变压器相似，其工作原理亦相当于变压器。它的一次绕组是穿过环行铁芯（火线和中性线）的单极两线、二极三相导线等，二次绕组为一个多匝线圈。正常情况下，零序电流（即漏电电流）等于零，两根导线中的电流数值相等，方向（相位）相反，它们在铁芯中的磁通互相抵消，二次绕组中不会产生感应电动势。然而当用电设备漏电时，由于零序电流不为零，即两根导线中的电流不再相等，铁芯中就有磁通产生。这个磁通在二次绕组中产生的感应电动势就可以作为一种漏电信号被检出。

2. 漏电保护器的选用

漏电保护器的种类很多，从不同角度可以做不同的选择。如用于防止人身触电事故，则可根据人体安全电流的界限，保护装置的触电动作电流选择 30 mA 左右，动作时间必须小于 1 s。

8.1.9 其他继电器

1. 电压继电器

电压继电器用于电力拖动系统的电压保护和控制，对于这类电器只有当它的线圈电压达到某一定值时，继电器才会释放。电压继电器用于失压保护和欠压保护。

电压继电器按吸合电压的大小，分为过电压继电器和欠电压继电器。过电压继电器用于电路的过电压保护，其整定值在被保护电路额定电压的 105%~120% 的范围内调整；欠电压继电器用于电路的欠电压保护，其释放整定值在被保护电路额定电压的 40%~70% 的范围内调整。零电压继电器是欠电压继电器的一种特殊形式，指电路电压下降到额定值的 10%~35% 的范围内调整时释放，对电路实现零电压保护，用于电路的失压保护。

2. 电流继电器

电流继电器的结构与电压继电器类似，用于电力拖动系统的电流保护。其线圈串联接入主电路，用来感测电路（一般用于主电路）中的电流。当电流继电器的线圈电流达到某一定值时，继电器吸合。电流继电器用于过载和短路保护，也用于直流电动机的失磁保护。

电流继电器分为过电流继电器和欠电流继电器两种。

过电流继电器在电路正常时不动作，它的额定电流一般可按电动机长期工作的额定电流来选择。整定值范围一般情况下在额定电流的 170% ~ 200% 的范围内调整，对于频繁启动场合可在 225% ~ 250% 的范围内调整；欠电流继电器用于欠电流保护，吸引电流是在额定电流 30% ~ 65% 的范围内调整，释放电流是在额定电流的 10% ~ 20% 的范围内调整。正常工作时衔铁是吸合的，只有当电流降低到某一定值时，继电器释放，从而控制接触器及时分断电路。

另外，还有速度继电器、压力继电器、温度继电器、液位继电器等，在电子电路还用到有微型继电器等。

表 8.2 和表 8.3 是一些常用电气设备的图形符号和基本文字符号。

表 8.2　常见电气的图形符号

名称		符号	名称		符号	名称		符号
三相笼形异步电动机			熔断器			行程开关	动合触点	
刀开关			热继电器	发热元件			动断触点	
						线圈		
断路器				动断触点		时间继电器	瞬时动作动合触点	
按钮	动合		交流接触器	线圈			瞬时动作动断触点	
				动合主触点			延时闭合动合触点	
	动断			动合辅助触点			延时闭合动断触点	
	复合			动断辅助触点			延时断开动合触点	
							延时断开动断触点	

表 8.3　常用基本文字符号

设备、装置和元器件种类	基本文字符号		设备、装置和元器件种类		基本文字符号	
	单字母	双字母			单字母	双字母
电阻器	R		控制、信号电路的开关器件	控制开关	S	SA
电容器	C			按钮开关		SB
电感器	L			行程开关		SQ
变压器		Tr	保护器件	熔断器	F	FU
电动机	M			热继电器		FR
发电机	G		接触器继电器	接触器	K	KM
电力电子开关器件	Q			时间继电器		KT

思考与练习

（1）熔断器在电路中起何作用？如何确定熔体的额定电流？

（2）简述热继电器的工作原理，说明其用途。

（3）简述接触器的工作原理，说明其用途。

（4）简述断路器在电路中的作用，并说明其用途。

8.2　三相异步电动机的直接启动控制线路

8.2.1　启停点动直接启动控制电路

三相笼形异步电动机的启停点动直接启动控制电路如图 8.10 所示。主要由隔离开关 Q、熔断器 FU、接触器 KM、按钮 SB 和电动机组成。图中隔离开关 Q 可用断路器替代，作电源的隔离开关兼作短路保护用，此时可不用熔断器。隔离开关只在不带负载的情况下切断电源和接通电源，以便在检修电机、控制电器或电路长期不工作时用来断开电源。

该控制电路的操作过程如下：

闭合 Q→按下 SB→KM 线圈通电→KM 主触点闭合→M 启动运转。

松开 SB→KM 线圈断电→KM 主触点断开→M 停车。

检修或不使用时，应拉下隔离开关或断路器 Q。

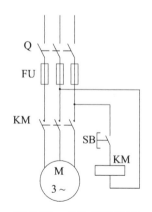

图 8.10　点动控制电路

8.2.2　启停长动直接启动控制电路

启停长动直接启动控制电路如图 8.11 所示。电路的操作过程如下：

（1）闭合隔离开关（断路器）Q（或 QK）。

（2）按下 SB2→接触器 KM 线圈通电→接触器 KM 主触点闭合和 KM 动合辅助触点闭合→电动机 M 启动运转。

（3）松开 SB2，利用接通的 KM 辅助触点实现自锁，电动机 M 连续运转。

（4）按下 SB1→KM 线圈断电→KM 主触点断开 KM 动合辅助触点断开（撤销自锁）→电动机 M 停车。

在连续控制中，当松开按钮 SB2 后，接触器 KM 的线圈依靠其常开辅助触点的接通而仍继续保持通电，从而保持电动机 M 的连续运行。这种依靠接触器自身辅助常开触点的闭合而使线圈保持通电的控制方式，称为自锁或自保。起自锁作用的常开辅助触点称为自锁触点。

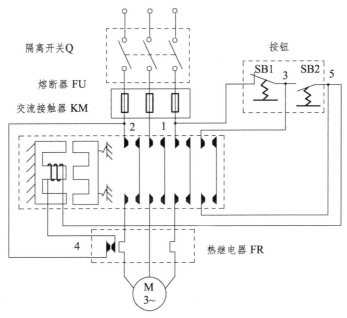

图 8.11　直接启动控制电路接线图

该电路保护功能有：隔离开关 QK 起电源隔离作用，熔断器 FU 作短路保护，热继电器 FR 作过载保护。此外，接触器本身还具有欠压（或失压）保护的作用，在出现停电或电源电压严重下降时，接触器线圈电压不足将造成铁芯释放，使得所有动合触点断开，电动机停车并失去自锁作用。在电源电压恢复后，只有在操作人员重新按下启动按钮，电动机才能重新启动运行。

该控制电路具有如下优点：

（1）防止电源电压严重下降时电动机欠压运行。

（2）可避免多台电动机同时启动所造成的电网电压下降。

（3）当电网停电后，可防止电源电压恢复时，因电动机自行启动及操作维修人员缺乏准备而造成设备损坏和安全事故。

如图 8.12 所示的控制电路分为主电路和控制电路。主电路是电路中大电流通过的部分，通常由电动机、隔离开关、熔断器、交流接触器的主触点和热继电器的发热元件组成。控制电路中通过的电流较小，通常由按钮、交流接触器的辅助触点及其线圈、热继电器的辅助触点构成。控制电路与主电路共用一个电源，使用 380 V、220 V 或 110 V 等的均有。

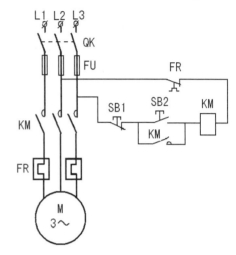

控制电路为分析方便，一般采用原理图，主电路画在图的左边由上至下，控制电路画在图的右边，可以采用从左到右，也可以采用右上至下的画法。图中电路的可动部分一律按没有接通电或没有外力作用时的状态画出。同一电器的触点、线圈按照它们的实际作用和实际连接分别画在主电路和控制电路中，但为说明是属于同一器件，要用同一文字符号标明，与电路直接联系的部件不必画出，如铁芯、支架、弹簧等。

图 8.12　长动控制电路

8.2.3　点动与长动结合的控制电路

在生产实践中，机床调整完毕后，需要进行连续的切削加工。因此，要求电动机既能实现点动控制又能实现长动控制，控制电路如图 8.13（a）和图 8.13（b）所示。其中 8.13（a）所示电路采用复合按钮实现控制，点动时操作复合按钮 SB3 断开自锁回路，电动机 M 点动；长动时，按下启动按钮 SB2→KM 线圈通电→自锁触点起作用→电动机 M 长动。此电路在点动控制时，若接触器 KM 的释放时间大于复合按钮的复位时间，则点动失败，即当松开 SB3 时 SB3 常闭触点已闭合，而接触器的自锁触点尚未打开，会使自锁电路继续接通，则电路不能实现正常的点动控制。图 8.13（b）所示电路采用中间继电器 KA 实现控制。点动时按下点动按钮 SB2→KM 线圈通电→电动机 M 点动；长动时按下启动按钮 SB3→中间继电器 KA 的线圈通电并自锁→KM 线圈通电→电动机 M 实现长动。此电路多使用了一个继电器，但工作的可靠性却提高了。

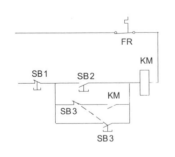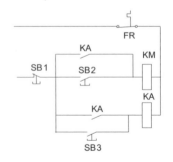

（a）点动和长动控制电路一　　　（b）点动和长动控制电路二

图 8.13　点动和长动控制电路

思考与练习

（1）为什么热继电器不能作短路保护？为什么在三相主电路中只用两个（当然也可以用三个）热元件就可以保护电动机？

（2）什么是零压保护？用闸刀开关启动和停止电动机时有无零压保护？

（3）试画出在两处用按钮启动和停止电动机的控制电路。

（4）在 220 V 的控制电路中，能否将两个 110 V 的继电器线圈串联使用？

8.3　三相异步电动机的正反转控制线路

很多生产机械要求运转机械有正、反两个运动方向，这就要求电动机可以向两个方向旋转，如机床工作台的前进和后退、主轴的正转与反转、电梯的上升与下降等。对于三相异步电动机来讲，可以通过两个接触器来实现改变电动机定子绕组的电源相序，从而实现电动机的正、反转运行。电动机正、反转控制电路如图 8.14 所示，它的工作原理与上节所述的启停自动控制电路基本相同，只是利用了两套启动按钮和接触器分别控制电动机的正转和反转。

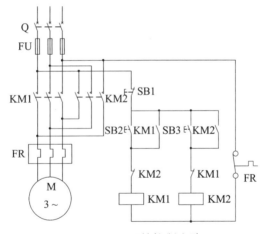

图 8.14　正反转控制电路

在主电路中，KM1 的主触点单独闭合时，电动机正转；KM2 的主触点单独闭合时，应使 M 接至电源的三根导线中的两根通过 KM_R 主触点对调一下位置（图中为 L1、L3 对调），电动机才能反转。要注意两个接触器主触点之间的连接方式，两个接触器不能同时通电吸合，否则会发生电源短路（图中为 L1、L3 间短路）。在这种情况下，为了避免这种短路事故，必须保证两个接触器不在同一时间内都处于吸合状态，应该将控制电路中两个接触器的线圈分别与对方的动断辅助触点相串联。这样，当正转接触器 KM1 的线圈通电时，它串联在反转接触器 KM2 线圈电路中的动断辅助触点断开，切断了反转接触器的线圈电路。因此，即使误按了反转启动按钮 SB3，反转接触器的线圈也不会通电吸合，反之亦然。这种互相制约的控制方式称为互锁，又称联锁。

该电路的操作和动作如下：

按下 SB2→KM1 线圈通电→KM1 主触点闭合→M 启动正转；KM1 动合辅助触点闭合→实现自锁；KM1 动断辅助触点断开→实现互锁。

按下 SB1→KM1 线圈断电→KM1 主触点断开→M 停车；KM1 动合辅助触点断开→撤销自锁；KM1 动断辅助触点闭合→撤销互锁。

按下 SB3→KM2 线圈通电→KM2 主触点闭合→M 启动反转；KM2 动合辅助触点闭合→实现自锁；KM2 动断辅助触点断开→实现互锁。

该电路只能实现"正→停→反"或"反→停→正"控制，即必须按下停止按钮后，再反向或正向启动。这对需要频繁改变生产机械运转方向的设备来说，是很不方便的。为了提高生产效率，直接正、反转操作，还可以利用复合按钮通过触点动作的先后不同进行机械互锁。这种控制电路如图 8.15 所示（主电路与图 8.14 相同）。

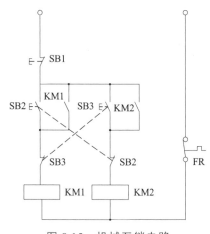

每一个复合按钮都有一副动合触点和一副动断触点，两个启动按钮的动断触点分别与对方的接触器线圈串联。当按下正转启动按钮 SB2 时，它的动断触点先断开反转接触器的线圈电路；当按下反转启动按钮 SB3 时，它的动断触点先断开正转接触器的线圈电路。因此，采用这种复合按钮，在改变电动机转向时可以不必先按下停止按钮，只要按下相应的启动按钮即可。如果是两种互锁方式同时采用的双重互锁，相互制约更为可靠，实现"正→反→停"或"反→正→停"控制。

图 8.15 机械互锁电路

在正反转控制电路中，短路保护、过载保护和失压（欠压）保护所用的电器的保护原理都与启停自动控制电路相同。

思考与练习

（1）试归纳一下自锁和互锁的作用和区别。

（2）试画出用低压断路器替代图 8.12 中隔离开关和熔断器后的主电路。

（3）试画出具有双重互锁的辅助电路。

8.4 三相异步电动机的顺序联锁控制路

许多生产机械都装有多台电动机，根据生产工艺的要求，其中有些电动机需要按一定的顺序启动，或者既要按一定的顺序启动，又要按一定的顺序停车，或者不能同时工作等。机床主轴电动机必须在油泵电动机工作后才能启动，以便在进刀时可靠地进行冷却和润滑。这就要求采用不同的顺序联锁控制。

在图 8.16 所示的控制电路中，两台电动机 M1 和 M2 由两套按钮和接触器分别实现启停控制，但是要求 M1 启动后 M2 才启动，M2 停车后 M1 才能停车。像此类关联制约的控制方式都称为联锁。上节中介绍的互锁只是联锁中的一种。

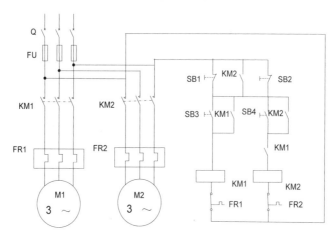

图 8.16　顺序联锁控制电路

为了实现启动的先后顺序，在 KM2 的线圈电路中串联了一个 KM1 的动合辅助触点。这样，当按下启动按钮 SB3 时，接触器 KM1 线圈通电，电动机 M1 启动运转，KM1 的两个动合辅助触点闭合，一个实现自锁，一个为接触器 KM2 的线圈通电准备好条件；再按下启动按钮 SB4，电动机 M2 方可启动运转。

为了实现停车的先后顺序，在停止按钮 SB1 的两端并联了一个 KM2 的动合触点。只有当 KM2 线圈断电，电动机 M2 停车后该触点断开，按下 SB1 才能使 KM1 线圈断电，M1 停车。

该电路的保护与 8.2 节、8.3 节的电路相同。

8.5　行程控制

生产中由于工艺和安全的要求，常常需要控制某些机械的行程和位置。如龙门刨床的工作台要求进行往复运动，或工作台达到极限位置时必须自动停车。吊车运行到车间两头时，即使没有按下停车按钮，装于车间两头的行程开关也会使吊车自动停车，以避免吊车撞击到墙体。像这一类的行程控制可以利用行程开关来实现。

8.5.1　行程开关

行程开关又称限位开关，它的种类很多，动作原理与按钮大致相同，但它不是靠手动，而是利用生产机械运动部件碰撞使触头动作。如图 8.17（a）所示是比较典型的几种行程开关，是滚轮、自动复位式组合电器，内装有微动开关。如图 8.17（b）所示为行程开关内部微动开关，当工作机构移动到行程终点时，安装在它上面的挡铁便压到滚轮上，使杠杆连同轴一起转动，并推动推杆移动。推杆压下微动开关到一定距离时，弹簧使动触点瞬时向上动作, 于是动断触点断开、动合触点闭合, 而触点的切换速度不受触杆下压速度的影响。当挡铁移去后, 推杆在恢复弹簧的作用下迅速复位, 动合和动断触点立即恢复原状。

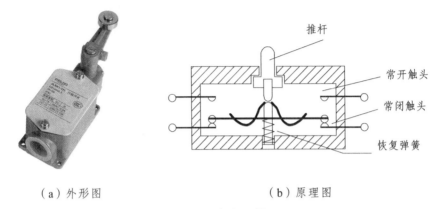

（a）外形图　　　　　　　　　（b）原理图

图 8.17　行程开关

行程开关是利用不同的推杆机构来推动装设在密封外壳中的微动开关的。值得注意的是：传动杆式和单滚轮式能自动复位；双滚轮式则不能自动复位, 它依靠外力从两个方向来回撞击滚轮, 使其触点不断改变状态。近年来, 为了提高行程开关的使用寿命和操作频率, 已开始采用晶体管无触点行程开关（又称接近开关）。

行程开关的文字符号和图形符号如表 8.2 和表 8.3 所示。

8.5.2　控制电路

如图 8.18（a）所示是用行程开关控制工作台自动往返的示意图。行程开关 SQ_{A1} 和 SQ_{B1} 分别控制工作台左右移动的行程。由安装在工作台侧面的撞块 A 和 B 撞击, 使工作台自动往返, 其工作行程和位置由撞块位置来调整。SQ_{A2} 和 SQ_{B2} 分别为左右移动的终端限位保护开关, 当 SQ_{A1} 或 SQ_{B1} 失灵时, SQ_{A2} 和 SQ_{B2} 起作用, 防止工作台超出极限位置而发生严重事故。

为了实现上述要求, 控制电路应在图 8.14 所示正反转电路的基础上, 分别在正反转辅助电路中串联行程开关 SQ_{A1}、SQ_{A2} 和 SQ_{B1}、SQ_{B2} 的动断触点, 并在正、反转启动按钮 SB2 和 SB3 两端分别并联 SQ_{A1} 和 SQ_{B1} 的动合触点。SQ_{A1} 和 SQ_{B1} 的动合触点和动断触点是机械联动的, 具有联锁作用, 其辅助电路如图 8.18（b）所示（主电路与图 8.14 相同）。

当按下正转按钮 SB2, 正转接触器 KM_F 的线圈通电, 电动机正转, 假设使工作台向左移动。当工作台移动到预定位置时, 撞块 A 压下行程开关 SQ_{B1}, SQ_{B1} 的动断触点断开, 切断正转接触器 KM_F 的线圈电路, 电动机停止正转。紧接着, SQ_{B1} 的动合触点和 KM_F 的动断触点闭合, 接通反转接触器 KM_R 的线圈电路, 电动机便反转, 使工作台向右移动。撞块 A 离开后, 行程开关 SQ_{B1} 自动复位。

当工作台移动到另一端的预定位置时, 撞块 B 压下行程开关 SQ_{A1}, SQ_{A1} 的动断触点断开而动合触点闭合, 电动机停止反转后又正转, 工作台又向左移动。如此周而复始, 工作台便在预定的行程内自动往返, 直到按下停止按钮 SB1 为止。

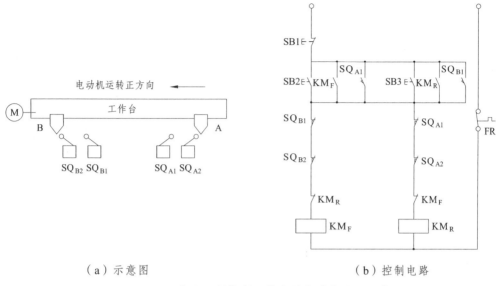

（a）示意图　　　　　　　　（b）控制电路

图 8.18　用行程开关控制工作台的自动化往返电路

为了使用上的方便，有关工厂将图 8.15 ~ 图 8.18 所示电路中除刀开关（或断路器）和电动机以外的部分组装在一个盒子内，称为电动机启动器。用户只要根据电动机的容量，选择相应的电动机启动器，安上刀开关和电动机便可用。

思考与练习

行程开关在电路中的作用是什么？

8.6　时间控制

在自动控制系统中常需要有时间控制或按时间顺序控制。所谓时间控制是指按照所需的时间间隔（或顺序）来接通、断开或换接被控制的电路，以协调和控制生产机械的各种动作。如三相笼形异步电动机的星形-三角形减压启动，启动时定子三相绕组连接成星形，经过一段时间，转速上升到接近正常转速时换接三角形；又如电动机串电阻启动，需要按时间顺序自动切除启动电阻。这一类的时间控制可以利用时间继电器来实现。

8.6.1　时间继电器

时间继电器的种类很多，有吸合时间较长的通电延时型，即通电后动合触点延时闭合、动断触点延时断开；有释放时间较长的断电延时型，即断电后动合触点延时断开、动断触点延时闭合。时间继电器的延时有多种不同的原理，其结构形式也不相同。常用的交流时间继电器有空气阻尼式（气囊式）、电动式和电子式等多种。这里只介绍自控控制电路中应用较多的空气式时间继电器，如图 8.19 所示。

图 8.20（a）是通电延时型空气阻尼式时间继电器的结构原理图。它是利用空气阻尼的原理来实现延时的。主要由电磁铁、触点、气室（阻尼室）和传动机构等组成。当线圈通电后，将动铁芯和固定在铁芯上的托板吸下，使瞬时微动开关中的各触点瞬时动作。与此同时，活塞杆及固定在活塞杆上的撞块失去托板的支持，在释放弹簧的作用下也要向下移动，但由于与活塞杆相连的橡皮膜跟着向下移动时，受到空气的

图 8.19　时间继电器外形图

阻尼作用，所以活塞杆和撞块只能缓慢地下移。经过一定时间后，撞块才触及杠杆，使延时微动开关中的动合触点闭合、动断触点断开。从线圈通电开始到延时微动开关中的触点完成动作为止的这段时间就是继电器的延时时间。延时时间的长短可通过延时调节螺钉调节气室进气孔的大小来改变。延时范围有 0.4 ~ 0.6 s 和 0.4 ~ 180 s 两种。

线圈失电后，依靠恢复弹簧的作用复位，气室中的空气经排气孔迅速排出，此时气室不起延时作用，瞬时微动开关和延时微动开关中的各对触点瞬时恢复原位。

如图 8.20（a）所示的时间继电器是通电延时的，它有两副延时触点，一副是延时断开的动断触点；一副是延时闭合的动合触点。此外，还有两副瞬时动作的触点，一副动合触点和一副动断触点。

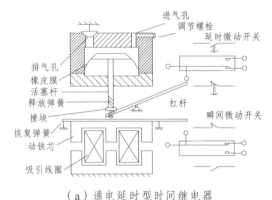

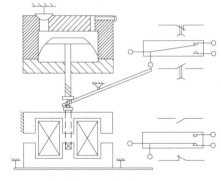

（a）通电延时型时间继电器　　　　　　　　（b）断电延型时间继电器

图 8.20　时间继电器

时间继电器也可以做成断电延时的，如图 8.20（b）所示，只要把铁心倒装即可。它也有两副延时触点，一副是延时闭合的动断触点，一副是延时断开的动合触点。此外还有两副瞬时动作的触点，一副动合触点和一副动断触点。

近年来，有一种组件式交流接触器得到了应用，在需要使用时间继电器时，只需将空气阻尼组件插入交流接触器的座槽中，接触器的电磁机构兼做时间继电器的电磁机构，从而可以减小体积、降低成本、节省电能。除此之外，体积小、耗电少、性能好的电子式时间继电器已得到广泛的应用。它是利用半导体器件来控制电容充放电时间以实现延时功能的。

时间继电器的文字符号和图形符号如表 8.2 和表 8.3 所示。

8.6.2 控制电路

三相笼形异步电动机常采用星形-三角形启动。其控制电路如图 8.21 所示。为了实现由星形到三角形的延时转换，采用了时间继电器 KT 延时断开的动断触点。控制电路的动作过程如下：

合上隔离开关 Q。

按下启动按钮 SB2，接触器 KM_Y 线圈通电，KM_Y 主触点闭合，使电动机结成 Y 形。KM_Y 的动断辅助触点断开，切断了 KM_△ 的线圈电路，实现互锁。KM_Y 的动合辅助触点闭合，使接触器 KM 和时间继电器 KT 的线圈通电，KM 的主触点闭合，使电动机在星形连接下降压启动。同时，KM 的动合辅助触点闭合，把启动按钮 SB2 短接，实现自锁。

经过一定时间后，时间继电器 KT 延时断开的动断触点断开，使接触器 KM_Y 线圈断电，KM_Y 各触点恢复常态并使接触器 KM_△ 的线圈通电，KM_△ 的主触点闭合，电动机便改接成在三角形连接下全压运行。同时，接触器 KM_△ 的动断辅助触点断开，切断了 KM_Y 和 KT 的线圈电路，实现互锁。

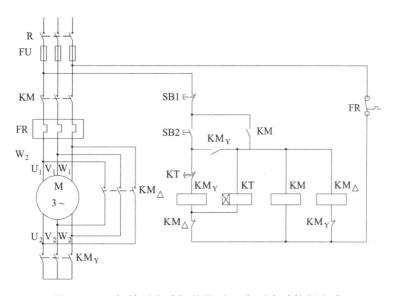

图 8.21 三相笼形电动机的星形-三角形启动控制电路

思考与练习

（1）简述空气阻尼式时间继电器的工作原理，并说明其在电路中的作用。

（2）通电延时与断电延时有什么区别？时间继电器的四种延时触点是如何动作的？

（3）画出时间继电器在电路中的符号，并注明它们的文字符号。

8.7 可编程序控制器及其应用

继电器接触器控制系统在生产上应用广泛，但由于它的机械触点多、接线复杂、可靠性低、功耗高、通用性和灵活性差，因此满足不了现代化生产过程日益复杂多变的要求。20 世纪 60 年代末期诞生了可编程控制器，当时称为可编程序逻辑控制器，简称 PLC。20 世纪 70 年代中期被正式命名为可编程控制器，简称 PC，为了避免与个人计算机的简称 PC 混淆，所以仍用 PLC 作为可编程控制器的简称。PLC 是在传统的继电器-接触器控制的基础上结合先进的微机技术发展起来的一种崭新的工业控制器。它把计算机功能完备、灵活性强和通用性弱等特点与继电器-接触器控制的简单易懂、价格便宜等优点结合在一起，深得使用者的欢迎，应用日益广泛，发展十分迅速。

8.7.1 PLC 的特点与工作原理

PLC 应用在工业环境下，采用了先进的微机技术，主要特点有可靠性高、编程简单、使用灵活方便等。PLC 虽然是以微机原理为基础的电子装置，但初学者在应用时可以不必从计算机的角度做深入的了解，只需将它看成是一个由很多普通继电器（中间继电器）、定时器（时间继电器）和计数器等组成的装置，并可以根据需要选择其中若干元器件组成控制电路。

如图 8.22 所示是利用 PLC 实现电动机正反转控制的等效电路图。与图 8.14 所示的利用继电器-接触器实现正反转控制的电路相比，其主电路不变，而将辅助电路中的自锁和互锁等环节改用 PLC 来控制。该电路的操作命令和控制信息来自三个按钮和热继电器的动断触点，将它们分别接到 PLC 的 4 个输入接线端子上。这些接线端子分别与 PLC 内部的输入继电器 I0.0 ~ I0.3 的线圈相连。Q0.0 ~ Q0.1 为输出继电器（不同厂家的产品，输入和输出点的编号方式不同，这里采取的是西门子产品的编号），它们各有一副动合触点分别接到输出接线端子上。该电路的被控对象为两个接触器 KM_F 和 KM_R 的线圈，将它们分别接到两个输出接线端子上。图中标有 COM 的端子为公共端。图 8.22 所示电路在正常工作时，热继电器 FR 的动断触点是闭合的，所以 PLC 的输入继电器 I0.3 的线圈通电，它的动合触点是闭合的。电路的操作和动作过程如下：

按 SB_F→I0.0 线圈通电→I0.0 的动合触点是闭合的→Q0.0 线圈通电。

Q0.0 动合触点（接至 Q0.0 接线端）闭合→KM_F 线圈通电→电动机正转。

Q0.0 动合触点（与 I0.0 动合触点并联）闭合→实现自锁。

Q0.0 动断触点（与 Q0.1 线圈串联）断开→实现互锁。

按 SB_T→I0.2 线圈通电→I0.2 动断触点断开→Q0.0 线圈断电。

Q0.0 动合触点（接至 Q0.0 接线端）断开→KM_F 线圈断电→电动机停转。

Q0.0 动合触点（与 I0.0 动合触点并联）断开→撤销自锁。

Q0.0 动断触点（与 Q0.1 线圈串联）闭合→撤销互锁。

按下 SB_R，电动机反转，动作过程读者可自行分析。

如图 8.22 所示电路虽然只是应用 PLC 的一个例子，但却反映了 PLC 等效电路的基本组成，可分为输入接口单元、逻辑运算单元和输出接口单元三部分。

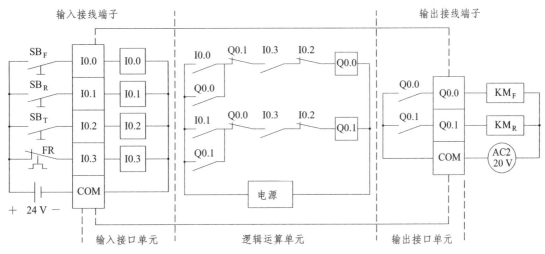

图 8.22　电动机正反转控制的 PLC 等效电路

8.7.2　PLC 控制系统的组成

PLC 控制系统主要由主机、输入设备、输出设备和外围设备构成，如图 8.23 所示。

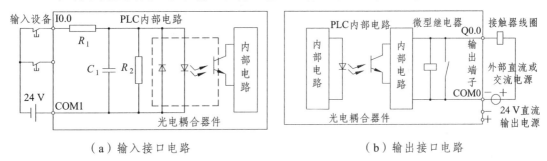

（a）输入接口电路　　　　　　　　　（b）输出接口电路

图 8.23　PLC 输入、输出接口电路

1. 输入设备

输入设备的作用是将控制信号送入 PLC 主机。常用的输入设备有控制开关（包括按钮、限位开关、行程开关、接触器的触点等）和传感器。

2. 输出设备

PLC 的输出控制信号直接驱动输出设备。常用的有电动机、继电器的线圈、接触器的线圈、电磁阀等。

3. 主　机

主机是 PLC 的核心。它读取输入设备输入的控制信号，将其按照预先设置的控制规律进行处理，然后产生输出控制信号，用输出信号驱动输出设备工作。

4．外围设备

外围设备包括编程器、打印机、显示器等，其中编程器是必不可少的外围设备，用户使用它实现程序的输入、编辑、调试等。

8.7.3　主机的组成

主机由输入输出接口单元、中央处理单元、电源等部件组成。

1．输入接口单元

在数字量输入的 PLC 模块中，在输入设备和输入接口之间有一输入接口电路，它是将输入开关量转换为数字量的电路，即输入接口单元，如图 8.23（a）所示。这种输入接口电路采用光点耦合方式，使内部电路与外部的强电隔离，以防止外部的电磁干扰。输入接口单元由输入接线端子和输入继电器（I）线圈组成，负责接收和输入控制电路的操作命令和控制信息。输入接线端子是 PLC 与外部连接的端口，除标有"COM"标记的端子为公共端外，其余各输入接线端子都与一个输入继电器的线圈相连，并且在图 8.22 中标以同一文字符号。每一个输入继电器都提供足够多的动合触点和动断触点供逻辑运算单元使用。它使用的直流电源一般为 24 V，可由 PLC 提供。通常将输入继电器的数量称为输入点数。输入继电器采用八进制或十六进制进行编号，如 I0.0～I0.7，I1.0～I1.7 等，不同型号的 PLC 各类继电器的编号方式不尽相同。

2．中央处理单元

中央处理单元包括逻辑运算单元（简称 CPU）和存储器等组成，CPU 的任务是运行程序、执行各种操作。由输入继电器（I）、输出继电器（Q）、辅助继电器（M）、定时器（T）和计数器（C）等组成。采用八进制或十六进制进行编号，例如 CPU224 型的 CPU 模块有输入继电器 I0.0～0.7，I1.0～I1.5 共 14 个接有输入电路；输出继电器为 Q0.0～Q0.7，Q1.0～Q1.1 等共 10 个接有输出电路。这 14 个输入继电器和 10 个输出继电器称为 PLC 本机 I/O 接口，使用时要注意。另外，对应本机每一个输入、输出接口都有一个 LED 指示灯，当输入、输出继电器的逻辑状态为"1"时，相应的 LED 指示灯亮，为"0"时则不亮。逻辑运算单元是 PLC 的核心，PLC 中的各种控制功能都是由这个单元运行设定的程序来实现的。

3．输出接口单元

输出接口单元如图 8.23（b）所示，由接线端子和各输出继电器的一副动合触点组成。这些动合触点与对应的编号相同的输出接线端子相连，负责连接与驱动 PLC 的被控对象和外部负载。通常将输出继电器的数量称为 PLC 的输出点数。在数字量输出的 PLC 模块中，输出接口电路又分为继电器输出、晶体管输出、晶闸管输出等多种类型。继电器输出的数字量转换为开关量，这种输出电路也采用光电耦合方式。当输出逻辑状态为"1"时，光电耦合器件中的发光二极管发光，信号耦合到三极管并使微型继电器线圈通电，微型继电器的常开触点吸合，接通外部电路，使输出设备的接触器线圈通电。当输出逻辑状态为"0"时，微型继电器释放，其常开触点断开而使接触器断电。接触器使用的是外部电源。

8.7.4 PLC 的工作方式及编程语言

用户编制好程序后，将其输入到 PLC 的存储器中寄存，PLC 靠执行用户程序来实现控制要求。PLC 的工作过程可分为三个阶段：输入采样阶段、程序执行阶段和输出刷新阶段。

1. PLC 的工作方式

当 PLC 运行用户程序时，CPU 周期性地循环执行用户程序，称为扫描。S7-200 型 PLC 执行一条指令所用的时间是 0.37 μs，完成一个循环所用的时间称为一个扫描周期。

1）输入采样阶段

PLC 在每一个扫描周期的开始，首先从输入接口读取每个输入端的逻辑状态（称为输入采样），并存入输入映象寄存器 I 中，之后进入程序执行阶段。

2）程序执行阶段

在此阶段，PLC 对程序顺序扫描，并根据输入状态和其他参数执行用户程序。按照从左到右，从上到下的原则，前面执行的结果马上可以被后面要执行的任务使用。PLC 将执行的结果写入到存储器的输出状态表寄存区中保存。

3）输出刷新阶段

当程序执行完毕，即每一个扫描周期的结尾，CPU 将输出状态表寄存区中所有输出状态送到输出锁存电路，驱动输出接口单元把数字信号转换成现场信号输出给执行机构。

PLC 重复地执行上述三个阶段，每重复一次就是一个扫描周期。顺序扫描工作方式简化了程序设计，并为 PLC 的可靠运行提供了保证。这种工作方式的不足是输入输出响应滞后。由于输入状态只在输入采样阶段读入，在程序执行阶段，即使输入状态发生变化，输入状态表寄存区的数据也不会改变。输入状态的变化只有在下一个扫描周期才能得到响应，这就是 PLC 输入输出响应滞后现象，一般来讲，最大滞后时间为 2~3 个扫描周期。滞后时间的长短与编程方法有关。

2. PLC 的编程语言

PLC 有多种编程语言，有梯形图、指令语句表、逻辑代数和高级语言等。不同的 PLC 产品可能拥有其中一种、两种或全部的编程方式。

1）梯形图

本节以前介绍的继电器-接触器控制电路，是利用导线将各个电气的有关部件连接起来而实现其控制功能的。在 PLC 中的继电器并非真正的电磁继电器，而是由微机来实现的软继电器，因此除输入和输出接线端子与外部的元器件（如按钮和接触器线圈等）需要接连外，在 PLC 内部的各继电器线圈和触点之间无须导线连接，而是利用输入设备等外围设备将程序用按键写入 PLC 中来实现的。输入程序前需要编写程序，梯形图就是一种比较通用的编程语言，它是在继电器-控制器控制电路的基础上演变而来的，由于它直观易懂，为电气技术人员所熟悉，因而是应用最多的一种编程语言。

　　绘制梯形图时，首先要根据控制要求确定需要的输入和输出（I/O）点数。现在仍以图 8.22 所示的电动机正反转控制电路为例，根据该电路的控制要求，操作命令和控制信息是由三个按钮的动合触点和热继电器的动断触点输入的，它们是 PLC 的输入变量，需接在四个输入接线端子上，可分配为 I0.0、I0.1、I0.2、I0.3。两个接触器的线圈是被控对象，需接在两个接线端子上，可分配为 Q0.0、Q0.1。故共需要四个输入点、两个输出点，下面列出 I/O 分配及外部接线图，如图 8.24 所示。

　　按照控制要求画出梯形图，如图 8.25 所示，它实际上就是图 8.21 所示逻辑运算单元中的等效电路。梯形图由 1 条竖线和与之分别相连的多个阶层构成，整个图形呈阶梯形。每个阶层由多种编程元素串联并联而成。在编程元素中，用⊣├表示动合触点，用⊣/├表示动断触点，用〈　〉表示继电器线圈。梯形图要从上至下，从左至右进行绘制。左侧安排输入触点或定时器（T）、计数器（C）等的触点以及辅助继电器（M），并且让并联触点多的支路靠近左侧竖线。输出元素，例如输出继电器线圈必须画在最右侧。每个编程元素（触点和线圈）都应有一个编号。

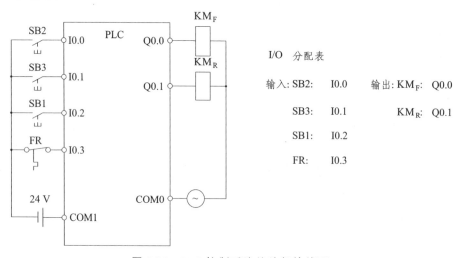

图 8.24　PLC 控制系统的外部接线图

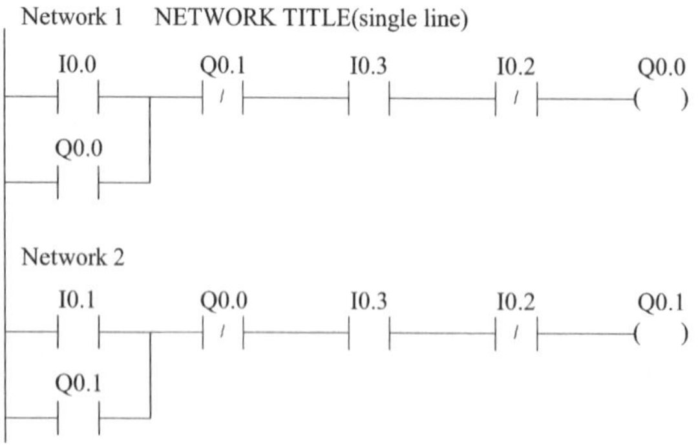

Network 1　　NETWORK TITLE(single line)

Network 2

图 8.25　电动机正反转控制的梯形图

　　输入继电器只供 PLC 接收外部输入信号，不能由其他内部继电器的触点驱动。因此，梯形图中只出现输入继电器的触点，而不出现输入继电器的线圈。输入继电器的触点就代表了相应的输入信号。继电器的内部触点数量一般可以无限引用，即既可动合、也可动断。

必须指出，梯形图与继电器控制电路有着严格的区别。

（1）梯形图中的继电器不同于继电器控制电路中的物理继电器，它是 PLC 内部的一个存储单元，以存储单元的状态"0"或"1"分别表示继电器线圈的"断"或"通"。故称为"软继电器"。由于触发器的状态可以读取任意次，所以软继电器的触点可以认为是无限个，可以无限次引用，而实际继电器的触点是有限的。

（2）梯形图中只出现输入继电器的触点，而不出现其线圈。因为输入继电器是由外部输入驱动的，而不能由其他内部继电器的触点驱动，输入继电器的触点只受相应的输入信号控制。

（3）PLC 工作时，按梯形图以从左到右、从上到下的顺序逐一扫描处理，不存在几条并联支路同时动作的因素。而继电器控制电路中各继电器均受通电状态的制约，可以同时动作。

2）语句表

语句表是用指令的助记符来进行书写的编程语言，类似计算机的汇编语言。但与计算机相比，PLC 的语句表学习方便，使用简单，因而它是小型 PLC 常用的一种编程语言。PLC 指令语句的三大要素为地址、指令和数据。

地址是指令在内存中存放的顺序代号。指令用助记符表示，表明 PLC 要完成的某种操作功能，又叫编程指令或编程命令。数据为执行某种操作所必需的信息，对某些指令也可能无数据。

不同厂家的 PLC，语句表使用的助记符各不相同，西门子公司和三菱公司产品的基本指令的助记符如表 8.4 所示。

表 8.4　PLC 的基本指令表

指令种类	助记符号		内　　容
	西门子	三菱	
触点指令	LD	LD	动合触点与左侧竖线相连或处于支路的起始位置
	LDI	LDI	动断触点与左侧竖线相连或处于支路的起始位置
	A	AND	动合触点与前面部分的串联
	AN	ANI	动合触点与前面部分的串联
	O	OR	动合触点与前面部分的并联
	ON	ORI	动合触点与前面部分的并联
连续指令	OLD	ORB	串联触点组之间的并联
	ALD	ANB	并联触点组之间的串联
特殊指令	=	OUT	驱动线圈的指令
	END	END	结束指令

语句表通常是根据梯形图来编写的。例如对图 8.25 所示的梯形图来说，参照表 8.4 便可写出语句表如下（采用西门子产品的助记符）。

LD I0.0　　　　LD I0.1　　　　END

O　Q0.0　　　　O　Q0.1

AN Q0.1	AN Q0.0
A I0.3	A I0.3
AN I0.2	AN I0.2
= Q0.0	= Q0.1

3）PLC 的编程原则与方法

（1）装载指令（LD）和非装载指令（LDN）是触点与左侧竖线接连的指令，还可以与 OLD 或 ALD 配合用于支路的开始（详见后面的图 8.26 和图 8.27）。

（2）与（A）、与非（AN）、或（O）和或非（ON）指令是用于串联或并联一个触点的指令。若是两个式两个以上串联而成的串联触点组再并联，如图 8.26 所示，在每个串联触点组的起点用 LD 或 LDI 开始，而在每次并联一个串联触点组后加指令 OLD。OLD 是一条独立指令，后面不带元件号。

LD I0.0	LDI I0.4
A I0.1	A I0.5
LD I0.2	OLD
AN I0.3	= Q0.0
OLD	END

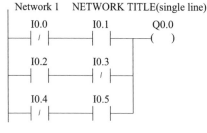

图 8.26 OLD 的用法   图 8.27 ALD 的用法

（3）块与（ALD）和块或（OLD）指令用于两个或两个以上触点并联而成的并联触点组串联时，如图 8.27 所示，在每个并联触点组的起点用 LD 或 LDI 开始，而在每次串联一个并联触点组后加指令 ALD。ALD 也是一条独立指令，后面不带元件号。

LD	I0.0	LDI I0.4
O	I0.1	O I0.5
LD	I0.2	ALD
ON	I0.3	= Q0.0
ALD	END	

（4）混联情况下 OLD 和 ALD 的使用方法则如图 8.28 所示。

LD	I0.0	A I0.6
LDI	I0.1	OLD
A	I0.2	ALD
OLD	A	I0.7
LD	I0.3	O I1.0

AN I0.4 = Q0.0

LDI I0.5 END

（5）输出指令。“＝”是驱动线圈的指令，可重复使用，如图 8.29 所示。

LD I0.0

AN I0.1

= Q0.0

= Q0.1

A I0.2

= Q0.2

END

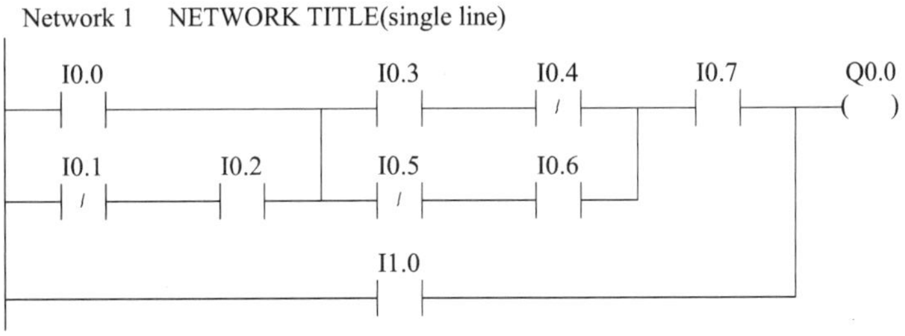

Network 1 NETWORK TITLE(single line)
I0.0
I0.3
I0.4
I0.7
Q0.0
I0.1
I0.2
I0.5
I0.6
I1.0

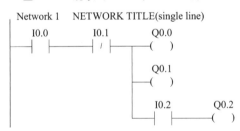

图 8.28 混联时 OLD 和 ALD 的用法

Network 1 NETWORK TITLE(single line)
I0.0
I0.1
Q0.0
Q0.1
I0.2
Q0.2

图 8.29 “＝”的用法

（6）定时器指令。

PLC 中的定时器可作时间继电器使用。西门子公司生产的 PLC，按工作方式的不同，定时器又分为接通延时定时器（TON）、有记忆接通延时定时器（TONR）和断开延时定时器（TOF）三种。一般作时间继电器使用时，采用 TON 即可。TON 定时器的数量视机型和中央处理器（CPU）型号而异，如 S7-200 CPU212 型的 TON 定时器有 64 种，采用 T0 ~ T63 的编号方式。其计时单位分为 1 ms、10 ms 和 100 ms 三种。它们的编号和最大延时时间如表 8.5 所示。定时器的延时时间设定值以单位时间数 K 表示，例如编号为 T33 ~ T36 的 TON 定时器，K100 的延时时间为 $100\times10\times10^{-3}$ s = 1 s。

表 8.5 TON 定时器的编号和最大延时时间

计时单位/ms	编 号	最大延时时间/s
1	T32	32.767
10	T33 ~ T36	327.67
100	T37 ~ T63	3276.7

在梯形图中，定时器的符号如图 8.30 所示。TON 表示定时器的种类，T33 是定时器的编号，IN 是控制信号输入端，PT 是延时时间设定值端。在相应的语句表中，在 TON 后接 T33，再加上延时时间设定值 K300，该图中的 I0.0 闭合时，定时器开始计时，3 s 后定时器的 T33 动合触点闭合、T33 动断触点断开；I0.0 断开时，定时器复位。

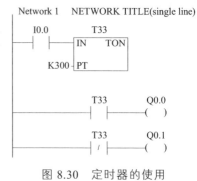

图 8.30　定时器的使用

```
LD      I0.0
TON     T33    K300
LD      T33
=       Q0.0
LDI     T33
=       Q0.1
END
```

（7）计数器指令。

S7-200 型 PLC 的计数器有 3 类：加计数器、减计数器和加/减计数器。以加计数器为例，加计数器的示意图如图 8.31 所示。CTU 表示计数器的类型，C5 是计数器的编号，CU 是计数器的计数脉冲输入端。当 I0.0 接通时，在 CU 输入端产生一个上升沿脉冲，计数器 C5 的当前值加 1，对每个 CU 输入的上升沿计数器都增加计数。当计数器的当前值大于或等于预设值 PV 时计数器位被置位（其常开触点接通，常闭触点断开）。计数器继续计数达到最大值 32 767 时停止计数，当复位输入端 R 的触点 I0.1 接通时，计数器位被复位，当前值被清 0。预设值最大为 32 767。

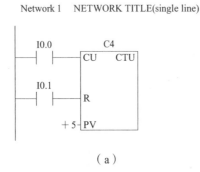

（a）

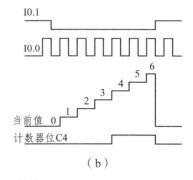

（b）

图 8.31　加计数器

计数器(包括加计数器和减计数器)编号为 C0 ~ C255，减计数器示意图如图 8.32 所示。在同一个程序中，一种类型的计数器号不能与其他类型的计数器号重复，也不能与定时器号重复。

（8）逻辑堆栈指令。

S7-200PLC 的堆栈有 9 个单元（层），每个单元 1 位，9 个单元的编号为 S0 ~ S8，其中第 0 层为栈顶，第 8 层为栈底。分别有逻辑入栈（LPS）、逻辑读栈（LRD）、逻辑出

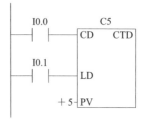

图 8.32　减计数器

栈（LPP）和装入堆栈（LDS n 等指令）。

逻辑入栈（LPS）：复制栈顶第 0 层的值，再压入堆栈，栈底的值被推出丢失。

逻辑读栈（LRD）：复制第 1 层的值，装到第 0 层，将第 0 层的值冲掉。

逻辑出栈（LPP）：将第 0 层的值弹出，其他各层的值依次上推一层。

装入堆栈（LDS n）：复制第 n 层的值到栈顶第 0 层，原来各层（包括第 0 层）的值依次下推一层，栈底的值被推出（$N = 1 \sim 8$）。

受篇幅所限，PLC 的其他功能和指令就不介绍了，感兴趣的读者可查阅有关机型的用户手册。

8.7.5 S7-200PLC 的应用举例

将图 8.21 所示三相笼形异步电动机的星形-三角形启动控制电路改用 PLC 控制时，需要 3 个输入点，3 个输出点，其分配方案和外部接线图如图 8.33（a）所示。根据星形-三角形启动的控制要求，画出梯形图如图 8.33（b）所示。

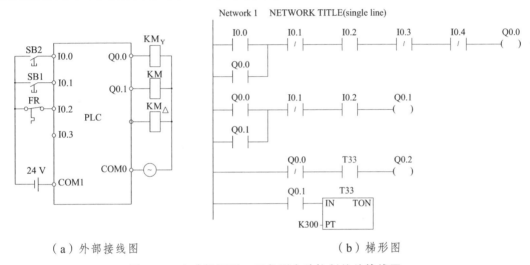

（a）外部接线图　　　　　　　　　　　（b）梯形图

图 8.33 电动机星形—三角形启动控制的外接线图

由梯形图写出语句表如下：

LD	I0.0	AN	T33	A	I0.2	LD	Q0.1
O	Q0.0	=	Q0.0	=	Q0.1	TON	T33
AN	I0.1	LD	Q0.0	LDT	Q0.0	END	
A	I0.2	O	Q0.1	A	T33		
AN	Q0.2	AN	I0.1	=	Q0.2		

思考与练习

（1）可编程序控制器有哪些基本组成部分？

（2）可编程序控制器的工作原理是什么？简述可编程序控制器的扫描工作过程和可编程序控制器用户程序的工作过程。

（2）编制瞬时接通、延时 3 s 断开的电路的梯形图和指令语句表，并画出动作时序图。

（4）定时器有几种类型？与定时器相关的变量有哪些？不同分辨率定时器的当前值是如何刷新的？

（5）什么是定时器的定时设定值、定时单位和定时时间，三者有何关系？

（6）计数器有几种类型？与计数器相关的变量有哪些？

（7）定时器和计数器的减 1 计数是如何实现的？什么是时钟脉冲？

练 习 题

1. 图 8.34 所示的各电路能否控制异步电动机的启停？为什么？

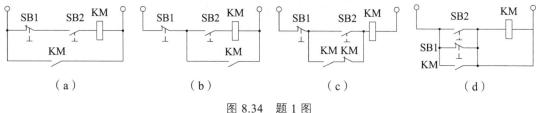

图 8.34　题 1 图

2. 某车床主轴三相异步电动机为 7.5 kW、308 V、15.4 A、1 440 r/min，根据工况要求正反转控制。工作照明为 36 V，40 W。要求有短路保护、零压保护及过载保护。试绘制出控制主电路、控制电路并选择各电器元件。

3. 试画出三相异步电动机既能点动工作、又能连续工作的继电器接触器控制电路。

4. 画出能在两地分别控制同一台笼形异步电动机启停的继电器-接触器控制电路。

5. 试分析图 8.35 所示正反转控制电路中有哪些错误？并说明这些错误所造成的后果。

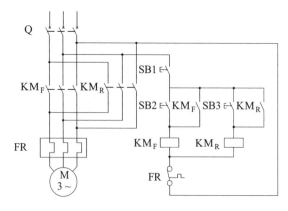

图 8.35　题 5 图

6. 两条皮带运输机分别由两台笼形异步电动机拖动，由一套启停按钮控制它们的启停。

为了避免物体堆积在运输机上，要求电动机按下述顺序启动和停车：启动时，M1 启动后 M2 才随之启动；停止时，M2 停车后 M1 才随之停车，试画出控制电路。

7. 如图 8.36 所示是工作台能自动往返的行程控制电路，若要求工作台退回原位停止，怎么办？

8. 根据图 8.12 电路接线做实验时，将隔离开关 Q 合上后按下 SB2，发现有下列现象，试分析和处理故障：① 接触器 KM 不动作。② 接触器 KM 动作，但电动机不转动。③ 电动机转动，但一松手电动机就不转动。④ 接触器动作，但吸合不上。⑤ 接触器有明显颤动，噪声较大。⑥ 接触器线圈冒烟甚至烧坏。⑦ 电动机不转动或者转动较慢，并有"嗡嗡"声。

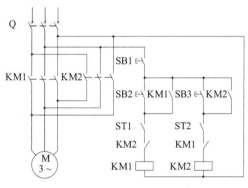

图 8.36 题 7 图

9. 根据下列几个要求，分别绘出控制电路（M1 和 M2 都是三相笼形异步电动机）：① 电动机 M1 先启动后，M2 才能启动；M2 能单独停车。② 电动机 M1 先启动后，M2 才能启动；M2 能点动。③ M1 先启动，经过一定延时后 M2 能自行启动。④ M1 先启动，经过一定延时后 M2 能自行启动；M2 启动后，M1 立即停车。⑤ 启动时，M1 启动后 M2 才能启动；停止时，M2 停车后 M1 才能停车。

10. 写出图 8.37 所示梯形图的语句表。

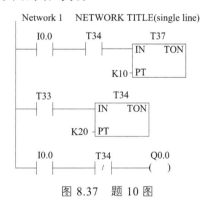

图 8.37 题 10 图

11. 试画出下述语句所对应的梯形图。

LD	I0.0	LD	I0.6
A	I0.1	AN	I0.7

LDI	I0.2	OLD	
A	I0.3	ALD	
OLD		O	I1.0
LDI	I0.4	=	Q0.0
A	I0.5	END	

12. 若将图 8.16 所示顺序联锁控制电路改用 PLC 控制，试画出梯形图，写出语句表。

13. 如图 8.38 所示，开机后，机床的工作台在 A、B 两点之间自动往复运动。试设计工作台的 PLC 控制程序，画出三相笼形异步电动机主电路、PLC 外部接线图、PLC 程序梯形图，并写出语句表程序。设 A、B 两点处的行程开关 ST1、ST2 都只有一个常开触点。

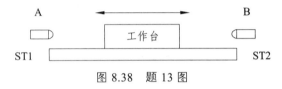

图 8.38 题 13 图

14. 图 8.39（a）所示梯形图中，已知 I0.0 的常开触点时序图如图 8.39（b）所示。画出 T37、T38、Q2.4 常开触点的时序图（常开触点闭合逻辑值为 1，断开逻辑值为 0）。

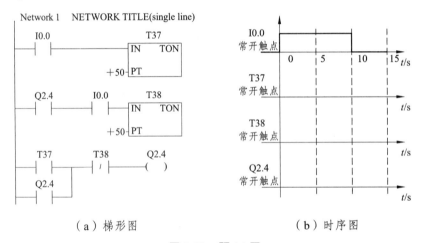

（a）梯形图　　　　　　　　　（b）时序图

图 8.39 题 14 图

第9章　供配电及安全用电

电的应用对社会生产力的高度发展和人们的物质文化生活起着巨大的作用。伴随着电的应用，人身触电事故、设备事故和电气火灾时有发生，给人民生命财产和国民经济带来损失。经过分析，多数事故是因为缺乏安全用电知识或电气设备的安装不符合安装要求造成的。因此，了解电力系统，学习安全知识，建立完善的安全工作制度并严格遵守操作规程是安全用电的根本保证。

9.1　电力系统概述

电力工业是国民经济的重要产业之一，它是负责把自然界提供的能量转换为供人们直接使用的电能的产业。电力工业的发展必须优先于其他的工业部门，整个国民经济才能不断前进。

根据转换能量种类的不同，发电厂可分为水力发电厂、风力发电厂、核能发电厂和太阳能发电厂等。现在世界各国建造最多的是水力发电厂和火力发电厂；20 世纪 60 年代以来，核能发电厂的建设逐年增加，在一些国家的电力系统中已占据很大的比重。

火力发电厂是以煤、石油、天然气等作为燃料，通过燃烧将化学能转换为热能，再借助汽轮机等热力机械将热能转换为机械能，并由汽轮机带动发电机将机械能变为电能。据统计，全世界发电厂的总装机容量中，火力发电厂占了 60% 以上。

水力发电厂是利用河流所蕴藏的水能资源来发电，水能资源是洁净、廉价的能源。水力发电厂的容量取决于上、下游的水位差和流量的大小。根据水利枢纽布置的不同，水力发电厂可分为堤坝式、引水式和水蓄能式等。它是由高水位的水，经压力水管进入水轮机蜗壳室推动水轮机转子旋转，将水能变为机械能，水轮机转子再带动发电机转子旋转，使机械能变为电能。

核能发电厂的基本原理是：利用核燃料在反应堆内发生核裂变所释放的大量热能并由冷却剂（水或气体）带出，在蒸汽发生器中将水加热为蒸汽，然后与一般火电厂一样，利用蒸汽推动汽轮机，再带动发电机发电。冷却剂在把热量传给水后，又被泵打回反应堆里去吸热，这样反复使用，不断地把核裂变释放的热量引导出来。核电厂与火电厂的主要区别是用核反应堆代替了蒸汽锅炉，1 kg 核燃料铀 235 约等于 2 700 t 标准煤发出的电能。

各类发电厂都是利用三相同步发电机发电的。

各发电厂孤立地向用户供电，可靠性不高，一旦发生故障或需要停机检修时，容易造成该地区或部分地区停电。但每个发电厂都设置一套备用机组又很不经济,因此,通常将各发电厂、变电所、输配电线路以及用户等在电气上相互联系起来,组成一个整体,这个整体称为电力系统,它包括了从发电、输电、配电到用电这样一个全过程。另外,还把由输配电线路以及由它所联系起来的各类变电所总称为电力网络(简称电网或电力网),所以电力系统也可以看作是由各类发电厂和电网以及用户所组成的。

电网按其供电容量和供电范围的大小以及电压等级的高低可分为地方电网、区域电网和超高压远距离输电网络等三种类型。地方电网是指电压不超过 110 kV、输电距离在几十千米以内的电力网,主要是城市、工矿区、农村等的配电网络。区域电网则把范围较广地区的发电厂联系在一起,而且输电线路也较长,用户类型也较多。目前在我国,区域电网主要指电压等级为 220 kV 级的电网。超高压远距离输电网络主要由 330 kV 以上电压的远距离输电线路所组成,它担负着将远区发电厂的电能送往负荷中心的任务,往往同时还联系着几个区域电网以及形成跨越省(区)、全国、甚至国与国之间的联合电力系统。

根据电能生产的特点,电力系统的运行必须满足一些基本要求:

(1)保证对用户供电的可靠性。系统运行可靠性的破坏,将引起系统设备损坏或供电中断,使得工农业生产停顿和人民生活秩序的遭到破坏,甚至发生设备和人身事故。

根据供电要求的可靠性不同,可以把电力用户分为三级。

一级负荷:如停止供电,将会危害生命、损坏设备、使生产过程混乱,给国民经济带来重大损失,或者使市政生活发生重大混乱。

二级负荷:如停止供电,将造成大量减产,城市大量居民的正常活动受到影响。

三级负荷:指所有不属于一级及二级的负荷等。

对于一级负荷,至少要由两个及以上独立电源供电,其中每一电源的容量,都应在另一电源发生故障时仍能完全保证一级负荷的用电。

(2)保证电能的质量。即要求供电电压(或电流)的波形为较严格的正弦波,保证系统中的频率和电压在一定的允许变动范围以内。我国规程规定:10~35 kV 及以上电压供电的用户和对电压质量有特殊要求的低压用户电压允许偏移为 ±5%;频率允许偏移为 ±0.5 Hz。

(3)保证运行的经济性,实现电力系统的经济运行,必须对整个系统实施最佳经济调度。

在低压配电系统中,一般可分为树干式接线、放射式接线和环形接线,如图 9.1 所示。

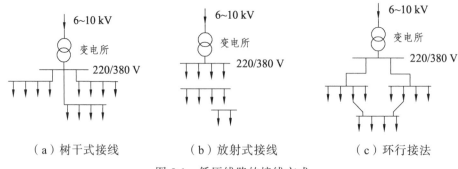

(a)树干式接线   (b)放射式接线   (c)环行接法

图 9.1　低压线路的接线方式

在低压配电系统中,往往不仅使用一种接线方式,而是依具体情况几种接线方式相组合。不过在正常环境下，当大部分用电设备不是很大且无特殊要求时，宜采用树干式配电。这不仅是由于树干式配电较放射式配电经济，更因为我国的供电人员对采用树干式配电积累了相当成熟的运行经验，并实践证明了这种配电方式一般能满足生产需要。

思考与练习

（1）分别阐述火力发电厂、水力发电厂、核能发电厂的能量转换过程。

（2）电网可以分为几种类型，各有何特点？

9.2 触电的有关知识

当人身接触了电气设备的带电（或漏电）部分，身体承受电压，从而使人体内部流过电流，这一现象称为触电。电流对人体组织的作用比较复杂，伤及内部器官时称为电击，主要是电流伤害神经系统，使心脏和呼吸功能受到伤害，极易导致死亡。只是皮肤表面被电弧烧伤时称为电伤，烧伤面积过大也可能有生命危险。

9.2.1 触电方式

1. 接触正常带电体

接触正常带电体的触电方式主要有单相触电和双相触电两种。

（1）人体的某一部位触及带电设备时，电流通过人体流入大地，这种触电方式就称为单相触电，如图 9.2（a）所示。这时人站在地面上，电流将从相线经手流入人体，再从脚经过大地和电源接地电极回到电源中点，危害性较大，如果人体与地面的绝缘较好，危害性可以大大减小。

（2）人体的不同部位同时触及两带电体，或者在高压系统中，人体与带电体的距离小于安全距离时，电流从一相带电体流入另一相带电体的触电方式，称为双相触电，如图 9.2（b）所示。电流将从一根相线经人手进入人体，再从另一只手回到另一相线，这时人体承受的是线电压，危险性大于单相触电。

2. 接触正常不带电金属体

触电的另一种情形是接触电气设备正常不带电的部分。正常情况下，电气设备的这些金属体是不带电的，但由于绝缘的损坏、错误的安装等使其带电。人手触及这些带电的金属体而造成的触电，相当于单相触电。为了防止这种触电事故，往往对电气设备采用保护接地和保护接零的保护装置。

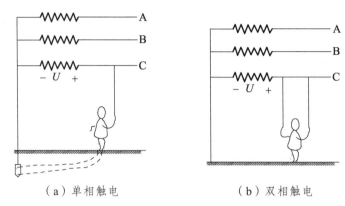

（a）单相触电　　　　　　　　　（b）双相触电

图 9.2　触电方式

9.2.2　电流对人体的危害

电流对人体伤害的严重程度，主要和电流的种类、电流的大小、持续的时间、电流经过身体的途径等因素有关。

1. 电流的种类

工频交流电的危险性大于直流电，因为交流电能麻痹破坏神经系统，且触电后往往难以摆脱。但 20 kHz 以上的交流对人体无害，高频电流还可治疗某些疾病。

2. 电流的大小

当流过人体的工频电流在 0.5 ～ 5 mA 时就有疼痛感，但尚可忍受和自主摆脱；电流大于 5 mA 后将发生痉挛、难以忍受；电流达到 50 mA，持续数秒到数分钟就将引起昏迷和心室颤动，就有生命危险。故把 36 V 以下的电压作为安全电压。如在潮湿的场所，安全电压还规定得低一些，通常是 24 V 和 12 V。

3. 电流持续时间

电流流过人体的时间愈长，则伤害愈大。

4. 电流经过身体的途径

电流最忌通过心脏和中枢神经，因此从手到手，从手到脚都是危险的电流途径，从脚到脚的危险性较小，一般情况下四肢触电的机会更多些。此外，人体电阻愈大，通过的电流愈小，伤害程度也愈轻。根据研究结果，皮肤有完好的角质外层并且干燥时，人体电阻约为 10^4 ～ 10^5 Ω，当角质外层破坏时，则降至 800 ～ 1 000 Ω。

9.2.3　触电急救的方法

一旦发生触电事故，首先，使触电者与电源分开，然后根据情况展开急救。越短时间内开展急救，被救活的概率就越大。无论触电者的情况怎样，都必须立刻请医生救治。在医生到来之前，应迅速实施合适的急救。

（1）当触电者脱离电源后，如果神志清醒，使其安静休息。

（2）在触电者曾处于昏迷或者较长时间触电，此时尚有知觉者，应使其躺在木板上，在医生到来之前，保持安静和空气流通，并不断观察其呼吸状况和测试脉搏。

（3）如果触电者呼吸困难（呼吸微弱、发生痉挛等），则应进行人工呼吸和胸外按压。

（4）如果触电者呼吸停止，心脏暂时停止跳动，但尚未真正死亡（触电者往往存在假死现象），要迅速对其人工呼吸和胸外按压。

思考与练习

（1）电流对人体的伤害有哪些？

（2）触电的方式主要有哪些？各有什么特点？

（3）对触电者如何实施急救？

9.3 工作接地与保护接地

为了保证人身安全和电力系统可靠运行，避免电气设备的结构部分或其他部分意外呈现的电压而引起的危险，应采取接地措施。其方法是将接地极（金属体）直接埋在大地中。

电力系统和设备的接地，按其功能分为工作接地和保护接地两大类，此外还有为进一步保证保护接地的重复接地。

9.3.1 工作接地

为保证电力系统和设备达到正常工作要求而进行的接地，称为工作接地。各种工作接地都有各自的功能。例如电源中性点的直接接地，能在运行中维持三相系统中相线对地电压不变；电源中性点经消弧线圈的接地，能在单相接地时消除接地点的断续电弧，防止系统出现过电压。

9.3.2 保护接地

在 220 V/380 V 低压配电系统中，我国广泛采用电源中性点接点的运行方式，而且引出有中性线（neutral wire，代号 N）和保护线（protective wire，代号 PE）。中性线（N 线）的功能，一是用来接用相电压的单相设备；二是用来传导三相系统中的不平衡电流和单相电流；三是减少负荷中性点电位偏移。保护线（PE 线）的功能，是为了保障人身安全、防止发生触电事故。通过公共 PE 线，将设备的外露可导电部分连接到电源的接地点去，当系统中设备发生一相接地故障时，可形成单相短路，使设备和系统的保护装置动作，切除故障设备，从而防止人体触电。这种将设备的外露可导电部分与公共保护线相连的保护方式，我国过去称为"保护接零"。

实际上，保护接地的形式可分为两种：一种是设备的外露可导电部分经各自的 PE 线分别接地；另一种是设备的外露可导电部分经公共的 PE 线或 PEN 线接地。前者我国过去称为保护接地，而后者我国过去称为保护接零。

低压配电系统按保护接地的形式不同，分为 TN 系统、TT 系统和 IT 系统。

1. TN 系统

TN 系统的电源中性点直接接地，并引出有 N 线，属三相四线制系统。当其设备发生一相接地故障时，就形成单相短路，过电流保护装置动作，迅速切除故障部分。TN 系统又依其 PE 线的形式分为 TN-C 系统、TN-S 系统和 TN-C-S 系统。

1）TN-C 系统

如图 9.3（a）所示，在三相四线制系统中的中线性和保护线共用一根线——保护中性线（PEN），该系统称为 TN-C 系统。这种系统的 N 线和 PE 线合为一根 PEN 线，所有设备的外露可导电部分均与 PEN 线相连。当三相负荷不平衡或只有单相用电设备时，PEN 线上有电流通过。在一般情况下，如开关保护装置和导线截面选择得当，TN-C 系统是能够满足供电可靠性要求的，而且投资较省，又节约导电材料。目前在我国这种系统应用最为普遍。

2）TN-S 系统

如图 9.3（b）所示，在三相四线制系统中的中性线和保护线完全分开，则此系统称为 TN-S 系统。

这种系统的 N 线和 PE 线是分开的，所有设备的外露可导电部分均与公共 PE 线相连。这种系统的优点在于公共 PE 线在正常情况下没有电流通过，因此不会对接在 PE 线上的其他设备产生电磁干扰，所以这种系统适于供数据处理、精密检测装置等使用。

3）TN-C-S 系统

如图 9.3（c）所示，三相四线制系统中的中线性和保护线，在前边共用，而在后边又全部或部分分开，则此系统称为 TN-C-S 系统。此系统兼有 TN-C 系统和 TN-S 系统的特点，常用于配电系统末端环境条件较差或有数据处理等设备的场所。

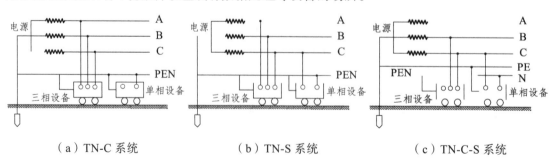

图 9.3　电源中性点接地的 TN 系统

2. TT 系统

TT 系统的电源中性点直接接地，也引出有 N 线，属三相四线制系统，而设备的外露可导电部分则经各自的 PE 线分别直接接地，如图 9.4 所示。

若设备的外露可导电部分未接地，则当设备发生一相接地故障时，外露可导电部分就要带上危险的相电压。而设备的外露可导电部分采取直接接地时，当设备发生一相接地故障时，就通过保护接地装置形成单相短路电流。这一电流通常足以使故障设备电路中的过电流保护装置动作，迅速切除故障设备，从而大大减少了人体触电的危险。

3. IT 系统

IT 系统的电源中性点不接地或经阻抗（约 1 000 Ω）接地，且通常不引出 N 线。因此它一般为三相三线制系统，其中电气设备的外露可导电部分均经各自的 PE 线分别直接接地，如图 9.5 所示。

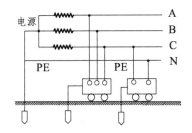 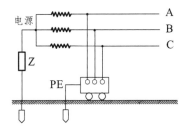

图 9.4　电源中性点接地的 TT 系统　　图 9.5　电源中性点经阻抗接地的 IT 系统

思考与练习

中性线（N 线）和保护线（PE 线）分别起什么作用？

9.4　静电的产生及防护

由于两种物质互相摩擦、分离、受热或受压，以及受到其他带电物质感应等原因，发生电荷的转移，破坏了物质原子中的正负荷的平衡，使物体带电的现象称为静电现象。

9.4.1　静电的产生

产生静电的原因很多，其中主要是以下几种。

1. 摩擦起电

摩擦起电就是通过摩擦实现极大面积的接触，并在接触面上产生双电层的过程。

2. 破断起电

不论材料破断前其内部电荷的分布是否均匀，破断后均可能在宏观范围内导致正、负电荷的分离，即产生静电。当固体粉碎或液体分离时，就能因破断产生静电。

3. 感应起电

处于电场中的导体，在静电场的作用下，其表面不同部分感应出不同电荷或引起导体上原有电荷的重新分布，使得本来不带电的导体变成带电的导体。

9.4.2 静电的危害

静电在许多领域中得到应用，如静电喷涂、静电除尘、静电复印等。但静电现象也会带来许多危害：

（1）静电具有一定能量，产生火花放电时可能引起火灾或爆炸。

（2）静电可能对人体造成伤害。静电对人的生理作用是使人感到刺痛或灼伤，人长期受静电作用可能造成精神紧张等。

（3）静电会造成 MOS 型半导体器件损坏或引起电子装置误动作。

（4）静电的吸附效应会影响产品质量和工作效率。

9.4.3 静电的防护

防止静电危害的基本方法一般有两种。

1. 减少静电的产生

减少静电产生的主要办法是控制工艺过程，如降低液体、气体的流速，在易燃、易爆场所不采用皮带轮传动，在低导电材料中掺如少量高导电材料等。

2. 防止静电的积累

防止静电积累的主要方法是利用静电泄漏和中和的方法消除静电，如适当提高环境温度有助于静电泄放；将生产设备的金属外壳、容器等接地，能有效地泄放静电。

静电的消除和防护往往需要多种措施综合使用，才能达到满意的效果。

思考与练习

（1）静电产生原因主要有那些？

（2）静电主要有那些危害？

9.5 电气火灾及防护

电气设备的绝缘材料多数是可燃物质。材料由于老化、渗入杂质而失去绝缘性可能引起火花、电弧，或由于过载、短路的保护电器失灵使电气设备过热等，都可能使绝缘材料燃烧起来，并波及周围可燃物而酿成火灾。电烙铁、电炉等电热器使用不当，或用完忘记断电从而引起火灾的案例更是屡有发生。电气火灾防护的主要措施有以下几种。

（1）选用电气设备不仅要合理选择电气设备的容量和电压，还要根据工作环境的不同，选择合适的结构型式。尤其是在易燃、易爆场所更应注重电气设备选取的合理性。

（2）严格遵守安全操作规程，保护电气设备的正常运行。

（3）保持必要的安全间距。

（4）保护良好的工作环境。

（5）保证保护装置的可靠。

（6）采取完善的组织措施。

思考与练习

试举例说明哪些情况可能引起电气火灾。

9.6 安全用电知识

由于供、用电系统是一个密切联系的整体，用电设备发生故障必然影响供电系统的安全运行，因此在注意安全供电的同时，也必须注意安全用电。为此供电人员要注意向用户和广大群众反复宣传安全用电的重要意义，大力普及安全用电常识。

（1）不得私拉电线，私用电炉。这不仅涉及电能节约问题，更主要是涉及电气安全的问题。

（2）不得随意加大熔体规格或改用其他材料来取代原有熔体（如以铁丝或铜丝代替铅锡合金熔丝）。否则可能烧毁设备和导线，甚至引起火灾。

（3）装拆电线和电气设备应请电工，避免发生触电和短路事故。

（4）电线上不能晾衣服，晾衣服的铁丝也不能靠近电线，更不能与电线交叉搭接或缠绕在一起，以防电线绝缘磨破，触电伤人。

（5）不能在架空线路和室外变电所附近放风筝，不能用鸟枪或弹弓来打电线上的鸟，不许爬电杆。

（6）移动电器的插座一般应采用带保护接地（PE）插孔的插座。电灯要使用拉线开关，不要用湿手去摸灯头、开关和插头等，以免触电。

（7）当因电气故障或漏电而起火时，应立即切断电源。电气设备起火时，应用干砂覆盖灭火，或者用四氯化碳灭火器或二氧化碳灭火器来灭火，决不能用水或一般酸性泡沫灭火器灭火，否则有触电危险。

在使用四氯化碳灭火器时要防止中毒，因为四氯化碳受热时与空气中的氧作用，会生成有毒的光气和氯气。因此在使用用四氯化碳灭火器时门窗应打开，有条件的最好戴上防毒面具。

在使用二氧化碳灭火器时，要防止冻伤和窒息，因为二氧化碳是液态，灭火时向外喷射，扩散强烈并大量吸热，形成温度很低（可达 −78.5 ℃）的雪花状干冰，降温灭火并隔绝氧气。因此在使用二氧化碳灭火器灭火时，也要打开门窗，人要离开火区 2～3 m，小心喷射，勿使干冰沾着皮肤，以防冻伤。

（8）当电线断落在地上时，不可走近。对落地的高压线，应离开落地点 8～10 m 以上，以免跨步电压伤人，更不能用手去拣。遇此断线接地故障，应划定禁止通行区，派人看守，并通知电工或供电部门前往处理。

思考与练习

（1）安全用电的常识主要有哪些？

（2）当因电气故障或漏电起火时应怎么做，为什么？

练 习 题

1. 分别阐述火力发电厂、水力发电厂、核能发电厂的能量转换过程。

2. 在低压供电系统中，有哪几种接线方式，各有何特点？

3. 电流对人体伤害的严重程度主要取决于哪些？

4. 电击和电伤哪种危害程度大，为什么？

5. 对触电者如何实施急救？

6. 保护接地有几种类型？各有什么特点？

7. 静电的防护措施主要有哪些？

8. 电气火灾防护的主要措施有哪些？

第 10 章　电工测量技术

电工测量仪表的使用是实验和训练中不可缺少的一个重要组成部分，它的主要任务是借助各种电工仪器仪表，对电流、电压、电阻、电能、电功率等进行测量。因此，正确掌握电工仪表的使用是十分必要的。

学习要求

（1）了解电工测量的基本知识，理解测量的误差及消除办法，掌握减小测量误差的方法。

（2）了解电工仪表的组成及工作原理。

（3）掌握指针式万用表、数字万用表、有功功率的使用。

重难点

（1）重点是掌握指针式万用表、数字万用表、有功功率表的使用。

（2）难点是掌握减小测量误差的方法。

10.1　电工测量仪表的分类

电工测量仪表是日常工作生活中比较常见的测量工具。按指示方式的不同主要有指针式仪表和数字式仪表两大类。指针式仪表通常是指利用电磁力使指针偏转进行电工测量的仪表，也就是通过被测电量产生的电磁力使指针产生机械角位移的一种电-机转换式模拟仪表。数字式仪表是把连续的被测量的模拟量自动变换成断续的、用数字方式编码并以十进制数字自动显示测量结果的一种测量仪表。电工测量仪表的种类繁多，分类方法也各不相同。

10.1.1　按照被测量的种类来分类

电工测量仪表若按照被测量的种类来分，可分为电流表、电压表、功率表等，如表 10.1 所示。

表 10.1　电工测量仪表按被测量种类分类

被测量的种类	仪表名称	符号
电　流	电流表	(A)
电　流	毫安表	(mA)
电　压	电压表	(V)
电　压	千伏表	(kV)
电功率	功率表	(W)
电功率	千瓦表	(kW)
电　能	电度表	(kWh)
相位差	相位表	(φ)
频　率	频率表	(Hz)
电　阻	欧姆表	(Ω)
电　阻	兆欧表	(MΩ)

10.1.2　按照工作原理分类

电工测量仪表若按照工作原理来分类，可分为磁电式、电磁式、电动式等，主要的几种如表 10.2 所示。

10.1.3　按照电流性质来分类

电工测量仪表若按照电流性质来分类，可分为直流仪表、交流仪表和交直流两用仪表，如表 10.2 所示。

表 10.2　电工测量仪表按工作原理分类

型　式	符号	被测量的种类	电流的种类与频率
磁电式		电压、电流、电阻	直　流
整流式		电压、电流	工频、较高频率的交流
电磁式	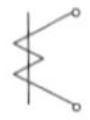	电压、电流	直流、工频交流
电动式	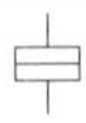	电压、电流、电功率、功率因数、电能	直流、工频、较高频率的交流

10.1.4 按照仪表的准确度分类

按照仪表的准确度分类，可分为 0.1 级、0.2 级、0.5 级、1.0 级、1.5 级、2.5 级和 5.0 级等七级。

1. 误差的来源

准确度是电工仪表的主要特性之一。电工测量仪表的准确度与其误差有关。不管仪表制造的如何精确，仪表的读数和被测量的实际值之间总是有误差的。误差是衡量测量结果准确度的标准，其大小决定于测量结果与被测量实际值的接近程度。测量中，总是尽力想找出被测量的真实值，但由于测量仪表本身不够精确（如刻度的不准确、弹簧的永久变形、轴和轴承之间的摩擦、零件位置安装的不正确等），测量方法不够完善，测量条件不够稳定以及操作人员的读数不准确等原因，都会使测量值和真实值之间有误差，这就是测量误差。测量误差是由于外界因数对测量仪表读数的影响所产生的。

2. 误差的表示法

由于测量方法和使用测量仪表的不同，测量误差可以有多种表示法。

1）绝对误差

某一物理量的测量值 A_x 与真实值 A_0 之间的差值，称为绝对误差，用符号 ΔA 表示，则测量的绝对误差定义为

$$\Delta A = A_x - A_0 \tag{10.1.1}$$

绝对误差有正、负，正表示测量值大于真实值；负表示测量值小于真实值。绝对误差只能尽量减小，但不可避免。

2）相对误差

将绝对误差与标准值之比的百分数定义为相对误差，用 γ 表示，即

$$\gamma = \frac{\Delta A}{A} \times 100\% \approx \frac{\Delta A}{A_x} \times 100\% \tag{10.1.2}$$

相对误差 γ 要比绝对误差有更多的实用性，因为 γ 能表示出测量的精确程度。如测量 10 V 电压和测量 1 000 V 电压，设它们的绝对误差相等，都是 1 V，但是前者的相对误差是 105%，而后者是 0.1%，显然后者的测量精确度要高得多。

3）附加误差

附加误差是指由于外界因素的影响和测量时仪表的放置位置不符合规定等原因引起的误差。附加误差有的可以消除或限制在一定范围内。

4）测量仪表的准确度（引用误差）

引用误差通常用来表示仪表本身的准确度。仪表的准确度是根据仪表的相对额定误差来分级的。所谓相对额定误差，就是指仪表在正常工作条件下进行测量可能产生的最大基本误差 ΔA 与仪表的最大量程（仪表测量上限）A_m 之比，如以百分数表示，则为

$$\gamma_m = \frac{\Delta A}{A_m} \times 100\% \qquad\qquad (10.1.3)$$

由引用误差的定义可知，对于某一确定的仪器仪表，其最大引用误差值也是确定的，这就为仪器仪表划分等级提供了方便。电工仪表就是根据引用误差 γ_m 之值进行分级的。目前我国直读式电工测量仪表分为 0.1、0.2、0.5、1.0、1.5、2.5 和 5.0 七级。这些数字就是表示仪表的相对额定误差的百分数。

如有一准确度为 2.5 级的电压表，其最大量程为 50 V，则可能产生的最大基本误差为

$$\Delta U = \gamma_m \times U_m = \pm 2.5\% \times 50 = \pm 1.25 \text{ (V)}$$

在正常工作条件下，可以认为最大基本误差是不变的，所以被测量值较满标值愈小，则相对误差测量就愈小。如用上述电压表来测量实际值为 10 V 的电压时，则相对测量误差为

$$\gamma_{10} = \frac{\pm 1.25}{10} \times 100\% = \pm 12.5\%$$

而用它来测量实际值为 40 V 的电压时，相对误差测量为

$$\gamma_{40} = \frac{\pm 1.25}{40} \times 100\% = \pm 3.1\%$$

因此，在选用仪表的量程时，应使被测量的值越接近满标值越好。一般应使被测量的值超过仪表满标值的一半以上。

准确度等级较高（0.1、0.2、0.5 级）的仪表常用来进行精密测量或校正其他仪表。常见的电工测量仪表的准确度等级和允许基本误差如表 10.3 所示。

表 10.3　电工测量仪表准确度等级和允许基本误差值

仪表准确度等级	0.1	0.2	0.5	1.0	1.5	2.5	5.0
基本误差（%）	± 0.1	± 0.2	± 0.5	± 1.0	± 1.5	± 2.5	± 5.0

3. 测量仪表上常见符号的意义

为了便于正确选用电工测量仪表，通常在仪表上会有一些符号标记。符号标记通常都有仪表的型式、准确度的等级、电流的种类以及仪表的绝缘耐压强度和测量时放置位置等符号，如表 10.4 所示。

表 10.4　电工测量仪表上的几种符号

符号	意义
===	直流
~	交流
≃	交直流
3～ 或 ≈	三相交流
2 kV	仪表绝缘试验电压 2 000 V
↑	仪表直立放置
→	仪表水平放置
∠60°	仪表倾斜 60° 放置

思考与练习

（1）用一只量程为 100 V、准确度为 2.5 级的电压表和一只同样量程、准确度为 0.1 级的标准表，它们所能出现的最大绝对误差分别是多少？

（2）用一只准确度为 0.1 级、量程为 30 V 的电压表测量电压时，其最大相对误差是多少？

10.2 电工仪表的类型

按照工作原理可将常用的直读式仪表分为磁电式、电磁式和电动式等几种。

直读式仪表测量各种电量的根本原理，主要是利用仪表中通入电流后产生电磁作用，使可动部分受到转矩作用而发生转动。转动转矩与通入的电流之间存在着一定的关系

$$T = f(i)$$

为了使仪表可动部分的偏转角 α 与被测量成一定比例，必须有一个与偏转角成比例的阻转矩 T_c 来与转矩 T 相平衡，既

$$T = T_c$$

这样才能使仪表的可动部分平衡在一定的位置，从而反映出被测量的大小。

此外，仪表的可动部分由于惯性的关系，当仪表开始通电或被测量发生变化时，不能马上达到平衡，而是在平衡位置附近经过一定时间的振荡才能静止下来。为了使仪表的可动部分迅速静止在平衡位置以缩短测量时间，还需要一个能产生制动力的装置，它称为阻尼器。阻尼器只在指针转动过程中才起作用。

通常的直读式仪表主要是由上述三个部分组成——产生转动转矩的部分、产生阻碍转矩的部分和阻尼器组成的。

下面对磁电式（永磁式）、电磁式和电动式三种仪表的基本构造、工作原理及基本用途分别加以讨论。

10.2.1 磁电式仪表

1. 磁电式仪表的工作原理

磁电式仪表的构造如图 10.1 所示。它的固定部分包括马蹄形永久磁铁、极掌 NS 及圆柱形铁芯等。极掌与铁芯之间的空气隙的长度是均匀的，其中产生辐射方向的磁场，如图 10.2 所示。仪表的可动部分包括铝框及线圈、前后两根半轴 O 和 O'、游丝弹簧（或张丝）及指针等。铝框套在铁芯上，铝框上绕有线圈，线圈两头与连在半轴 O 上的两个游丝弹簧的一端相

接，游丝弹簧的另一端固定，以便将电流通入线圈。指针也固定在半轴 O 上。

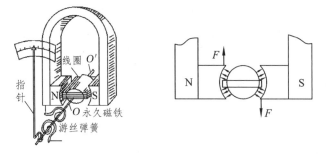

图 10.1　磁电式仪表　　　图 10.2　磁电式仪表的转矩

当线圈通入电流 I 时，由于与空气间隙中磁场的相互作用，线圈的两个边受到大小相等、方向相反的力，其方向（见图 10.2）由左手定则确定，其大小为

$$F = BlNI \qquad (10.2.1)$$

式中，N 为线圈的匝数；B 为空气间隙中磁感应强度；l 为线圈在磁场内的有效长度。

如果线圈的宽度为 b，则线圈受到的转矩为

$$T = Fb = BlbNI = k_1 I \qquad (10.2.2)$$

式中，$k_1 = BlbN$ 是一个比例常数。从上式可知，磁电式仪表的转动转矩与通过线圈的电流 I 成正比。

在转矩的作用下，线圈和指针便转动起来，同时游丝弹簧因被扭紧而产生反作用转矩。游丝弹簧的反作用转矩与指针的偏转角 α 成正比，即

$$T_c = k_2 \alpha \qquad (10.2.3)$$

式中，k_2 为游丝弹簧的转矩系数，与游丝弹簧的材料及几何尺寸有关。

当游丝弹簧的反作用转矩与转动转矩达到平衡时，可动部分便停止转动。这时

$$T = T_c \qquad (10.2.4)$$

即

$$\alpha = \frac{k_1}{k_2} I = kI \qquad (10.2.5)$$

式中，k 称为磁电式仪表测量机构对电流的灵敏度；α 为仪表可动部分的偏转角，即指针的偏转角。由于空气隙中的磁感应强度 B 是恒定的，电磁转矩 T 正比于线圈电流 I。因此，指针偏转的角度也与流经线圈的电流 I 成正比，按此即可在标尺上作均匀刻度。当线圈中无电流时，指针应指在零的位置。如果不在零的位置，可用校正器进行调整。电磁转矩的方向与电流的方向有关，规定顺时针方向为正转，逆时针方向为反转。当电流从线圈的接线端钮"＋"流入，从线圈的接线端钮"－"流出时，仪表正转。

由于这种仪表的磁场方向是恒定的，则通入可动线圈的电流方向决定了其所受电磁力方向。当线圈通入工频交流电时，一个周期的平均值为零，线圈静止不动，即这种仪表只能用

来测量直流电。

2. 磁电式仪表的应用

1）电流测量

用磁电式仪表测量电流有两种情况：若被测电流不超过表头的允许值（一般为数十微安至数十毫安）时，可直接将表头与负载串联，从表盘上读取被测电流值。若被测电流超过表头允许值，就必须扩大量程，其方法是在测量机构上并联一个分流电阻。详细情况见第 10.3 节。

2）电压测量和附加电阻

磁电式仪表测量电压时，由于表头的内阻一般为几十欧姆至几千欧姆，所以表头的电压降只有几十到几百毫伏。若要测量较高电压时，需要扩大电压量程，可在表头上串联一个适量的附加电阻以限制电流。详细情况见第 10.3 节。

3. 磁电式仪表的特点

磁电式仪表的优点是：表盘刻度均匀，灵敏度高和准确度高，阻尼强，消耗电能少，由于仪表本身的磁场强，所以受外界磁场的影响很小。

这种仪表的缺点是：只能测量直流，价格较高，由于电流必须经游丝弹簧，而游丝较细，因此过载能力较差，否则将引起游丝弹簧过热，使弹性减弱，甚至被烧毁。

磁电式仪表经常用来测量直流电压、直流电流及电阻等。

10.2.2 电磁式仪表

电磁式仪表是一种直接测量交流电流和电压的常用仪表，在实验室和工程上得到了广泛的应用。

1. 电磁式仪表的工作原理

电磁式的仪表通常采用推斥式的构造，如图 10.3 所示。它的主要部分是固定的圆形线圈、线圈内部的固定铁片以及固定在转轴上的可动铁片。当线圈中通有电流时能产生磁场，两铁片均被磁化，同一端的极性是相同的，因而互相推斥，可动铁片受斥力而带动指针偏转。在线圈通有交流电的情况下，由于两铁片的极性同时改变，所以仍然产生推斥力。

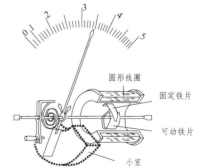

图 10.3　推斥式电磁式仪表

可以近似的认为，作用在铁片上的吸力或仪表的转动转矩是和通入线圈的电流的平方成正比的。在通入直流电流 I 的情况下，仪表的转动转矩为

$$T = k_1 I^2 \qquad (10.2.6)$$

在通入交流电流 i 时，仪表的可动部分决定于平均转矩，它与交流电流的有效值 I 的平

方成正比，即

$$T = k_1 I^2 \tag{10.2.7}$$

和磁电式仪表一样，产生阻转矩的是连在轴上的游丝弹簧。和式（10.2.3）一样

$$T_c = k_2 \alpha$$

当阻转矩和转动转矩达到平衡时，可动部分即停止转动。这时

$$T = T_c$$

即

$$\alpha = \frac{k_1}{k_2} I^2 = k I^2 \tag{10.2.8}$$

由上式可知，指针的偏转角与直流电流或交流电流的有效值的平方成正比，所以电磁式仪表的刻度是不均匀的。

在这种仪表中产生阻尼力的是空气阻尼器。其阻尼作用是由与转轴相连的活塞在小室中的移动而产生的。

2. 电磁式仪表的应用

1）电磁式电流表

电磁式仪表是各种电工测量仪表中结构最简单的一种。根据其工作原理，可直接将测量机构中的固定线圈与被测电路串联，做成电流表来测量电流。由于电流不通过游丝弹簧，故可制成直接测量大电流的电流表。对于特大电流的测量，应外配电流互感器，此时被测电流应为电流表的读数乘以电流互感器的变比。

2）电磁式电压表

电磁式电压表中的固定线圈是用细绝缘导线绕制的。为获得足够大的磁场（转矩），线圈的匝数很多，但它测量的电压仍然不高。电磁式电压表量程的扩大，是使用附加电阻来实现的。当被测电压很高时，由于仪表的耐压有限，应给电磁式电压表外配相应的电压互感器。

3. 电磁式仪表的特点

电磁式仪表的优点是：构造简单、价格低廉，可用于交直流，能测量较大电流和允许较大的过载。

其缺点是：刻度不均匀，容易受外界磁场（本身磁场很弱）及铁片中磁滞和涡流（测量交流时）的影响，因此准确度不高。

这种仪表常用来测量交流电压和电流。

10.2.3 电动式仪表

电动式仪表是利用一个固定载流线圈和一个可动载流线圈之间产生作用力而工作的仪表。电动式仪表的构造如图 10.4 所示。可动载流线圈与指针及空气阻尼器的活塞都固定在转

轴上。和磁电式仪表一样，可动载流线圈中的电流也是通过游丝弹簧引入的。下面分析直流和交流两种情况下的工作原理。

1. 在直流情况下工作时

当固定载流线圈通过有电流 I_1 时，在其内部产生磁场（磁感应强度为 B_1），可动载流线圈中的电流 I_2 与磁场相互作用，产生大小相等、方向相反的两个力（见图 10.5），其大小则与磁感应强度 B_1 和电流 I_2 的乘积成正比。而 B_1 可以认为是与电流 I_1 成正比的，所以可动载流线圈上的力或仪表的转动转矩与两载流线圈中的电流 I_1 和 I_2 的乘积成正比，即

$$T = k_1 I_1 I_2 \qquad\qquad (10.2.9)$$

在该转矩的作用下，可动线圈和指针发生偏转。任何一个线圈中的电流的方向发生改变，指针偏转的方向就随着改变。若两个线圈中的电流的方向同时改变，偏转的方向不变。因此，电动式仪表也可用于交流电路。

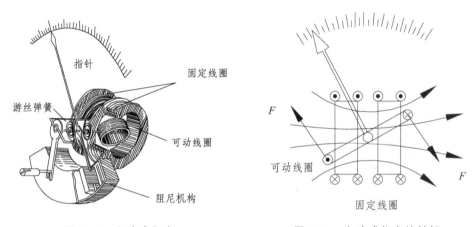

图 10.4　电动式仪表　　　　　图 10.5　电动式仪表的转矩

2. 在交流情况下工作时

当线圈中通入交流电流，且 $i_1 = I_{1m} \sin \omega t$ 和 $i_2 = I_{2m} \sin(\omega t + \varphi)$ 时，转动转矩的瞬时值即与两个交流电流的瞬时值的乘积成正比。但仪表可动部分的偏转是决定于平均转矩的，即

$$T = k_1 I_1 I_2 \cos \varphi \qquad\qquad (10.2.10)$$

式中，I_1 和 I_2 是交流电流 i_1 和 i_2 的有效值；φ 是 i_1 和 i_2 之间的相位差。

当游丝弹簧产生的组转矩 $T_c = k_2 \alpha$ 与转动转矩达到平衡时，可动部分便停止转动。这时

$$T = T_c$$

即　　　　　$\alpha = kI_1 I_2$ 　（直流）　　　　　　　　　　　　　　（10.2.11）

或　　　　　$\alpha = kI_1 I_2 \cos \varphi$ 　（交流）　　　　　　　　　　　（10.2.12）

电动式仪表的优点是适用于交直流，由于没有铁芯，所以它的准确度较高。其缺点是受外界磁场影响较大（本身的磁场很弱），不能承受较大过载（理由同电磁式仪表）。

3. 电动式仪表的应用

电动式仪表可用在交流或直流电路中测量电流、电压、功率以及相位（功率因数）等，在实验室和工程测量中得到了广泛应用。

1）电动式电流表

将电动式仪表测量机构中的固定载流线圈与可动载流线圈串联起来，就构成了电流表。此时 $I_1 = I_2 = I$，I 为被测量电流，仪表的偏转角为

$$\alpha = kI_1I_2 = kI^2 \tag{10.2.13}$$

可见，电动式电流表的可动部分偏转角与被测量电流的平方成正比，因此表盘标尺的刻度是不均匀的。

2）电动式电压表

将电动式仪表测量机构中的固定载流线圈和可动载流线圈串入不同的附加电阻，即构成不同量程的电压表。当附加电阻一定时，通过测量机构的电流与表两端的电压成比例，其偏转角为

$$\alpha = k_u U^2 \tag{10.2.14}$$

可见电动式电压表的偏转角与被测电压的平方成正比，所以表盘刻度也是不均匀的。

3）电动式功率表

将电动式仪表测量机构中的固定载流线圈与待测负载串联，可动载流线圈通过串联附加电阻与待测负载并联，即构成了电动式功率表。详细内容见第 10.6 节。

思考与练习

（1）一般的电磁式测量机构中的驱动装置、控制装置和阻尼装置由哪些部件组成？其工作原理如何？

（2）磁电式测量机构有何优缺点？它测量的基本量是什么？

10.3　电流的测量

测量直流电流通常用磁电式电流表，测量交流电流主要采用电磁式电流表。电流表应串联在电路中，如图 10.6（a）所示。

为了使电路的工作不因接入电流表而受到影响，电流表的内阻必须很小。因此若不慎将电流表并联在电路两端，则电流表将被烧毁，使用时必须注意。

采用磁电式电流表测量电流时，因测量机构（即表头）所允许通过的电流很小，不能直接测量较大电流。为了扩大它的量程，应该在测量机构上并联一个称为分流器的低值电阻 R_A，

如图 10.6（b）所示。这样，通过磁电式电流表的测量机构的电流 I_0 只是被测电流的一部分，但两者有如下关系：

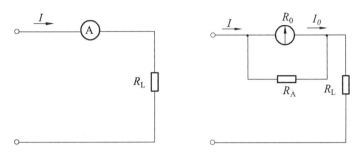

（a）电流表串联在电路中　（b）在测量机构上并联分流器 R_A

图 10.6　电流表和分流器

$$I_0 = \frac{R_A}{R_0 + R_A} I$$

即

$$R_A = \frac{R_0}{\dfrac{I}{I_0} - 1} \tag{10.3.1}$$

式中，R_0 是测量机构的电阻。

由上式可知，需要扩大的量程愈大，则分流器的电阻应愈小。多量程电流表具有多个标有不同量程的接头，这些接头可分别与相应阻值的分流器并联（见本章 10.5 节，如图 10.9 所示）。分流器一般放在仪表的内部，成为仪表的一部分，对于测量较大电流的分流器常放在仪表的外部。

【例 10.1】　某磁电式电流表，当无分流器时，表头的满标值电流为 5 mA，表头电阻为 20 Ω。今欲使量程（满标值）为 1 A，问分流器的电阻应为多大？

解：

$$R_A = \frac{R_0}{\dfrac{I}{I_0} - 1} = \frac{20}{\dfrac{1}{0.05} - 1} = 0.100\ 5\ (\Omega)$$

用电磁式电流表测量交流电流时，不需要用分流器来扩大量程。这是因为电磁式电流表的载流线圈是固定的，可以允许通过较大电流；在测量交流电流时，由于电流的分配不仅与电阻有关，也与电感有关，因此分流器很难制得精确。如要测量几百安培以上的交流电流时，可利用电流互感器（见第 6.5.5 节）来扩大量程。

思考与练习

有一磁电式电流表，当无分流电阻时，表头的满标值电流为 10 mA，表头电阻为 20 Ω。

今欲使其量程为 1 A，问分流器电阻值应为多少？

10.4 电压的测量

测量直流电压常用磁电式电压表，测量交流电压常用电磁式电压表。电压表是用来测量电源、负载或某段电路两端电压的，所以必须和它们并联，如图 10.7（a）所示。为了使电路工作不因接入电压表而受影响，电压表的内阻必须很高，而测量机构的电阻 R_0 是不大的，所以必须将它与一个称为倍压器的高值电阻 R_v 串联，如图 10.7（b）所示，这样就使电压表的量程得到了扩大。

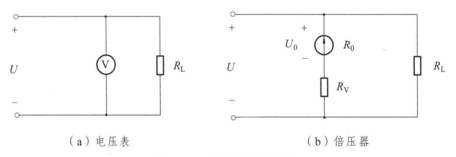

（a）电压表　　　　　　　　　　（b）倍压器

图 10.7　电压表和倍压器

由图 10.7（b）可得

$$\frac{U}{U_0} = \frac{R_0 + R_v}{R_0}$$

即
$$R_v = R_0 \left(\frac{U}{U_0} - 1 \right) \tag{10.4.1}$$

由上式可知，需要扩大的量程愈大，则倍压器的电阻应愈高。多量程电压表具有多个标有不同量程的接头，这些接头可分别与相应阻值的倍压器串联（见 10.5 节，如图 10.10 所示）。电磁式电压表和磁电式电压表都必须串联倍压器。

【**例 10.2**】　有一电压表，其量程为 50 V，内阻为 2 000 Ω。今欲使其量程扩大到 300 V，问还需串联多大电阻的倍压器？

解：　　　　$R_v = 2\,000 \times \left(\frac{300}{50} - 1 \right) = 10\,000 \ \Omega$

思考与练习

有一电压表，其量程为 100 V，内阻为 3 000 Ω。欲使其量程扩大到 300 V，问需要串联多大的分压电阻？

10.5 万用表

万用表是电子测量技术领域中出现最早一种仪表，它以测量电流、电压、电阻三大参数为主，所以也称三用表。万用表是可测量直流或交流电流、电压和电阻等多种变量的多量程、多用途的直读式仪表。有的万用表还可以测量电感、电容、三极管参数等。虽然万用表的准确度不高，但是使用简单、携带方便，特别适合用于检修线路和修理电器设备。万用表分指针式和数字式两种。

10.5.1 指针式万用表

指针式万用表由磁电式微安表、若干分流器和倍压器、半导体二极管及转换开关等组成，所以指针式万用表又叫磁电式万用表。可以用来测量直流电流、直流电压、交流电压和电阻等。图 10.8 所示是常用的 MF-47 型万用表的面板图，MF-47 型指针式万用表技术参数如表 10.5 所示。

表 10.5 MF-47 型指针式万用表技术指标

挡 位	量程范围	灵敏度及电压降	精度	误差表示
直流电流	0.5 mA，5 mA，50 mA，500 mA，5 A	0.3 V	2.5	百分数示
直流电压	0.25 V，1 V，2.5 V	20 000 Ω/V	2.5/5	百分数示
交流电压	10 V，50 V	4 000 Ω/V	5	百分数示
直流电阻	R×1，R×10，R×100，R×1 k，R×10 k		2.5/10	百分数示
音频电平	− 10 ~ 22 dB			
晶体管直流放大倍数	00 ~ 03			

1. 直流电流的测量

测量直流电流的原理电路如图 10.9 所示。被测电流从 " + " " − " 两端进出。$R_{A1} \sim R_{A5}$ 是分流器电阻，它们和微安表连成一闭合电路。改变转换开关的位置，就改变了分流器的电阻，从而改变了电流表的量程。如放在 50 mA 挡时，分流器电阻为 $R_{A1} + R_{A2}$，其余则与微安表串联。量程愈大，分流器电阻愈小。图 10.9 中的 R 为直流调整电位器。

2. 直流电压的测量

测量直流电压的电路原理如图 10.10 所示。被测电压加在 "+" " − " 两端。R_{v1}，R_{v2}，R_{v3} 是倍压器电阻。量程愈大，倍压器电阻愈大。

电压表的内阻愈高，被测电路取用的电流愈小，被测电路受到的影响愈小。我们用仪表的灵敏度，也就是用仪表的总内阻除以电压量程来表明这一特征。

MF-47 型万用表在直流电压 25 V 挡的总内阻为 500 kΩ，则这挡的灵敏度为 $\dfrac{500\ \text{k}\Omega}{25\ \text{V}} = 20\ \text{k}\Omega / \text{V}$。

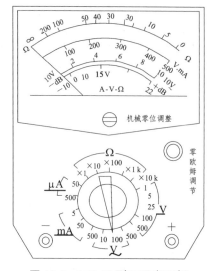

图 10.8　MF-47 型万用表面板

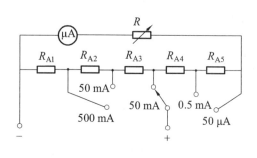

图 10.9　测量直流电流的电路原理图

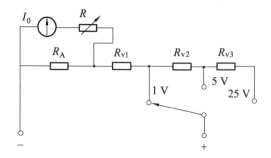

图 10.10　测量直流电压的电路原理图

3. 交流电压的测量

测量交流电压的电路原理图如图 10.11 所示。磁电式仪表只能测量直流，如要测量交流，则必须附有整流元件，即图中的半导体二极管 D_1 和 D_2。二极管只允许一个方向的电流通过，反方向的电流不能通过。被测交流电压也是加在"+""−"两端。在正半周时，设电流从"+"端流进，经二极管 D_1 部分电流经微安表流出。在负半周时，电流直接经 D_2 从"+"端流出。可见，通过微安表的是半波电流，读数应为该电流的平均值。为此，图 10.11 中有一交流调整电位器（图中的 600 Ω 电阻）用来改变表盘刻度，指示读数便被折换为正弦电压的有效值。至于量程的改变，则和测量直流电压时相同。R'_{v1}，R'_{v2}，…是倍压器电阻。

万用表交流电压挡的灵敏度一般比直流电压挡的低。MF-47 型万用表交流电压挡的灵敏度为 5 kΩ/V。

普通万用表只适于测量频率为 45~1 000 Hz 的交流电压。

4. 电阻的测量

测量电阻的原理电路如图如 10.12 所示。测量电阻时要接入电池,被测电阻也是接在"+""–"两端的。被测电阻愈小,则电流愈大,因此指针的偏转角愈大。测量前应先将"+""–"两端短接,看指针是否偏转最大且指在零(刻度的最右处),否则应转动零欧姆调节电位器(图 10.12 中的 1.7 kΩ 电阻)进行校正。

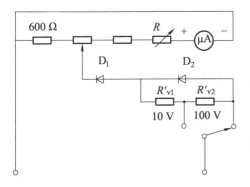
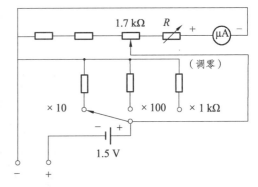

图 10.11　测量交流电压的电路原理图　　　图 10.12　测量电阻的电路原理图

使用万用表时应注意转换开关的位置和量程,绝对不能在带电线路上测量电阻,用毕应将转换开关转到高电压挡。

此外,从图 10.8 还可以看出,面板上的"+"端接在电池的负极,而"–"端是接在电池的正极的。

10.5.2　数字式万用表

随着电子技术的迅速发展,特别是专用集成电路、高精度 A/D 转换器以及液晶显示技术的广泛应用,数字式万用表得到了飞速发展。新型专用集成电路制成的各种袖珍式、台式以及智能化数字万用表,在国内外迅速普及,并在电子、电工领域显示出强大的生命力。数字式万用表具有显示清晰、直观、读数准确、测量准确度高、分辨率高、仪表输入阻抗高、测试功能完善等特点。他的保护电路也比较完善,有过流保护、过压保护、电阻保护等;还有测量速度快,抗干扰能力强等优点。

数字万用表的核心是 A/D(模拟量/数字量)转换器。随着单片数字万用表专用 IC 的发展,能以最简单的方式构成性能优良、功能齐全、性价比高的数字式万用表,这为数字万用表的普及创造了有利条件。普及型数字万用表除能测量直流电压(DCV)、交流电压(ACV)、直流电流(DCA)、交流电流(ACA)、电阻(Ω)之外,还能测量半导体二极管正向压降 V_F,小功率三极管的共发射极电流放大系数(β)$\dot{h}_{FE}$。利用表内的电子蜂鸣器,数字万用表还可以检查线路的通断。数字万用表具有自动调零、自动显示极性、超量程报警等功能。新型高档数字万用表又增加有测温挡、电导挡、读数保持、相对值测量、峰值保持及逻辑测试、有效测试、数字/模拟混合、数字/模拟条图双显示等多重显示、量程扩展、自动关机、交流/直流自动转换等功能。

本章以 DT-9205A 数字万用表为例来介绍其使用方法,如图 10.13 所示。万用表的技术指标请参考有关资料，这里不一一罗列。

1. 使用方法

（1）将"ON/OFF"开关置于"ON"位置，检查电池，如果电池电压不足，"⊟"将显示在显示器上，这时则需更换电池；如果显示器没有显示"⊟"，则按以下步骤操作。

图 10.13　DT-9205A 型数字万用表

（2）测试笔插孔旁边的"⚠"符号，表示输入电压或电流不应超过指示值，这是为了保护内部线路免受损伤。

（3）测试之前。功能开关应置于你所需要的量程。

2. 直流电压测量

（1）将黑表笔插入"COM"插孔，红表笔插入"V/Ω"插孔。

（2）将功能开关置于直流电压挡"V⁓"量程范围，并将测试表笔连接到待测电源（测开路电压）或负载上（测负载电压降）。

注意：

（1）如果不知被测电压范围，将功能开关置于最大量程并逐渐下降。

（2）如果显示器只显示"1"，表示过量程，功能开关应置于更高量程。

（3）"⚠"表示不要测量高于 1 000 V 的电压，显示更高的电压值是可能的，但有损坏内部线路的危险。

3. 交流电压测量

（1）将黑表笔插入"COM"插孔，红表笔插入"V/Ω"插孔。

（2）将功能开关置于交流电压挡"V～"量程范围，并将测试笔连接到待测电源或负载上。测试连接图同上。测量交流电压时，没有极性显示。

4．直流电流测量

（1）将黑表笔插入"COM"插孔，当测量最大值为 200 mA 的电流时，红表笔插入"mA"插孔，当测量最大值为 20 A 的电流时，红表笔插入"20 A"插孔。

（2）将功能开关置于直流电流挡"**A·—**"量程，并将测试表笔串联接入待测负载上，电流值显示的同时，将显示红表笔的极性。

注意：

（1）如果使用前不知道被测电流范围，将功能开关置于最大量程并逐渐减小。

（2）如果显示器只显示"1"，表示过量程，功能开关应置于更高量程。

（3）"⚠"表示最大输入电流为 200 mA，超过最大输入电流时将烧坏保险丝，20 A 量程无保险丝保护，测量时不能超过 15 s。

5．交流电流的测量

（1）将黑表笔插入"COM"插孔，当测量最大值为 200 mA 的电流时，红表笔插入"mA"插孔；当测量最大值为 20 A 的电流时，红表笔插入"20 A"插孔。

（2）将功能开关置于交流电流挡"A～"量程，并将测试表笔串联接入待测电路中，如图 10.14 所示。

6．电阻测量

（1）将黑表笔插入"COM"插孔，红表笔插入"V/Ω"插孔。

（2）将功能开关置于"Ω"量程，将测试表笔连接到待测电阻上，如图 10.15 所示。

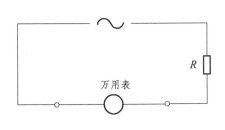

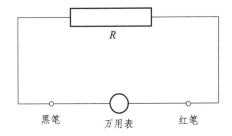

图 10.14　交流电流测量电路　　　　图 10.15　电阻测量电路

注意：

（1）如果被测电阻值超出所选择量程的最大值，将显示过量程"1"，应选择更高的量程，对于大于 1 MΩ 或更高的电阻，要几秒钟后读数才能稳定，这是正常的。

（2）当没有连接好时，例如开路情况，仪表显示为"1"。

（3）当检查被测线路的阻抗时，要保证移开被测线路中的所有电源，所有电容放电。被测线路中，如有电源和储能元件，会影响线路阻抗测试的正确性。

7. 电容测试

连接待测电容之前，注意每次转换量程时，复零需要时间，有漂移读数存在，但不会影响测试精度：

（1）将功能开关置于电容量程"F"。

（2）将电容器插入电容测试座"Cx"中。

注意：

（1）仪器本身已对电容挡设置了保护，故在电容测试过程中不用考虑极性及电容充放电等情况。

（2）测量电容时，将电容插入专用的电容测试座"Cx"中。

（3）测量大电容时稳定读数需要一定的时间。

（4）电容的单位换算：$1\ \mu F = 10^6\ pF$，$1\ \mu F = 10^3\ nF$。

8. 二极管测试及蜂鸣器的连接性测试

（1）将黑表笔插入"COM"插孔，红表笔插入"V/Ω"插孔（红表笔极性为"＋"），将功能开关置于"⚡"挡并将表笔连接到待测二极管，读数为二极管正向压降的近似值，如图 10.16 所示。

（2）将表笔连接到待测线路的两端，如果两端之间电阻值低于约 70 Ω，内置蜂鸣器发声。

图 10.16 二极管测试电路

9. 晶体管 hFE 测试

（1）将功能开关置于"hFE"量程。

（2）确定晶体管是 NPN 或 PNP 型，将基极 b、发射极 e 和集电极 c 分别插入面板上相应的插孔。

（3）显示器上将读出"hFE"的近似值，测试条件：万用表提供的基极电流 $I_b = 10\ \mu A$，集电极到发射极的电压为 $U_{ce} = 2.8\ V$。

10. 自动电源切断使用说明

（1）仪表设有自动电源切断电路，当仪表工作时间为 30 ~ 60 min，电源自动切断，仪表进入睡眠状态，这时仪表约消耗 7 μA 的电流。

（2）当仪表电源切断后若要重新开起电源请重复按动电源开关两次。

11. 仪表保养

该数字多用表是一台精密电子仪器，不要随意更换线路，并注意以下几点：

（1）不要接高于 1 000 V 直流电压或有效值高于 700 V 交流电压。

（2）不要在功能开关处于"Ω"和"⚡"位置时，将电压源接入。

（3）在电池没有装好或后盖没有上紧时，请不要使用此表。

（4）只有在测试表笔移开并切断电源以后，才能更换电池或保险丝。

（5）仪表处于电容测试挡时不能加入外接电源。

10.6　功率的测量

电路中的功率与电压、电流的乘积有关，因此用来测量功率的仪表必须具有两个线圈：一个反映负载电压，与负载并联，称为并联线圈或电压线圈；另一个用来反映负载电流，与负载串联，称为串联线圈或电流线圈。这样，电动式仪表可以用来测量功率，常用的就是电动式功率表。

10.6.1　单相交流和直流功率的测量

如图 10.17 所示是功率表的接线图。固定线圈的匝数较少、导线较粗，与负载串联作为电流线圈。可动线圈的匝数较多、导线较细，与负载并联作为电压线圈。

由于并联线圈有高阻值的倍压器，它的感抗与其他电阻相比可以忽略不计，所以可以认为其中电流 I_2 与两端的电压 U 同相。这样，在式（10.2.12）中，I_1 即为负载电流的有效值 I，I_2 与负载的电压有效值 U 成正比，φ 即为负载电流与电压之间的相位差，而 $\cos\varphi$ 即为电路的功率因数。因此，式（10.2.12）也可写成

$$\alpha = k'UI\cos\varphi = k'P \qquad (10.6.1)$$

可见电动式功率表中指针的偏转角 α 与电路的平均功率 P 成正比。

如果将电动式功率表的两个线圈中的一个反接，指针就反向偏转，这样便不能读出功率的数值。因此，为了保证功率表正确连接，在两个线圈的始端标以"±"或"*"号，这两端均应连在电源的同一端，如图 10.17 所示。

功率表的电压线圈和电流线圈各有其量程。改变电压量程的方法和电压表一样，即改变倍压器的电阻值。电流线圈通常是由两个相同的线圈组成，当两个线圈并联时，电流量程要比串联时大一倍。

同理，电动式功率表也可测量直流功率。

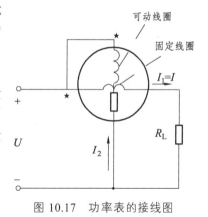

图 10.17　功率表的接线图

10.6.2　三相功率的测量

三相电路有功功率的测量方法有多种形式。

对于三相四线制电路，其接线方式如图 10.18（a）所示，无论负载对称与否，均可采用"三表法"测量，设三个功率表的读数分别为 P_1、P_2、P_3，则三相电路的总功率为

$$P = P_1 + P_2 + P_3 \qquad (10.6.2)$$

我国有专用于测量三相四线制电路有功功率的三相功率表。它是将三个功率表的测量机构安装在一个壳内，可直接读出三相功率。

当电路对称时，只需要一个单相有功功率表，便可以求出三相总有功功率，即 $P=3P_1=3P_2=3P_3$。

对于三相三线制电路，其接线方式如图 10.18（b）所示。无论负载对称与否，均可用两个功率表，测量出三相总的有功功率，故称为"二表法"。功率表 W_1 和 W_2 的电流线圈分别串接于任意两相线中，如线 L_1 和线 L_2；功率表的电压线圈分别接于线 L_1、线 L_3 之间和线 L_2、线 L_3 之间，受线电压 U 的作用。设功率表 W_1 偏转 θ_1，读数为 P_1，由电动式功率表的作用原理可知

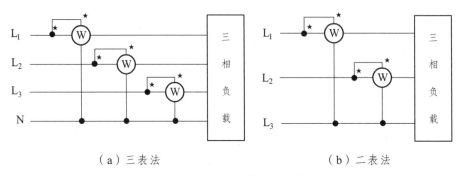

（a）三表法 （b）二表法

图 10.18 三相电路功率测量

$$\theta_1=K_PU_{13}I_1\cos\varphi_1=K_PP_1 \tag{10.6.3}$$

式中，φ_1 为线电压 U_{13} 与电流 I_1 的相位差，$P_1=U_{13}I_1\cos\varphi_1$。

设功率表 W_2 偏转角为 θ_2，读数为 P_2，由电动式功率表的作用原理可知

$$\theta_2=K_PU_{23}I_2\cos\varphi_2 \tag{10.6.4}$$

式中，φ_2 为线电压 U_{23} 与电流 I_2 的相位差，$P_2=U_{23}I_2\cos\varphi_2$。

可以证明，三相总功率为两个功率表读数的代数和。φ_1 和 φ_2 与各相负载的功率因数有关，当功率因数大于 0.5 时，相电流与相应的相电压的相位小于 60°，φ_1 和 φ_2 之值小于 90°，$\cos\varphi_1$ 和 $\cos\varphi_2$ 均为正值，因此两功率表的指针正向偏转。三相总功率则为

$$P=P_1+P_2 \tag{10.6.5}$$

当负载的功率因数小于 0.5 时，相电流与线电压的相位差大于 60°，若为感性负载，则其值大于 90°，$\cos\varphi_2$ 为负；P_2 为负值，表 W_2 将反向偏转。但由于功率表的指针只能正向偏转，为读出 P_2 的值，必须将 W_2 的电流线圈的首末端对调，使指针正向偏转。因此在功率因数小于 0.5 的感性负载的情况下用二表法测得的三相总功率为

$$P=P_1-P_2 \tag{10.6.6}$$

我国有专用于测量三相三线制电路总功率的二相功率表。它是将两个功率表同轴组合，轴受到的电磁转矩为 P_1、P_2 的代数和，故可直接从表上读出三相总功率。

思考与练习

某三相异步电动机，电压为 380 V，电流为 8 A，功率为 4 kW，三角形连接，试选择合适的仪表，测量其线电压、线电流及用二瓦特计法测量功率。

10.7　非电量的电测技术

非电量包括机械量（力、振动、速度、位移、尺寸等），热工量（温度、压力、流量、液位等），成分量（化学成分、浓度等）以及状态量（颜色、透明度、磨损量等）。非电量测量技术就是将这些被测量信息变换成相关的电量（如电动势、电压、电流、频率等），由于变换所得到的电量与这些被测量之间有一定的比例关系，对测得的电量进行放大，再通过指示仪或记录仪将信息显示出来便可得知非电量的大小。一般非电量的测量系统包括传感器、测量电路、放大电路、指示仪、记录仪等几部分，有时还需要数据处理仪器，它们之间的关系可用如图 10.19 所示的框图来说明。

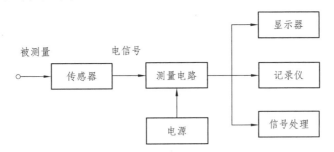

图 10.19　非电量的电测系统框图

传感器是将被测的非电量转换成电量的装置。它是获取信息的重要工具，其种类繁多，各有各的变换功能。传感器在非电量测量系统中占有很重要的位置，获取的信息准确与否是关系到整个测量系统精确度的关键。因此正确选择、使用传感器是设计非电量电测系统的关键所在。

测量电路的作用是将传感器的输出电压或电流信号进行放大、模拟量转换等处理，使之适合于显示、记录和与微型计算机连接等。最常用的测量电路有电桥电路、电位计算电路、差动电路、放大电路、相敏电路以及模拟/数字量处理电路等，目的是为了显示或记录数据。

信息的显示通常有三种类型：模拟显示、数字显示和图形显示。模拟显示就是利用指针式仪表来指示测量结果，常用的有毫伏表、毫安表等指示器。数字显示是用数字形式显示测量结果，常用的有数字电压表、数字电流表、数字频率计等。图形显示是用屏幕以图形或参数变化曲线等方式显示测量结果，以测量动态过程的变化，常用的有记录仪、示波器、数字存储示波器、打印机等。

信息处理是对于动态信号的测量过程，有时需要对测量得到的信号进行分析、计算和数据处理。随着微处理器、计算机和计算机网络的广泛应用，已经有了以计算机为核心的虚拟仪器，大有取代频谱分析仪、波形分析仪等仪器的趋势。计算机的使用使得非电量的电测系统的信息处理能力、智能化、自动化程度得到极大的提高。

由于非电量电测技术具有测量精度高，反应快速，能够自动、连续进行测量，可以进行遥测，可以自动记录，可以与计算机连接处理等优点，所以在科研和工程实践中得以迅速普及，并陆续发展了各种类型的非电量电测仪器。特别是现代科学技术的测试都是由静态向动态发展，非电量的电测技术更是显示出了它的优越性。

下面介绍几种常用传感器以及相应的测量原理，以便对非电量的电测技术有一定的了解。

10.7.1 电阻式传感器

电阻式传感器能把非电物理量（如位移、力、压力、加速度、扭矩等）转换成与之相应的电阻阻值，是常用的传感器。

电阻式传感器的种类较多，主要有变阻式、电阻应变式传感器。利用金属电阻丝的应变效应，能够制造出电阻应变式传感器。电阻应变式传感器的核心元件是电阻应变片，主要由4部分组成，即电阻丝、薄纸片、引线和特殊胶水。电阻应变式传感器的最大用途是可制成各种机械传感器，用于力、压力、加速度等的测量，精度高，应用十分广泛，相应的种类也非常多。

电阻丝是应变片的转换元件，将被测试件的机械应变转换成电阻的变化。在测量时，被测试件发生的应变传递给电阻丝，把电阻丝拉长或缩短，因而改变了它的电阻值，这就把机械应变转换成了电阻的变化。

电阻丝的电阻应变可将机械应变线性地变为 $\dfrac{\Delta R}{R}$ ，其与试件的轴向应变 $\dfrac{\Delta l}{l}$ 成正比，即

$$k = \frac{\Delta R}{R} \bigg/ \frac{\Delta l}{l} \quad \text{或} \quad \frac{\Delta R}{R} = k\frac{\Delta l}{l}$$

式中，k 为电阻丝应变片的灵敏系数，其值约为 2。

需要指出的是，一般情况下机械应变不大，机械引起的 ΔR 十分微弱，约 $10^{-1} \sim 10^{-4}\ \Omega$，因此要求测量电路能较精确地测量出电阻值的微弱变化。测量电路常采用电桥电路，把电阻的相对变化转换成电压或电流的变化。可用图 10.20 的交流电桥测量电路来理解。

图 10.20 中 4 个桥臂 R_1、R_2、R_3 和 R_4 均为纯电阻，R_1 为电阻应变片。电源电压一般为 $50 \sim 500\ \text{Hz}$ 的正弦交流电，求解电路可得

$$\dot{U}_0 = \frac{R_1 R_4 - R_2 R_3}{(R_1 + R_2)(R_3 + R_4)} \cdot \dot{U} \qquad (10.7.1)$$

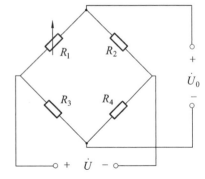

图 10.20 交流电桥测量电路

选择适当的电路参数，使 $R_1 R_4 = R_2 R_3$，则测量前电桥输出电压为零，电桥处于平衡状态。测量时，电阻 R_1 变化了 ΔR_1。用（$R_1 + \Delta R_1$）代替 R_1，则可得到如下关系

$$\dot{U}_0 = \frac{(R_1 + \Delta R_1)R_4 - R_2 R_3}{(R_1 + \Delta R_1 + R_2)(R_3 + R_4)} \cdot \dot{U} \qquad (10.7.2)$$

选择适当的电路参数，使之满足 $R_1 = R_2$，$R_3 = R_4$，且通常 $\Delta R_1 \ll R_1$，则上式变为

$$\dot{U}_0 = \frac{1}{4} \times \frac{\Delta R_1}{R_2} \dot{U} \qquad (10.7.3)$$

由上式可知，输出电压与电阻的相对变化成正比，即机械应变通过传感器、测量电路线性地变换成了电压信号。必须指出的是，输出电压依然微弱，因此还要经过放大、整流、滤波等相应的处理后，方可用于记录或显示。

10.7.2 电容式传感器

电容式传感器是把非电物理量转换成自身电容变化的一种传感器，通常采用的是平板电容器，其容量值可由下式确定

$$C = \frac{\varepsilon S}{d} \qquad (10.7.4)$$

式中，ε 为极板间介电常数；S 是两极板对着的有效面积；d 是极板间的距离。

由上式可知，改变 ε、S、d 中任意一个，都可以使电容值改变，所以电容传感器又可分为极距（d）变化型、面积（S）变化型和介质（ε）变化型 3 大类。

图 10.21 所示是平板电容器，若将上极板固定，下极板与被测运动物体固定接触，当被测物体上下运动时，将改变两极板间的距离 d；当被测物体左右运动时，将改变两极板对着的有效面积 S；这些改变都将引起电容值的变化，因此可通过测量电路将电容的变化转换为电压或电流信号输出。输出的电压值或电流值信号反映了运动物体位移的大小，从而测量出被测物体的有效位移等物理量。

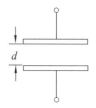

图 10.21 平板电容传感器

测量电路如图 10.22 所示，C_1 为电容传感器，C_2 为固定电容器，R_1 和 R_2 为标准电阻。适当选择电路参数，使 $R_1 = R_2$，$C_1 = C_2$，则初始时电桥是平衡的，输出电压为零。当 C_1 发生变化时，电桥平衡被破坏，电桥有电压输出，其值与电容的变化成比例，由此可算出被测物理量。

若保持平板电容器极板间的距离不变，在两极板间放入其他介质，电容器的电容也要发生变化。通过测量电容器的电容，可测量出放入两极板间介质的一些物理参数。

图 10.23 所示为用电容传感器测量绝缘带条厚度的示意图。设绝缘带条的厚度为 δ，介电常数为 ε，空气的介电常数为 ε_0，则电容值为

$$C = \frac{S}{\dfrac{d-\delta}{\varepsilon_0} - \dfrac{\delta}{\varepsilon}} \qquad (10.7.5)$$

可见，C 是带条厚度 δ 的函数，可通过检测电容的变化来检测绝缘带条厚度是否合格。

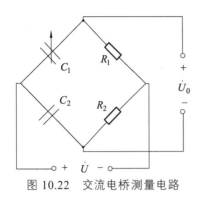

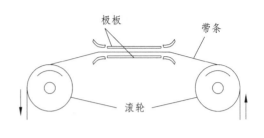

图 10.22　交流电桥测量电路　　　　图 10.23　用电容传感器测量绝缘带条厚度

10.7.3　电感式传感器

电感式传感器是以电和磁为媒介，利用磁场的变化使线圈自身电感改变来实现非电量与电量转换的。电感式传感器种类很多。

图 10.24 所示是比较常用的差动式电感传感器，主要由线圈、铁芯、活动衔铁等部分构成。两个完全相同的线圈绕在铁芯上，当线圈上通有电流时，磁通通过铁芯、衔铁和气隙构成闭合磁路。

开始时，衔铁处于中间位置，两个完全相同的线圈电感相同，即 $L_1 = L_2 = L_0$，当衔铁上下移动时，气隙被改变，若在工艺上保证了两个线圈的电感变化量相同，则两个线圈的电感出现一个增加一个减少的变化，此即是差动。

当活动衔铁的位移量较小时，线圈的电感变化量与位移量有线性关系，可通过测量电感的变化量，从而测出位移等非电物理量。测量电路可用交流电桥实现，如图 10.25 所示。

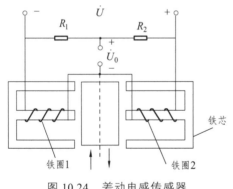

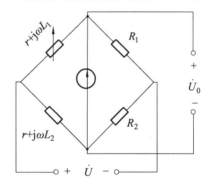

图 10.24　差动电感传感器　　　　　图 10.25　交流电桥测量电路

电感式传感器的优点是输出功率较大，在很多情况下可以不经放大直接与测量仪表相连接。此外，电感式传感器的结构简单、工作可靠、应用范围广，而且采用的是工频交流电源，常用来测量压力、位移、液位、圆度、表面粗糙度以及检查零件尺寸等。

10.7.4　热电传感器

热电传感器又称温度传感器，能将温度的变化转换为电动势或电阻的变化。将温度的变化转换为电动势变化的称为热电偶；将温度的变化转换为电阻变化的称为热电阻。

热电偶用两根不同材料的金属丝或合金丝组成。如果在两根金属丝相连接的一端加热（热端），则产生热电动势，它与热电偶两端的温度有关，即

$$E_1 = f(t_1) - f(t_2)$$

式中，t_2 是热电偶冷端的温度；t_1 是热电偶热端的温度。如果热电偶冷端温度恒定，则热动势只与热端的温度有关。

热电偶常用来测量 500 ~ 1 500 ℃ 的温度。

热电阻是由金属电阻丝制成的电阻随温度变化的热电阻温度传感器，可用来测量 – 200 ~ 800 ℃ 温度范围。作为热电阻传感器的金属电阻丝，在工作温度范围内必须具有稳定的物理和化学性能；电阻随温度变化的关系最好是接近线性的，热惯性愈小愈好。

10.8   智能仪器

智能仪器是计算机技术和测量仪器相结合的产物，是将微处理器置于测量仪器之中制成的。由于测量仪器拥有编程能力和数据储存、处理、显示等自动操作功能，使其内涵和外延较之以往有很大的深化和拓展，具有一定的智能作用，因此称之为智能仪器。

智能仪器的出现，极大地扩充了传统仪器的应用范围。智能仪器凭借其体积小、功能强、功耗低等优势，迅速在民用以及军用领域中得到了广泛的应用。

10.8.1   智能仪器的工作原理

智能仪器的基本工作过程是：传感器拾取被测参量的信息并转换成电信号，经滤波除去干扰后送入多路模拟开关；单片机逐路选通模拟开关将各输入通道的信号逐一送入程控增益放大器，放大后的信号经 A/D 转换器转换成相应的脉冲信号后送入单片机中；单片机根据仪器所设定的初始值进行相应的数据运算和处理（如非线性校正等）；运算的结果被转换为相应的数据进行显示和打印；同时单片机把运算结果同储存于片内 FlashROM（闪速存储器）或 EEPROM（电可擦除存储器）内的设定参数进行运算比较后，根据运算结果和控制要求，输出相应的控制信号（如报警装置触发、继电器触点等）。智能仪器还可以与 PC 机组成分布式测控系统，由单片机作为下位机采集各种测量信号与数据，通过串行通信接口将信息传递给上位机—— PC 机，由 PC 机进行全局管理。

智能仪器的软件部分主要包括监控程序和接口管理程序。其中监控程序面向仪器面板键盘和显示器，其内容包括：通过键盘操作输入并存储所有设置的功能、操作方法与工作参数；通过控制 I/O 接口电路进行数据采集，对仪器进行预先的设置；对数据存储器所记录的数据和状态进行各种处理；以数字、字符、图形等形式显示各种转换信息以及测量数据的处理结果。接口管理程序主要面向通信接口，其内容是接收并分析来自通信接口总线的各种有关功

能、操作方式与工作参数的程控操作码，并通过通信接口输出仪器的现行工作状态及测量数据的处理结果，以及响应计算机的远程命令。

10.8.2 智能仪器的特点

随着微电子技术的不断发展，集成了 CPU、存储器、定时器/计数器、并行和串行接口、前置放大器甚至 A/D、D/A 转换器等电路在一块芯片上的超大规模集成电路芯片（即单片计算机）出现了。以单片机为主体，将计算机技术与测量控制技术结合在一起，又组成了所谓的"智能化测量控制系统"，也就是智能仪器。

与传统仪器仪表相比，智能仪器具有以下功能特点。

（1）操作自动化。仪器的整个测量过程如键盘扫描、量程选择、开关启动闭合、数据采集、传输与处理以及显示打印等都用单片机来控制操作，实现测量过程的全部自动化。

（2）具有自测功能，包括自动调零、自动故障检验、自动校准、自诊断及量程自动转换等。智能仪表能自动检测出故障的部位甚至故障的原因。这种自诊断可以在仪器启动时运行，同时也可在仪器工作中运行，极大地方便了仪器的维护。

（3）具有数据处理功能，这是智能仪器的主要优点之一。智能仪器由于采用了单片机或微控制器，使得许多原来用硬件逻辑难以解决或根本无法解决的问题，现在可以用软件非常灵活地加以解决。例如，智能型数字万用表不仅能测量电阻和交直流电压、电流，具有传统万用表的功能，而且还具有对测量结果进行如零点平移、取平均值、求极值、统计分析等复杂的数据处理功能，有效地提高了仪器的测量精度。

（4）具有友好的人机对话能力，智能仪器使用键盘代替传统中的切换开关，操作人员只需通过键盘输入命令，就能实现某种测量功能。与此同时，智能仪器还通过显示屏将仪器的运行情况、工作状态以及对测量数据的处理结果及时告诉操作人员，使仪器的操作更加方便直观。

（5）具有可程控操作能力，一般智能仪器都配有 GPIB、RS232C、RS485 等标准的通信接口，可以很方便地与 PC 机和其他仪器一起组成用户需要的多功能自动测量系统，来完成更复杂的测试任务。

10.8.3 智能仪器发展趋势

1. 微型化

微型智能仪器是指将微电子技术、微机技术、信息技术等综合应用于仪器的生产中，从而使仪器成为体积小、功能齐全的智能仪器。它能够完成信号的采集、线性化处理、数字信号处理，控制信号的输出和放大、与其他仪器的接驳、与人的交互等功能。微型智能仪器随着微电子机械技术的不断发展，其技术不断成熟、价格不断降低，因此其应用领域也越来越广泛。它不但具有传统仪器的功能，而且能在自动化技术、航天、军事、生物技术、医疗领域起到独特的作用。例如，目前要同时测量一个病人的几个不同的参量，并进行某些参量的控制，通常病人的体内要插进几个管子，这就增加了病人感染的可能。微型智能仪器能同时测量多种参数，而且体积小，可植入人体，使得这些问题得到解决。

2. 多功能化

多功能本身就是智能仪表的一个特点。例如，为了设计速度较快和结构复杂的数字系统，仪器生产厂家制造了具有脉冲发生器、频率合成器和任意波形发生器等功能的函数发生器。这种多功能的综合型产品不但在性能上比专用脉冲发生器和频率合成器好，而且在各种测试功能上提供了较好的解决方案。

3. 人工智能化

人工智能是计算机应用的一个新领域，是利用计算机模拟人的智能，用于机器人、医疗诊断、专家系统、推理证明等功能。智能仪器的进一步发展将含有一定的人工智能，以代替人的一部分脑力劳动，从而在视觉（图形及色彩辨读）、听觉（语音识别及语言领悟）、思维（推理、判断、学习与联想）等方面具有一定的能力。这样，智能仪器可无须人的干预而自主地完成检测或控制功能。显然，人工智能在现代仪器仪表中的应用，使我们可以解决用传统方法很难解决或根本不能解决的问题。

4. 仪表系统的网络化

伴随着网络技术的飞速发展，Internet 技术正在逐渐向工业控制和智能仪器仪表系统设计领域渗透。实现智能仪器仪表系统基于 Interent 的通信能力以及对设计好的智能仪器仪表系统进行远程升级、功能重置和系统维护具有相当的现实意义。

在系统编程技术（In System Programming，简称 ISP 技术）是对软件进行修改、组态或重组的一种技术。它是 LATTICE 半导体公司首先提出的一种使我们在产品设计、制造过程中的每个环节（甚至在产品卖给最终用户后），具有对器件、电路板或整个电子系统的逻辑和功能随时进行组态或重组能力的最新技术。ISP 硬件灵活且易于在板设计、制造与编程，便于设计开发。由于 ISP 器件可以像其他器件一样，在印刷电路板（PCB）上处理，因此编程 ISP 器件不需要专门编程器和复杂的流程，可能通过 PC 机、嵌入式系统处理器甚至 Internet 远程网进行编程。

EMIT 嵌入式微型因特网互联技术是将单片机等嵌入式设备接入 Internet 的技术。利用该技术，能够将 8 位和 16 位单片机系统接入 Internet，实现基于 internet 的远程数据采集、智能控制、上传/下载数据文件等功能。

10.8.4 虚拟仪器

1. 虚拟仪器概述

虚拟仪器（Virtual Instrument，简称 VI）是智能仪器发展的新阶段。它用计算机软件替代以前由硬件完成的信号处理工作，使得测试仪器的硬件功能软件化，给测试仪器带来了深刻的变化。虚拟仪器代表了当前测试仪器发展的方向之一。

测量仪器的主要功能都是由数据采集、数据分析和数据显示等三大部分组成的。在虚拟现实系统中，数据分析和显示完全用 PC 机的软件来完成，因此硬件功能软件化是虚拟仪器的一大特征。只要额外提供一定的数据采集硬件，就可以与 PC 机组成测量仪器。这种基于 PC 机的测量仪器称为虚拟仪器。在虚拟仪器中，使用同一个硬件系统，只要应用不同的软件程序，就可得到功能完全不同的测量仪器。可见，软件系统是虚拟仪器的核心，"软件就是仪器"。

传统的智能仪器主要在仪器技术中使用了某种计算机技术，而虚拟仪器则强调在通用的计算机技术中吸收仪器技术。作为虚拟仪器核心的软件系统具有通用性、通俗性、可视性、可扩展性和升级性，能为用户带来极大的利益。因此，虚拟仪器具有传统的智能仪器所无法比拟的应用前景和市场。

虚拟仪器是在计算机的显示屏上虚拟传统仪器面板的计算机化仪器，它采用计算机的程序实现原来由硬件电路完成的信号调理和信号处理的功能。操作人员在计算机的屏幕上利用键盘操作虚拟的仪器，完成对被测量的采集、显示、分析、处理、数据生成及储存。

2. 虚拟仪器的特点

在通用硬件平台确定后，用户根据需要用软件决定仪器的功能。为提高仪器性能或需要构造新的仪器功能时，可由用户自己改变软件来实现，而不必重新购买新的仪器。虚拟仪器灵活、开放，故可与计算机同步发展，可与网络及其他周边设备互联。

3. 虚拟仪器的组成

虚拟仪器主要由通用仪器硬件功能模块和应用软件模块两大部分组成。

1）硬件功能模块

根据仪器的总线及安装方式的不同，虚拟仪器硬件功能模块可分为以下几类：

（1）PC-DAQ 数据采集卡，信号调理卡，利用插在通用计算机插槽内的 DAQ（Data Acquisition）卡，配上相应的软件来组成虚拟测试仪器，目前应用得最为广泛。这类卡具有多通道模拟输入、输出，多通道数字 I/O，时间测量，外触发，DMA 传送，程控放大器等功能。有的还带有程控滤波、电流输入、电荷放大等功能。其采样频率一般都在 40 kHz 以上。

（2）GPIB（General Purpose Interface Bus）总线仪器通过 GPIB 接口、电缆和计算机系统连接起来，构成测试仪器系统。它使工程测试由手工操作的单台测试仪器向大规模综合自动测试系统的转变成为现实。高速的 CPIB 接口电缆的传输速度可达 8 MB/s。

（3）VXI 总线模块是另一种新型的基于板卡式的相对独立的模块化仪器。它是一种在世界范围内完全开放的，适用于多供货厂商的模块化仪器总线系统。它集中了智能仪器、PC 仪器和 GPIB 系统的很多特长，利用了 VME 计算机总线数据传输快的特点，具有小型、便携、数据传输率高、组建及使用方便、能充分发挥计算机的作用、便于与计算机网和通信网结合等优点。

用 VXIbus 仪器组建虚拟测试仪器系统的灵活性很大，既可以构造一个单纯 VXI 系统使用，也可以将 VXI 引入已有的测试系统与其他的 GPIB 总线仪器和 DAQ 卡并列使用。

（4）RS232 串行接口仪器通过电缆将仪器的 RS232 串行接口与计算机的 RS232 串行接口连接起来，安装好驱动程序，就可以实现仪器与计算机的通信。

（5）现场总线（Field Bus）仪器是一种用于恶劣环境条件下、抗干扰能力很强的总线仪器模块。与上述的其他硬件功能模块相类似，在计算机中安装了 Field Bus 接口卡后，通过

Field Bus 专用连接电缆，可以实现 Field Bus 仪器与计算机的通信。

2）应用软件模块

虚拟仪器的核心是软件，其软件模块主要由硬件板卡驱动模块，信号分析模块和仪器表头显示模块等三类软件模块组成。

硬件板卡驱动模块通常由硬件板卡制造商提供，直接在其提供的 DLL 或 Activex 基础上开发就可以了。目前 PC-DAQ 数据采集卡、GPIB 总线仪器卡、RS232 串行接口仪器卡、FieldBus 现场总线模块卡等许多仪器板卡的驱动程序接口都已标准化。

信号分析模块的功能主要是完成各种数学运算，在工程测试中常用的方法包括：信号的时域波形分析和参数计算、信号的相关分析、信号的概率密度分析、信号的频谱分析、递函数分析、信号滤波分析和三维谱阵分析。目前，LabVIEW、MATLAB 等软件包中都提供了这些信号处理模块，在网上也能找到 Basic、C 语言的源代码，也可自己编制虚拟仪器控件，并在程序中使用。

LabVIEW、HP、VEE 等虚拟仪器开发平台提供了大量的这类软件模块供选择，设计虚拟仪器程序时直接选用就可以了。但这些开发平台很昂贵，一般只在专业场合使用。

练 习 题

1. 电源电压的实际值为 220 V，今用准确度为 1.5 级、满标值为 250 V 和准确度为 1.0 级、满标值为 500 V 的两个电压表去测量，试问哪个读数比较准确？

2. 用准确度为 2.5 级、标准值为 250 V 的电压表测量 110 V 的电压，试问相对测量误差为多少？如果允许的相对测量误差不超过 5%，试确定这只电表适宜于测量的最小电压值。

3. 某毫安表的内阻为 20 Ω，满标值为 12.5 mA。如果把它改装成满标值为 250 V 的电压表，问必须串多大的电阻？

4. 图 10.26 是一电阻分压电路，用一内阻 R_V 为：① 25 kΩ；② 50 kΩ；③ 500 kΩ 的电压表测量时，其读数各为多少？由此得出什么结论？

5. 图 10.27 是用伏安法测量电阻 R 的两种电路。因为电流表有内阻 R_A，电压表有内阻 R_V，所以两种测量方法都将引入误差。试分析它们的误差，并讨论这两种方法的适用条件（即适用于测量值大一点的还是小一点的电阻，可以减少误差？

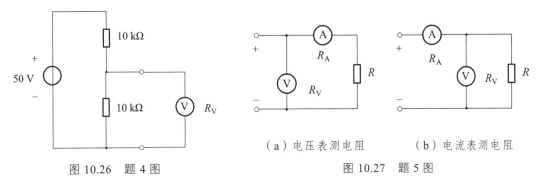

图 10.26　题 4 图

（a）电压表测电阻　　　（b）电流表测电阻

图 10.27　题 5 图

6. 图 10.28 所示的是测量电压的电位计电路，其中 $R_1 + R_2 = 50\,\Omega$，$R_3 = 44\,\Omega$，$E = 3\,V$。当调节滑动触点使 $R_2 = 30\,\Omega$ 时，电流表中无电流流过。试求被测电压 U_X 之值。

7. 图 10.29 是万用表中直流毫安挡的电路。表头内阻 $R_0 = 280\,\Omega$，满标值电流 $I_0 = 0.6\,mA$。今欲使其量程扩大为 1 mA、10 mA 及 100 mA，试求分流器电阻 R_1、R_2 及 R_3。

8. 如用上述电压表测量直流电压，共有三挡量程，即 10 V、100 V 及 250 V，试计算倍压器电阻 R_4、R_5 及 R_6，电路如图 10.30 所示。

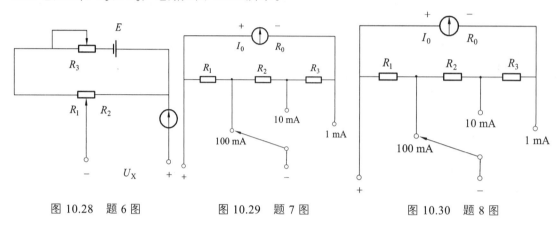

图 10.28　题 6 图　　　　图 10.29　题 7 图　　　　图 10.30　题 8 图

9. 某车间有台三相异步电动机，电压为 380 V，电流为 6.8 A，功率为 3 kW，星形连接。选择测量电动机的线电压、线电流及三相功率（用两功率表法）用的仪表（包括形式、量程、个数、准确度等），并画出测量接线图。

10. 用两功率表法测量对称三相负载（负载阻抗为 Z）的功率，设电源线电压为 380 V，负载连成星型。在下列几种负载情况下，试求每个功率表的读数和三相功率：① $Z = 10\,\Omega$。② $Z = 8 + j6\,\Omega$。③ $Z = 5 + j5\sqrt{3}\,\Omega$。④ $Z = 5 + j10\,\Omega$。⑤ $Z = -j10\,\Omega$。

11. 电源为三相三线制或三相四线制时，应分别用什么方法测量三相功率？

12. 非电量的电测技术的组成和特点是什么？

13. 传感器在非电量测量系统中的地位是什么？

14. 智能仪器的特点是什么，它们与传统测量技术的区别是什么？

15. 虚拟仪器的特点是什么？

16. 简述虚拟仪器的组成，它们与传统测量技术有什么区别？

模拟电路篇

第 11 章　常用半导体器件

半导体器件是用半导体材料制成的电子器件，常用的有二极管、三极管、场效应晶体管等。半导体器件是构成各种电子电路最基本的元器件，它们的基本结构、工作原理、特性和参数是学习电子技术和分析电子电路必不可少的基础，同时 PN 结又是构成各种半导体器件的共同基础。因此，本章首先讨论半导体的基础知识和 PN 结的基本原理，然后介绍二极管和晶体管。

11.1　半导体的基础知识与 PN 结

物质按导电能力的不同，可分为导体、半导体和绝缘体三类。所谓半导体，就是指它的导电能力介于导体和绝缘体之间，在常态下更接近于绝缘体，但在掺杂、受热或光照后，其导电能力明显增强。硅、锗、硒以及大多数金属氧化物和硫化物都是半导体。

11.1.1　半导体的基础知识

半导体器件是构成电子电路的基础元件。半导体材料多以晶体的形式存在。半导体材料有以下特性：

（1）纯净半导体的导电能力差。

（2）温度升高——导电能力增强。

（3）光照增强——导电能力增强。

（4）掺入少量杂质——导电能力增强。

1.　本征半导体

纯净的具有完整晶体结构的半导体称为本征半导体。最常用的半导体材料是锗和硅。

物质的导电性能决定于原子结构。导体一般为低价元素，它们的最外层电子极易挣脱原子核的束缚成为自由电子，在外电场的作用下产生定向移动，形成电流。高价元素（如惰性气体）或高分子物质（如橡胶）的最外层电子受原子核束缚力很强，很难成为自由电子，所以导电性能极差，称为绝缘体。常用的半导体材料硅（Si）和锗（Ge）均为四价元素，它们的最外层电子既不像导体的最外层电子那么容易挣脱原子核的束缚，也不像绝缘体的最外层电子那样被原子核束缚得那么紧，因而其导电性介于两者之间。

将锗和硅材料提纯（去掉无用杂质）并形成单晶体后，所有原子便基本上规则排列。晶体中的原子在空间形成排列整齐的点阵，称为晶格。由于半导体一般都具有这种晶体结构，所以半导体也被称为晶体，这就是晶体管的由来。

由于相邻原子间的距离很小，因此，相邻的两个原子的一对最外层电子（即价电子）不但各自围绕自身所属的原子核运动，而且出现在相邻原子所属的轨道上，形成共用电子，这样的组合称为共价键结构，如图 11.1 和图 11.2 所示。

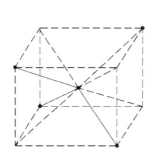 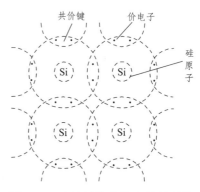

图 11.1　晶体中原子的排列方式　　图 11.2　硅单晶体中的共价键结构

晶体中的共价键具有很强的结合力，因此常温下，仅有极少数的价电子由于热运动（热激发）获得足够的能量，从而挣脱共价键的束缚变成为自由电子。与此同时，在共价键中留下一个空位置，称为空穴。原子因失掉一个价电子而带正电，或者说空穴带正电。在本征半导体中，自由电子与空穴是成对出现的，即自由电子与空穴数目相等。若在本征半导体两端外加一电场，则自由电子将产生定向移动，形成电子电流；而由于空穴的存在，价电子将按一定的方向依次填补空穴，相当于空穴也产生定向移动，形成空穴电流。由于自由电子和空穴所带电荷极性不同，它们的运动方向相反，故本征半导体中的电流是两个电流之和。自由电子和空穴都称为载流子。

半导体在热激发下产生自由电子和空穴对的现象称本征激发。自由电子在运动的过程中如果与空穴相遇就会填补空穴，使两者同时消失，这种现象称为复合。在一定的温度下，激发所产生的自由电子与空穴对，与复合的自由电子与空穴对数目相等，称为达到动态平衡。

应当指出，本征半导体的导电性能差，且与环境温度密切相关。半导体材料对温度的这种敏感性，既可以用来制作热敏和光敏器件，又是造成半导体器件温度稳定性差的原因。

2. 杂质半导体

本征半导体虽然有自由电子和空穴两种载流子，但由于数量极少所以导电能力差。如果在其中掺入微量的杂质（某种元素），这将使掺杂后的半导体的导电性能大大提高。按掺入的杂质元素不同，可形成 N 型半导体和 P 型半导体；控制掺入杂质元素的浓度，就可控制杂质半导体的导电性能。

1）N 型半导体

在纯净的硅和锗的晶体中掺入五价元素（如磷），就形成了 N 型半导体。由于杂质原子的最外层有五个价电子，所以除了与其周围的硅（或锗）的最外层电子形成共价键外，还多出一个电子，如图 11.3 所示。多出的电子不受共价键的束缚，只需获得很少的能量就形成自由电子。N 型半导体中，自由电子的浓度大于空穴的浓度，故称自由电子为多数载流子，空穴为少数载流子；简称前者为多子，后者为少子。

由于在这种半导体中，自由电子的浓度大于空穴的浓度，自由电子导电成为这种半导体的主要导电方式，故也称为电子半导体。掺入的杂质越多，自由电子的浓度就越高，导电性能就越强。

2）P 型半导体

在纯净的硅和锗晶体中掺入三价元素（如硼），就形成 P 型半导体。由于杂质原子的最外层有 3 个价电子，所以它们与周围的硅（或锗）的最外层电子形成共价键时，就产生一个"空穴"。当硅（或锗）原子的外层电子填补此空位时，其共价键中便产生一个空穴，如图 11.4 所示。而杂质原子成为了不可移动的负离子。P 型半导体中，空穴为多子，自由电子为少子。由于 P 型半导体主要依靠空穴导电，因此也称为空穴半导体。与 N 型半导体相同，掺入的杂质越多，空穴的浓度就越高，导电性能越强。

应当注意，不论是 N 型半导体还是 P 型半导体，虽然它们都有一种载流子占多数，但整个晶体对外呈电中性，即整个晶体是不带电的。

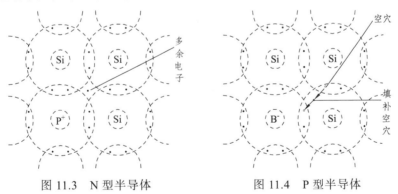

图 11.3　N 型半导体　　　　　图 11.4　P 型半导体

11.1.2　PN 结

采用不同的掺杂工艺，将 P 型半导体与 N 型半导体制作在同一硅（或锗）片上，在它们的交界面就形成 PN 结。

制造 PN 结的方法，常用的有扩散法和合金法。物质总是从浓度高的地方向浓度低的地方运动，这种由于浓度差而产生的运动称为扩散运动。当把 P 型半导体和 N 型半导体制作在一起时，由于半导体中载流子种类和浓度有一定差异，在它们的交界面，两种载流子的浓度差很大，因此 P 区的空穴必然向 N 区扩散，同时，N 区的自由电子也必然向 P 区扩散。在交界面处空穴和自由电子被中和，形成一个空间电荷区。这就是 PN 结，其中 P 区的薄层带负电，N 区薄层带正电，统称为空间电荷区。在这个区域内，自由电子和空穴都被复合，基本上没有载流子，所以空间电荷区有很高的电阻率，故又称为阻挡层或耗尽层，如图 11.5 所示。

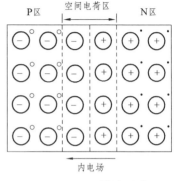

随着交界面两侧正、负电荷层的出现，形成了一个电场，称为内电场或自建电场，其方向为由 N 区指向 P 区。内电场的存在对多数载流子的扩散运动又起着阻碍作用，同时，那些做杂乱无章运动的少数载流子在进入 PN 结内时，在内电场作用下，必然会越过交界面向对方区域运动。这种少数载流子在内电场作用下的运动称为漂移运动，在无外加电压的情况下，最终扩散运动和漂移运动达到了平衡，PN 结的宽度保持一定而处于稳定状态。

图 11.5　PN 结的形成

如果在 PN 结两端加上不同极性的电压，PN 结便会呈现出不同的导电性能。

1. PN 结外加正向电压

PN 结外加正向电压，是指将外部电源的正极接 P 端，负极接 N 端，如图 11.6（a）所示。由于外加电压在 PN 结上所形成的外电场与内电场方向相反，破坏了原来的平衡，使扩散运动强于漂移运动，从而抵消了部分空间电荷的作用使内电场被削弱，有利于扩散运动不断地进行。这样多数载流子的扩散运动大为增强，从而形成较大的扩散电流。由于外部电源不断地向半导体提供电荷使该电流得以维持。这时 PN 结所处的状态称为正向导通。正向导通时，通过 PN 结的电流大，而 PN 结呈现的电阻小（正向电阻）。

2. PN 结外加反向电压

PN 结外加反向电压，是指将外部电源的正极接 N 端，负极接 P 端，如图 11.6（b）所示。这时，由于外电场与内电场方向相同，同样也破坏了原来的平衡，使空间电荷区变宽，扩散

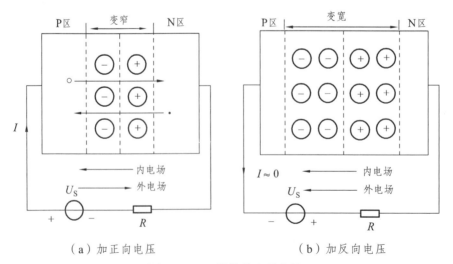

（a）加正向电压　　　　　　　　（b）加反向电压

图 11.6　PN 结的单向导向性

运动几乎难以进行，漂移运动却被加强，从而形成反向的漂移运动。由于少数载流子的浓度很小，故反向电流很小。PN 结这时所处的状态称为反向截止。反向截止时，通过 PN 结的电流小，而 PN 结呈现的电阻（反向电阻）大。

思考与练习

（1）什么是 P 型半导体？什么是 N 型半导体？

（2）什么是 PN 结，其主要特性是什么？

（3）杂质半导体中的多数载流子和少数载流子是怎样产生的？

（4）N 型半导体是否带负电，P 型半导体是否带正电？

11.2 半导体二极管

11.2.1 半导体二极管的几种常见结构

将 PN 结用外壳封装起来，并加上电极引线就构成了半导体二极管，简称二极管。由 P 区引出的电极为阳极，由 N 区引出的电极为阴极。二极管的几种常见结构如图 11.7（a）、图 11.7（b）和图 11.7（c）所示，符号如图 11.7（d）所示。

图 11.7（a）所示的是点接触型二极管，它的 PN 结结面积小，不能通过较大的电流，但其结电容较小，故一般适用于高频电路和小功率整流。

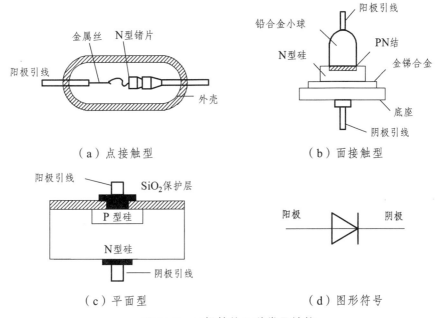

（a）点接触型　　　　　　　　　　　（b）面接触型

（c）平面型　　　　　　　　　　　（d）图形符号

图 11.7　二极管的几种常见结构

图 11.7（b）所示的是面接触型二极管，结面积大，能够流过较大的电流，但其结电容较大，因而只能在较低频率下工作，一般作为整流管。

图 11.7（c）所示的是平面型二极管，结面积较大的可用于大功率整流，结面积小的可作为脉冲数字电路中的开关管。

图 11.7（d）是普通二极管的图形符号。

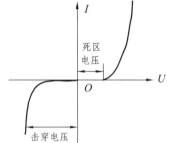

11.2.2　二极管的伏安特性

与 PN 结一样，二极管具有单向导电性，其伏安特性曲线如图 11.8 所示。

图 11.8　二极管的伏安特性曲线

1. 正向特性

当二极管承受的正向电压很低时，还不足以克服 PN 结内电场对多数载流子运动的阻碍作用，故这一区段二极管的正向电流非常小，称为死区。通常，硅二极管的死区电压约为 0.5 ~ 0.7 V；锗管约为 0.1 ~ 0.3 V。

当二极管的正向电压超过死区电压后，PN 结内电场被抵消，正向电流明显增加，并且随着正向电压增大，电流迅速增长，二极管的正向电阻变得很小。

2. 反向特性

二极管承受反向电压时，由于只有少数载流子的漂移运动，因此形成的反向漏电流极小。反向漏电流有两个特点：一是它随温度的上升增长很快；二是在反向电压不超过某一范围时，反向电流的大小基本恒定，而与反向电压的高低无关，故通常称它为反向饱和电流。

当反向电压增加到某一数值时，在强大的外电场作用下，获得足够能量的载流子高速运动将其他被束缚的电子撞击出来，使二极管中的电子与空穴数急剧上升，造成反向电流的突然增大，这种现象称为反向击穿，反向击穿时对应的电压称为反向击穿电压。这一区段称为反向击穿区。二极管发生反向击穿时，反向电流会急剧增大，如不加以限制，将造成二极管永久性损坏，失去单向导电性。

11.2.3　二极管的主要参数

在使用二极管时，要根据它们的实际工作条件确定它们的参数，然后从相应的半导体器件手册中查找适合的二极管型号。

晶体二极管的主要参数有：

（1）额定正向平均电流 I_{OM}：也称为最大整流电流，是二极管长时间使用时，允许通过二极管的最大正向电流的平均值。实际工作时，二极管通过的电流不应超过这个数值，否则将导致管子过热而损坏。

（2）最高反向工作电压 U_{RWM}：指二极管不被击穿所容许的最高反向电压。为安全起见，一般最高反向工作电压为反向击穿电压的 1/2 ~ 2/3。

（3）最大反向电流 I_{RM}：指二极管在常温下承受最高反向工作电压时的反向电流。

11.2.4　二极管的应用

二极管的应用范围很广，利用它的单向导电性，可组成整流、检波、限幅、钳位等电路，还可用它构成其他元件或电路的保护电路，以及在脉冲与数字电路中作为开关元件等。

在做电路分析时，一般可将二极管视为理想元件，即认为其正向电阻为零，正向导通时为短路特性，正向压降忽略不计。反向电阻为无穷大，反向截止时为开路特性，反向漏电流可以忽略不计。

思考与练习

（1）如何使用万用表欧姆挡判别二极管的好坏与极性？

（2）把一节 1.5 V 的干电池直接接到二极管的两端，会发生什么情况？

（3）试从正向电压降、反向饱和电流的大小以及温度的影响等方面比较硅管和锗管的优缺点。

11.3　特殊二极管

除了上节讨论的普通二极管外，还有几种常见的特殊二极管在这里介绍一下。

11.3.1　稳压二极管

稳压二极管是一种特殊工艺制成的面接触型硅二极管。由于它在电路中与适当数值的电阻配合后能起稳定电压的作用，故称为稳压二极管，它的伏安特性曲线和普通二极管的伏安特性曲线相似，只是稳压二极管的反向击穿区特性曲线很陡，稳压二极管的特性曲线和符号如图 11.9 所示。

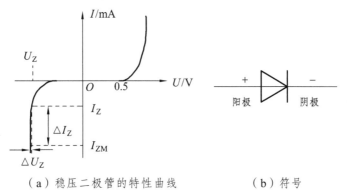

（a）稳压二极管的特性曲线　　　　　（b）符号

图 11.9　稳压二极管的特性曲线和符号

从稳压二极管的反向特性曲线可以看出，当反向电压达到击穿电压 U_Z 时，反向电流突然增大，稳压二极管被反向击穿。在反向击穿状态下，反向电流在很大范围变化时，管子两端的电压基本保持不变，这就是稳压二极管的稳压特性。

稳压二极管的主要参数如下：

（1）稳定电压 U_Z 是稳压二极管反向击穿后稳定工作的电压值。

（2）电压温度系数 a_u 是温度每变化 1 ℃时稳定电压变化的百分数，它表示稳压二极管温度稳定性的参数，电压温度系数越小，温度稳定性越好。通常，稳定电压低于 6 V 的管子，a_u 是负值；高于 6 V 的管子，a_u 是正值；而稳定电压为 6 V 左右的稳压二极管，电压温度系数接近于零。因此，在温度稳定性要求较高的场所应选用 U_Z 为 6 V 左右的稳压二极管。

（3）动态电阻 r_z 是指稳压二极管端电压的变化量与相应的电流变化量的比值，即

$$r_z = \frac{\Delta U_Z}{\Delta I_Z}$$
（11.3.1）

由图 11.9 可见，稳压二极管的 r_z 越小，稳定性能越好。

（4）稳定电流 I_Z 是指稳压管正常工作时的参考电流值，手册上给出的稳压电压 U_Z 和动态电阻 r_z 都是对应这个电流附近的数值。

（5）最大允许耗散功率 P_{ZM} 是管子不致发生热击穿的最大功率损耗，$P_{ZM} = U_Z I_{ZM}$。

11.3.2　发光二极管

发光二极管包括可见光、不可见光、激光等不同类型，这里只对可见光发光二极管作简单介绍。

当发光二极管（LED）上加正向电压并有足够大的正向电流时，就能发出清晰的光。这是由于自由电子与空穴复合而释放能量的结果。发光二极管的颜色取决于做成 PN 结的材料，目前有红、绿、黄、橙等色，可以制成各种形状，如长方形、圆形等。如图 11.10 所示是它的外形和图形符号。

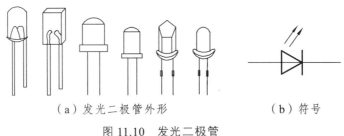

（a）发光二极管外形　　　　　　　（b）符号

图 11.10　发光二极管

发光二极管因其驱动电压低、功耗小、寿命长、可靠性高等优点而广泛用于显示电路中。

11.3.3　光电二极管

光电二极管又称光敏二极管，是利用 PN 结的光敏特性，将接收到的光的变化转换为电流的变化。图 11.11 所示是它的外形和图形符号。通常，光电二极管工作于反向电压，无光照时电路中电流很小；有光照时，电流会急剧增加。

（a）光电二极管的外形 （b）符号

图 11.11 光电二极管

思考与练习

（1）稳压电路中的限流电阻 $R=0$ 是否可以？有何结果？

（2）稳压电路中稳压二极管接反了，有何后果？

（3）为什么稳压二极管的动态电阻愈小，则稳压效果愈好？

11.4 晶体三极管

晶体三极管中有两种带有不同极性电荷的载流子参与导电，故称为双极型晶体管（BJT），也称为半导体三极管，简称晶体管。它的放大作用和开关作用促使电子技术飞跃发展。晶体管的特性是通过特性曲线和工作参数来分析研究的。

11.4.1 晶体管的结构及类型

根据不同的掺杂方式在同一硅片上制造出三个掺杂区域，并形成两个 PN 结，就可构成晶体管。晶体管的结构最常见的有平面型和合金型，如图 11.12 所示。

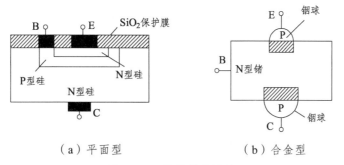

（a）平面型 （b）合金型

图 11.12 晶体管的结构

常用晶体管的外形如图 11.13 所示。

不论平面型或合金型，都分为 NPN 型和 PNP 型两类，其结构示意和图形符号如图 11.14 所示。

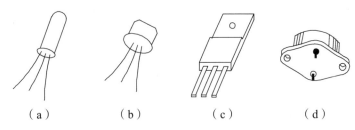

（a） （b） （c） （d）

图 11.13 常见晶体管的外形图

每一类晶体管都分为基区、发射区和集电区，如图 11.14 所示。位于中间的区称为基区，它很薄且杂质浓度很低；位于上层的区称为集电区，面积很大；位于下层的区是发射区，杂质浓度很高。它们所引出的三个电极分别为基极 b，发射极 e 和集电极 c。每一类晶体管都有两个 PN 结，基区与发射区的 PN 结称为发射结，基区与集电区间的 PN 结称为集电结。

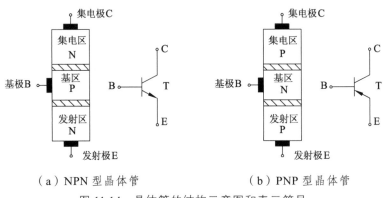

（a）NPN 型晶体管   （b）PNP 型晶体管

图 11.14 晶体管的结构示意图和表示符号

NPN 型和 PNP 型晶体管的工作原理类似，仅在使用时电源极性连接不同。故本节以 NPN 型晶体管为例介绍晶体管的放大作用、特性曲线和主要参数。

11.4.2 电流分配和电流放大作用

放大是对模拟信号最基本的处理。在生产实际和科学实验中，从传感器获得的电信号，只有经过放大后才能做进一步的处理，或者使之具有足够的能量来推动执行机构。晶体管是放大电路的核心元件。

图 11.15 所示为一 NPN 型晶体管电流放大实验电路。由图 11.15 可知，发射极是公共端，因此这种电路称为晶体管的共发射极电路。使晶体管工作在放大状态的外部条件是发射结正向偏置，且集电结反向偏置。因此 U_{CC} 大于 U_{BB}，使发射结上加正向电压，集电结加反向电压，此时，晶体管才能够具有正常的电流放大作用。

通过改变电阻 R_B，则基极电流 I_B、集电极电流 I_C 和发射极电流 I_E 都会发生变化，表 11.1 所示为一组实验所得数据。

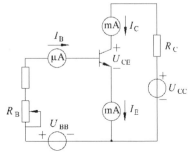

图 11.15 晶体管电流放大的
实验电路

表 11.1 实验电路测量数据

I_B/mA	0	0.02	0.04	0.06	0.08
I_C/mA	≈ 0	1.00	2.20	3.40	4.60
I_E/mA	≈ 0	1.02	2.24	3.46	4.68

通过实验及测量数据的分析，可得出以下结论：

（1）$I_E = I_C + I_B$，该式表明了晶体管三个极的电流符合基尔霍夫定律，且 I_B 与 I_E、I_C 相比小得多，因而 $I_E \approx I_C$。

（2）I_B 虽然较小，但对 I_C 有控制作用。

$$\overline{\beta}_1 = \frac{I_C}{I_B} = \frac{1.00}{0.02} = 50 \ , \quad \overline{\beta}_2 = \frac{I_C}{I_B} = \frac{2.20}{0.04} = 55$$

$$\overline{\beta}_3 = \frac{I_C}{I_B} = \frac{3.40}{0.06} = 56.7 \ , \quad \overline{\beta}_4 = \frac{I_C}{I_B} = \frac{5.50}{0.08} = 57.5$$

这就是晶体管的电流放大作用。$\overline{\beta}$ 称为共发射极静态电流（直流）放大系数。同时，I_C 随 I_B 的改变而改变，两者在一定范围内保持比例关系，即 $\beta = \dfrac{\Delta I_C}{\Delta I_B}$

β 称为动态电流（交流）放大系数。它反映了晶体管的电流放大能力，也就是反映了电流 I_B 对 I_C 的控制能力。

下面从内部载流子的运动与外部电流的关系上做进一步的分析。晶体管内部载流子的运动如图 11.16 所示。

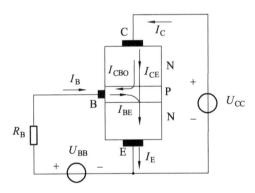

图 11.16 晶体管内部载流子运动与外部电流

① 发射结加正向电压，扩散运动形成发射极电流 I_E。因为发射结加正向电压，同时发射区杂质浓度高，所以大量自由电子因扩散运动越过发射结到达基区，同时，基区的空穴也向发射区扩散，从而形成发射极电流 I_E。

② 扩散到基区的自由电子与空穴的复合运动形成基极电流 I_B。由于基区很薄，杂质浓度很低，集电结又加了反向电压，所以扩散到基区的自由电子只有极少部分与空穴复合，其余部分均作为基区的非平衡少子到达集电结。又由于电源 U_{BB} 的作用，电子与空穴的复合运动源源不断地进行形成了基极电流 I_B。

③ 集电结加反向电压，漂移运动形成集电极电流 I_C。由于集电结加反向电压且其结面积较大，基区的非平衡少子在外电场作用下越过集电结到达集电区，形成漂移电流。与此同时，集电区与基区的平衡少子也参与漂移运动，形成 I_{CBO}。I_{CBO} 很小，近似分析中忽略不计，可见，在集电结加反向电压，漂移运动形成集电极电流 I_C。

11.4.3　晶体管的共射特性曲线

晶体管的共射特性曲线包括输入特性和输出特性曲线，它全面反映了晶体管各极电压与电流之间的关系，是分析晶体管各种电路的重要依据。各种晶体管的特性曲线形状相似，但由于种类不同，数据差异很大，使用时可查阅有关半导体器件手册或用晶体管特性图示仪直接观察，也可用实验方法测量得到。

1. 输入特性曲线

输入特性曲线是指在三极管的集、射极间所加的电压 U_{CE} 为常数时，基极电流 I_B 与基、射极间电压 U_{BE} 之间的关系，即

$$I_B = f(U_{BE})\big|_{U_{CE}=常数} \tag{11.4.1}$$

当 $U_{BE} = 0$ 时，相当于集电极与集电区短路，即发射结与集电结并联。故输入特性线与
PN 结的伏安特性曲线类似，成指数关系，如图 11.17 所示。

当 U_{CE} 增大时，曲线将右移，对硅管而言，当 $U_{CE} \geqslant 1$ 时，集电结已反向偏置，可以把从发射区到基区的电子中的绝大部分拉入集电区。因此，U_{CE} 超过一定数值后，曲线不再明显右移而基本重合。对小功率管而言，可以用 U_{CE} 大于 1 V 的任何一条曲线来近似 U_{CE} 大于 1 V 的所有曲线。

由图 11.17 可见，和二极管的伏安特性一样，晶体管

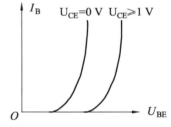

图 11.17　晶体管的输入特性曲线

输入特性也有一段死区，只有在发射结外加电压大于死区电压时，晶体管才会出现 I_B。在正常工作情况下，NPN 型硅管的发射结电压 $U_{BE} = 0.5 \sim 0.7$ V，PNP 型锗管的 $U_{BE} = -0.1 \sim -0.3$ V。

2. 输出特性曲线

输出特性曲线描述基极电流 I_B 为一常数时，集电极电流 I_C 与管压降 U_{CE} 之间的函数关系，即

$$I_C = f(U_{CE})\big|_{I_B=常数} \tag{11.4.2}$$

在不同的 I_B 下，可以得出不同的曲线，所以输出特性曲线是一簇曲线，如图 11.18 所示。

从输出特性曲线可以看出，晶体管有三个工作区域。

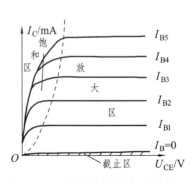

图 11.18　晶体管的输出特性曲线

1）截止区

其特征是发射结电压小于开启电压且集电结反向偏置。$I_B = 0$ 时，$I_C \leq I_{CEO}$。小功率硅管的 I_{CEO} 在 $1\,\mu A$ 以下，锗管的 I_{CEO} 小于几十微安，因此在近似分析中可以认为晶体管截止时的 $i_c \approx 0$，此时 $U_{CE} \approx U_{CC}$。

2）放大区

其特征是发射结正向偏置且集电结反向偏置。此时，I_C 几乎仅决定于 I_B，而与 U_{CE} 无关，表现出 I_B 对 I_C 的控制作用。在理想情况下，当 I_B 按等差变化时，输出特性是一族横轴的等距离平衡线。

3）饱和区

其特征是发射结与集电结构处于正向偏置，此时 I_B 的变化对 I_C 的影响减小，两者不成正比，说明晶体管进入饱和区，此时，$U_{CE} \approx 0\,V$，$I_C \approx \dfrac{U_{CC}}{R_C}$。

由以上分析可知，当晶体管截止时，$I_C \approx 0$，发射极和集电极之间如同一个开关的断开，其间电阻很大；当晶体管处于饱和时，$U_{CE} \approx 0$，发射极和集电极之间如同一个开关的接通，其间电阻很小。可见，晶体管除了有放大作用外，还有开关作用。

11.4.4　晶体管的主要参数

晶体管的特性除用特性曲线来描述外，还可用一些数据来说明，这些数据也是设计电路时选用晶体管的依据。主要参数有以下几个。

1. 电流放大系数 $\overline{\beta}$ 和 β

静态电流（直流）放大系数 $\overline{\beta}$：表示在无交流信号输入时，集电极电流 I_C 与基极电流 I_B 的比值，即

$$\overline{\beta} = \frac{I_C}{I_B} \tag{11.4.3}$$

动态电流（交流）放大系数 β：指 U_{CE} 为定值时，集电极电流变化量 ΔI_C 与基极电流变化量 ΔI_B 之比，即

$$\beta = \frac{\Delta I_C}{\Delta I_B}\bigg|_{U_{CE}=\text{常数}} \tag{11.4.4}$$

β 与 $\overline{\beta}$ 虽含义不同（在半导体器件手册中常用 h_{FE} 表示 $\overline{\beta}$，h_{fe} 表示 β），但在输出特性线性较好（平衡、等距）的情况下两者数值差别很小，一般不作严格区分。应该指出，晶体管是非线性器件，在 I_C 较大或较小时，β 值均会下降，只有在输出特性较好时，等距部分的 β 值才是基本恒定的。

常用的小功率晶体管的 β 值在 $20 \sim 200$ 之间，大功率的 β 值一般较小。选用晶体管时应注意，β 值太小的管子放大能力较差，β 值太大的管子热稳定性较差。

2．极间反向截止电流 I_{CBO}

（1）集、基极间反向截止电流 I_{CBO}。指发射极开路时，集电结在反向偏置作用下，集、基极间反向漏电流。它由少数载流子漂移形成的，三极管的 I_{CBO} 越小越好。

（2）集、射极反向截止电流 I_{CEO}。是指在基极开路时，集电结处于反向偏置，发射结处于正向偏置的情况下，集、射极反向漏电流，也称穿透电流。

I_{CBO}、I_{CEO} 受温度影响很大，它们均随温度升高而增大，造成晶体管工作不稳定。

3．极限参数

（1）I_C 在相当大的范围内 β 基本保持不变，但当 I_C 的数值大到一定程度时，其 β 值会下降，规定 β 值下降至正常值的 2/3 时集电极电流为集电极最大允许电流 I_{CM}。

（2）晶体管的某一电极开路时，另外两个电极间所允许加的最高反向电压称为极间反向击穿电压，超过此值时管子会发生击穿现象。

$U_{(BR)CBO}$ 是发射极开路时集电极-基极间的反向击穿电压，这是集电结所允许的最高反向电压。

$U_{(BR)CEO}$ 是基极开路时集电极-发射极间的反向击穿电压。

$U_{(BR)EBO}$ 是集电极开路时发射极-基极间的反向击穿电压，这是发射结所允许加的最高反向电压。

（3）集电极电流流经集电结时，要产生功率耗散，使集电结发热，引起晶体管参数变化。当结温超过一定数值以后，将导致管子性能变坏甚至烧坏。当晶体管受热而引起的参数变化不超过允许值时，集电极所消耗的最大功率，称为集电极最大允许耗散功率。

思考与练习

（1）能否用二极管组成晶体管，为什么？

（2）晶体管的发射极和集电极是否可以调换使用，为什么？

（3）为使 NPN 型和 PNP 型管工作在放大状态，应分别在外部加什么样的电压？

（4）如何判断晶体管的工作状态？

（5）如何用万用表欧姆挡判断一只晶体管的类型和区分三个管脚？

11.5 场效应晶体管

场效应晶体管是利用输入回路的电场效应来控制输出回路电流的一种半导体器件。它不但体积小、重量轻、寿命长，而且还具有输入回路的内阻高、噪声低、热稳定性好、抗辐射能力强等优点。

场效应晶体管按其结构的不同分为结型和绝缘栅型两种，其中绝缘栅型由于制造工艺简单，便于实现集成电路，因此发展很快。本章主要介绍绝缘栅型场效应晶体管。

11.5.1 绝缘栅型场效应管的结构

绝缘栅型场效应管根据导电沟道的不同可分为 N 型沟道和 P 型沟道两类；按其工作状态可分为增强型与耗尽型两类，如图 11.19 所示。

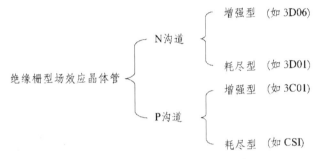

图 11.19 绝缘栅型均效应管分类

图 11.20（a）所示为 N 沟道绝缘栅型场效应晶体管结构示意图。它用一块杂质浓度较低的 P 型薄硅片作衬底，在上面扩散两个杂质浓度很高的 N^+ 区，分别用金属铝各引出一个电极，称为源极 S 和漏极 D。并用热氧化法在硅表面生成一层薄薄的二氧化硅绝缘层，在它上面再生成一层金属铝，引出一个电极，称为栅极（G）。

因为栅极和其他电极和硅片之间是绝缘的，所以称为绝缘栅型场效应晶体管。又由于它是由金属、氧化物和半导体所构成，所以又称为金属-氧化物-半导体场效应晶体管（MOSFET），简称 MOS 管。

如果在制造 MOS 管时，在二氧化硅绝缘层中掺入大量的正离子产生足够强的内电场，使得 P 型衬底的硅表层的多数载流子空穴被排斥开，从而感应出很多的负电荷使漏极与源极之间形成 N 型导电沟道，如图 11.19（a）所示。此时，栅极、源极之间不加电压（$U_{GS} = 0$），漏极、源极之间已经存在原始导电沟道，因此，这种 MOS 管称为耗尽型场效应晶体管，其图形符号如图 11.20（b）所示。

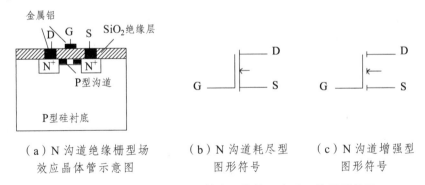

（a）N 沟道绝缘栅型场　　（b）N 沟道耗尽型　　（c）N 沟道增强型
　　效应晶体管示意图　　　　图形符号　　　　　　图形符号

图 11.20 N 沟道绝缘栅型场效应晶体管示意图及其图形符号

在二氧化硅绝缘层中掺入的正离子数量较少，不足以形成原始导电沟道，必须在栅极、源极之间加一个正电压（$U_{GS} > 0$），才能形成导电沟道，这种 MOS 管称为增强型场效应晶体管，其图形符号如 11.20（c）所示。

如果在制作场效应管时采用 N 型硅作衬底，漏极、源极为 P 型，则导电沟道为 P 型，如图 11.20 所示。其耗尽型和增强型场效应晶体管的图形符号如图 11.21（a）、图 11.21（b）和图 11.21（c）所示。

N 沟道与 P 沟道场效应晶体管都只有一种载流子导电，均为单极型电压控制器件。

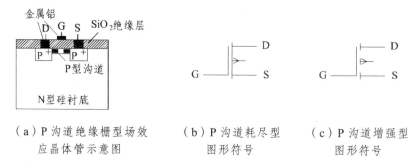

（a）P 沟道绝缘栅型场效
应晶体管示意图

（b）P 沟道耗尽型
图形符号

（c）P 沟道增强型
图形符号

图 11.21　P 沟道绝缘栅型场效应晶体管示意图及其图形符号

11.5.2　绝缘栅型场效应晶体管的工作原理和特性曲线

N 沟道与 P 沟道场效应晶体管工作原理是一样的，只有两者电源极性、电流方向相反，如图 11.21 所示。下面以 N 沟道场效应晶体管为例说明它们的工作原理。

在 U_{DS} 为常数的条件下，漏极电流 I_D 与栅极、源极电压 U_{GS} 之间的关系曲线称为场效应晶体管的转移特性，即 $I_D = f(U_{GS})\big|_{U_{DS}=常数}$，如图 11.21 所示。

在 U_{GS} 为常数的条件下，I_D 与漏极、源极电压 U_{DS} 的关系曲线称为场效应晶体管的输出特性，即 $I_D = f(U_{DS})\big|_{U_{GS}=常数}$，如图 11.21 所示。

1. 增强型场效应晶体管

如表 11.2 所示，由于增强型场效应晶体管不存在原始导电沟道，从其转移特性可以看出：在 $U_{GS} = 0$ 时，场效应晶体管不能导通，$I_D = 0$。

如果在栅极和源极之间加一正向电压 U_{GS}，在 U_{GS} 的作用下会产生垂直于衬底表面的电场，P 型衬底与二氧化硅绝缘层的界面将感应出负电荷层。随着 U_{GS} 的增加，负电荷的数量也增多，当积累的负电荷足够多时，能在两个 N^+ 区间形成导电沟道，从而形成漏极电流 I_D。从其转移特性曲线可知，在一定的漏极、源极电压 U_{DS} 下，使管子由不导通转为导通，此时栅极、源极电压称为开启电压，用 $U_{GS(th)}$ 表示。

当 $U_{GS} < U_{GS(th)}$ 时，$I_D \approx 0$；当 $U_{GS} > U_{GS(th)}$ 时，随 U_{GS} 的增加，I_D 也随之增大。

按 N 沟道增强型场效应晶体管的工作情况可将漏极特性曲线分为两个区域，如表 11.2 所示。在虚线左边的 I 区内，漏极、源极电压 U_{DS} 相对较小时，漏极电流 I_D 随 U_{DS} 的增加而增加，输出电阻 $r_o = \Delta U_{DS} / \Delta I_D$ 相对较低，且可以通过改变栅极、源极电压 U_{GS} 的大小来改变输出电阻 r_o 的阻值，所以 I 区也称为可调电阻区。在虚线右边的 II 区，当栅极、源极电压 U_{GS}

为常数时，漏极电流 I_D 几乎不随 U_{DS} 的变化而变化，特性曲线趋于与横轴平行，输出电阻 r_o 很大，在栅极、源极电压 U_{GS} 增大时，漏极电流 I_D 随 U_{GS} 线性增大，故 II 区也称为放大区。

表 11.2　绝缘栅型场效应晶体管符号及特性

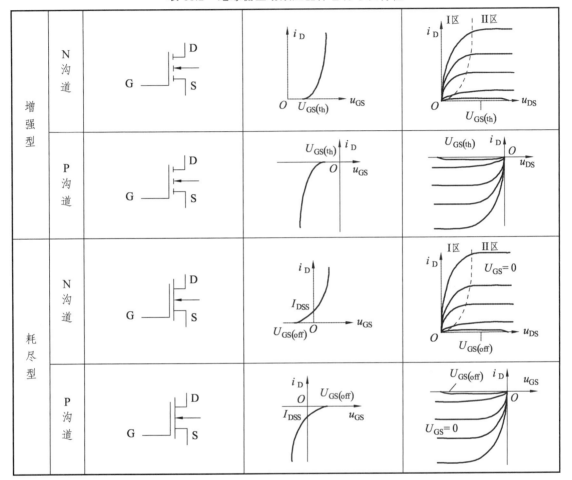

2. 耗尽型场效应晶体管

如表 11.2 所示的耗尽型场效应晶体管存在原始导电沟道，使其在 $U_{GS}=0$ 时，漏极、源极之间就可以导通，这时在外加漏极、源极电压 U_{DS} 的作用下流过场效应晶体管的漏极电流称为漏极饱和电流 I_{DSS}。当 $U_{GS}>0$，沟道内感应出的自由电子增多，使导电沟道加宽、沟道电阻减小、I_D 增大；当 $U_{GS}<0$ 时，会在沟道内产生出空穴与原始自由电子复合，使沟道变窄、沟道电阻增大、I_D 减小。当 U_{GS} 达到一定负值时，导电沟道内的载流子全部复合，沟道被夹断，$I_D=0$，这时的电压称为夹断电压，用 $U_{GS(off)}$ 表示。

N 沟道耗尽型和增强型场效应晶体管的输出特性相似，因此它们的工作原理相同。

11.5.3　VMOS 功率场效应晶体管

由于前面介绍的 MOS 场效应晶体管因漏极区很小，热量难以散发，仅能在小功率下运行。VMOS 功率场效应晶体管则是一种新型的大功率 MOS 管。图 11.22 所示为 N 沟道增强型 VMOS 管的结构示意图。它是用一块掺杂浓度较高的 N⁺ 型硅衬底作为漏极 D，在其上生成一层掺杂浓度较低的 N 型硅外延层。通过扩散在外延层上再制作一层 P 型硅，在 P 型硅上制作成掺杂浓度较高的 N⁺ 区作为源极 S。N⁺ 区与 P 层之间用金属层短接起来，然后沿垂直方向刻蚀出一个 V 型槽，最后在整个表面上制造一层氧化层，并在 V 型槽部分覆盖一层金属，引出栅极 G。

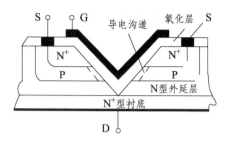

图 11.22 N 沟道增强型 VMOS 管子的结构示意图

当 $U_{GS} > U_{GS(th)}$ 时，P 区靠近 V 型槽的表面形成反型层，自由电子沿垂直沟道自源极 S 经过 N⁺ 区、N 型硅外延层和 N⁺ 型硅衬底到达漏极 D。这里的 P 区相当于一般 MOS 场效应晶体管的衬底，而 N 型外延层和 N⁺ 型衬底相当于漏极区。这样不仅扩大了漏极区的散热面积，而且也便于安装散热器以改善散热条件，同时还由于耗尽层主要出现在掺杂浓度低的外延层，可以提高漏极、源极击穿电压，因此 VMOS 场效应晶体管可以做成大功率管，而且还适宜于在高频时工作。

11.5.4　场效应晶体管的主要参数

场效应晶体管的特性除用转移特性曲线和输出特性曲线来描述外，还可用一些数据来说明，这些数据也是设计电路、选用场效应晶体管的依据。主要参数有以下几种。

1.　开启电压 $U_{GS(th)}$

开启电压 $U_{GS(th)}$ 是在 U_{DS} 为一常量时，使 i_D 大于零所需要的最小 $|U_{GS}|$ 值。手册中给出的是在 i_D 为规定的微小电流时的 U_{GS}。$U_{GS(th)}$ 是增强型 MOS 管的参数。

2.　夹断电压 $U_{GS(off)}$

夹断电压 $U_{GS(off)}$ 是在 U_{DS} 为常量时，i_D 为规定的最小电流时的 U_{GS}。$U_{GS(off)}$ 是耗尽型 MOS 管的参数。

3.　跨导 g_m

在 U_{DS} 为定值时，漏极电流 I_D 的变化量 ΔI_D 与引起这个变化的栅极、源极电压 U_{GS} 的变化量 ΔU_{GS} 的比值称为跨导。即

$$g_m = \frac{\Delta I_D}{\Delta U_{GS}}\bigg|_{U_{DS}=常数} \qquad (11.5.1)$$

g_m 的单位是西门子（S）。g_m 是转移特性曲线上某一点的切线斜率，由于转移特性曲线的非线性，因而 i_D 越大，g_m 也愈大。它表征了场效应晶体管 U_{GS} 对 I_D 控制能力的大小。

4. 通态电阻

通态电阻是在确定的栅极、源极电压下，场效应管进入饱和导通时，漏极、源极之间的电阻值，它的大小决定了管子的开通损耗。

5. 极限参数

（1）最大漏极电流 I_{DM} 是管子正常工作时漏极电流的上限值。

（2）管子进入恒流区后，使 i_D 骤然增大的 U_{DS} 称为漏-源击穿电压 $U_{(BR)DS}$，U_{DS} 超过此值会使管子损坏。

（3）最大耗散功率 P_{DM} 决定管子允许的温度。P_{DM} 确定后，便可在管子的输出特性上画出临界最大功耗线；再根据 I_{DM} 和 $U_{(BR)DS}$，便可得到管子的安全工作区。

注意：对于 MOS 管，栅-衬之间的电容很小，只要有少量的感应电荷就可以产生很高的电压。由于输入电阻很大，感应电荷难以释放，以至于感应电荷所产成的高压会使很薄的绝缘层击穿，造成管子的损坏。因此，无论是在存放还是在工作电路中，都应为栅-源之间提供直流通路，避免栅极悬空；同时在焊接时，要将电烙铁良好接地。

11.5.5　场效应晶体管与晶体三极管的比较

场效应晶体管的栅极 G、源极 S、漏极 D 与晶体三极管的基极 B、发射极 E、集电极 C 相对应，它们的作用类似。

（1）场效应晶体管用栅极、源极电压控制漏极电流 I_D，栅极基本不取电流；晶体三极管工作时，基极要索取一定的电流。因此，要求输入电阻高时，可选用场效应晶体管；若信号源可以提供一定的电流，则可选用晶体三极管。

（2）场效应晶体管由一种极性的载流子（电子或空穴）参与导电，而晶体三极管由两种不同极性的载流子（电子与空穴）同时参与导电。由于场效应晶体仅有多子参与导电，晶体三极管多子、少子同时参与导电，而少子数目受温度、辐射等因素影响较大，因而场效应晶体管比晶体三极管的温度稳定性好，抗辐射能力强。

（3）场效应晶体管比晶体三极管的种类多，因而在组成电路时更灵活。

（4）由于场效应晶体管的制作工艺简单、成本低，具有耗电省、工作电源电压范围宽等优点，因此场效应晶体管越来越多应用于大规模和超大规模集成电路中。

思考与练习

（1）从 N 沟道场效应晶体管的输出特性曲线上看，为什么 U_{DS} 越大夹断电压越大，漏-源间击穿电压也越大？

（2）场效应晶体管和晶体三极管比较有何特点？

（3）绝缘栅型场效应晶体管的栅极为什么不能开路？

（4）为什么说晶体三极管是电流控制元件，而场效应晶体管是电压控制元件？

练习题

1. 选择合适答案填入括号内。

（1）PN 结加正向电压时，空间电荷区将（　　　）。

  A. 变窄   B. 基本不变   C. 变宽

（2）在本征半导体中加入（　　　）元素可形成 P 型半导体。

  A. 五价   B. 四价   C. 三价

（3）稳压管的稳压区是其工作在（　　　）。

  A. 正向导通   B. 反向截止   C. 反向击穿   D. 正向击穿

（4）当晶体管工作在放大区时，发射结电压和集电结电压应为（　　　）。

  A. 发射结反偏，集电结反偏   B. 发射结正偏，集电结反偏

  C. 发射结正偏，集电结正偏

（5）工作在放大区的晶体三极管，如果当 I_B 从 10 μA 增加到 20 μA，I_C 从 1 mA 变为 2 mA，那么它的 β 约为（　　　）。

  A. 80   B. 90   C. 100

2. 在图 11.23 所示各电路中，$u_i = 10\sin\omega t$，$U_s = 6\,\text{V}$，二极管的正向压降可忽略不计，试分别画出输出电压 u_o 的波形。

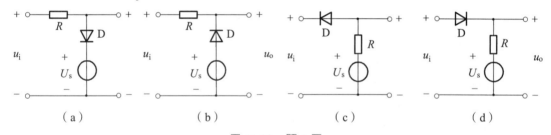

（a）   （b）   （c）   （d）

图 11.23　题 2 图

3. 在上题中，若二极管导通电压 $U_D = 0.7\,\text{V}$，试分别画出输出电压 u_o 的波形。

4. 在图 11.24 所示中，二极管的正向压降可忽略不计。试求下列几种情况下输出端的电位 V_F。

（1）$V_1 = V_2 = 0\,\text{V}$ （2）$V_1 = 5\,\text{V}$，$V_2 = 0\,\text{V}$

（3）$V_1 = V_2 = 5\,\text{V}$ （4）$V_1 = 3\,\text{V}$，$V_2 = 6\,\text{V}$

5. 在图 11.25 中，$u_i = 10\sin\omega t$，试画出输出电压 u_o 的波形，二极管的正向压降可忽略不计。

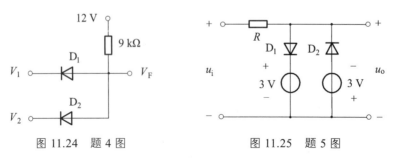

图 11.24　题 4 图   图 11.25　题 5 图

6. 在图 11.26（a）和图 11.26（b）中，$U_s = 20\,\text{V}$，$R_1 = R_2 = 1\,\text{k}\Omega$，稳压二极管 D_Z 的稳定电压 $U_Z = 10\,\text{V}$，最大稳定电流 $I_{ZM} = 8\,\text{mA}$，试求稳压二极管中通过的电流 I_Z 是否超过 I_{ZM}？如果超过，怎么办？

7. 在图 11.27 中，稳压二极管的稳定电压 $U_Z = 5\,\text{V}$，输入电压 $u_i = 12\sin\omega t$，试画出输出电压的波形。设二极管 D 的正向压降可以忽略不计。

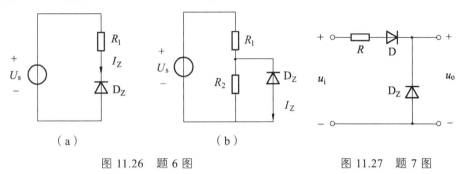

图 11.26　题 6 图　　　　　　　　图 11.27　题 7 图

8. 现有两只稳压二极管，它们的稳定电压分别为 6 V 和 10 V，正向导通电压为 0.7 V，试问：

（1）将它们串联，则可得到几种稳压值，各为多少？

（2）将它们并联，则可得到几种稳压值，各为多少？

9. 在一放大电路中，测得晶体三极管三个极对地的电位为如下两种情况：（a）$-6\,\text{V}$、$-3\,\text{V}$、$-3.2\,\text{V}$。（b）$6\,\text{V}$、$3\,\text{V}$、$3.7\,\text{V}$。

试判断：（1）晶体三极管是 NPN 型还是 PNP 型？

（2）晶体三极管是硅管还是锗管？

（3）确定晶体三极管的三个电极。

10. 如何使用万用表判断晶体三极管是 NPN 型还是 PNP 型？如何判断管子的三个极？如何通过实验来区分是锗管还是硅管？

11. 某场效应晶体管，在漏-源电压保持不变的情况下，栅-源电压 U_{GS} 变化 3 V 时，相应的漏极电流 I_D 变化了 2 mA，试问该管的跨导是多少？

12. 在图 11.28 所示中，为某场效应晶体管的输出特性曲线，试判断：

（1）该管属那种类型？画出其符号。

（2）其夹断电压 $U_{GS(off)}$ 约为多少？

（3）漏极饱和电流 I_{DSS} 约为多少？

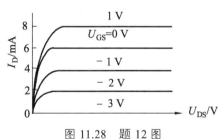

图 11.28　题 12 图

第 12 章　基本放大电路

在生产和科学实验中，往往要求用微弱的信号去控制较大功率的负载。如在智能仪表中，首先将温度、压力、流量等非电量通过传感器变换为微弱的电信号，经过放大以后，从显示仪表上读出非电量的大小，或者用来推动执行元件以实现自动调节。又如常见的收音机、电视机等，也是将天线收到的微弱信号放大到足以推动显像管和扬声器的程度。可见放大电路应用十分广泛，是电子设备中最普遍的一种基本单元。放大电路的作用就是对微弱电信号进行放大，以便测量、控制或加以利用。

本章重点介绍了放大电路的基本概念、三种基本放大电路（单管放大电路、差分放大电路和功率放大电路）的构成及工作原理，以及放大电路的基本分析方法。先介绍了放大电路的基本概念和主要技术指标。以共射极放大电路为例，说明了放大电路的构成及基本分析方法，并以此为基础讨论了放大电路静态工作点的稳定，射极跟随器以及多级放大电路的构成、耦合方式和分析方法。在差分放大电路的讨论中，建立了"差模信号""共模信号"等重要概念，为后面集成运算放大器的讨论做好了准备。最后还讨论了功率放大电路和场效应晶体管放大电路。

12.1　放大电路的概念和主要技术指标

12.1.1　放大电路的概念

在电子技术中，放大的实质是实现能量的控制，即用一个能量较小的信号去控制一个能源，从而在负载上得到一个能量较大的信号。因此可以说电子电路放大的基本特征是功率放大，即负载上所获得的功率比输入信号的功率大。另外，从信息论角度来看放大电路，它的基本功能就是将输入端的信息能量进行放大后传递到负载上，由于只有变动的信号才能包含信息，所以放大电路中放大的对象是变化量。

放大的前提是不失真，只有在不失真的前提下的放大才有意义。晶体三极管和场效应晶体管是放大电路的核心元件，只有它工作在合适的区域（放大区），才能使输出量与输入量始终保持线性关系，即电路才会不产生失真。

12.1.2　放大电路的主要性能指标

对于信号而言，任何一个小信号放大电路一般都可以用一个双口网络来描述，如图 12.1

所示。其中一个端口作为输入端，与信号源 $\dot{U}_s$ 相连，R_s 是信号源内阻；另一个端口作为输出端，与负载 R_L 相连。为了衡量放大电路的性能，规定了各种技术指标。

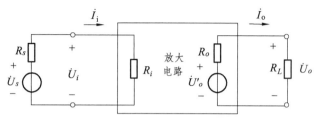

图 12.1　放大电路的组成框图

1. 放大倍数 $\dot{A}$

放大倍数是描述一个放大电路对信号放大能力的指标，其值为输出量 $\dot{X}_o$ 与输入量 $\dot{X}_i$ 之比，即

$$\dot{A} = \frac{\dot{X}_o}{\dot{X}_i} \tag{12.1.1}$$

根据输出量与输入量的不同，相对应的放大倍数分别定义如下：

电压放大倍数是输出电压 $\dot{U}_o$ 与输入电压 $\dot{U}_i$ 之比，即

$$\dot{A}_u = \frac{\dot{U}_o}{\dot{U}_i} \tag{12.1.2}$$

电流放大倍数是输出电流 $\dot{I}_o$ 与输入电流 $\dot{I}_i$ 之比，即

$$\dot{A}_i = \frac{\dot{I}_o}{\dot{I}_i} \tag{12.1.3}$$

互阻放大倍数是输出电压 $\dot{U}_o$ 与输入电流 $\dot{I}_i$ 之比，即

$$\dot{A}_r = \frac{\dot{U}_o}{\dot{I}_i} \tag{12.1.4}$$

互导放大倍数是输出电流 $\dot{I}_o$ 与输入电压 $\dot{U}_i$ 之比，即

$$\dot{A}_g = \frac{\dot{I}_o}{\dot{U}_i} \tag{12.1.5}$$

必须注意，以上指标只有在输出信号没有明显失真的情况下才有意义，这一点也适用于以下各项指标。

2. 输入电阻 R_i

由于信号源向放大电路提供输入信号，因此放大电路成为信号源的负载。在低频下可用一负载电阻表示，这一电阻称为放大电路输入电阻，相当于从放大电路端看进去的等效电阻，定义为

$$R_i = \frac{U_i}{I_i} \qquad (12.1.6)$$

R_i 的大小直接影响放大电路在输入端获取信号大小，由图 12.1 可得出

$$\dot{U}_i = \frac{R_i}{R_s + R_i}\dot{U}_s \qquad (12.1.7)$$

若 $R_s \neq 0$ 时，$\dot{U}_i < \dot{U}_s$，因此，从电压放大能力的角度来要求，输入电阻 R_i 越大越好。

3. 输出电阻 R_o

放大电路输出端对其负载而言相当于负载的信号源，从放大电路输出端看进去的等效内阻称为输出电阻 R_o。

由图 12.1 所示，$U_o{}'$ 为空载时输出电压有效值，U_o 为带负载后输出电压的有效值，则

$$R_o = \left(\frac{U_o{}'}{U_o} - 1\right)R_L \qquad (12.1.8)$$

R_o 反映了放大电路带负载的能力，即输出电阻越小，带负载的能力越强。

4. 通频带 f_{bw}

通频带用于衡量放大电路对不同频率信号的放大能力。由于放大器件本身存在极间电容，且一些放大电路中还接有电抗性元件，因此放大电路放大倍数将随信号频率的变化而变化。图 12.2 所示为某放大电路的放大倍数与信号频率的关系曲线，称为幅频特性曲线。

图 12.2　放大电路的幅频特性

当频率升高或降低时，放大倍数都将减小，而在中间一段频率范围内，放大倍数基本不变，将这一区间称为中频段。以 $\dot{A}_m$ 来表示中频放大倍数，当放大倍数下降到 $0.707|\dot{A}_m|$ 时对应的频率分别称为下限截止频率 f_L 和上限截止频率 f_H，则 f_L 与 f_H 之间的频率范围称为通频带，即

$$f_{bw} = f_H - f_L \qquad (12.1.9)$$

通频带越宽，表明放大电路对不同频率信号的适应能力越强。

5. 非线形失真系数 D

由于放大器件输入、输出特性的非线性，因此放大电路输出波形不可避免地将产生或多或少的非线性失真。当输入单一频率的正弦信号时，输出波形除基波分量外，还含有一定数量的谐波。所有的谐波的总量与基波成分之比，定义为非线性失真系数 D，即

$$D = \sqrt{\left(\frac{U_2}{U_1}\right)^2 + \left(\frac{U_3}{U_1}\right)^2 + ...} \qquad (12.1.10)$$

式中，U_1、U_2、U_3 等分别表示输出信号基波、二次谐波、三次谐波等的幅值。

非线性失真是用来衡量一个放大电路的输出波形相对于输入波形的保真能力。

6. 最大输出电压

输出波形在没有明显失真的情况下，放大电路能够提供给负载的最大输出电压，最常用有效值 U_{om} 表示。

7. 最大输出功率与效率

放大电路的输出功率，是指在输出信号不产生明显失真的前提下，能够向负载提供的最大输出功率，用 P_{om} 表示。

前已经叙述，放大的实质是能量控制，负载上的输出功率实际上是利用放大器件的控制作用将直流电源的功率转换成交流功率得到的，因此存在一个功率转换的效率问题。放大电路的效率 η 定义为最大输出功率 P_{om} 与直流电源消耗功率 P_V 之比，即

$$\eta = \frac{P_{om}}{P_V} \qquad (12.1.11)$$

η 越大，表明放大电路的效率越高，电源的利用率越高。

12.2 共发射极放大电路的工作原理

本节以 NPN 型晶体三极管组成的共发射极放大电路为例，阐明电路中各元件的作用和放大电路的组成及其工作原理。

12.2.1 基本共射放大电路的组成

1. 基本共射放大电路结构

图 12.3 所示为共发射极接法的基本交流放大电路。输入端接交流信号源，电路中各元件作用如下。

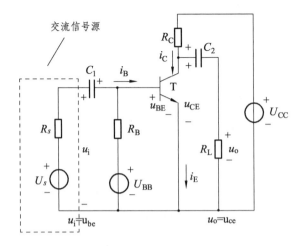

图 12.3　共发射极基本交流放大电路

晶体三极管 T：晶体三极管是放大电路的核心元件，利用它的电流放大作用，在集电极电路获得较大的电流，即用基极电流 i_B 控制集电极电流 i_C。

电源 U_{CC} 和 U_{BB}：使晶体管的发射结正向偏置，集电结反向偏置，晶体三极管处于放大状态，同时也是放大器的能量来源。

偏置电阻 R_B：它和电源 U_{BB} 一起使发射结处于正向偏置，同时用来调节基极电流，使晶体三极管有一个合适的工作点。一般为几十千欧到几百千欧。

集电极负载电阻 R_C：主要将集电极电流的变化转换为电压的变化，以实现电压放大，一般为几千欧。

耦合电容 C_1 和 C_2：它们一方面起到隔直作用，C_1 用来隔断放大电路与信号源之间的直流通路，而 C_2 则用来隔断放大电路与负载之间的直流通路；另一方面起到交流耦合作用，保证交流信号畅通无阻地经过放大电路，沟通信号源、放大电路和负载三者之间的交流通路。通常要求耦合电容上的交流压降小到可以忽略不计，即对交流信号可视作短路。C_1 和 C_2 的电容值一般为几微法到几十微法，用的是极性电容器，连接时要注意其极性。

在图 12.3 所示的放大电路中，用了两个直流电源 U_{BB} 和 U_{CC}，在实际应用中，用电源 U_{CC} 代替 U_{BB}，基极电流 I_B 由 U_{CC} 经 R_B 提供，如图 12.4 所示。

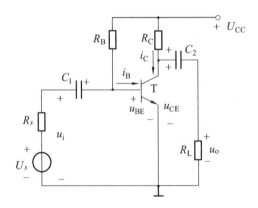

图 12.4　共发射极基本交流放大电路

2. 放大电路的组成原则

（1）必须保证三极管工作在放大区。

必须根据所用三极管的类型提供合适的直流电源，并设计合适的偏置电路来保证三极管始终处于放大区。

（2）保证待放大信号能输入、放大后的信号能输出。

由于放大功能是以三极管为核心完成的，所以应在电路接法上保证待放大的信号 u_i 能加到放大管的输入端口上，且同时保证放大后的信号 u_o（或 i_o）能输送到负载上。

（3）为使信号不失真，在没外加信号作用下，三极管不但要处于放大状态，还应有一个合适的静态工作点。

12.3　放大电路的分析方法

对放大电路进行定量分析时，必须注意放大电路中同时存在直流量和交流量，各电极电压和电流往往处于交、直流并存的状态。也就是说，当输入端加上一个交流输入信号时，放大电路中三极管各电极的电压和电流将在原来静态直流的基础上叠加一个交流成分。则在分析时，通常要遵循"先静态，后动态"的原则。

12.3.1　直流通路与交流通路

通常，在放大电路中，直流电源的作用和交流信号的作用总是同时存在的，即静态电流、电压和动态电流、电压总是共存的。由于放大电路中电容、电感等电抗元件的存在，直流量与交流量流经的通路不完全相同。为了便于分析，常把直流电源对电路的作用和交流信号对电路的作用区分开来，分成直流通路和交流通路进行分析。

直流通路是在直流电源单独作用下直流电流流经的路径，也就是静态电流流经的通路，用于研究静态工作点。对于分析直流通路时要遵循以下原则：电容视为开路；电感线圈视为短路（忽略线圈电阻的作用）；信号源视为短路，但保留其内阻。

根据以上原则，图 12.4 所示共发射极基本交流放大电路的直流通路如图 12.5 所示。对直流量而言，C_1、C_2 相当于开路，它用于研究放大电路的静态工作点。从直流通路可以看出，由于 C_1、C_2 的"隔直"作用，静态工作点与信号源内阻和负载电阻无关。

交流通路是输入信号作用下交流信号流经的路径，用于研究动态参数，对于交流通路要遵循以下原则：容量大的电容（如耦合电容）视为短路，无内阻的直流电源视为短路。

根据以上原则，图 12.4 所示共发射极基本交流放大电路的交流通路如图 12.6 所示。对交流信号而言，C_1、C_2 相当于短路，直流电源 U_{CC} 短路，因此输入电压 u_i 加在晶体管基极与发射极之间，基极电阻 R_B 并联在输入端，集电极电阻 R_C 与负载电阻 R_L 并联在集电极与发射极之间，即并联在输出端。

在分析放大电路时，应遵循"先静态，后动态"的原则。求解静态工作点时利用直流通路，求解动态参数时应利用交流通路；静态工作点选取合适，动态分析才有意义。

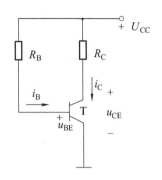

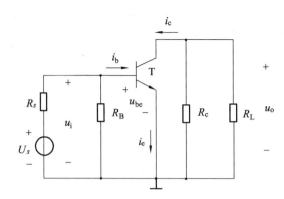

图 12.5　图 12.4 共发射极基本交流　　　　图 12.6　图 12.4 共发射极基本交流
　　　　放大电路的直流通路　　　　　　　　　放大电路的交流通路

12.3.2　放大电路的静态分析

无输入信号（$u_i = 0$）时电路的工作状态称为静态，此时电路中的电流、电压都是直流量。所谓静态分析，就是确定放大电路的静态工作点（I_B、I_C 和 U_{CE}），常采用的分析方法有两种。

1．估算法

估算法利用放大电路的直流通路计算静态工作点。对共发射极基本交流放大电路的直流通路如图 12.5 所示，利用基尔霍夫电压定律得

$$R_B I_B + U_{BE} = U_{CC} \tag{12.3.1}$$

$$I_B = \frac{U_{CC} - U_{BE}}{R_B} \approx \frac{U_{CC}}{R_B} \tag{12.3.2}$$

式中，$U_{BE} = 0.7 \ \text{V}$（硅管）；$U_{BE} = 0.2 \ \text{V}$（锗管），可忽略不计。则

$$I_C \approx \beta I_B \tag{12.3.3}$$

$$U_{CE} = U_{CC} - R_C I_C \tag{12.3.4}$$

【例 12.1】　在图 12.5 中，已知 $U_{CC} = 5 \ \text{V}$，$R_B = 300 \ \text{k}\Omega$，$R_C = 5 \ \text{k}\Omega$，$\beta = 40$。试求放大电路的静态工作点。

解： 静态工作点由 I_B、I_C 和 U_{CE} 来描述。

根据图 12.5 所示的直流通路可得出，

$$I_B = \frac{U_{CC} - U_{BE}}{R_B} \approx \frac{U_{CC}}{R_B} = \frac{15}{300 \times 10^3} = 50 \ \mu\text{A}$$

$$I_C \approx \beta I_B = 40 \times 50 = 2\ 000 \ \mu\text{A} = 2 \ \text{mA}$$

$$U_{CE} = U_{CC} - R_C I_C = 15 - 5 \times 10^3 \times 2 \times 10^{-3} = 15 - 10 = 5 \ \text{V}$$

2. 图解法

根据晶体三极管的输出特性曲线，用作图的方法求解静态工作点（I_B、I_C 和 U_{CE}）称为图解法。图解法能直观地分析和了解静态值的变化对放大电路工作的影响。

对非线性电路，电路的工作情况由负载线与非线性元件的伏安特性曲线的交点确定，这个交点称为工作点，它既符合非线性元件上的电压与电流的关系，同时也符合电路中电压与电流的关系。

在图 12.5 中，当输入信号 $u_i = 0$ 时，在晶体三极管的输入回路中，静态工作点应在晶体三极管的输入特性曲线上，同时还应满足外电路的回路方程

$$U_{BE} = U_{CC} - R_B I_B \tag{12.3.5}$$

或

$$I_B = -\frac{U_{BE}}{R_B} + \frac{U_{CC}}{R_B} \tag{12.3.6}$$

在输入特性曲线中，画出式（12.3.5）或式（12.3.6）所确定的直线，它与横轴的交点为（U_{CC}，0），与纵轴的交点为（0，U_{CC}/R_B），斜率为 $-1/R_B$。直线与曲线的交点对应的值为（U_{BE}，I_B），如图 12.7（a）所示。由式（12.3.5）或式（12.3.6）所确定的直线称为输入回路负载线。

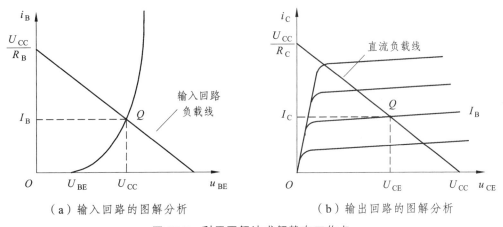

（a）输入回路的图解分析　　　　　（b）输出回路的图解分析

图 12.7　利用图解法求解静态工作点

与输入回路相似，在晶体管的输出回路中，静态工作点在其输出特性曲线上，如图 12.7（b）所示，同时要满足外电路的回路方程

$$U_{CE} = U_{CC} - I_C R_C \tag{12.3.7}$$

或

$$I_C = -\frac{U_{CE}}{R_C} + \frac{U_{CC}}{R_C} \tag{12.3.8}$$

在输出特性曲线中，画出式（12.3.7）或式（12.3.8）所确定的直线，它与横轴的交点为（U_{CC}，0），与纵轴的交点为（0，U_{CC}/R_C），斜率为 $-1/R_C$，如图 12.7（b）所示。由于它是由直流通路得出的，且与集电极负载电阻 R_C 有关，故称为直流负载线。负载线与晶体三极管的某条（由 I_B 确定）输出特性曲线的交点 Q，称为放大电路的静态工作点，由它来确定放大电路的静态值（I_B，I_C 和 U_{CE}）。

由图 12.7（b）可见，基极电流 I_B 的大小不同，静态工作点在直流负载线上的位置也就不同。根据对晶体三极管工作状态的要求不同，要有一个相应不同的合适的静态工作点，这可以通过改变 I_B 来得到。因此，I_B 确定晶体三极管的工作状态，通常称它为偏置电流；产生偏置电流的电路，称为偏置电路，R_B 称为偏置电阻。改变 R_B 的阻值可以调整偏置电流 I_B 的大小。通过以上的分析，可以得到求静态值的一般步骤如下：

（1）由半导体器件手册查出晶体三极管的输入和输出特性曲线。

（2）在输入特性曲线上画出输入回路负载线。确定偏置电流 I_B，或利用直流通路求出偏置电流 I_B。

（3）在输出特性曲线上画出直流负载线。

（4）得出合适的静态工作点。

（5）根据静态工作点，确定静态值（I_B、I_C、U_{CE}）。

12.3.3 放大电路的动态分析

当输入信号 $u_i \neq 0$ 时电路的工作状态称为动态。

动态分析是在静态值确定后分析信号的传输情况，考虑的只是电流和电压的交流分量。此时放大电路是在直流电源 U_{CC} 和交流输入信号 u_i 共同作用下工作，此时电路中的电压 U_{CE}、电流 i_B 和 i_C 均包含直流分量和交流分量，即

$$i_B = I_B + i_b \tag{12.3.9}$$

$$i_C = I_C + i_c \tag{12.3.10}$$

$$u_{CE} = U_{CE} + u_{ce} \tag{12.3.11}$$

其中 I_B、I_C 和 U_{CE} 是在电源 U_{CC} 单独作用时产生的电流、电压，实际上就是放大电路的静态值，称为直流分量；i_b、i_c 和 u_{ce} 是在输入信号 u_i 作用下产生的电流、电压，称为交流分量。微变等效电路法和图解分析法是动态分析的两种基本方法。

1. 微变等效电路

晶体三极管电路分析的复杂性在于其特征曲线的非线性，如果能在一定条件下将特性曲线性形化，即用线性电路来描述其非线性特征，建立线性模型，就可应用线性电路的分析方法来分析晶体三极管电路了。而所谓的微变等效电路法，就是把非线性元件晶体三极管所组成的放大电路等效为一个线性电路，即把晶体三极管线性化，等效为一个线性元件，再利用线性电路的分析方法处理晶体三极管放大电路。这里重点阐述用于低频小信号时的微变等效电路。

1）晶体三极管的微变等效电路

如何把晶体三极管线性化，用一个等效电路来代替，这是首先要讨论的问题。

线性化的条件，就是晶体三极管在小信号（微变量）情况下工作。这才能在静态工作点附近的小范围内用直线段近似地代替晶体三极管的特性曲线。

如图 12.8 所示，由于晶体三极管为非线性元件，当输入信号 u_i 较小时，i_b 和 u_{be} 在静态工作点 Q 附近的变化也很微小。因此，从图 12.8（b）的晶体管输入特性曲线来看，虽然它

是非线性的，但在 Q 点附近的微小范围内可以认为是线性的。当 U_{CE} 为常数时，u_{BE} 有微小变化 ΔU_{BE}，基极电流变化 ΔI_B，两者的比值称为晶体三极管的动态输入电阻，用 r_{be} 表示，它表示晶体三极管的输入特性

$$r_{be} = \lim_{\Delta \to 0} \frac{\Delta U_{BE}}{\Delta I_B}\bigg|_{U_{CE}=常数} = \frac{\mathrm{d}U_{BE}}{\mathrm{d}i_B}\bigg|_{U_{CE}=常数} \tag{12.3.12}$$

r_{be} 实际上是静态工作点 Q 处的动态电阻，即晶体三极管输入特性曲线中 Q 点切线斜率的导数，由它确定 u_{be} 和 i_b 之间的关系。因此，晶体三极管的输入电路可用 r_{be} 等效代替，如图 12.10 所示。r_{be} 一般为几百欧到几千欧，低频小功率晶体三极管的 r_{be} 可以用下式估算

$$r_{be} \approx 200 + (1+\beta)\frac{26}{I_E} \tag{12.3.13}$$

式中，I_E 是发射极电流的静态值，右边第一项常取 $100 \sim 300\ \Omega$；r_{be} 单位符号为欧姆（Ω）。

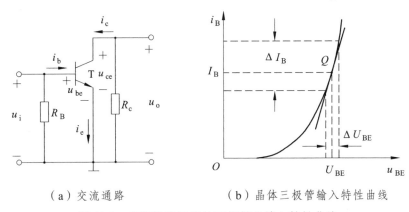

（a）交流通路　　　　　（b）晶体三极管输入特性曲线

图 12.8　交流通路和晶体三极管的输入特性曲线

集电极和发射极之间的电压电流关系由输出特性曲线决定，如图 12.9 所示。从图中可以看出，输出特性曲线在放大区域内近似呈水平线，则基极电流的微小变化将引起集电极电流的微小变化 ΔI_C，在第 11 章讲到的 ΔI_C 与 ΔI_B 的关系，可以描述为

$$\Delta I_C = \beta \Delta I_B \quad 即 \quad i_c = \beta i_b \tag{12.3.14}$$

图 12.9　晶体三极管输出特性曲线

在小信号的条件下，β 是一常数，由它确定 i_b 对 i_c 的控制作用。因此，晶体三极管的输

出电路可用一受控电流源 $i_c = \beta i_b$ 代替，以表示晶体三极管的电流控制作用，如图 12.10 所示。

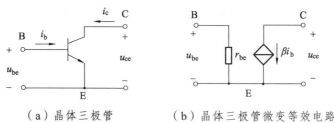

（a）晶体三极管　　　　（b）晶体三极管微变等效电路

图 12.10　晶体管及其微变等效电路

2）放大电路的微变等效电路分析

将图 12.6 所示共发射极基本交流放大电路的交流通路中的晶体三极管用微变等效电路代替，便可得到图 12.4 所示放大电路的微变等效电路，如图 12.11 所示。

设 u_s 为正弦量，则图 12.11 中所有的电流、电压均可用向量表示，如图 12.12 所示。

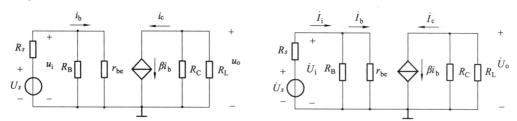

图 12.11　图 12.4 所示交流放大电路的微变等效电路　　图 12.12　微变等效电路

根据图 12.12 可得

$$\dot{U}_i = (R_B \parallel r_{be})\dot{I}_i \approx r_{be}\dot{I}_b \tag{12.3.15}$$

$$\dot{U} = -(R_c /\!/ R_L)\dot{I}_C = -\beta R_L' \dot{I}_b \tag{12.3.16}$$

式中　$R_L' = R_C \parallel R_L$

（1）放大电路的电压放大倍数 A_u 有如下关系式

$$A_u = \frac{\dot{U}_o}{\dot{U}_i} = \frac{-\beta R_L' \dot{I}_b}{r_{be}\dot{I}_b} = -\frac{\beta R_L'}{r_{be}} \tag{12.3.17}$$

A_u 与 R_L' 成正比，并与 β、r_{be} 有关，式中负号表明输出电压 $\dot{U}_o$ 与输入电压 $\dot{U}_i$ 反相。

若放大电路输出端开路（未接 R_L）时

$$A_u = \frac{\beta R_C}{r_{be}} \tag{12.3.18}$$

与式（12.3.17）相比，由于 $R_L' < R_C$，使放大倍数下降。可见，放大电路的负载越小，放大倍数越低。

（2）放大电路对信号源而言，相当于一个负载，可用一个电阻 r_i 来等效代替，它是一个动态电阻。在图 12.12 中

$$r_{\mathrm{i}} = \frac{\dot{U}_{\mathrm{i}}}{\dot{I}_{\mathrm{i}}} = \frac{(R_{\mathrm{B}} \parallel r_{\mathrm{be}})\dot{I}_{\mathrm{i}}}{\dot{I}_{\mathrm{i}}} = R_{\mathrm{B}} \parallel r_{\mathrm{be}} \approx r_{\mathrm{be}} \tag{12.3.19}$$

式中，$R_{\mathrm{B}} \ll r_{\mathrm{be}}$，所以 R_{B} 可忽略不计。

（3）放大电路对负载而言，相当于一个电压源，该电压源的内阻定义为放大电路的输出电阻 r_{o}，它是一个动态电阻。

放大电路的输出电阻可用输出端开路电压 $\dot{U}_{\mathrm{oc}}$ 和短路电流 $\dot{I}_{\mathrm{sc}}$ 求得

$$r_{\mathrm{o}} = \frac{\dot{U}_{\mathrm{oc}}}{\dot{I}_{\mathrm{sc}}} \tag{12.3.20}$$

在图 12.12 中

$$\dot{U}_{\mathrm{oc}} = -R_{\mathrm{C}}\dot{I}_{\mathrm{c}} = -\beta R_{\mathrm{C}}\dot{I}_{\mathrm{b}} \tag{12.3.21}$$

$$\dot{I}_{\mathrm{sc}} = -\dot{I}_{\mathrm{c}} = -\beta\dot{I}_{\mathrm{b}} \tag{12.3.22}$$

故

$$r_{\mathrm{o}} = \frac{\dot{U}_{\mathrm{oc}}}{\dot{I}_{\mathrm{sc}}} = \frac{-R_{\mathrm{C}}\dot{I}_{\mathrm{C}}}{-\dot{I}_{\mathrm{c}}} = R_{\mathrm{C}} \tag{12.3.23}$$

放大电路的输出电阻也可将信号源短路（$\dot{U}_{\mathrm{s}} = 0$），将 R_{L} 去掉，在输出端加一交流电压 $\dot{U}_{\mathrm{o}}$，以产生一个电流 $\dot{I}_{\mathrm{o}}$ 来求得，即

$$r_{\mathrm{o}} = \frac{\dot{U}_{\mathrm{o}}}{\dot{I}_{\mathrm{o}}} \tag{12.3.24}$$

【例 12.2】 有一放大电路如图 12.13 所示，已知 $U_{\mathrm{CC}} = 15\ \mathrm{V}$，$U_{\mathrm{BE}} = 0.7\ \mathrm{V}$，$R_{\mathrm{B}} = 300\ \mathrm{k\Omega}$，$R_{\mathrm{C}} = 5\ \mathrm{k\Omega}$，$r_{\mathrm{be}} = 1\ \mathrm{k\Omega}$，$\beta = 50$，$R_{\mathrm{s}} = 3\ \mathrm{k\Omega}$。

试求：

（1）输出端开路时的电压放大倍数 A_u。

（2）$R_{\mathrm{L}} = 3\ \mathrm{k\Omega}$ 时的电压放大倍数 A_u。

（3）输出端开路时的源电压放大倍数 A_{us}。

（4）该放大电路的输入电阻 r_{i}。

（5）该放大电路的输出电阻 r_{o}。

解：画出图 12.13 的微变等效电路，如图 12.14 所示。

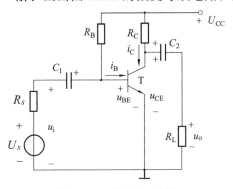

图 12.13 例 12.2 的图

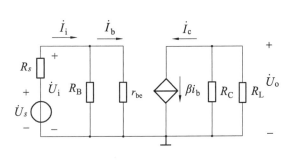

图 12.14 图 12.13 的微变等效电路

（1）根据式（12.3.18）可得

$$A_u = -\frac{\beta R_C}{r_{be}} = \frac{-50 \times 5 \times 10^3}{1 \times 10^3} = -250$$

（2）根据式（12.3.17）可得

$$A_u = -\frac{\beta R_L'}{r_{be}} = -\frac{50 \times (5 \times 10^3 \parallel 3 \times 10^3)}{1 \times 10^3} = -93.75$$

（3）根据 A_{us} 的定义

$$A_{us} = \frac{\dot{U}_o}{\dot{U}_s} = \frac{\dot{U}_i}{\dot{U}_s} \cdot \frac{\dot{U}_o}{\dot{U}_i} = \frac{r_i}{R_s + r_i} A_u$$

根据式（12.3.19）可得

$$r_i \approx r_{be} = 1\ \text{k}\Omega$$

$$A_{us} = \frac{r_i}{R_s + r_i} A_u = \frac{1 \times 10^3}{3 \times 10^3 + 1 \times 10^3} \times (-250) = -62.5$$

（4）根据式（12.3.19）可得

$$r_i \approx r_{be} = 1\ \text{k}\Omega$$

（5）根据式（12.3.23）可得

$$r_o = R_C = 5\ \text{k}\Omega$$

【例 12.3】　如图 12.15 所示电路，$\beta = 80$，$R_B = 100\ \text{k}\Omega$，$R_C = 0.6\ \text{k}\Omega$，$R_E = 100\ \Omega$，$R_L = 2\ \text{k}\Omega$，$U_{CC} = 18\ \text{V}$，$U_{BE} = 0.7\ \text{V}$。

试求：

（1）静态工作点。

（2）A_u、r_i 和 r_o。

解：（1）首先画出图 12.15 的直流通路，如图 12.16 所示。

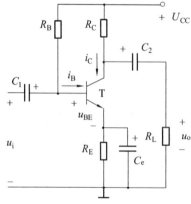 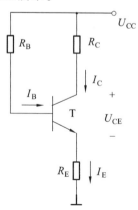

图 12.15　例 12.3 的图　　　　图 12.16　图 12.15 的直流通路

根据图 12.16，利用基尔霍夫电压定律，由直流通路的外电路的回路，可得

$$R_B I_B + U_{BE} + R_E I_E = U_{CC}$$

而　　　　　　　　$I_E = (1+\beta)I_B$

故　　　　　　　　$R_B I_B + U_{BE} + R_E(1+\beta)I_B = U_{CC}$

$$I_B = \frac{U_{CC} - U_{BE}}{R_B + (1+\beta)R_E} = \frac{18 - 0.7}{100 \times 10^3 + (1+80) \times 100} = 0.16 \times 10^{-3} \text{ A} = 0.16 \text{ mA}$$

$$I_C = \beta I_B = 80 \times 0.16 \times 10^{-3} = 12.8 \times 10^{-3} \text{ A} = 12.8 \text{ mA}$$

$$I_E \approx I_C$$

$$U_{CE} = U_{CC} - R_C I_C - R_E I_E$$

$$= 18 - 0.6 \times 10^3 \times 12.8 \times 10^{-3} - 100 \times 12.8 \times 10^{-3}$$

$$= 18 - 7.68 - 1.28$$

$$= 9.04 \text{ V}$$

$U_{CE} > U_{BE}$，说明晶体三极管工作在放大区。

（2）动态分析时，先求出 r_{be}

$$r_{be} \approx 200 + (1+\beta)\frac{26}{I_E} = 200 + \frac{26}{I_B} = 200 + \frac{26}{0.16} = 362.5 \ \Omega$$

画出图 12.15 的微变等效电路，由于 C_1、C_2、C_e 具有"隔直通交"的作用，对交流信号而言，C_1、C_2、C_e 相当于短路，它的微变等效电路如图 12.17 所示。

$$A_u = -\frac{\beta R_L'}{r_{be}} = -\frac{80 \times (0.6 \times 10^3 \parallel 2 \times 10^3)}{362.5} = -101.8$$

$$r_i \approx r_{be} = 362.5 \ \Omega$$

$$r_o = R_C = 0.6 \text{ k}\Omega$$

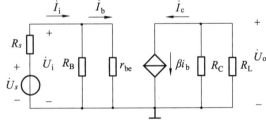

图 12.17　图 12.15 的微变等效电路

2. 图解分析法

对放大电路的动态分析也可以应用图解分析法。图解分析法是利用晶体三极管的特性曲线，通过作图的方法分析动态工作情况。它可以形象、直观地看出信号传递过程，各电压、电流在 u_i 作用下的变化情况和放大电路的工作范围等。

1）电压放大倍数的分析

以图 12.4 的共发射极基本交流放大电路为例，进行分析。分析步骤如下。

（1）根据静态分析方法，确定静态工作点 Q（I_B、I_C 和 U_{CE}）。

（2）当有输入信号 u_i（正弦量）时，可得晶体三极管输入端 u_{BE} 的变化，如图 12.18 所示。

可得
$$u_{BE} = U_{BE} + u_{be} \tag{12.3.25}$$

式中，u_{be} 由输入信号产生，u_i 为正弦量，u_{be} 也为正弦量。

工作点 Q 在输入特性曲线的线段 Q' 和 Q'' 之间移动，基极电流

$$i_B = I_B + i_b \tag{12.3.26}$$

（3）在晶体管输出特性曲线上，做交流负载线。直流负载线反映静态时电流 I_C 和电压 U_{CE} 的变化关系，由于耦合电容 C_2 的隔直作用，它与负载电阻 R_L 无关。但在输入信号 u_i 作用下交流通路中，负载电阻 R_L 和 R_C 并联对电路产生影响。交流负载线反映动态电流 i_C 和电压 u_{CE} 的变化关系，其斜率 $\tan\alpha' = -\dfrac{1}{R_L'}$。

因为 $R_L' < R_C$，故交流负载线比直流负载线要陡一些，如图 12.19 所示。

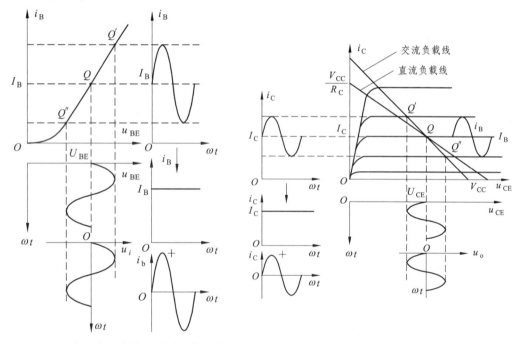

图 12.18　交流放大电路输入端的图解分析　　图 12.19　交流放大电路输出端的图解分析

（4）从图 12.19 可以看出，工作点 Q 随 i_B 的变化在交流负载线 Q' 和 Q'' 之间移动，故

$$i_C = I_C + i_c \tag{12.3.27}$$

$$u_{CE} = U_{CE} + u_{ce} \tag{12.3.28}$$

式中，i_c、u_{ce} 也为正弦量。

$$u_o = u_{ce} \tag{12.3.29}$$

从图 12.19 中可以看出 u_o 的相位与输入信号 u_i 反相。由图上也可计算电压放大倍数，它等于输出正弦电压的幅值与输入正弦电压的幅值之比。即

$$A_u = -\frac{U_{om}}{U_{im}}$$

式中，U_{om} 为输出正弦电压的幅值，U_{im} 为输入电压的幅值。

注意：R_L 的阻值愈小，交流负载线愈陡，电压放大倍数下降得也愈多。

2）波形非线性失真的分析

当输入电压为正弦波时，若静态工作点 Q 合适，且输入信号幅值较小，则输入信号正常放大，输出电压 u_o 与输入信号 u_i 反相，如图 12.19 所示。

当静态工作点 Q 过低、处于 Q_1 位置时，在输入信号负半周靠近峰值的某段时间内，晶体三极管 B-E 间电压总量 U_{BE} 小于其开启电压 U_{on}，晶体三极管截止，此时基极电流 i_b 将产生失真，如图 12.20（a）所示，由于 i_b 产生失真，集电极电流 i_c 和集电极电阻 R_C 上电压的波形必然随 i_b 产生同样的失真。将因晶体三极管截止而产生的失真称为截止失真。

当 Q 点过高、处于 Q_2 位置时，基极电流 i_b 不产生失真，但由于输入信号正半周靠近峰值的某段时间内晶体管进入饱和区，导致集电极电极电流 i_c 产生失真，集电极电阻 R_C 上的电压波形随之产生同样的失真。由于输出电压 u_o 与 R_C 上电压的变化相位相反，从而导致 u_o 波形产生底部失真，如图 12.20（b）所示。将因晶体三极管饱和而产生的失真称为饱和失真。

饱和失真和截止失真统称为非线性失真，实际上，由于静态工作点不适合或信号太大，都会出现非线性失真。因此，要使放大电路不产生非线性失真，必须要有一个合适的静态工作点 Q，Q 点应大致选在交流负载线的中点。此外，输入信号 u_i 的幅值不能太大，以免放大电路的工作范围超过其特性曲线的线性范围。

图解法直观形象地反映了晶体三极管的工作情况，但必须实测所用管子的特性曲线，而且用图解法进行定量分析时误差较大。

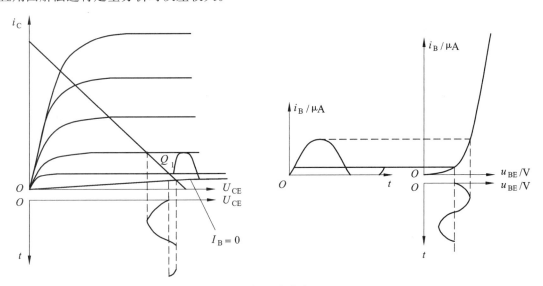

（a）截止失真

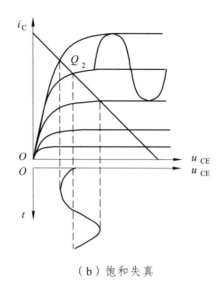

（b）饱和失真

图 12.20　基本射极放大电路工作点不合适引起输出电压波形失真

12.4　放大电路静态工作点的稳定

从上节的分析可以看出，静态工作点不但决定了电路是否会产生失真，而且还影响着电压放大倍数、输入电阻等动态参数。实际上，电源电压的波动、元件的老化以及因温度变化所引起晶体三极管参数的变化，都会造成静态工作点的不稳定，从而使动态参数不稳定，有时电路甚至无法正常工作。在引起静态工作点不稳定的因素中，温度对晶体三极管参数的影响是最主要的。

在图 12.4 中，由于晶体三极管的特性和参数对温度的变化非常敏感，当温度上升时，将使偏置电流 I_B 增大，从而使集电极电流 I_C 也随之增大，这时，会使发射结正向压降 U_{BE} 减小，导致该电路静态工作点发生移动。

典型的静态工作点稳定的放大电路，如图 12.21 所示，这种电路称为分压式偏置电路，其中 R_{B1} 和 R_{B2} 构成偏置电路。在 R_E 两端并联一个电容值较大的电容 C_E，C_E 称为交流旁路电容。该电路可以根据温度的变化自动调节基极电流，以削弱温度对集电极电流 I_C 的影响，使静态工作点基本稳定。

由图 12.21 得到的直流通路如图 12.22 所示。对于节点 B 的电流方程为

$$I_1 = I_2 + I_B \tag{12.4.1}$$

为了稳定静态工作点 Q，通常使参数的选取满足

$$I_2 \gg I_B \tag{12.4.2}$$

因此，$I_1 \approx I_2$，则 B 点电位

$$V_B \approx R_{B2} I_2 \approx \frac{R_{B2}}{R_{B1} + R_{B2}} U_{CC} \qquad (12.4.3)$$

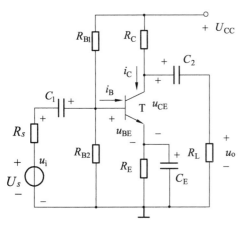 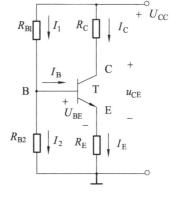

图 12.21　分压式偏置放大电路　　　　图 12.22　分压式偏置放大电路的直流通路

由式（12.4.3）表明基极电位 V_B 几乎仅决定于 R_{B1} 和 R_{B2} 对 U_{CC} 的分压，而与环境温度无关，即当温度变化时，V_B 基本不变。

当温度发生变化，比如温度升高时，集电极电流 I_C 增大，发射极电流 I_E 相应增大。由于发射极电阻 R_E 的作用，射极电位 V_E 随之升高，但由于基极电位 V_B 基本恒定，故发射结正向压降 $U_{BE} = V_B - V_E$ 必然随之减小，从而导致基极电流 I_B 减小，使集电极电流 I_C 随之相应减小。结果，集电极电流 I_C 随温度升高而增大部分几乎完全被由于 I_B 减小而减小的部分抵消，I_C 将基本不变，U_{CE} 也将基本不变。从而保证静态工作点基本不变。上述自动调节过程可以表示为：

$$温度 T \uparrow \longrightarrow I_C \uparrow \longrightarrow I_E \uparrow \longrightarrow V_E \uparrow \longrightarrow U_{BE} \downarrow$$
$$I_C \downarrow \longleftarrow \qquad \longleftarrow I_B \downarrow$$

【例 12.4】　在图 12.23 所示的分压式偏置放大电路中，已知 $U_{CC} = 15\ \text{V}$ ，$R_C = 2\ \text{k}\Omega$ ，$R_{E1} = 0.5\ \text{k}\Omega$ ，$R_{E2} = 2\ \text{k}\Omega$ ，$R_{B1} = 25\ \text{k}\Omega$ ，$R_{B2} = 15\ \text{k}\Omega$ ，$R_L = 5\ \text{k}\Omega$ ，晶体三极管的 $\beta = 60$ 。

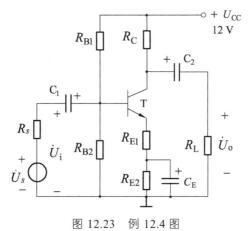

图 12.23　例 12.4 图

试求：（1）静态工作点。

（2）A_u、r_i 和 r_o。

解：（1）计算静态工作点。

$$V_B \approx \frac{R_{B2}}{R_{B1}+R_{B2}}U_{CC} = \frac{15\times10^3}{25\times10^3+15\times10^3}\times15 = 5.6 \text{ V}$$

由于

$$U_{BE} = V_B - V_E = V_B - (R_{E1}+R_{E2})I_E$$

可得

$$I_E = \frac{V_B-U_{BE}}{R_{E1}+R_{E2}} \approx \frac{V_B}{R_{E1}+R_{E2}} = \frac{5.6}{(2+0.5)\times10^3} = 2.2 \text{ mA}$$

$$I_C \approx I_E$$

$$I_B = \frac{I_C}{\beta} = \frac{2.2\times10^{-3}}{60} = 0.037 \text{ mA}$$

$$U_{CE} = U_{CC} - R_C I_C - (R_{E1}+R_{E2})I_E \approx U_{CC} - (R_C+R_{E1}+R_{E2})I_E$$
$$= 15 - (2\times10^3+2\times10^3+0.5\times10^3)\times2.2\times10^{-3} = 5.1 \text{ V}$$

（2）计算 A_u、r_i 和 r_o。

$$r_{be} \approx 200 + (\beta+1)\frac{26}{I_E} = 200 + \frac{26}{I_B} = 200 + \frac{26}{0.037} = 902.7 \text{ Ω}$$

画出图 12.23 的微变等效电路，如图 12.24 所示。

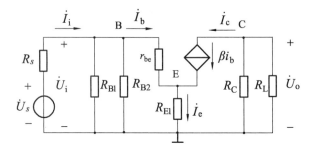

图 12.24　图 12.23 的微变等效电路

由图 12.24 可得

$$\dot{U}_i = r_{be}\dot{I}_b + R_{E1}\dot{I}_e = r_{be}\dot{I}_b + (\beta+1)R_{E1}\dot{I}_b = [r_{be}+(\beta+1)R_{E1}]\dot{I}_b$$

$$\dot{U}_o = -R_C \parallel R_L \dot{I}_C = -R_L'\dot{I}_C = -\beta R_L'\dot{I}_b$$

$$A_u = \frac{\dot{U}_o}{\dot{U}_i} = \frac{-\beta R_L'}{r_{be}+(\beta+1)R_{E1}} = \frac{-60\left(\dfrac{2\times10^3\times5\times10^3}{2\times10^3+5\times10^3}\right)}{902.7+(60+1)\times0.5\times10^3} = -2.73$$

$$\dot{I}_i = \frac{\dot{U}_i}{R_{B1}} + \frac{\dot{U}_i}{R_{B2}} + \frac{\dot{U}_i}{r_{be}+(\beta+1)R_{E1}}$$

$$r_i = \frac{\dot{U}_i}{\dot{I}_i} = R_{B1} \parallel R_{B2} \parallel [r_{be}+(\beta+1)R_{E1}] = 7.2 \text{ kΩ}$$

$$r_o \approx R_C = 2 \text{ kΩ}$$

12.5　射极跟随器

晶体三极管组成的基本放大电路除了前面所讲述的以发射极为公共端的共射极放大电路外，还有以集电极为公共端的共集放大电路和以基极为公共端的共基放大电路。它们的组成原则和分析方法相同，但动态参数具有不同的特点。本节将介绍的射极跟随器是共集放大电路，集电极是输入回路和输出回路的公共端。如图 12.25 所示，它在电路结构上与共发射极放大电路不同，输出电压 u_o 从发射极取出，而集电极直接接电源 U_CC。

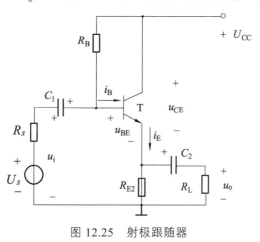

图 12.25　射极跟随器

1.　静态分析

射极跟随器的直流通路如图 12.26 所示，列出输入回路方程

$$U_\text{CC} = R_\text{B}I_\text{B} + U_\text{BE} + R_\text{E}I_\text{E} \tag{12.5.1}$$

将 $I_\text{E} = (\beta+1)I_\text{B}$ 代入得

$$I_\text{B} = \frac{U_\text{CC} - U_\text{BE}}{R_\text{B} + (\beta+1)R_\text{E}} \tag{12.5.2}$$

$$U_\text{CE} = U_\text{CC} - (\beta+1)R_\text{E}I_\text{B} \tag{12.5.3}$$

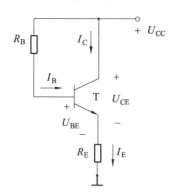

图 12.26　射极跟随器直流通路

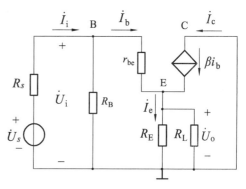

图 12.27　微变等效电路

2. 动态分析

由图 12.25 得到的微变等效电路如图 12.27 所示。

1）电压放大倍数 A_u

$$\dot{U}_\mathrm{o} = (R_\mathrm{L} \parallel R_\mathrm{E})\dot{I}_\mathrm{e} = R'_\mathrm{L}(\beta+1)\dot{I}_\mathrm{b} \qquad (12.5.4)$$

式中，$R'_\mathrm{L} = R_\mathrm{E} \parallel R_\mathrm{L}$。

又由
$$\dot{U}_\mathrm{i} = r_\mathrm{be}\dot{I}_\mathrm{b} + \dot{U}_\mathrm{o} = r_\mathrm{be}\dot{I}_\mathrm{b} + R'_\mathrm{L}(\beta+1)\dot{I}_\mathrm{b} = [r_\mathrm{be} + (\beta+1)R'_\mathrm{L}]\dot{I}_\mathrm{b} \qquad (12.5.5)$$

得
$$A_u = \frac{\dot{U}_\mathrm{o}}{\dot{U}_\mathrm{i}} = \frac{(\beta+1)R'_\mathrm{L}}{r_\mathrm{be} + (\beta+1)R'_\mathrm{L}} \qquad (12.5.6)$$

由于 $r_\mathrm{be} \ll (\beta+1)R'_\mathrm{L}$，因而 A_u 近似等于 1，但总小于 1。即 $\dot{U}_\mathrm{o} = \dot{U}_\mathrm{i}$。该电路没有电压放大作用，但由于 $\dot{I}_\mathrm{e} = (\beta+1)\dot{I}_\mathrm{b}$，故其具有一定的电流放大和功率放大作用。此外，由式（12.5.6）可以看出，输出电压

与输入电压同相，其大小基本相等并具有跟随作用，故称为电压跟随器，也称为射极输出器。

2）输入电阻

由图 12.27 可得

$$\dot{I}_\mathrm{i} = \frac{\dot{U}_\mathrm{i}}{R_\mathrm{B}} + \dot{I}_\mathrm{b} = \frac{\dot{U}_\mathrm{i}}{R_\mathrm{B}} + \frac{\dot{U}_\mathrm{i}}{r_\mathrm{be} + (\beta+1)R'_\mathrm{L}} \qquad (12.5.7)$$

$$r_\mathrm{i} = \frac{\dot{U}_\mathrm{i}}{\dot{I}_\mathrm{i}} = R_\mathrm{B} \parallel [r_\mathrm{be} + (\beta+1)R'_\mathrm{L}] \qquad (12.5.8)$$

通常 R_B 的阻值很大（几十千欧到几百千欧），同时 $r_\mathrm{be} + (\beta+1)R'_\mathrm{L}$ 也比共发射极放大电路的输入电阻大得多。因此，射极跟随器的输入电阻很高，可达几十千欧到几百千欧。

3）输出电阻

为计算输出电阻，可令输入信号为零，在输出端加正弦波电压 $\dot{U}_\mathrm{o}$，求出因其产生的电流 $\dot{I}_\mathrm{o}$。则输出电阻 $R_\mathrm{o} = \dfrac{\dot{U}_\mathrm{o}}{\dot{I}_\mathrm{o}}$，如图 12.28 所示。

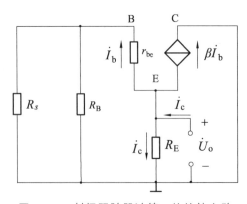

图 12.28　射极跟随器计算 r_o 的等效电路

对节点 E 列 KCL 方程

$$\dot{I}_{\mathrm{o}} = \dot{I}_{\mathrm{b}} + \beta \dot{I}_{\mathrm{b}} + \dot{I}_{\mathrm{e}}$$

$$= \frac{\dot{U}_{\mathrm{o}}}{r_{\mathrm{be}} + R_{\mathrm{B}} \parallel R_{\mathrm{s}}} + \beta \frac{\dot{U}_{\mathrm{o}}}{r_{\mathrm{be}} + R_{\mathrm{B}} \parallel R_{\mathrm{s}}} + \frac{\dot{U}_{\mathrm{o}}}{R_{\mathrm{E}}}$$

$$= \left(\frac{\beta + 1}{r_{\mathrm{be}} + R_{\mathrm{B}} \parallel R_{\mathrm{s}}} + \frac{1}{R_{\mathrm{E}}} \right) \dot{U}_{\mathrm{o}}$$

$$= \left(\frac{\beta + 1}{r_{\mathrm{be}} + R_{\mathrm{s}}'} + \frac{1}{R_{\mathrm{E}}} \right) \dot{U}_{\mathrm{o}}$$

式中， $R_{\mathrm{s}}' = R_{\mathrm{B}} \parallel R_{\mathrm{s}}$

故

$$r_{\mathrm{o}} = \frac{\dot{U}_{\mathrm{o}}}{\dot{I}_{\mathrm{o}}} = \frac{1}{\dfrac{\beta + 1}{r_{\mathrm{be}} + R_{\mathrm{s}}'} + \dfrac{1}{R_{\mathrm{E}}}} = \frac{R_{\mathrm{E}}(r_{\mathrm{be}} + R_{\mathrm{s}}')}{(\beta + 1) R_{\mathrm{E}} + r_{\mathrm{be}} + R_{\mathrm{s}}'}$$

通常

$$(\beta + 1) R_{\mathrm{E}} \gg r_{\mathrm{be}} + R_{\mathrm{s}}' \; ; \quad \beta \gg 1$$

故

$$r_{\mathrm{o}} \approx \frac{r_{\mathrm{be}} + R_{\mathrm{s}}'}{\beta}$$

因此，射随器的输出电阻远远小于共发射极放大电路的输出电阻。

射极跟随器具有较高的输入电阻和较低的输出电阻，这是射极跟随器最突出的优点，故它常常用作多级放大器的第一级或最末一级，也可用于中间隔离级。用作输入级时，高的输入电阻可减轻信号源的负担，提高放大器的输入电压；用作输出级时，低的输出电阻可以减小负载变化对输出电压的影响，并易于与低负载匹配，向负载传送尽可能大的功率。

12.6　多级放大电路

对实际应用来说，基本放大电路往往不能满足应用的需求，比如放大倍数过小，输入电阻、输出电阻不理想，以共集电极基本放大电路为例，它的输入输出电阻比较高，但是它的放大能力比较弱。为了解决这些问题，可以将多个基本放大电路以一定的方式连接起来，构成多级放大电路。多级放大电路中，第一级称为输入级，最后一级称为输出级，输出级的前一级称为末级，其余的级称为中间级。级与级之间的连接称为耦合，对应的电路称为耦合电路。对耦合电路的基本要求是：首先要保证各级放大电路都有合适的静态工作点；其次要保证前级（或信号源）输出的信号尽可能无衰减地传递到后一级放大电路的输入端；最后要尽可能不引起信号失真。

12.6.1 放大电路级间耦合

组成多级放大电路有三种常见的耦合方式：直接耦合，阻容耦合，变压器耦合。

1. 直接耦合

将前一级的输出端直接连接到后一级的输入端，称为直接耦合，如图 12.29 所示。从图中可以看出，由于直接耦合放大电路中前后级之间没有隔离元件，它们的直流路径相通，前后级的静态工作点相互影响、相互牵制，这给电路的分析、设计和调试带来一定的困难。在求解静态工作点时，应写出直流通路中各个回路的方程，然后求解多元一次方程；实际应用中，则应采用各种计算机软件辅助分析。

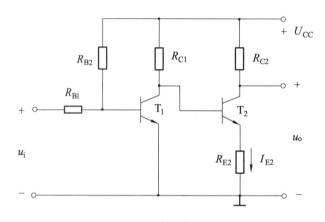

图 12.29 直接耦合放大电路

由于直接耦合放大电路级间的直流相通，因此放大电路中任一点直流电位的波动，都会引起输出端电位的变化。而晶体三极管特性受环境温度、电源电压条件、电路元件参数变化等影响，即使在输入信号为零（$u_i = 0$）时，放大电路的输出端也会出现电压缓慢、无规则的变动，即输出端出现一个偏离原始起点、随时间缓慢变化的电压，这种现象称为零点漂移。有输入信号时，零点漂移随着输入信号共存于放大电路中。在逐级放大过程中，可能出现输出信号被零点漂移"淹没"的现象，致使放大电路丧失工作能力，严重时还可能损坏晶体三极管。

直接耦合放大电路的突出优点是具有良好的低频特性，可以放大变化缓慢的信号。并且由于电路中没有大容量电容，易于将全部电路集成在一片硅片上，构成集成放大电路。克服直接耦合放大电路的零点漂移的方法很多，其中最有效的方法是采用差分放大电路，这个问题将在下节介绍。

2. 阻容耦合

将放大电路的前级输出端通过电容接到后级输入端的耦合方法，称为阻容耦合，如图 12.30 所示。

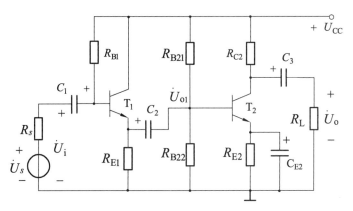

图 12.30 两级阻容耦合放大电路

从图 12.30 可以看出，两级间使用电容 C_2 与第二级的输入电阻 r_{i2} 耦合起来的。由于电容对直流量的电抗为无穷大，因此阻容耦合放大电路各级之间的直流通路各不相通，各级的静态工作点相互独立，在求解静态工作点时可按单级处理，所以电路的分析、设计和调试简单易行。同时，只要输入信号频率较高，耦合电容容量较大，前级的输出信号就可以几乎没有衰减地传递到后级的输入端，因此分立元件电路中阻容耦合方式应用十分广泛。

3. 变压器耦合

将放大电路前级的输出信号通过变压器接到后级的输入端或负载电阻上，称为变压器耦合，如图 12.31 所示。

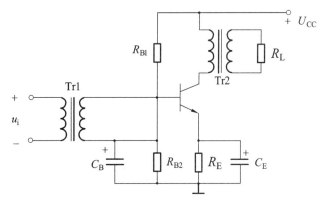

图 12.31 变压器耦合放大电路

在图 12.31 中，Tr1 和 Tr2 是耦合变压器。由于变压器耦合电路的前后级靠磁路耦合，所以与阻容耦合电路一样，它的各级放大电路的静态工作点相互独立，便于分析、设计和调试。但它的低频特性差，不能放大变化缓慢的信号；且笨重，不能集成化。与前两种耦合方式相比，其特点是可以实现阻抗变换，因此在分立元件功率放大电路中得到广泛的应用。

12.6.2 多级放大电路电压的动态分析

对于多级放大电路，通常是在考虑级间影响的情况下，将多级放大电路分成若干个单级放大电路分别研究，然后再将结果加以综合，得到多级放大电路总的特性。在多级放大电路中，前级输出信号加到后级输入端作为后级的输入信号，后级输入电阻视为前级的负载加以分析。

一个 N 级放大电路的交流等效电路如图 12.32 所示。由图可知，放大电路中前级的输出电压为后级的输入电压即

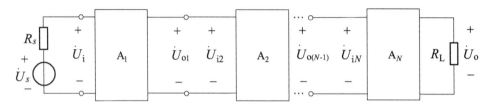

图 12.32　多级放大电路方框图

$$\dot{U}_{o1} = \dot{U}_{i2} , \quad \dot{U}_{o2} = \dot{U}_{i3} , \quad \cdots , \quad \dot{U}_{o(N-1)} = \dot{U}_{iN} \text{。}$$

多级放大电路的电压放大倍数

$$A_u = \frac{\dot{U}_{o1}}{\dot{U}_i} \cdot \frac{\dot{U}_{o2}}{\dot{U}_{i2}} \cdot \frac{\dot{U}_{o3}}{\dot{U}_{i3}} \cdots \frac{\dot{U}_{oN}}{\dot{U}_{iN}} = A_{u1} \cdot A_{u2} \cdot A_{u3} \cdots A_{uN} \qquad (12.6.1)$$

多级放大电路输入电阻和输出电阻的分析方法与单级放大电路相同，这里不再重叙。

【例 12.5】　如图 12.33 所示是两级阻容耦合电压放大电路，已知 $U_{CC} = 15\,\text{V}$ ，$R_{B1} = 20\,\text{k}\Omega$ ，$R_{B2} = 15\,\text{k}\Omega$ ，$R_{C1} = 3\,\text{k}\Omega$ ，$R_{E1} = 4\,\text{k}\Omega$ ，$R_{B3} = 120\,\text{k}\Omega$ ，$R_{E2} = 3\,\text{k}\Omega$ ，$R_L = 2\,\text{k}\Omega$ ，$\beta_1 = \beta_2 = 50$ ，$r_{be1} = 1\,\text{k}\Omega$ ，$r_{be2} = 0.5\,\text{k}\Omega$ ，$U_{BE1} = U_{BE2} = 0.6\,\text{V}$ 。

试求：（1）前后级放大电路的静态值。

（2）求放大电路各级的电压放大倍数 A_{u1} 、A_{u2} 和总的电压放大倍数 A_u 。

（3）求放大电路的输入电阻 r_i ，输出电阻 r_o 。

解：（1）计算前后级放大电路的静态值。

前级放大电路的静态值

$$V_B \approx \frac{R_{B2}}{R_{B1} + R_{B2}} U_{CC} = \frac{15}{20 + 15} \times 15 = 6.43\,\text{V}$$

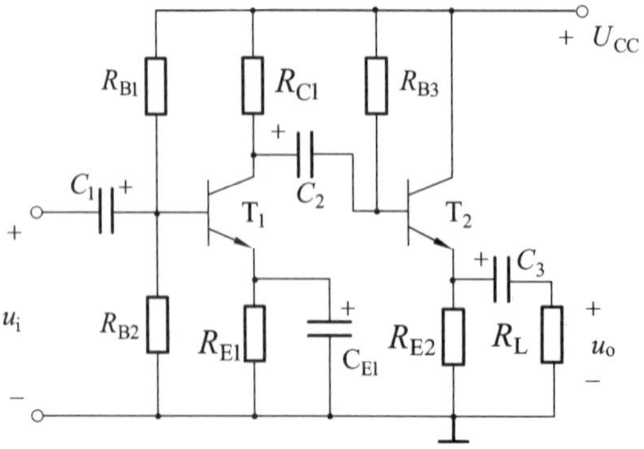

图 12.33　例 12.5 的图

$$I_{E1} = \frac{V_B - U_{BE}}{R_{E1}} = \frac{6.43 - 0.6}{4 \times 10^3} = 1.46 \text{ mA}$$

$$I_{C1} \approx I_{E1}$$

$$I_{B1} = \frac{I_{C1}}{\beta_1} = \frac{1.46 \times 10^{-3}}{50} = 29.2 \text{ μA}$$

$$U_{CE} = U_{CC} - R_{C1}I_{C1} - R_{E1}I_{E1} \approx 15 - 3 \times 10^3 \times 1.46 \times 10^{-3} - 4 \times 10^3 \times 1.46 \times 10^{-3}$$

$$= 4.78 \text{ V}$$

后级放大电路的静态值

$$I_{B2} = \frac{U_{CC} - U_{BE2}}{R_{B3} + (\beta_2 + 1)R_{E2}} = \frac{15 - 0.6}{120 \times 10^3 + 51 \times 3 \times 10^3} = 52.7 \text{ μA}$$

$$I_{C2} = \beta_2 I_{B2} = 50 \times 52.7 \times 10^{-6} = 2.64 \text{ mA}$$

$$U_{CE2} = U_{CC} - I_{E2}R_{E2} = U_{CC} - (B_2 + 1)I_{B2}R_{E2}$$

$$= 15 - (50 + 1) \times 52.7 \times 10^{-6} \times 3 \times 10^3$$

$$= 6.94 \text{ V}$$

（2）放大电路的微变等效电路如图 12.34 所示。

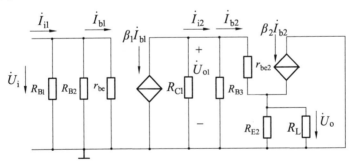

图 12.34 微变等效电路

$$r_{i2} = \frac{\dot{U}_{o1}}{\dot{I}_{i2}} = \frac{\dot{U}_{o1}}{\dfrac{\dot{U}_{o1}}{R_{B3}} + \dfrac{\dot{U}_{o1}}{r_{be2} + (\beta_2 + 1)(R_{E2} \parallel R_L)}}$$

$$= R_{B3} \parallel [r_{be2} + (\beta_2 + 1)(R_{E2} \parallel R_L)]$$

$$= 120 \times 10^3 \parallel [0.5 \times 10^3 + 51 \times (3 \times 10^3 \parallel 2 \times 10^3)]$$

$$= 40.75 \text{ kΩ}$$

$$A_{u1} = \frac{\dot{U}_{o1}}{\dot{U}_i} = \frac{-\beta_1 \dot{I}_{b1}(R_{C1} \parallel r_{i2})}{r_{be1}\dot{I}_{b1}} = \frac{-\beta_1(R_{C1} \parallel r_{i2})}{r_{be1}}$$

$$= \frac{-50(3\times10^3 \parallel 40.75\times10^3)}{1\times10^3} = -139.71$$

$$A_{u2} = \frac{\dot{U}_o}{\dot{U}_{o1}} = \frac{(\beta_2+1)\dot{I}_{b2}(R_{E2} \parallel R_L)}{r_{be2}\dot{I}_{b2} + (\beta_2+1)\dot{I}_{b2}(R_{E2} \parallel R_L)} = \frac{(\beta_2+1)(R_{E2} \parallel R_L)}{r_{be2} + (\beta_2+1)(R_{E2} \parallel R_L)}$$

$$= \frac{51(3\times10^3 \parallel 2\times10^3)}{0.5\times10^3 + 51(3\times10^3 \parallel 2\times10^3)} = 0.992$$

放大电路总的电压放大倍数

$$A_u = A_{u1} \cdot A_{u2} = -139.71 \times 0.992 = -138.59$$

（3）放大电路的输入电阻和输出电阻

$$r_i = r_{i1} = \frac{\dot{U}_i}{\dot{I}_{i1}} = \frac{\dot{U}_i}{\frac{\dot{U}_i}{R_{B1}} + \frac{\dot{U}_i}{R_{B2}} + \frac{\dot{U}_i}{r_{be1}}}$$

$$= R_{B1} \parallel R_{B2} \parallel r_{be1}$$

$$= 20\times10^3 \parallel 15\times10^3 \parallel 1\times10^3$$

$$= 0.896 \text{ k}\Omega$$

$$r_o = r_{o2} = R_{E2} \parallel \frac{r_{o1} \parallel R_{B3} + r_{be2}}{\beta_2 + 1}$$

$$\approx \frac{r_{o1} \parallel R_{B3} + r_{be2}}{\beta_2 + 1}$$

$$= \frac{R_{C1} \parallel R_{B3} + r_{be2}}{\beta_2 + 1}$$

$$= \frac{3\times10^3 \parallel 120\times10^3 + 0.5\times10^3}{51}$$

$$= 67 \ \Omega$$

12.7　差分放大电路

零点漂移是指当放大电路输入信号为零时，由于受温度变化、电源电压不稳等因素的影响，使静态工作点发生变化，并被逐级放大和传输，导致电路输出端电压偏离原固定值而上下漂动的现象。工业控制中的许多物理量，如温度、压力、流量、液面、长度等，它们通过各种不同的传感器转化成的电量也为变化缓慢的非周期性信号，而且比较微弱。这种缓慢变化的信号不能采用阻容耦合，只能用直接耦合的多级放大电路来放大。而直接耦合放大电路的最大问题就是零点漂移现象，当放大电路有输入信号后，这种漂移就伴随着信号共存于放大电路中，两者都缓慢地变化着，相互纠缠在一起难于分辨；当漂移量大到足以和信号相比时，放大电路就完全无法工作了。

如果不采取措施抑制零点漂移，即使理论分析上直接耦合电路的性能再优良，也不能成为实用电路。抑制零点漂移的主要方法有：

（1）在电路中引入直流负反馈。

（2）采用温度补偿的方法，利用热敏元件来抵消放大管的变化。

（3）采用特性相同的管子，使它们的零点漂移相互抵消，构成"差分放大电路"。

在直接耦合放大电路中抑制零点漂移最有效的电路结构是差分放大电路，因此，要求较高的多级直接耦合放大电路的第一级广泛采用这种电路。

12.7.1 差分放大电路的工作原理

如图 12.35 所示为差分放大原理电路，由完全相同的两个共射极单管放大电路组成。其中两个晶体三极管特性一致，两侧电路对称，该电路有两个输入端，两个输出端，输入信号加在两个输入端，输出信号由两个输出端之间取出。

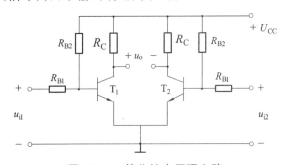

图 12.35　差分放大原理电路

1. 抑制零点漂移

若输入信号 $u_{i1} = u_{i2} = 0$ ，即没有输入信号时，由于电路的对称，两个单管放大电路静态工作点相同，即 $V_{C1} = V_{C2}$ 。

当温度发生变化时，两个单管放大电路静态工作点发生同向偏移，而且两集电极电位的变化 ΔV_{C1} 、 ΔV_{C2} 相同，所以输出电压 $u_o = (V_{C1} + \Delta V_{C1}) - (V_{C2} + \Delta V_{C2}) = \Delta V_{C1} - \Delta V_{C2} = 0$ ，即消除了零点漂移。

2. 信号输入

差分放大电路的任意输入信号可分解为共模信号和差模信号。

1）共模输入

对图 12.35 所示电路，当 u_{i1} 与 u_{i2} 所加信号为大小相等、极性相同的输入信号（称为共模信号）时，由于电路参数对称，T_1 管和 T_2 管所产生的电流变化相等，即 $\Delta i_{b1} = \Delta i_{b2}$、$\Delta i_{c1} = \Delta i_{c2}$。因此集电极电位的变化也相等，即 $\Delta V_{C1} = \Delta V_{C2}$，所以输出电压 $u_o = (V_{C1} + \Delta V_{C1}) - (V_{C2} + \Delta V_{C2}) = 0$。这说明：差分放大电路对共模信号具有很强的抑制作用，在参数理想对称情况下，共模输出为零。

2）差模输入

对图 12.35 所示电路，当 u_{i1} 与 u_{i2} 所加信号为大小相等、极性相反（称为差模信号）时，即 $u_{i1} = -u_{i2}$，由于电路参数对称，T_1 管和 T_2 管所产生的电流变化大小相等而方向相反，即 $\Delta i_{b1} = -\Delta i_{b2}$、$\Delta i_{c1} = -\Delta i_{c2}$。因此集电极电位的变化也是大小相等、方向相反，即 $\Delta V_{C1} = -\Delta V_{C2}$，所以输出电压 $u_o = (V_{C1} + \Delta V_{C1}) - (V_{C2} + \Delta V_{C2}) = \Delta V_{C1} - \Delta V_{C2} = 2\Delta V_{C1}$，即实现了电压放大。可见，在差模输入信号的作用下，差分放大电路两集电极之间的输出电压为两管各自输出电压变化量的两倍。

3）差分输入

两个输入电压信号即非共模信号，又非差模信号，它们的大小和相对极性是任意的，这种输入称为差分输入。所谓"差分"，是指只有两个输入端之间有差别（即变化量）时，输出电压才会有变动（即变化量）的意思。

一般情况下，往往将这种既非共模又非差模的信号分解为共模信号分量和差模信号分量。

共模信号：

$$u'_{i1} = u'_{i2} = \frac{u_{i1} + u_{i2}}{2} \tag{12.7.1}$$

差模信号：

$$\left.\begin{array}{l} u''_{i1} = \dfrac{u_{i1} - u_{i2}}{2} \\[3mm] u''_{i2} = -\dfrac{u_{i1} - u_{i2}}{2} \end{array}\right\} \tag{12.7.2}$$

3. 典型电路

对差分放大电路的分析，多是在电路参数理想对称情况下进行的。所谓电路参数对称，是指在对称位置的电阻值绝对相等，两只晶体管在任何温度下输入特性曲线和输出特性曲线都完全重合。实际上，由于实际电阻的阻值误差各不相同，特别是晶体三极管特性的分散性，任何实际差分放大电路的参数都不可能理想对称。为此，常采用单端输出（输出电压从一个晶体管的集电极到"地"之间取出），上述差分电路的每个晶体管的集电极电位的零点漂移未受到抑制。为此，常采用的电路如图 12.36 所示，这个电路与图 12.35 相比，增加了电位器 R_p，发射极电阻 R_E 和负电源 U_{EE}。

R_p 的作用是克服电路不对称性，因为电路不会完全对称，当输入电压为零时，两集电极之间的电压并不一定为零。这时可以通过 R_p 来改变两管的初始工作状态，从而使输出电压为零。所以，电位器 R_p 又称为调零电位器，一般在几十欧到几百欧之间。

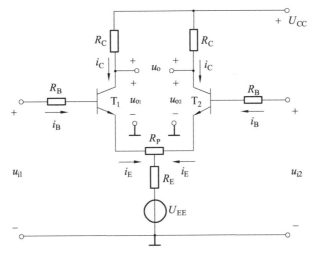

图 12.36　典型差分放大电路

R_E 的主要作用是稳定电路的工作点，从而限制每个管子的漂移范围。如当温度升高使 I_{C1} 和 I_{C2} 均升高，则有如下的抑制漂移的过程（见图 12.37）：

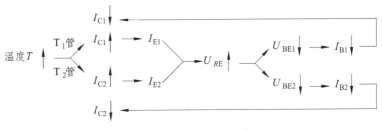

图 12.37　抑制漂移的过程

可见，当温度升高，由于 R_E 的作用，集电极电流升高和下降基本抵消，使每个管子的零点漂移得到抑制。显然，R_E 的阻值愈大，抑制零点漂移的效果越显著。但 R_E 的阻值不能过大，否则在电源电压 U_{CC} 一定的条件下，R_E 上的电压降过大，会使集电极电流过小，工作点降低。

R_E 对要放大的差模信号有没有影响呢？由于差模信号使两管的集电极电流产生异向变化，在电路的对称性较好的情况下，两管电流一增一减，其变化量相等，通过 R_E 的电流维持不变，其上的电压降也保持不变。因此，R_E 基本不影响差模信号的放大效果。

U_{EE} 的作用是稳定静态工作点。在电源电压 U_{CC} 一定时，过大的 R_E 会使集电极电流过小，影响静态工作点。但 R_E 愈大，抑制零点漂移的作用愈显著。为此接入负电源 U_{EE} 来补偿 R_E 两端的直流电压降，使 R_E 尽可能大些，从而获得合适的静态工作点。

12.7.2　差模信号在差分放大电路中的分析

在图 12.36 中，设输入信号为一对差模信号，即 $u_{i1} = -u_{i2}$。

1. 静态分析

由于电路对称，故计算一个管的静态值即可。图 12.38 是图 12.36 所示电路的单管直流通路。当输入信号 $u_{i1} = u_{i2} = 0$ 时，电阻 R_E 中的电流等于 T_1 管和 T_2 管的发射极电流之和。根据基极回路可列出方程

$$R_B I_B + U_{BE} + 2R_E I_E = U_{EE} \qquad (12.7.3)$$

可以求得基极静态电流 I_B 或发射极电流 I_E。在式（12.7.3）中，$R_B I_B + U_{BE} \ll 2R_E I_E$，则每管集电极电流

$$I_C \approx I_E \approx \frac{U_{EE}}{2R_E} \qquad (12.7.4)$$

由此可知发射极电位 $V_E \approx 0$。

每管的基极电流和集-射极电压

$$I_B \approx \frac{I_C}{\beta} \approx \frac{U_{EE}}{2\beta R_E} \qquad (12.7.5)$$

$$U_{CE} = U_{CC} - R_C I_C - V_E \approx U_{CC} - \frac{R_C U_{EE}}{2R_E} \qquad (12.7.6)$$

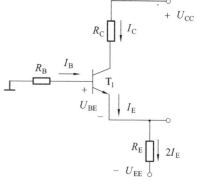

图 12.38　图 12.36 的单管直流通路

2. 动态分析

由于 E 点电位在差模信号的作用下不变，相当于"接地"，而调零电位器 R_p 值很小，可以忽略它的影响，因此图 12.36 所示电路在差模信号作用下的单管交流等效电路及其微变等效电路如图 12.39 所示。

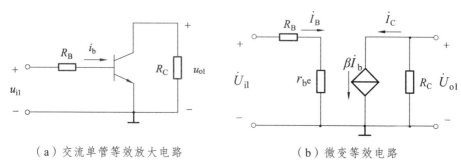

（a）交流单管等效放大电路　　　　　　（b）微变等效电路

图 12.39　交流单管等效放大电路及其微变等效电路

由图 12.39（b）图，可得出单管差模电压放大倍数（常用 A_d 表示）

$$A_{d1} = \frac{\dot{U}_{o1}}{\dot{U}_{i1}} = \frac{-\beta R_C \dot{I}_b}{(R_B + r_{be})\dot{I}_b} = \frac{-\beta R_C}{(R_B + r_{be})} \qquad (12.7.7)$$

同理可得

$$A_{d2} = \frac{\dot{U}_{o2}}{\dot{U}_{i1}} = \frac{-\beta R_C}{(R_B + r_{be})} = A_{d1} \qquad (12.7.8)$$

双端输出电压

$$\dot{U}_{o} = \dot{U}_{o1} - \dot{U}_{o2} = A_{d1}\dot{U}_{i1} - A_{d2}\dot{U}_{i2} = A_{d1}(\dot{U}_{i1} - \dot{U}_{i2}) = A_{d1}\dot{U}_{i} \qquad (12.7.9)$$

则双端输入双端输出差分放大电路的电压放大倍数

$$A_{d} = \frac{\dot{U}_{o}}{\dot{U}_{i}} = A_{d1} = A_{d2} = \frac{-\beta R_{C}}{R_{B} + r_{be}} \qquad (12.7.10)$$

由此可见双端输入双端输出差分放大电路的电压放大倍数与单管放大电路的电压放大倍数相等。差分放大电路在放大倍数上受到一定损失，但却有效地抑制了零点漂移。当两管的集电极之间接入负载电阻 R_{L} 时，负载电阻 R_{L} 的中点电位在差模信号作用下不变，相当于接"地"端，因此 R_{L} 被分成相等的两部分，分别接在 T_{1} 管和 T_{2} 管的 C-E 之间，故其放大电路倍数

$$A_{d} = -\frac{\beta R_{L}'}{R_{B} + r_{be}} \qquad (12.7.11)$$

式中，$R_{L}' = R_{C} \parallel \frac{1}{2}R_{L}$

图 12.36 所示双端输入双端输出差分放大电路的微变等效电路如图 12.40 所示。

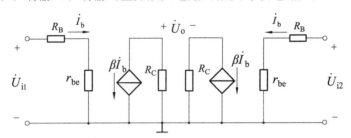

图 12.40　图 12.36 的微变等效电路

从图 12.40 可以看出，电路的输入电阻 r_{i} 是由两个 R_{B} 和两个 r_{be} 构成，故输入电阻

$$r_{i} = 2(R_{B} + r_{be}) \qquad (12.7.12)$$

同样，两个集电极电阻 R_{C} 相等，如果输出电压取自两个晶体管集电极，则输出电阻

$$r_{o} = R_{C} + R_{C} = 2R_{C} \qquad (12.7.13)$$

12.7.3　差分放大电路的共模抑制比

在工业测量和控制系统中，放大电路往往会受到共模信号的干扰，因此一个良好的差分放大电路应该具有较好的抗共模信号的能力，同时对差模信号有较大的放大倍数。为了全面衡量差分放大电路放大差模信号和抑制共模信号的能力，特引入一个指标参数——共模抑制比，记作 K_{CMRR}。定义为放大电路对差模信号的放大倍数 A_{d} 和对共模信号的放大倍数 A_{c} 之比，即

$$K_{CMRR} = \frac{A_{d}}{A_{c}}$$

或用对数形式表示

$$K_{CMRR} = 20 \lg \frac{A_d}{A_c} \text{ dB}$$

共模抑制比 K_{CMRR} 越大，说明电路性能愈好，在理想情况下，电路完全对称，$A_c = 0$，$K_{CMRR} \to \infty$。而实际上，电路不可能做到完全对称，共模抑制比也不可能趋于无穷大。

12.7.4 差分放大电路的4种接法

在图 12.36 所示电路，输入端与输出端没有"接地"点，称为双端输入、双端输出电路。在实际运用中，为了防止干扰和满足负载的需要，常将信号源的一端接地，或将负载电阻的一端接地。根据输入端和输出端接地情况，除上述双端输入、双端输出电路外，还有双端输入、单端输出，单端输入、双端输出和单端输入、单端输出共4种接法。差分放大电路的比较如表 12.1 所示。

表 12.1 四种差分放大电路的比较

输入方式	双　　端		单　　端	
输出方式	双　端	单　端	双　端	单　端
差模放大倍数 A_d	$-\dfrac{\beta R_C}{R_B + r_{be}}$	$\pm\dfrac{\beta R_C}{2(R_B + r_{be})}$	$-\dfrac{\beta R_C}{R_B + r_{be}}$	$\pm\dfrac{\beta R_C}{2(R_B + r_{be})}$
差模输入电阻 r_i	$2(R_B + r_{be})$		$2(R_B + r_{be})$	
差模输出电阻 r_o	$2R_C$	R_C	$2R_C$	R_C

由表 12.1 可以看出，差模电压放大倍数与输出方式有关，而与输入方式无关。双端输出时，其差模放大倍数等于每一边单管放大电路的电压放大倍数；单端输出时，差模放大倍数只是每一边单管放大电路的电压放大倍数的一半。此外，无论哪一种接法，输入电阻均相同。双端输出时的输出电压 $r_o = 2R_C$，而单端输出时的输出电阻 $r_o = R_C$。

【例 12.6】　在图 12.41 所示差分放大电路中，已知 $U_{CC} = 15$ V，$U_{EE} = 15$ V，$R_{B1} = 500$ kΩ，$R_B = 10$ kΩ，$R_C = 10$ kΩ，$R_E = 15$ kΩ，$U_{BE} = 0.6$ V，调零电位器 $R_p = 100$ Ω（其滑动触点处于中点位置），$\beta = 50$。

试求：（1）放大电路的静态工作点。

（2）当负载 $R_L = 30$ kΩ 时差模电压放大倍数 A_d。

（3）放大电路的输入电阻 r_i，输出电阻 r_o。

解：（1）在静态（$u_i = 0$）时，由于 $R_B \ll R_{B1}$，流过 R_B 的电流 I'_B 又很小，故晶体管基极电位 $V_B \approx 0$，因此，静态工作点的电流、电压

$$V_E = V_B - U_{BE} \approx -U_{BE} = -0.6 \text{ V}$$

$$I_E = \frac{V_E + V_{EE}}{2R_E} = \frac{15 - 0.6}{2 \times 15 \times 10^3} = 0.48 \text{ mA}$$

$$I_C = I_{C1} = I_{C2} \approx I_E = 0.48 \text{ mA}$$

$$I_B = I_{B1} = I_{B2} = \frac{I_C}{\beta} = \frac{0.48 \times 10^{-3}}{50} = 9.6 \text{ μA}$$

$$V_{C1} = V_{C2} = U_{CC} - R_C I_C = 15 - 10 \times 10^3 \times 0.48 \times 10^{-3} = 10.2 \text{ V}$$

$$U_{CE} = U_{CE1} = U_{CE1} = V_{C1} - V_E = V_{C2} - V_E = 10.2 - (-0.6) = 10.8 \text{ V}$$

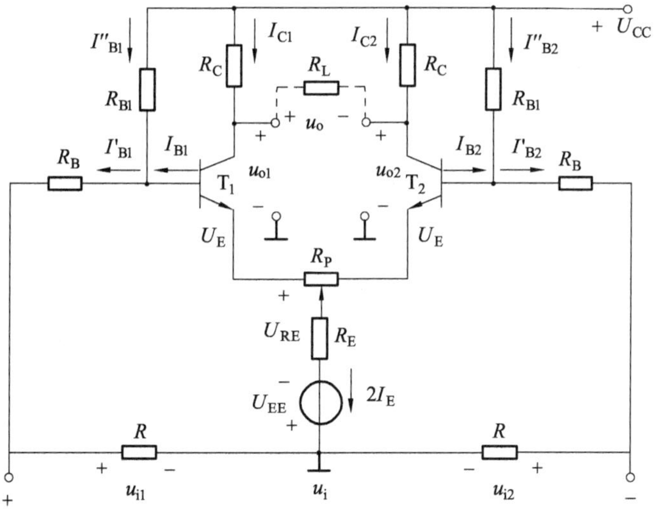

图 12.41 例 12.6 的电路

（2）调零电位器 R_p 在每个管子的发射极中分别接入了 $\frac{1}{2}R_p$，若考虑 R_p 的影响，则每一边单管放大电路的微变等效电路如图 12.42 所示。有

$$r_{be} = 200 + (\beta + 1)\frac{26}{I_E} = 200 + (50+1)\frac{26}{0.48} = 2.96 \text{ kΩ}$$

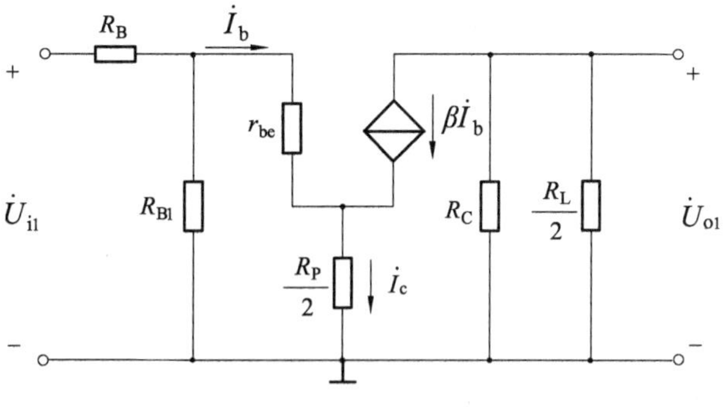

图 12.42 图 12.41 的单管放大电路的微变等效电路

由图 12.41 可知，由于 $R_{B1} \gg r_{be} + (\beta+1)\dfrac{R_p}{2}$，故不考虑 R_{B1} 的影响，有

$$\dot{U}_i = R_B \dot{I}_b + r_{be}\dot{I}_b + (\beta+1)\frac{R_p}{2}\dot{I}_b = \left[R_B + r_{be} + (\beta+1)\frac{R_p}{2} \right]\dot{I}_b$$

$$\dot{U}_{\text{o}} = -\left(R_{\text{C}} \| \frac{R_L}{2}\right)\beta \dot{i}_{\text{b}}$$

故

$$A_{\text{d}} = \frac{-\beta\left(R_{\text{C}} \| \frac{R_L}{2}\right)}{R_{\text{B}} + r_{\text{be}} + (\beta+1)\frac{R_{\text{p}}}{2}} = \frac{-50 \times (10 \times 10^3 \| 15 \times 10^3)}{10 \times 10^3 + 2.96 \times 10^3 + 51 \times 50} = -9.67$$

（3）由图 12.42 所示的微变等效电路可知，差分放大电路的输入电阻

$$r_i = 2\left\{R_{\text{B}} + R_{\text{B1}} \| \left[r_{\text{be}} + (\beta+1)\frac{R_{\text{p}}}{2}\right]\right\}$$

$$= 2 \times \left\{10 \times 10^3 + 500 \times 10^3 \| \left[2.96 \times 10^3 + 51 \times \frac{100}{2}\right]\right\}$$

$$= 30.9 \text{ k}\Omega$$

$$r_{\text{o}} = 2R_{\text{C}} = 2 \times 10 = 20 \text{ k}\Omega$$

12.8　功率放大电路

在实际工程上，往往要利用放大电路放大后的信号去推动某种执行机构工作。为了使这些负载工作，往往要求放大电路既要有较大的输出电压，又要有较大的输出电流，即要求有较大的输出功率。

功率放大电路与电压放大电路从本质上来说，没有区别。它们都是利用晶体管的电流放大作用在输入信号的控制下实现能量的转换与控制。但两种放大电路解决问题的侧重点有所不同。电压放大电路主要解决放大倍数的问题，要求放大倍数高且稳定，经放大后的信号不失真；而功率放大电路是工作在大信号状态下，要求获得较大的输出功率，以推动负载工作。因任务不同，在电路结构和工作方式上有所差别。

12.8.1　功率放大电路的基本要求和类型

对功率放大电路的基本要求有：

（1）在不失真的情况下输出尽可能大的功率。

（2）由于功率较大，就要求尽可能提高效率。所谓效率，就是负载得到的交流信号功率与电源供给的直流功率之比值。

功率放大电路根据工作状态的不同，可分为以下几种。

1. 甲类功率放大电路

静态工作点 Q 设置在交流负载线的中点，在输入信号变化的整个周期内，无波形失真，

这种放大电路称为甲类功率放大电路，如图 12.43（a）所示。但由于静态工作点 Q 较高，甲类放大电路的效率一般较低，只能达到 50% 左右。

2. 甲乙类功率放大电路

为了提高甲类功率放大电路的效率，应设法降低静态工作点 Q，使静态电流 I_C 减小。在输入信号变化的整个周期内，晶体管有一段时间处于截止状态，无电流通过，这种放大电路称为甲乙类功率放大电路，如图 12.43（b）所示。尽管其输出波形产生了失真，但放大电路的效率有所提高。

3. 乙类功率放大电路

静态工作点 Q 设置在交流负载线的截止点，晶体管仅在整个输入信号的半个周期内导通，输出波形产生严重失真，如图 12.43（c）所示。由于静态工作点 Q 在横轴上（$I_C \approx 0$），功率损耗减到最小，使得放大电路的效率大大提高。

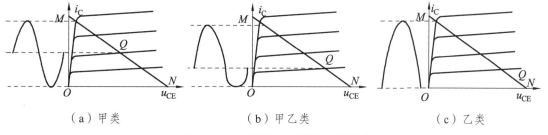

（a）甲类　　　　　　　（b）甲乙类　　　　　　　（c）乙类

图 12.43　功率放大电路的工作状态

由图 12.43 可见，在甲乙类和乙类工作状态下，虽然提高了效率，但产生了严重失真。为此，下面介绍工作于甲乙类或乙类状态的互补对称功率放大电路。它既能提高效率，又能减小信号波形的失真。

12.8.2　互补对称功率放大电路

1. 乙类互补对称功率放大电路

图 12.44（a）所示为乙类互补对称功率放大电路，T_1 为 NPN 型晶体三极管，T_2 为 PNP 型晶体三极管。为了使输出波形正负半周对称，T_1、T_2 管的特性和参数完全对称，且 $|+U_{CC}| = |-U_{CC}|$。静态时，$I_B = 0$，$I_{C1} = I_{C2} = 0$，两管均工作在乙类放大状态。由于电路的对称性，发射极电位 $V_E = 0$，即输出电压 u_o 为零。

动态时，若输入信号 u_i 为正半周，T_1 管发射结处于正向偏置而导通，T_2 管发射结处于反向偏置而截止，正半周电流通过负载电阻 R_L；若输入信号 u_i 为负半周，则 T_2 管导通，T_1 管截止，负半周电流通过 R_L。负载电阻 R_L 上获得完整的输出电压 u_o 波形，如图 12.44（a）所示。有输入信号时两管轮流导通，两个管子互补对方缺少的另一个半周，且相互对称。所以，图 12.44（a）所示电路称为乙类互补对称功率放大电路。

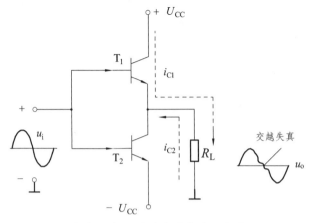

（a）乙类互补对称功率放大电路

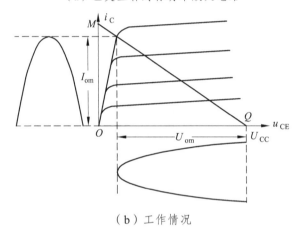

（b）工作情况

图 12.44　乙类互补对称功率放大电路及其工作情况

在图 12.44 中，由于没有直流偏置，当输入信号 u_i 低于晶体管死区电压时，T_1、T_2 都截止，i_{C1}、i_{C2} 基本上为零。这样，在两管交替导通时，在交替处会出现一段"死区"，使得输出电压波形不能很好地反映输入的变化。输出电压 u_o 波形在正负半周过零处产生的非线性失真，称为交越失真。

2. 甲乙类互补对称功率放大电路

为了减小交越失真，可设计一偏置电路以提供一个基极偏流。但为了提高功率转换效率，一般基极偏流较小，以能消除交越失真为限，这时晶体管处于甲乙类工作状态。下面以 OTL（Output Transformer Less，无输出变压器）互补对称电路为例。

图 12.45 所示是单电源供电的甲乙类互补对称功率放大电路，该输出端需接耦合电容 C，这种功率放大电路称为 OTL 电路。为了使输出电压 u_o 的正负半周完全对称，所选择的 T_1、T_2 两管的特性和参数对称。静态时调节 R_p 可使管子上的电压 $|U_{CE1}|=|U_{CE2}|$，且分别为电源电压 U_{CC} 的一半，即

$$|U_{CE1}|=|U_{CE2}|=\frac{1}{2}U_{CC}$$

因此，输出端电容 C 上的电压 U_C 也等于 $\frac{1}{2}U_{CC}$。

当输入信号 u_i 在正半周时，T_1 管导通，T_2 管截止，电源 U_{CC} 通过 T_1 对电容 C 充电，充电电流 i_{C1} 经过负载电阻 R_L，如图 12.45 所示，形成输出电压 u_o 的正半周波形。当输入信号 u_i 在负半周时，T_1 截止，T_2 导通。电容 C 上的电压 U_C 通过 T_2 对负载电阻 R_L 放电，放电电流 i_{C2} 经过负载电阻 R_L，形成输出电压 u_o 的负半周波形。

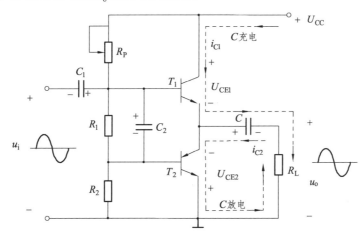

图 12.45 OTL 互补对称功率放大电路

所以，在输入信号 u_i 的整个周期里，T_1、T_2 两管交替地工作，结果在负载电阻 R_L 上就可以得到一个完整的正弦波输出电压 u_o。

除 OTL 互补对称电路外，还有 OCL（Output Capacitor less，无输出电容）互补对称电路等，这类互补对称电路线路简单，但要求有一对特性参数相同的 NPN 型和 PNP 型功率输出管。在输出功率较小时，可以选配这对晶体管，但在要求输出功率较大时，就必须配置。为了克服因两种管子的特性参数差异，或温度特性不一致等造成的输出信号的严重失真，可以采用复合管（达林顿管）组成互补对称电路。

12.8.3　集成功率放大电路

互补对称功率放大电路结构简单、性能好、易于集成。随着电子工业的发展，目前已经生产出多种不同型号、可输出不同功率的集成功率放大器。使用这种集成放大器时，只需要在电路外部接入规定数值的电阻、电容、电源及负载，就可组成一定的功率放大电路。如国产的 D2002 型集成功率放大器。

12.9　场效应晶体管放大电路

场效应晶体管放大电路具有很高的输入电阻。适用于对高电阻信号源的放大，通常用在多级放大电路的输入级。

场效应晶体管放大电路与晶体三极管放大电路类似，是有共源、共漏、共栅三种基本组态的电路，其中以共源放大电路应用较多，本节以它为例来说明场效应晶体管放大电路的工作原理。

12.9.1　共源放大电路的组成

图 12.46 所示是耗尽型 NMOS 管共源放大电路，它与双极型晶体三极管的分压式偏置共射极放大电路类似，源极 S 相当于发射极 E，漏极 D 相当于集电极 C，栅极 G 相当于基极 B。

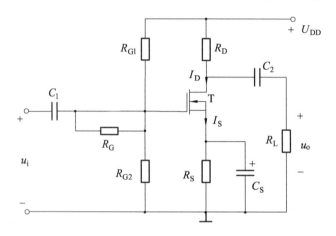

图 12.46　分压式偏置共源放大电路

电路中各元件的作用如下：

栅极电阻 R_G：用以构成栅、源极间的直流通路。R_G 不能太小，否则将影响放大电路的输入电阻。

偏置电阻 R_{G1}、R_{G2}：偏置电阻也称为分压电阻，主要与 R_S 配合获得合适的偏压 U_{GS}。

漏极负载电阻 R_D：获得随输入电压 u_i 变化的电压。

源极电阻 R_S：稳定静态工作点。

旁路电容 C_S：用来消除 R_S 对交流负反馈，其容量约为几十微法。

耦合电容 C_1、C_2：用来隔直和传递信号。

电源 U_{DD}：为放大电路提供能量。

12.9.2　共源放大电路的静态分析

为了保证放大电路正常工作，场效应晶体管放大电路也必须设置合适的静态工作点，以保证管子工作在线性区，否则将造成输出信号的失真。场效应晶体管放大电路的原理与晶体三极管放大电路类似，晶体管放大电路是用 i_B 控制 i_C，当负载线确定后，其静态工作点由 I_B 决定。而场效应晶体管放大电路是用 u_{GS} 控制 i_D，因此当 U_{DD} 和 R_D、R_S 确定后，其静态工作点由 u_{GS} 决定。

当图 12.46 所示放大电路处于静态时，栅极电位

$$V_G = \frac{R_{G2}}{R_{G1} + R_{G2}} U_{DD} \qquad (12.9.1)$$

源极电位

$$V_S = R_S I_S = R_S I_D \qquad (12.9.2)$$

则

$$U_{GS} = V_G - V_S \qquad (12.9.3)$$

对于 N 沟道耗尽型场效应晶体管，通常使用在 $U_{GS} < 0$ 的区域。

场效应晶体管放大电路的静态分析（求 I_D、U_{DS}）可采用估算法。设 $U_{GS} = 0$，则

$$V_G = V_S$$

$$I_D = \frac{V_S}{R_S} = \frac{V_G}{R_S} \qquad (12.9.4)$$

$$U_{DS} = U_{DD} - (R_D + R_S) I_D \qquad (12.9.5)$$

12.9.3 共源放大电路的动态分析

当交流信号作用时，由于隔直电容数值较大，对交流信号可视为短路。故图 12.46 所示电路的交流通路如图 12.47（a）所示。

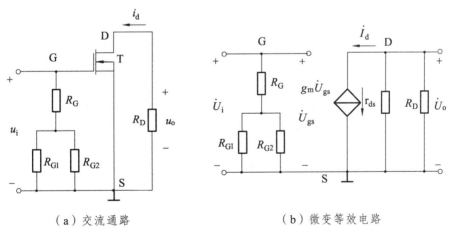

（a）交流通路　　　　　　　　　　（b）微变等效电路

图 12.47　图 12.45 电路的交流通路和微变等效电路

在小信号输入情况下，场效应晶体管放大电路也可用微变等效电路法进行分析，如图 12.47（b）所示。对场效应晶体管而言，栅极 G 与源极 S 间的动态电阻 r_{GS} 可认为无穷大，相当于开路。而漏极电流 i_d 只受 u_{gs} 控制，与电压 u_{ds} 无关。因此，漏极 D 与源极 S 间相当于一个受 u_{gs} 控制的电流源 $g_m u_{gs}$，即场效应晶体管的低频小信号作用下的等效模型：输入回路栅-源极之间相当于开路；输出回路与晶体三极管的等效模型相似，是一个电压 u_{gs} 控制的电流源和一个电阻 r_{ds}（$r_{ds} \to \infty$）的并联。

1. 电压放大倍数

输入电压

$$\dot{U}_i = \dot{U}_{gs} \tag{12.9.6}$$

输出电压

$$\dot{U}_o = -R_D g_m \dot{U}_{gs} \tag{12.9.7}$$

则电压放大倍数

$$A_u = \frac{\dot{U}_o}{\dot{U}_i} = -R_D g_m \tag{12.9.8}$$

式中，负号表示输出电压与输入电压反相。

若放大电路带负载 R_L ，则此时放大倍数

$$A_u = \frac{\dot{U}_o}{\dot{U}_i} = R'_L g_m \tag{12.9.9}$$

式中， $R'_L = R_D \parallel R_L$ 。

2. 输入电阻

$$r_i = R_G + R_{G1} \parallel R_{G2} \tag{12.9.10}$$

3. 输出电阻

$$r_o = R_D \tag{12.9.11}$$

R_D 一般为几千欧到几十千欧，输出电阻较高。

练 习 题

1. 放大电路主要技术指标有哪些，各有什么作用？
2. 判断图 12.48 所示电路能否放大交流信号？为什么？

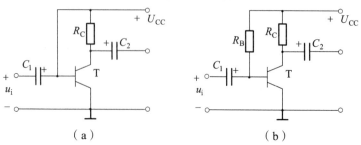

（a） （b）

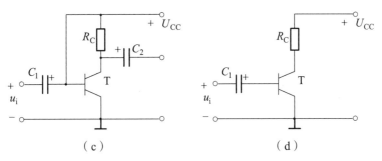

图 12.48　题 2 图

3. 图 12.4 所示放大电路中，已知 $\beta = 50$，$R_B = 500\text{ k}\Omega$，$U_{CC} = 15\text{ V}$，$R_C = 5\text{ k}\Omega$。试求静态工作点。

4. 在图 12.49 所示放大电路中，已知 $U_{CC} = 15\text{ V}$，$R_B = 60\text{ k}\Omega$，$R_C = 5\text{ k}\Omega$，$\beta = 80$，$R_L = 3\text{ k}\Omega$。试求静态工作点 Q，电压放大倍数 A_u，输入电阻 r_i 和输出电阻 r_o。

5. 在图 12.49 所示放大电路中，若 $U_{CC} = 12\text{ V}$，$R_C = 3\text{ k}\Omega$，$\beta = 90$。试求：

（1）若测得静态管压降 $U_{CE} = 6\text{ V}$，估算 R_B 约为多少千欧？

（2）若测得 u_i 和 u_o 的有效值分别为 1 mV 和 100 mV，则负载电阻 R_L 约为多少千欧？

6. 在图 12.49 所示放大电路中，已知 $\beta = 50$，$R_B = 800\text{ k}\Omega$，$U_{CC} = 20\text{ V}$，$R_C = 6.2\text{ k}\Omega$，求静态管压降 U_{CE}。若要求 $U_{CE} = 6.8\text{ V}$，应将 R_B 调到多大阻值？

7. 在图 12.50 所示放大电路中，已知 $U_{CC} = 15\text{ V}$，$R_B = 100\text{ k}\Omega$，$R_C = 3\text{ k}\Omega$，$R_s = 1\text{ k}\Omega$，$R_L = 2\text{ k}\Omega$，$\beta = 60$。试求静态工作点。

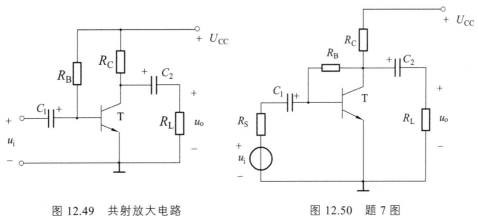

图 12.49　共射放大电路　　　　　　图 12.50　题 7 图

8. 在图 12.51 所示放大电路中，已知 $U_{CC} = 15\text{ V}$，$R_B = 60\text{ k}\Omega$，$R_C = 5\text{ k}\Omega$，$\beta = 80$，$R_s = 5\text{ k}\Omega$，分别计算 $R_L = 3\text{ k}\Omega$ 和 $R_L = \infty$ 时的静态工作点 Q，电压放大倍数 A_u，输入电阻 r_i 和输出电阻 r_o。

9. 若将图 12.51 所示电路中的 NPN 管换成 PNP 管，其他参数不变，则为使电路正常放大，电源应作如何变化？静态工作点 Q，输入电阻 r_i，输出电阻 r_o 变化吗？若变化，则如何变化？若输出电压波形失真，则说明电路产生了什么失真，如何消除？

10. 已知某放大电路的输出电阻为 $3\text{ k}\Omega$，输出端的开路电压的有效值 $U_{oc} = 3\text{ V}$。试求该放大电路接有负载电阻 $R_L = 5\ \text{k}\Omega$ 时，输出电压为多少？

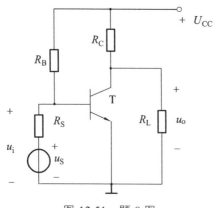

图 12.51　题 8 图

11. 在图 12.52 所示放大电路中，已知 $U_{CC} = 20\ \text{V}$，$R_C = 3\ \text{k}\Omega$，$R_E = 1.5\ \text{k}\Omega$，$R_{B1} = 10\ \text{k}\Omega$，$R_{B2} = 30\ \text{k}\Omega$，$R_L = 5\ \text{k}\Omega$，$\beta = 60$。试求放大电路的静态工作点，电压放大倍数 A_u，放大电路的输入电阻 r_i 和输出电阻 r_o。

12. 在图 12.52 所示放大电路中，若去掉电容 C_e，其他参数不变，该放大电路能否正常放大？若不能，说明原因。若能，试求放大电路的静态工作点 Q，电压放大倍数 A_u，输入电阻 r_i 和输出电阻 r_o。

13. 在图 12.53 所示放大电路中，已知 $U_{CC} = 15\ \text{V}$，$R_{B1} = 30\ \text{k}\Omega$，$R_{B2} = 6\ \text{k}\Omega$，$R_C = 5\ \text{k}\Omega$，$R_{E1} = 0.5\ \text{k}\Omega$，$R_{E2} = 1\ \text{k}\Omega$，$R_L = 5\ \text{k}\Omega$，$\beta = 100$。试求放大电路的静态工作点 Q，电压放大倍数 A_u，输入电阻 r_i 和输出电阻 r_o。

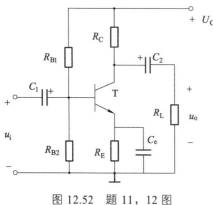

图 12.52　题 11，12 图

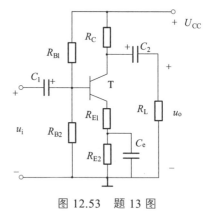

图 12.53　题 13 图

14. 在图 12.54 所示放大电路中，已知 $U_{CC} = 15\ \text{V}$，$R_C = 5\ \text{k}\Omega$，$R_E = 2\ \text{k}\Omega$，$R_B = 300\ \text{k}\Omega$，$\beta = 60$，电路有两个输出端。试求静态工作点 Q，电压放大倍数 $A_{u1} = \dfrac{\dot{U}_{o1}}{\dot{U}_i}$ 和 $A_{u2} = \dfrac{\dot{U}_{o2}}{\dot{U}_i}$，输入电阻 r_{i1} 和 r_{i2}，输出电阻 r_{o1} 和 r_{o2}。

15. 在图 12.55 所示放大电路中，已知 $U_{CC} = 15\ \text{V}$，$\beta = 60$，$R_B = 200\ \text{k}\Omega$，$R_E = 5\ \text{k}\Omega$。试求放大电路的静态工作点，并分别求出 $R_L = 3\ \text{k}\Omega$ 和 $R_L = \infty$ 时电路的电压放大倍数 A_u，输入电阻 r_i 和输出电阻 r_o。

16. 在图 12.56 所示两极放大电路中，已知 $U_{CC}=15\text{ V}$ ，$R_{B11}=50\text{ k}\Omega$ ，$R_{B12}=10\text{ k}\Omega$ ，$R_{C1}=5\text{ k}\Omega$ ，$R_{E11}=500\text{ k}\Omega$ ，$R_{E12}=1\text{ k}\Omega$ ，$R_{B21}=200\text{ k}\Omega$ ，$R_{E21}=3\text{ k}\Omega$ ，$\beta_1=\beta_2=50$ 。求放大电路各级的静态工作点，电路总的电压放大倍数，输入电阻 r_i 和输出电阻 r_o 。

17. 图 12.57 所示两级放大电路中，已知 $U_{CC}=18\text{ V}$ ，$R_{B11}=100\text{ k}\Omega$ ，$R_{B12}=25\text{ k}\Omega$ ，$R_{C1}=10\text{ k}\Omega$ ，$R_{E1}=2\text{ k}\Omega$ ，$R_{B21}=30\text{ k}\Omega$ ，$R_{B22}=6\text{ k}\Omega$ ，$R_{C2}=5\text{ k}\Omega$ ，$R_{E2}=2\text{ k}\Omega$ ，$R_L=5\text{ k}\Omega$ ，$\beta_1=\beta_2=60$ 。试求放大电路各级的静态工作点 Q ，总的电压放大倍数，输入电阻 r_i 和输出电阻 r_o 。

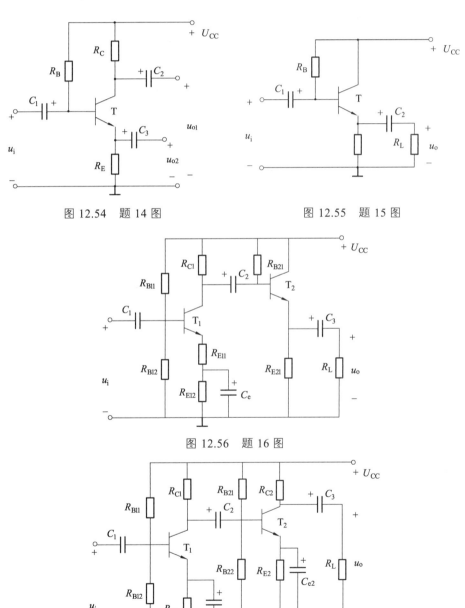

图 12.54　题 14 图　　　　　　　图 12.55　题 15 图

图 12.56　题 16 图

图 12.57　题 17 图

18. 在图 12.58 所示差分放大电路中，已知 $U_{CC} = 18\text{ V}$，$U_{EE} = 18\text{ V}$，$R_{B1} = 600\text{ k}\Omega$，$R_B = 15\text{ k}\Omega$，$R_C = 10\text{ k}\Omega$，$R_E = 10\text{ k}\Omega$，$\beta = 60$，调零电位器 $R_p = 200\ \Omega$（其滑动触点处于中点位置）。试求差分放大电路的电压放大倍数 A_u，输入电阻 r_i 和输出电阻 r_o。

19. 在 12.58 所示的差分放大电路中，已知 $U_{CC} = 15\text{ V}$，$U_{EE} = 15\text{ V}$，$R_B = 10\text{ k}\Omega$，$R_C = 5\text{ k}\Omega$，$R_E = 5\text{ k}\Omega$，$\beta = 60$，$R_{B1} = 500\text{ k}\Omega$。试求电路的静态工作点，差模信号双端输出的电压放大倍数 A_d 及单端输出的电压放大倍数 A_{d1}。

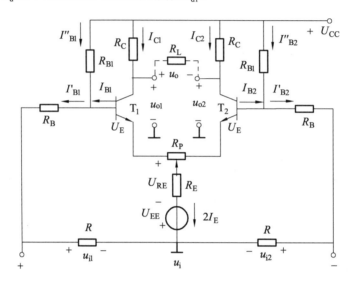

图 12.58 题 18，19 图

20. 试分析图 12.59 所示 OTL 互补对称功率放大电路的工作原理。

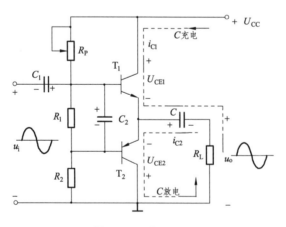

图 12.59 题 20 图

21. 在图 12.60 所示放大电路中，已知 $U_{DD} = 18\text{ V}$，$R_D = 8\text{ k}\Omega$，$R_S = 8\text{ k}\Omega$，$R_{G1} = 240\text{ k}\Omega$，$R_{G2} = 60\text{ k}\Omega$，$R_G = 2\text{ M}\Omega$，$R_L = 5\text{ k}\Omega$，所用场效应管为 N 沟道耗尽型（$I_{DS} = 0.8\text{ mA}$，$U_{GS(off)} = -3\text{ V}$，$g_m = 2\text{ mA/V}$）。试求静态工作点 Q，电压放大倍数 A_u，输入电阻 r_i 和输出电阻 r_o。

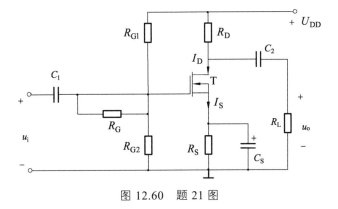

图 12.60　题 21 图

第 13 章　集成运算放大电路

　　前面两章介绍的是分立电路，即由各单个元件连接而成的电子电路。本章讨论集成电路，即把整个电路中的所有元器件制作在一块半导体芯片上，构成特定功能的电子电路。集成电路具有体积小、重量轻、性能好，价格便宜等特点。

　　集成电路按功能分为数字集成电路和模拟集成电路两类，而后者又分为集成运算放大器、集成功率放大器、集成数/模或模/数转换器、集成稳压器、集成比较器、集成乘法器等。集成运算放大器（简称集成运放或者运放），因早期用于某些数学运算，故以此命名，如今在通信、计算机、测量及控制等领域得到广泛应用。本章重点介绍集成运放的构成、性能指标、电压传输特性以及在信号的运算、处理，波形的产生等方面的应用。

13.1　集成运放的基本知识

13.1.1　集成运放的构成与基本特性

1. 集成运放构成

　　集成运放是由直接耦合多级放大电路集成制造的高增益放大器，分为输入级、中间级、输出级和偏置电路四个基本部分，构成方框图如图 13.1 所示。

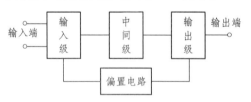

图 13.1　集成运放构成方框图

　　1）（差放）输入级

　　输入级是前置级，要求输入电阻高、差模放大倍数大、减小零点漂移、抑制干扰、静态电流小、输入端耐压高。输入级的好坏直接影响着集成运放的质量，一般采用高性能的差动放大电路。

　　2）中间（放大）级

　　中间级主要是放大级，要求开环电压放大倍数高（本身还应有高的输入电阻），以减小对前级的影响。中间级一般由共射放大电路组成，多采用复合管做放大管，并用恒流源做集电极负载。

3）（低阻）输出级

输出级是功率级，要向负载提供一定的功率，要求输出电阻低，带负载能力强，最大不失真的输出电压尽可能大，一般采用互补功率放大电路或射极输出器。

4）（恒流源）偏置电路

偏置电路为各级放大电路提供稳定的偏置电流，设置合适的静态工作点，一般采用恒流源电路。

2. 集成运放内部基本特征

集成运放电路是用特殊的硅平面工艺制造的，其内部基本特性主要如下：

1）电路结构和元件参数具有对称性

电路中的元件是用同一种工艺制作出来的，又在同一块硅片上，元件参数偏差方向一致，温度一致性好，因此在集成电路中常采用差分放大电路作输入级，采用恒流源电路作偏置电路或有源负载，充分利用管子性能良好的一致性。

2）直接耦合方式

由于集成电路中难于制造大电容和电感（一般电容量小于 100 pF，电感小于 1 H 以下），因此在集成电路中各级之间都采用直接耦合方式。

3）常用复合管或组合电路

晶体管特别是 BJT 或 FET 在集成工艺中最容易制作，加上复合和组合结构的电路性能较好，因此常用复合管或组合电路，多为两管复合以及共射-共基、共集-共基等电路。比如大电阻常用有源元件（恒流源）代替，二极管一般由三极管（常用集-基短接方式）构成。

13.1.2 集成运放的主要性能指标

集成运放的性能指标主要分为输入（误差）特性、差模特性、共模特性、输出特性、电源特性和频率特性。在实际使用集成运算放大器时，要根据这些参数选择合适的型号。

1. 输入（误差）特性

它用来表征集成运放直流输入的失调特性，主要参数如下：

1）输入失调电压 U_{io} 及其温漂 $\dfrac{dU_{io}}{dT}$

输入失调电压是指当输入电压为零时，为了使集成运放的输出电压为零，在输入端所加的补偿电压。其值越小，表明电路参数对称性愈好，一般集成运放为（1～10）mV，高质量的在 1mV 以下。

输入失调电压温漂指在规定工作温度范围内，输入失调电压随温度的变化量与温度变化量的比值。其值愈小，表明集成运放的温漂愈小，一般集成运放为（10～20）μV/℃，高质量的小于 0.5 μV/℃。

2）输入失调电流 I_{io} 及其温漂 $\dfrac{\mathrm{d}I_{io}}{\mathrm{d}T}$

输入失调电流是指输入信号为零时两个输入端静态基极电流之差，即 $I_{io}=|I_{B1}-I_{B2}|$。用于衡量输入级差分放大管输入电流不对称的程度，其值越小越好，一般集成运放约为 1nA～0.1 μA，高质量的小于 1nA。

输入失调电流温漂是指在规定工作温度范围内，输入失调电流随温度的变化量与温度变化量的比值。其值愈小，表明集成运放的质量愈好，一般集成运放为每摄氏度几纳安，高质量的为每摄氏度几十皮安。

3）输入偏置电流 I_{ib}

输入偏置电流是指输入电压为零时，集成运放两个输入端静态基极电流的平均值，即 $I_{ib}=\dfrac{I_{B1}+I_{B2}}{2}$。用于衡量差分放大管输入电流的大小。其值越小，表明信号源内阻对集成运放静态工作点的影响愈小，而输入失调电流也越小。一般集成运放为 10 nA～1 μA。

2. 差模特性

它用来表示集成运放在开环状态下差模信号输入时的传输特性，主要参数如下：

1）开环差模电压放大倍数 A_o

它是指集成运放在开环空载情况下的直流差模电压放大倍数。其值越高，表明电路越稳定，运算精度越高。一般集成运放为 100 dB 左右，高质量的可达 140 dB。

2）差模输入电阻 r_{id}

它是指差模信号输入时，集成运放的开环输入电阻。其值越大，表明从信号源索取的电流愈小，一般集成运放为几百千欧至几兆欧。

3）最大差模输入电压 U_{idm}

它是指集成运放两个输入端之间所能承受的差模电压的最大值。当差模输入电压超过此值时，输入差分管将出现反向击穿现象。

3. 共模特性

它用来表示集成运放在共模信号输入作用时的传输特性，主要参数如下：

1）共模抑制比 K_{CMRR}

它是集成运放的开环差模电压放大倍数与开环共模电压放大倍数的比值，常用分贝数来表示，即

$$K_{CMRR}=20\lg\frac{A_d}{A_c}\ \mathrm{dB}$$

共模抑制比用来衡量集成运放的放大性能和抑制温漂、共模信号干扰的能力。其值越大

越好，一般为（80～120）dB，高质量的可达 160 dB。

2）最大共模输入电压 U_{icm}

它是指在保证集成运放正常工作条件下，两个输入端之间所能承受的共模电压的最大值。当共模输入电压超过此值时，输入差分管出现饱和，集成放大器失去共模抑制能力，不能对差模信号进行放大，甚至可能损坏元器件。

4．输出特性

它用来表征集成运放输出信号时的传输特性，主要参数如下：

1）最大输出电压 U_{opp}

它是指在特定负载的条件下，使输出电压和输入电压保持不失真的最大输出电压值。

2）输出电阻 r_o

它是指集成运放对地的动态电阻。其值越小，表明集成运放带负载能力越强，一般小于 200 Ω。

5．电源特性

1）电源电压抑制比 K_{SVR}

它是指输入失调电压与电源电压变化量之比，用于衡量电源电压波动对输出电压的影响。

2）静态功耗 P_V

它是指空载以及输入信号为零时集成运放消耗电源的功率。一般为几十至几百毫瓦。

6．频率特性

1）转换速率 S_R

它是指集成运放在额定带负载的闭环状态下，当输入为大信号时，输出电压随时间的最大可能变化速率。其值越大，表明集成运放的高频特性越好。

2）全功率带宽 BW_p

它是指集成运放输出最大峰值电压时允许的最高工作频率值。

3）开环带宽 BW

它是指在开环状态下，输出电压下降 3 dB 所对应的通频带宽。

13.1.3　集成运放的符号及电压传输特性

集成运放的符号，如图 13.2 所示。它有两个输入端和一个输出端，同相输入端（即输出与该端输入信号相位相同），用符号 u_+ 表示；反相输入端（即输出与该端输入信号相位相反），用符号 u_- 表示；输出端用符号 u_o 表示。若将集成运放看成一个黑盒子，从外部看则可将其等效为一个双端输入、单端输出的高性能差分放大电路。

集成运放的输出电压 u_o 与输入电压（即同相输入端与反相输入端之间电压的差值）之间的关系称为电压传输特性，如图 13.3 所示，它包括线性区和非线性区两部分。

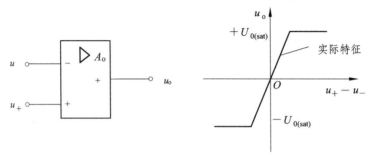

图 13.2　集成运放的符号　　图 13.3　集成运放的电压传输特性

1. 线性放大区

由于集成运放放大的对象是开环情况下的差模信号，当在线性区内时，输出电压 u_o 和（ $u_+ - u_-$ ）是线性放大关系，即

$$u_o = A_o(u_+ - u_-) = A_o u_d \qquad (13.1.1)$$

2. 非线性饱和区

由于受电源电压的限制，u_o 不可能随（ $u_+ - u_-$ ）的增加而无限制地增加。因此，当 u_o 增加到一定值后，便进入了正、负饱和区。正饱和区 $u_o = +U_{0(sat)}$ （正电源电压值），负饱和区 $u_o = -U_{0(sat)}$ （负电源电压值）。

不加负反馈时，由于集成运放的 A_o 高达几十万倍，只要在输入端加入很小的电压变化量（一般仅为几十至一百多微伏），则输出电压进入饱和区。因此要拓宽集成运放的线性区域，通常要在电路中引入深度负反馈。

思考与练习

（1）集成运放由哪几部分组成？各部分的主要作用是什么？
（2）集成运放的主要性能指标有哪些？

13.2　理想的集成运放

13.2.1　理想运放的主要性能指标

由于集成运放的开环电压放大倍数非常高，输入电阻非常大，输出电阻非常小，这些主要性能技术指标很接近理想的程度。为了方便分析，常把实际的集成运放视为理想的运放，即把集成运放的各项性能指标都理想化，仅仅在进行误差分析时，才考虑理想化后造成的影响，一般工程计算可以忽略其误差影响。

理想运放的主要性能指标如下：

（1）开环差模电压放大倍数 A_o 趋近于无穷大，即

$$A_o = \frac{u_o}{u_d} \to \infty 。 \tag{13.2.1}$$

（2）开环差模输入电阻 r_i 趋近于无穷大，即

$$r_i \to \infty 。 \tag{13.2.2}$$

（3）开环输出电阻 r_o 趋近于零，即

$$r_o \to 0 。 \tag{13.2.3}$$

（4）共模抑制比 K_{CMRR} 趋近于无穷大，即

$$K_{CMRR} \to \infty 。 \tag{13.2.4}$$

（5）开环频带宽度 f_{bw} 趋近于无穷大，即

$$f_{bw} \to \infty 。 \tag{13.2.5}$$

（6）失调、漂移和干扰、噪声均为零。

13.2.2　理想运放的符号及电压传输特性

理想运放的符号，如图 13.4 所示，其中"∞"表示开环差模电压放大倍数的理想化条件。

理想运放的电压传输特性，如图 13.5 所示，它包括线性区和饱和区两部分。由于 $A_o \to \infty$，线性区几乎与纵轴重合。

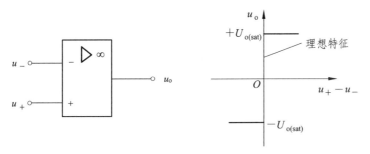

图 13.4　理想运放的符号　　图 13.5　理想运放的电压传输特性

13.2.3　理想集成运放的两个工作区域

理想集成运放可以工作在线性区和饱和区两个区域，但分析方法不相同。

1. 工作在线性区

当理想运放工作在线性区时，是作为一个线性放大器件，主要起放大作用，基本关系满足：$u_o = A_o(u_+ - u_-)$。引入深度负反馈后，由于 u_o 是有限值，故可得到下面两条重要结论：

（1）$u_+ - u_- = \dfrac{u_o}{A_o} \approx 0$，即 $u_+ \approx u_-$，两个输入端之间相当于短路，但又未真正短路，故称为"虚短"。

若运放的反相端有输入信号，而将同相端接地，即 $u_+ = 0$，根据虚短则有 $u_- \approx 0$，即反相端是一个不接"地"的"地"电位端，称为"虚地"。

（2）$i_i = \dfrac{u_i}{r_i} \approx 0$，即两个输入端之间相当于断路，但又未真正断路，故称为"虚断"。

2. 工作在饱和区

当理想运放工作范围超出线性区时，则 $u_o \neq A_o(u_+ - u_-)$。因其放大倍数趋于无穷大，如果电路处于开环或正反馈状态，只要稍微加点输入电压，则其输出电压立即超出线性放大范围，进入饱和区。理想运放工作在饱和区，主要用于数字电路，比较器电路等，具有以下两个特点：

（1）输出电压 u_o 只有两种可能值：

$$当 u_+ > u_- 时，\quad u_o = +U_{0(sat)}$$
$$当 u_+ < u_- 时，\quad u_o = -U_{0(sat)}$$

（2）理想运放的同相和反相输入端电流近似为零，即仍然满足"虚断"概念。但是 u_+、u_- 却不一定相等，即没有"虚短"的概念了，这一点需要特别注意。

思考与练习

（1）什么是理想运算放大器？理想运算放大器工作在线性区和饱和区时各有何特点？分析方法有什么不同？

（2）理想运算放大器在非线性区工作时，是否可以认为 $u_i = 0$，$i_i = 0$？

13.3 基本运算电路

集成运放的基本应用就是构成各种运算电路。在运算电路中，以输入电压作为自变量，以输出电压作为函数，当输入电压变化时，输出电压将按一定的数学规律变化，即输出电压反映了输入电压某种运算的结果。本节主要介绍比例、加减、积分微分等基本运算电路。

13.3.1 比例运算

1. 反相输入比例运算

1）电路结构

如果输入信号从理想运放的反相端引入的运算，称为反相输入比例运算，其电路结构如图 13.6 所示。输入信号 u_i 经输入端电阻 R_1 作用于运放的反相输入端，同相输入端通过电阻 R_2 接地。反馈电阻 R_f 跨接在运放的输出端和反相输入端之间，使电路处于深度负反馈状态，保证理想运放工作于线性放大区。

R_2 称为平衡电阻，其作用是保证集成运放输入级差分放大电路的对称性，其值为 $u_i = 0$（即将输入端接地）时，反相输入端总的等效电阻，即 $R_2 = R_1 \parallel R_f$。

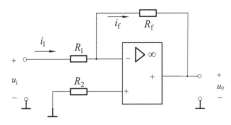

图 13.6　反相比例运算电路

2）函数关系

根据"虚短"（或者"虚地"），$u_- \approx u_+ = 0$；根据"虚断"，$i_- \approx 0$，因此 $i_1 \approx i_f$，即

$$\frac{u_i - u_-}{R_1} = \frac{u_- - u_o}{R_f}$$

可得
$$u_o = -\frac{R_f}{R_1} u_i \tag{13.3.1}$$

故闭环电压放大倍数为

$$A_f = \frac{u_o}{u_i} = -\frac{R_f}{R_1} \tag{13.3.2}$$

从式（13.3.2）可知，输出电压与输入电压之间为比例放大关系，其值与运放本身的参数无关，只取决于外接电阻 R_1 和 R_f 的大小，式中的负号表示 u_o 与 u_i 相位相反。

【例 13.1】　电路如图 13.7 所示，计算电压放大倍数 A_f。

解：此电路为反相输入比例运算电路，根据式（13.3.2）可知

$$A_f = -\frac{10}{10} = -1$$

此时电路称为反相器。

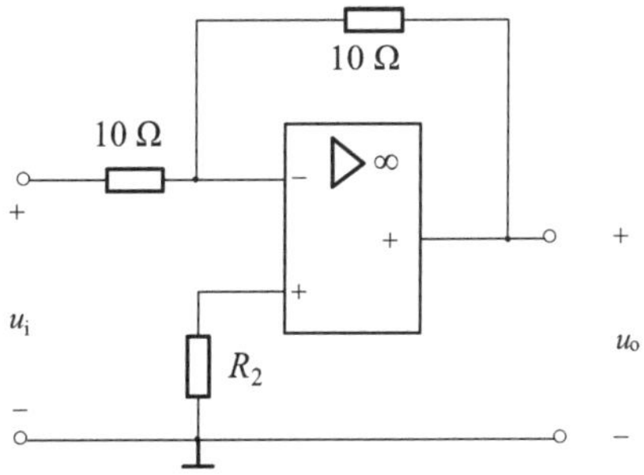

图 13.7　例 13.1 电路图

2. 同相输入比例运算

1）电路结构

如果输入信号是从运放的同相端引入的运算，称为同相输入比例运算，其电路结构如图 13.8 所示。输入信号 u_i 经输入端电阻 R_2 送到运放的同相输入端，反相输入端通过电阻 R_1 接地，负反馈电阻 R_f 跨接在运放的输出端和反相输入端之间。

2）函数关系

根据"虚断"，$i_- \approx 0$，因此 $i_1 \approx i_f$，即

$$\frac{0 - u_-}{R_1} = \frac{u_- - u_o}{R_f}$$

根据"虚短"

$$u_- \approx u_+$$

图 13.8　同相比例运算电路

由图 13.8 可知，电阻 R_2 是零压降，则

$$u_+ = u_i$$

可得

$$u_o = \left(1 + \frac{R_f}{R_1}\right)u_+ = \left(1 + \frac{R_f}{R_1}\right)u_i \tag{13.3.3}$$

故闭环放大倍数为

$$A_f = \frac{u_o}{u_i} = 1 + \frac{R_f}{R_1} \tag{13.3.4}$$

式（13.3.4）中，A_f 为正值，这表示输出电压与输入电压的相位相同，其值与运放本身的参数无关，只与外接电阻 R_1 和 R_f 的大小有关。

平衡电阻为

$$R_2 = R_1 \parallel R_f$$

当 $R_1 = \infty$（断开）或 $R_f = 0$ 时，$A_f = \frac{u_o}{u_i} = 1$，此时电路称为电压跟随器。

【例 13.2】　电路如图 13.9 所示，$R_1 = 50\ \text{k}\Omega$，$R_f = 100\ \text{k}\Omega$，$u_i = 1\ \text{V}$，求输出电压 u_o。

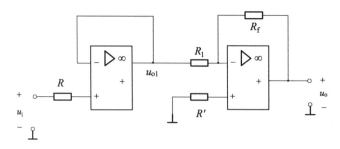

图 13.9　例 13.2 电路图

解： 第一级运放是电压跟随器，$u_{o1} = u_i = 1\ \text{V}$

第一级的输出作为第二级的输入，且第二级为反相输入比例运算电路，则

$$u_o = -\frac{R_f}{R_1}u_{o1} = -\frac{100}{50} \times 1 = -2\ \text{V}$$

13.3.2 加法运算

1）电路结构

如果在理想运放的反相输入端接入两个输入信号电路，则可以实现反相加法运算，如图 13.10 所示。

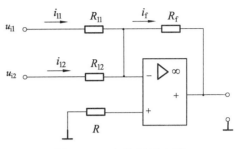

图 13.10　加法运算电路

2）函数关系

根据"虚短"，$u_- \approx u_+ = 0$；根据"虚断"，$i_- \approx 0$，因此 $i_{11} + i_{12} = i_f$，即

$$\frac{u_{i1} - u_-}{R_{11}} + \frac{u_{i2} - u_-}{R_{12}} = \frac{u_- - u_o}{R_f}$$

可得

$$u_o = -\left(\frac{R_f}{R_{11}} u_{i1} + \frac{R_f}{R_{12}} u_{i2} \right) \tag{13.3.5}$$

当 $R_{11} = R_{12} = R_1$ 时，则上式为

$$u_o = -\frac{R_f}{R_1}(u_{i1} + u_{i2}) \tag{13.3.6}$$

由（13.3.6）可见，输出电压正比于两个输入电压之和。

当 $R_f = R_1$ 时，则

$$u_o = -(u_{i1} + u_{i2}) \tag{13.3.7}$$

由（13.3.7）可见，输出电压等于两个输入电压的和，此时实现反相加法运算。

平衡电阻为

$$R = R_{11} \parallel R_{12} \parallel R_f$$

类似地：

如果反相输入端接入多个输入信号电路，则可以实现反相多路输入加法运算。

如果在理想运放的同相输入端接入多个输入信号电路，则可以实现同相加法运算。

【例 13.3】　电路如图 13.11 所示，$R_f = 100 \text{ k}\Omega$，$R_1 = 25 \text{ k}\Omega$，$R_2 = 50 \text{ k}\Omega$，$R_3 = 500 \text{ k}\Omega$，已知 $u_{i1} = 1 \text{ V}$，$u_{i2} = 0.5 \text{ V}$，$u_{i3} = -2 \text{ V}$。求输出电压 u_o。

解：根据式（13.3.5）可知

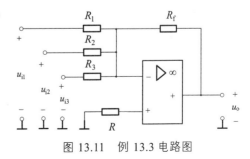

图 13.11　例 13.3 电路图

$$u_o = -\left(\frac{R_f}{R_1} u_{i1} + \frac{R_f}{R_2} u_{i2} + \frac{R_f}{R_3} u_{i3} \right)$$

$$= -\left[\frac{100}{25} \times 1 + \frac{100}{50} \times 0.5 + \frac{100}{500} \times (-2) \right] = -4.6 \text{ V}$$

13.3.3 减法运算

如果理想运放的反相输入端、同相输入端都接有输入信号电路，就构成差分输入，可以完成减法运算，如图 13.12 所示。

可以利用叠加原理求函数关系：

假设 u_{i2} 单独作用时，令 $u_{i1}=0$，此时为同相输入比例运算电路，其输出电压为

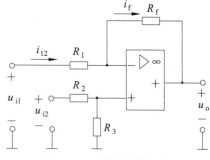

$$u_{o2} = \left(1 + \frac{R_f}{R_1}\right) u_+$$

利用"虚断"概念，$i_+ \approx 0$，则

$$u_+ = \frac{R_3}{R_2 + R_3} u_{i2}$$

图 13.12 减法运算电路

可得

$$u_{o2} = \left(1 + \frac{R_f}{R_1}\right) \frac{R_3}{R_2 + R_3} u_{i2}$$

故 u_{i1} 和 u_{i2} 同时作用时，输出电压为

$$u_o = u_{o1} + u_{o2} = \left(1 + \frac{R_f}{R_1}\right) \frac{R_3}{R_2 + R_3} u_{i2} - \frac{R_f}{R_1} u_{i1} \tag{13.3.8}$$

当 $R_1 = R_2$，$R_f = R_3$ 时，则

$$u_0 = \frac{R_f}{R_1}(u_{i2} - u_{i1}) \tag{13.3.9}$$

由式（13.3.9）可知，输出电压正比于两输入电压之差，此时电路称为差分比例运算电路。

当 $R_1 = R_f$ 时，则

$$u_o = u_{i2} - u_{i1} \tag{13.3.10}$$

由式（13.3.10）可知，输出电压等于两个输入电压的差值，此时实现减法运算。

平衡电阻

$$R_2 \parallel R_3 = R_1 \parallel R_f$$

【例 13.4】 电路如图 13.13 所示，已知 $u_{i1} = -1\,\text{V}$，$u_{i2} = 1\,\text{V}$，求输出电压 u_o。

解：第一级是同相输入比例运算电路，则 $u_{o1} = \left(1 + \frac{R}{R}\right) u_{i1} = 2u_{i1}$

第二级反相端接单路输入 u_{o1}，同相端接单路输入 u_{i2}，由叠加定理得

$$u_o = -\frac{R}{R} u_{o1} + \left(1 + \frac{R}{R}\right) u_{i2}$$

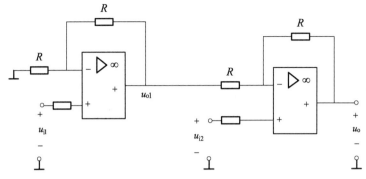

图 13.13　例 13.4 电路图

整理可得

$$u_{o} = -\frac{R}{R}u_{o1} + \left(1+\frac{R}{R}\right)u_{i2} = -2u_{i1} + 2u_{i2} = -2(u_{i1} - u_{i2}) = 4\text{ V}$$

13.3.4　积分运算

1）电路结构

电路如图 13.14 所示，输入信号从反相端引入，反馈通道上的元件为电容 C，这样就构成了积分运算电路。

2）函数关系

根据"虚短"（或者"虚地"），$u_{-} \approx u_{+} = 0$，根据"虚断"，$i_{-} \approx 0$，因此 $i_{1} \approx i_{f}$，即

$$i_{f} = i_{i} = \frac{u_{i}}{R_{1}}$$

$$u_{o} = -u_{C} = -\frac{1}{C}\int i_{f}\mathrm{d}t$$

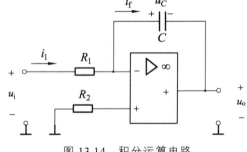

图 13.14　积分运算电路

故
$$u_{o} = -\frac{1}{R_{1}C}\int u_{i}\mathrm{d}t \qquad\qquad (13.3.11)$$

由式（13.3.11）可见，u_{o} 正比于 u_{i} 的积分，式中负号表示输出电压与输入电压的相位相反，$R_{1}C$ 称为时间常数。

平衡电阻

$$R_{2} = R_{1}$$

当 u_{i} 为阶跃电压 U_{i} 时，如图 13.15 所示，则

$$u_{o} = -\frac{U_{i}}{R_{1}C}t \qquad\qquad (13.3.12)$$

即 u_{o} 随时间线性增加直到负饱和值（$-U_{0(\text{sat})}$）。

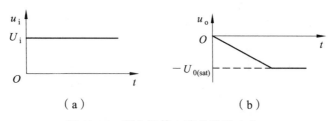

（a） （b）

图 13.15 积分运算电路的阶跃响应

【例 13.5】 电路如图 13.14 所示，$R_1 = 100 \text{ k}\Omega$，$C = 100 \text{ μF}$，已知集成运放的最大输出电压 $U_{0(\text{sat})} = \pm 12 \text{ V}$，$u_i = -6 \text{ V}$。求时间 t 分别为 1 s、2 s、3 s 时的输出电压 u_o。

解：
$$u_0 = -\frac{u_i}{R_1 C} \cdot t = -\frac{-6}{100 \times 10^3 \times 10 \times 10^{-6}} \cdot t = 6t$$

则
$$t = 1 \text{ s 时}, \quad u_o = 6 \text{ V}$$
$$t = 2 \text{ s 时}, \quad u_o = 12 \text{ V}$$

当 2 s 时，u_o 已达到最大值，超过 2 s 后，输出电压 u_o 不再变化了，故
$$t = 3 \text{ s 时}, \quad u_o = 12 \text{ V}。$$

13.3.5 微分运算

微分运算是积分运算的逆运算，只需将积分电路中反相输入端的电阻和反馈电容调换位置，就成为微分运算电路，如图 13.16 所示。

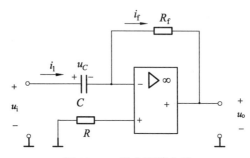

图 13.16 微分运算电路

根据"虚短"，$u_- \approx u_+ = 0$，根据"虚断"，$i_- \approx 0$，因此 $i_1 \approx i_f$，即

$$u_o = -R_f i_f$$
$$u_C = u_i$$
$$i_f = i_1 = C\frac{\mathrm{d}u_C}{\mathrm{d}t} = C\frac{\mathrm{d}u_i}{\mathrm{d}t}$$

可得

$$u_o = -R_f C\frac{\mathrm{d}u_i}{\mathrm{d}t} \qquad\qquad (13.3.13)$$

由式（13.3.13）可见，输出电压 u_o 正比于输入电压 u_i 的微分。

平衡电阻

$$R = R_f$$

当 u_i 为阶跃电压 U_i 时，如图 13.17 所示， u_o 为尖脉冲电压。

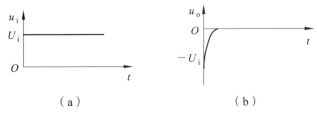

（a）　　　　　　　　　　　（b）

图 13.17　微分运算电路的阶跃响应

思考与练习

（1）什么叫"虚地"？在反相输入比例运算电路中，同相输入端接"地"，反相输入端的电位接近"地"电位。既然这样，如果把两个输入端直接连起来，是否会影响运算放大器的工作？

（2）由理想集成运放组成的基本运算电路，它们的输出电压与输入电压的关系是否会随负载的不同而改变？若运放不是理想的，情况又如何？

（3）本节中所讲的基本运算电路的输出电压与输入电压的关系式，是否输入电压无论多大都成立？

13.4　电压比较器

电压比较器通过输入电压与参考电压的比较，把模拟信号转换成数字信号。其中集成运放一般处于开环或引入正反馈状态，工作在饱和区，属于集成运放的非线性应用。常用作模拟电路和数字电路的接口电路，在测量、控制、通信及信号产生、变换等方面有广泛的应用。

13.4.1　基本电压比较器

如果输入信号 u_i 加在理想运放的反相输入端，参考电压（也叫比较电压）U_R 加在其同相输入端的基本电压比较器，称为反相比较器，如图 13.18（a）所示。此时理想运放处于开环状态，工作在饱和区，其输出电压只有两个值，即

当 $u_i < u_R$ 时，$u_o = +U_{0(\text{sat})}$

当 $u_i > u_R$ 时，$u_o = -U_{0(\text{sat})}$ 　　　　　　　　　　　　　　　　　（13.4.1）

反相比较器输出电压 u_o 与输入电压 u_i 的变化关系，称为电压传输特性，如图 13.18（b）所示，其输出电压 u_o 在输入电压 $u_i = u_R$ 时发生跳变。即

当 $u_i \geqslant U_R$ 时，u_o 从 $+U_{0(sat)}$ 跳变为 $-U_{0(sat)}$

当 $u_i \leqslant U_R$ 时，u_o 从 $-U_{0(sat)}$ 跳变为 $+U_{0(sat)}$ （13.4.2）

比较器使输出电压从 $+U_{0(sat)}$ 跳变为 $-U_{0(sat)}$ 或者从 $-U_{0(sat)}$ 跳变为 $+U_{0(sat)}$ 的输入电压称为阈值电压（或者转折电压、门限电压），用 U_T 表示。由图 13.18（b）可知，反相比较器只有一个转折电压点，即是单门限比较器，故有 $U_T = U_R$。

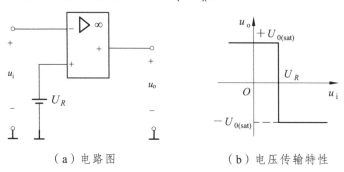

（a）电路图　　　　　　（b）电压传输特性

图 13.18　反相比较器

当比较电压 $U_R = 0$ 时，反相比较器电压传输特性就是理想运放的电压传输特性，输出电压 u_o 在输入电压 u_i 过零时发生跳变，这种电路称为过零比较器。若输入电压 u_i 为正弦波，则输出电压 u_o 的波形是与 u_i 同频率的矩形波，如图 13.19 所示，输出电压 u_o 的幅值取决于运算放大器的最大输出电压。

当比较电压 U_R 为一正值时，若 u_i 为幅值大于 U_R 的正弦波，则输出电压的波形是与 u_i 同频率但正负半周宽度不相等的矩形波，如图 13.20 所示。输出电压 u_o 的幅值仍取决于运算放大器的最大输出电压。显然如果改变 U_R 的数值，则可以改变其正负半周宽度的比例。

类似地，如果输入信号 u_i 加在理想运放的同相输入端，参考电压 U_R 加在其反相输入端的基本电压比较器，称为同相比较器，其电压传输特性则为一反 "Z" 曲线。

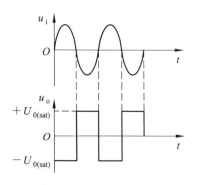

图 13.19　过零比较器波形图

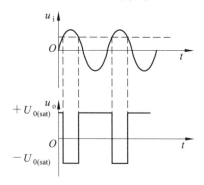

图 13.20　比较器波形图

13.4.2　迟滞比较器

如果输入信号从理想运放的反相端引入，反馈信号通过 R_f 从运放的输出端送回其同相输入端的零比较器，称为零迟滞比较器电路，如图 13.21（a）所示。其中引入的反馈是正反馈，根据"虚断"概念，正反馈电压 $u_f = \dfrac{R_2}{R_2+R_f}u_o$ ，它使 u_o 从 $+U_{0(sat)}$ 翻转为 $-U_{0(sat)}$ 或从 $-U_{0(sat)}$ 翻转为 $+U_{0(sat)}$ 的翻转点，在时间上滞后于 u_i 的过零点，并使翻转过程加速，u_o 的升降变陡。

零迟滞比较器的电压传输特性如图 13.21（b）所示，输出电压在输入电压等于门限电压时是怎样变化的呢？

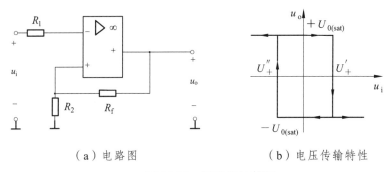

（a）电路图　　　　　（b）电压传输特性

图 13.21　零迟滞比较器

（1）当输入电压 u_i 为较大的负值时，$u_o = +U_{0(sat)}$ ，$u_f = +\dfrac{R_2}{R_2+R_f}U_{0(sat)} = U'_+ > 0$ ，因此 u_i 在 u_o 已为 $+U_{0(sat)}$ 后再升高时，则只有当 $u_i \geqslant U'_+$ 时，u_o 才从 $+U_{0(sat)}$ 翻转为 $-U_{0(sat)}$ ，同时使 $u_f = -\dfrac{R_2}{R_2+R_f}U_{0(sat)} = U''_+ < 0$ 。

（2）当输入电压 u_i 在输出电压 u_o 已为 $-U_{0(sat)}$ 后再降低时，则只有当 $u_i \leqslant U''_+$ 时，u_o 才从 $-U_{0(sat)}$ 翻转为 $+U_{0(sat)}$ 。

由上可知，零迟滞比较器具有滞后变化的传输特性，保持惯性，从而具有一定的抗干扰能力。

如果输入电压 u_i 为幅值大于 U'_+ 和 $|U''_+|$ 的正弦波，输出电压 u_o 的波形将如图 13.22 所示，在过零时间上，u_o 滞后于 u_i ，同时 u_o 波形的前后沿比图 13.19 的要陡。

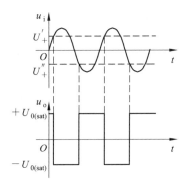

图 13.22　零迟滞比较器波形图

如果在电路中加有正值的比较电压 U_R 时，如图 13.23（a）所示。其电压传输特性，如图 13.23（b）所示。两个门限电压为

$$U'_+ = \frac{R_f U_R + R_2 U_{0(sat)}}{R_2 + R_f}$$

$$U''_+ = \frac{R_f U_R - R_2 U_{0(sat)}}{R_2 + R_f}$$

（13.4.3）

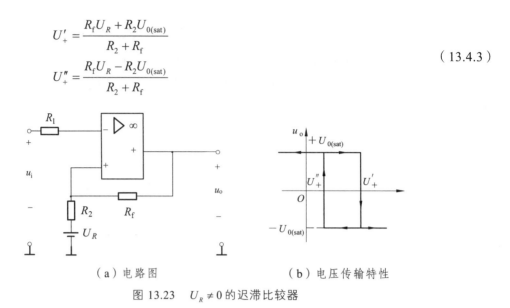

（a）电路图　　　　　　　（b）电压传输特性

图 13.23　$U_R \neq 0$ 的迟滞比较器

思考与练习

（1）电压比较器中的集成运放工作在电压传输特性的哪个区？

（2）图 13.18 比较器电路中，若 U_R 为一负值，输出电压 u_o 的波形如何？如果将 u_i 和 U_R 所连接的端子对换，u_o 的波形又如何？

（3）图 13.23 比较器电路中，若 U_R 为一负值，试绘出其电压传输特性。

13.5　有源滤波器

滤波器是一种对信号的频率进行选择的电路，使特定频率范围内的信号能顺利通过，而阻止其他频率的信号通过，从而选出有用的信号，抑制无用的信号，常用于传输数据及抑制干扰等。

根据滤波器工作信号的频率范围可分为低通、高通、带通和带阻四种。顾名思义，低通就是只让低频率信号通过，高通就是只让高频率信号通过，带通就是让某一频带内的频率信号通过，带阻就是让某一频带内的频率信号被阻断，不通过。

根据滤波器所用电路元件可分为无源滤波器和有源滤波器两种。无源滤波器仅由无源元件（电阻、电感、电容）构成，有源滤波器由无源元件和有源元件（集成运放、双极型管）构成。有源滤波器具有频率特性好、体积小、效率高等优点，被广泛使用。

13.5.1　有源低通滤波器

如图 13.24（a）所示是同相输入一阶有源低通滤波器的电路。假设输入电压 u_i 为某一频率的正弦电压，采用相量表示。

根据同相输入比例运算电路的式（13.3.3）得出

$$\dot{U}_{\mathrm{o}} = \left(1 + \frac{R_{\mathrm{f}}}{R_{\mathrm{1}}}\right)\dot{U}_{+}$$

根据虚断概念，知 RC 串联电路，再由阻抗串联分压公式可得

$$\dot{U}_{+} = \dot{U}_{C} = \frac{\dfrac{1}{\mathrm{j}\omega C}}{R + \dfrac{1}{\mathrm{j}\omega C}}\dot{U}_{\mathrm{i}} = \frac{\dot{U}_{\mathrm{i}}}{1 + \mathrm{j}\omega RC}$$

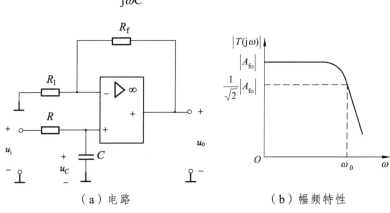

（a）电路　　　　　　　（b）幅频特性

图 13.24　有源低通滤波器

整理可得

$$\frac{\dot{U}_{\mathrm{o}}}{\dot{U}_{\mathrm{i}}} = \frac{1 + \dfrac{R_{\mathrm{f}}}{R_{\mathrm{1}}}}{1 + \mathrm{j}\omega RC} = \frac{1 + \dfrac{R_{\mathrm{f}}}{R_{\mathrm{1}}}}{1 + \mathrm{j}\dfrac{\omega}{\omega_{\mathrm{0}}}} \tag{13.5.1}$$

式（13.5.1）中，$\omega_{\mathrm{0}} = \dfrac{1}{RC}$ 称为截止频率。

若频率 ω 为变量，则该电路的传递函数

$$T(\mathrm{j}\omega) = \frac{U_{\mathrm{o}}(\mathrm{j}\omega)}{U_{\mathrm{i}}(\mathrm{j}\omega)} = \frac{1 + \dfrac{R_{\mathrm{f}}}{R_{\mathrm{1}}}}{1 + \mathrm{j}\dfrac{\omega}{\omega_{\mathrm{0}}}} = \frac{A_{\mathrm{fo}}}{1 + \mathrm{j}\dfrac{\omega}{\omega_{\mathrm{0}}}} \tag{13.5.2}$$

式（13.5.2）中，其模为

$$|T(\mathrm{j}\omega)| = \frac{|A_{\mathrm{fo}}|}{\sqrt{1 + \left(\dfrac{\omega}{\omega_{\mathrm{0}}}\right)^{2}}}$$

式（13.5.2）中，其辐角为

$$\varphi(\omega) = -\arctan\frac{\omega}{\omega_0}$$

$\omega = 0$ 时， $|T(\mathrm{j}\omega)| = |A_{\mathrm{fo}}|$

$\omega = \omega_0$ 时， $|T(\mathrm{j}\omega)| = \dfrac{|A_{\mathrm{fo}}|}{\sqrt{2}}$

$\omega = \infty$ 时， $|T(\mathrm{j}\omega)| = 0$

有源低通滤波器的幅频特性如图 13.24（b）所示，图中表明 $0 \sim \omega_0$ 段频率的信号 $u_{\mathrm{o}} \approx u_{\mathrm{i}}$，而频率大于 ω_0 的信号被阻止，随着频率的增大而大幅衰减。

为了改善滤波效果，使 $\omega > \omega_0$ 时信号衰减得快些，常将两节 RC 电路串接起来，如图 13.25（a）所示，称为二阶有源低通滤波器，其幅频特性如图 13.25（b）所示。

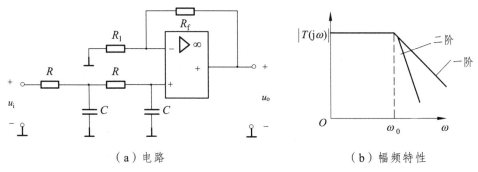

（a）电路   （b）幅频特性

图 13.25 二阶有源低通滤波器

13.5.2 有源高通滤波器

高通滤波器与低通滤波器具有对偶关系，只需将有源低通滤波器中 RC 电路的 R 和 C 位置交换，则成为有源高通滤波器，如图 13.26（a）所示。

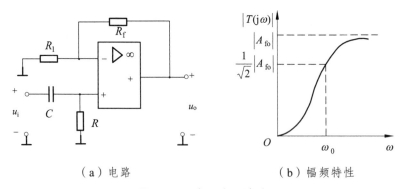

（a）电路   （b）幅频特性

图 13.26 有源高通滤波器

根据同相输入比例运算电路的式（13.3.3）得出

$$\dot{U}_{\mathrm{o}} = \left(1 + \frac{R_{\mathrm{f}}}{R_1}\right)\dot{U}_{+}$$

根据虚断概念，知 RC 串联电路，再由阻抗串联分压公式可得

$$\dot{U}_+ = \frac{R}{R+\dfrac{1}{j\omega C}}\dot{U}_i = \frac{\dot{U}_i}{1+\dfrac{1}{j\omega RC}}$$

整理可得

$$\frac{\dot{U}_o}{\dot{U}_i} = \frac{1+\dfrac{R_f}{R_1}}{1+\dfrac{1}{j\omega RC}} = \frac{1+\dfrac{R_f}{R_1}}{1-j\dfrac{\omega_0}{\omega}} \qquad (13.5.3)$$

式（13.5.3）中，$\omega_0 = \dfrac{1}{RC}$。

若频率 ω 为变量，则该电路的传递函数

$$T(j\omega) = \frac{U_o(j\omega)}{U_i(j\omega)} = \frac{1+\dfrac{R_f}{R_1}}{1-j\dfrac{\omega_0}{\omega}} = \frac{A_{fo}}{1-j\dfrac{\omega_0}{\omega}} \qquad (13.5.4)$$

式（13.5.4）中，其模为

$$|T(j\omega)| = \frac{|A_{fo}|}{\sqrt{1+\left(\dfrac{\omega_0}{\omega}\right)^2}}$$

式（13.5.4）中，辐角为

$$\varphi(\omega) = \arctan\frac{\omega_0}{\omega}$$

$\omega = 0$ 时， $|T(j\omega)| = 0$

$\omega = \omega_0$ 时， $|T(j\omega)| = \dfrac{|A_{fo}|}{\sqrt{2}}$

$\omega = \infty$ 时， $|T(j\omega)| = |A_{fo}|$

有源高通滤波器的幅频特性如图 13.26（b）所示。图中表明大于 ω_0 的信号可以通过，而小于 ω_0 的信号被阻止。

思考与练习

（1）与无源滤波器相比，有源滤波器有何优点？

（2）在图 13.24 的低通滤波器电路中，$R_1 = 100 \text{ k}\Omega$，$R_f = 150 \text{ k}\Omega$，$R = 82 \text{ k}\Omega$，$C = 0.01 \text{ }\mu\text{F}$。试求 $\omega = \omega_0$ 时的 $|T(\text{j}\omega)|$ 和 ω_0。

13.6 集成运算放大器的使用

一般设计集成运放应用电路时，完全没有必要去研究运放的内部电路，而应该根据实际设计需求挑选相应的元件。

13.6.1 使用时必须做的工作

1. 集成运放的管脚

集成运放的常见封装方式有金属壳封装和双列直插式封装两种，外形如图 13.27 所示，以后者居多。双列直插式有 8、10、12、14、16 管脚等几个种类，虽然它们的管脚排列日趋标准化，但各制造厂仍略有区别。因此，使用运放前必须查阅有关手册，辨认管脚，以便正确连线。

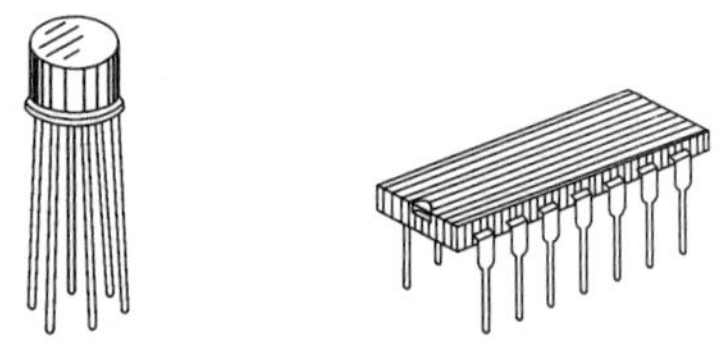

（a）圆壳式外形　　（b）双列直插式外形

图 13.27　集成电路的外形

2. 参数测量

使用运放之前往往要用简易测试法判断其好坏，比如用万用表电阻的中间挡（"×100"或"×1 k"挡，避免电流或电压过大）对照管脚测试有无短路或断路现象。必要时还可采用测试设备测量运放的主要参数。

3. 调零或调整偏置电压

由于失调电压及失调电流的存在，以致当输入信号为零时，仍有输出信号。对于内部无自动稳零措施的集成运放，在使用时需外加调零电路，使之当输入为零时输出也为零。

对于单电源供电的运放，常需在输入端加直流偏置电压，设置合适的静态输出电压，以便能放大正、负两个方向的变化信号。

4. 消除自激振荡

为防止电路产生自激振荡，破坏正常工作，应给集成运放的电源加上去耦电容，用它来破坏产生自激振荡的条件。有的集成运放需外接频率补偿电容 C，并注意接入合适容量的电容。

13.6.2 保　护

集成运放在使用中常因以下三种原因被损坏：输入信号过大，使 PN 结击穿；输出端直接接"地"或接电源，运放因输出级功耗过大而损坏；电源电压极性接反或过高。因此，为使运放安全工作，也从三个方面进行保护。

1. 输入端保护

为了防止差模或者共模输入电压过大而损坏输入端的晶体管，可利用二极管来保护，将输入电压限制在二极管的正向压降以内。防止输入差模电压过大的保护电路，如图 13.28（a）所示；防止输入共模电压过大的保护电路，如图 13.28（b）所示。

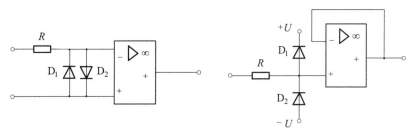

（a）防止输入差模信号过大　　　　（b）防止输入共模信号过大

图 13.28　输入端保护电路

2. 输出端保护

为了防止输出电压过大，可利用稳压二极管来保护，如图 13.29 所示。将两个稳压二极管反向串联，接在输出端，有效限制了输出电压的幅值。

3. 电源端保护

为了防止正负电源极性接反，可利用二极管来保护，如图 13.30 所示。在电源端串联二极管，利用二极管的单向导电性便能实现。

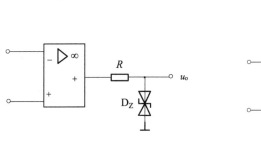

图 13.29　输出端保护电路　　　　图 13.30　电源端保护

思考与练习

（1）在使用集成运放前应该做哪些工作？

（2）为什么要给集成运放加输入端和输出端保护？

练 习 题

1. 理想运算放大器有哪些特点？什么是"虚断"和"虚短"？

2. 电路如图 13.31 所示，已知反相加法运算电路的运算关系为 $u_o = -(2u_{i1} + 0.5u_{i2})\,\text{V}$，且已知 $R_f = 100\,\text{k}\Omega$。求 R_1、R_2、R_3。

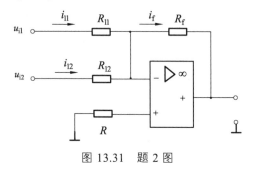

图 13.31　题 2 图

3. 电路如图 13.32 所示，已知 $R_1 = 2\,\text{k}\Omega$，$R_2 = 2\,\text{k}\Omega$，$R_f = 10\,\text{k}\Omega$，$R_3 = 18\,\text{k}\Omega$，$u_i = 1\,\text{V}$。求 u_o。

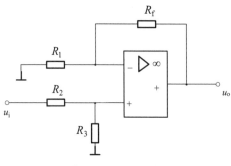

图 13.32　题 3 图

4. 电路如图 13.33 所示，$R_1 = 10\,\text{k}\Omega$，$R_2 = 20\,\text{k}\Omega$，$R_f = 100\,\text{k}\Omega$，$u_{i1} = 0.2\,\text{V}$，$u_{i2} = -0.5\,\text{V}$，求输出电压 u_o。

5. 电路如图 13.34 所示，已知 $u_{i1} = 1\,\text{V}$，$u_{i2} = 2\,\text{V}$，$u_{i3} = 3\,\text{V}$，$u_{i4} = 4\,\text{V}$，$R_1 = R_2 = 2\,\text{k}\Omega$，$R_3 = R_4 = R_f = 1\,\text{k}\Omega$，试计算输出电压 u_o。

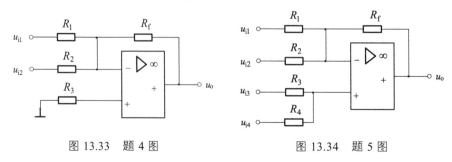

图 13.33　题 4 图　　　　　　图 13.34　题 5 图

6. 已知运算放大器如图 13.35 所示，运放的饱和值为 $\pm10\,\text{V}$，$u_{\text{i}}=6\,\text{V}$，$R_1=20\,\text{k}\Omega$，$R_2=40\,\text{k}\Omega$，$R_3=20\,\text{k}\Omega$，$R_4=10\,\text{k}\Omega$，$R_{\text{f}1}=R_{\text{f}2}=40\,\text{k}\Omega$。求 $u_{\text{o}1}$、u_{o} 的值。

7. 求图 13.36 所示运算放大电路中 u_{o} 与 $u_{\text{i}1}$、$u_{\text{i}2}$ 之间的运算关系。

8. 电路如图 13.37 所示，求输出电压 u_{o} 与输入电压 u_{i} 之间运算关系的表达式。

9. 电路如图 13.38 所示，通过调节电位器 R_{p} 改变电压放大倍数的大小，R_{p} 全阻值为 $1\,\text{k}\Omega$，$R_1=10\,\text{k}\Omega$，$R_{\text{f}}=100\,\text{k}\Omega$，$R_{\text{L}}=1\,\text{k}\Omega$。试近似计算电路电压放大倍数的变化范围。

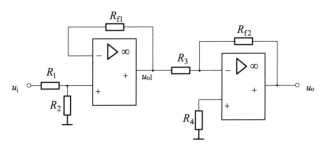

图 13.35　题 6 图

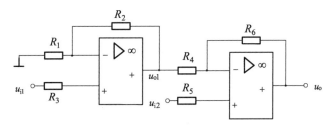

图 13.36　题 7 图

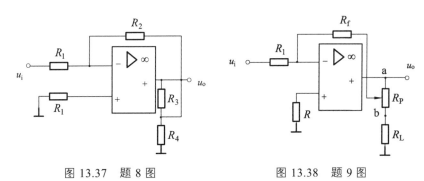

图 13.37　题 8 图　　　　　　图 13.38　题 9 图

10. 电路如图 13.39 所示，输入电压 $u_{\text{i}}=1\,\text{V}$，电阻 $R_1=R_2=10\,\text{k}\Omega$，电位器 R_{p} 的阻值为 $20\,\text{k}\Omega$。试求：

（1）当 R_{p} 滑动点滑动到 a 点时，$u_{\text{o}}=?$

（2）当 R_{p} 滑动点滑动到 b 点时，$u_{\text{o}}=?$

（3）当 R_{p} 滑动点滑动到 c 点（R_{p} 的中点）时，$u_{\text{o}}=?$

11. 电路如图 13.40 所示，要求：

（1）写出输出 u_{o} 与输入 u_{i} 之间关系的表达式。

（2）若 $R=10\,\text{k}\Omega$，$R_{\text{w}}=2\,\text{k}\Omega$，当 R'_{w} 由 18 $\text{k}\Omega$ 减少到 0 时，该电路放大倍数变化了多少？

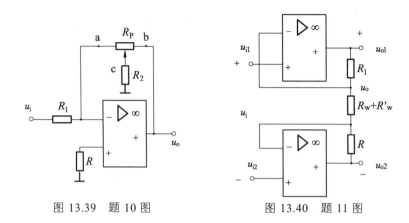

图 13.39　题 10 图　　　　　图 13.40　题 11 图

12. 电路如图 13.41 所示，$R_1 = 6\ \text{k}\Omega$，$R_2 = 4\ \text{k}\Omega$，$R_3 = 12\ \text{k}\Omega$，$R_4 = 3\ \text{k}\Omega$，$R_5 = 24\ \text{k}\Omega$，$R_6 = 4\ \text{k}\Omega$，$R_7 = 2\ \text{k}\Omega$，$R_8 = 12\ \text{k}\Omega$，$R_9 = 6\ \text{k}\Omega$，且输入电压 $u_{i1} = 1\ \text{V}$，$u_{i2} = 2\ \text{V}$，$u_{i3} = -3\ \text{V}$。求输出电压为多少？

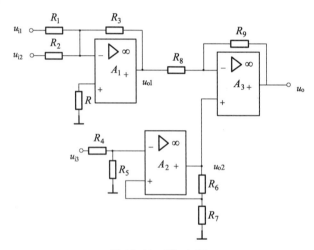

图 13.41　题 12 图

13. 已知数学运算关系式为 $u_o = u_{i1} + u_{i2}$，画出用一个运放来实现此种运算的电路，且反馈电阻 $R_f = 10\ \text{k}\Omega$，要求静态时保持两输入端电阻平衡，计算出其余各电阻值。

14. 电路如图 13.42 所示，要求：

（1）写出输出电压 u_o 与输入电压 u_{i1}、u_{i2} 之间运算关系的表达式。

（2）若 $R_{f1} = R_1$，$R_{f2} = R_2$，$R_3 = R_4$，写出此时 u_o 与 u_{i1}、u_{i2} 的关系式。

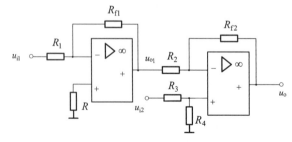

图 13.42　题 14 图

15. 电路如图 13.43 所示，试求输出电压 u_o 与输入电压 u_i 之间关系的表达式。

16. 图 13.44 所示为反相输入运放构成可变比例电压放大器。在 $R_3 R_4 \ll R_2$ 时，试证明电压比为 $\dfrac{u_o}{u_s} = -\dfrac{R_2}{R_1} \cdot \dfrac{R_3 + R_4}{R_4}$。

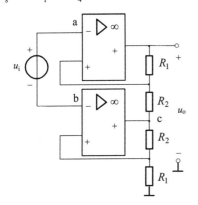

图 13.43　题 15 图

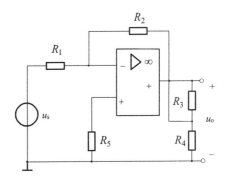

图 13.44　题 16 图

17. 电路如图 13.45 所示，求输出电压 u_o 与输入电压 u_i 之间关系的微分方程。

18. 电路如图 13.46 所示，求输出电压 u_o 与输入电压 u_{i1}、u_{i2}、u_{i3} 之间关系的表达式。

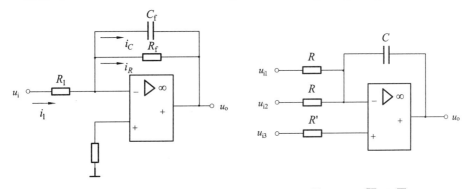

图 13.45　题 17 图　　　　　图 13.46　题 18 图

19. 已知运算放大器如图 13.47 所示，运放的饱和值为 ±12 V，$u_i = 6$ V，$R_1 = R_2 = 5$ kΩ，$R_3 = R_4 = R_f = 10$ kΩ，$C = 0.2$ μF，画出输出电压 u_{o1}、u_o 的波形。

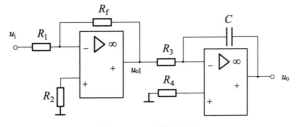

图 13.47　题 19 图

20. 电路如图 13.48 所示，求输出电压 u_o 与输入电压 u_i 之间运算关系的表达式。

21. 比较器电路如图 13.49 所示，$U_R = 3$ V，运放输出的饱和电压为 $\pm U_{om}$，要求：

（1）画出电压传输特性。

（2）若 $u_i = 6\sin\omega t$ V，画出 u_o 的波形。

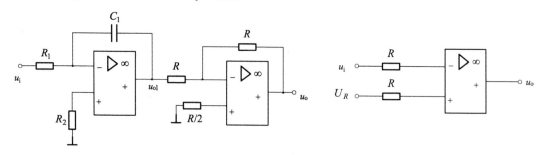

图 13.48　题 20 图　　　　　　　　　图 13.49　题 21 图

22. 电路如图 13.50 所示，其稳压管的稳定电压 $U_{Z1} = U_{Z2} = 6$ V，正向压降忽略不计，输入电压 $u_i = 5\sin\omega t$ V，参考电压 $U_R = 1$ V，试画出输出电压 u_o 的波形。

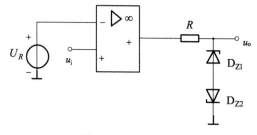

图 13.50　题 22 图

第14章 放大电路中的负反馈

反馈在电子电路中应用得非常广泛，几乎所有的实用放大电路中都要引入这样或那样的反馈，以改善放大电路在某些方面的性能。本章将主要讨论反馈的基本概念及判别方法，负反馈放大电路的四种基本组态、负反馈对放大电路性能的影响等。

14.1 反馈的基本概念及判断方法

14.1.1 反馈的基本概念

在电子电路中，凡是将输出端信号（电压或电流）的一部分或全部通过反馈电路引回到输入端，并影响其输入量（电压或电流）的，就称为反馈。如图 14.1 所示是带有反馈的放大电路的方框图。若引回的反馈信号Equation Chapter (Next) Section 1 x_f 与输入信号 x_i 比较，使净输入信号 x_d 减小，输出信号也会减小，则称这种反馈为负反馈。若反馈信号 x_f 与输入信号 x_i 比较，使净输入信号 x_d 增大，输出信号也会增大，则称这种反馈为正反馈。负反馈常用于改善放大电路的性能，正反馈则多用于振荡电路。

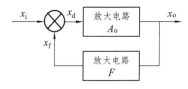

图 14.1 反馈方框图

没有反馈时，放大电路中的电压放大倍数称为开环电压放大倍数，即

$$A_o = \frac{x_o}{x_d} \qquad (14.1.1)$$

有反馈时，放大电路中的电压放大倍数称为闭环电压放大倍数，即

$$A_f = \frac{x_o}{x_i} \qquad (14.1.2)$$

反馈信号与输出信号之比称为反馈系数，即

$$F = \frac{x_f}{x_o} \qquad (14.1.3)$$

14.1.2 反馈的判断方法

在电子电路中首先要能识别有没有引入反馈，要能正确判断引入的是直流反馈还是交流

反馈，是正反馈还是负反馈，这是研究放大电路的基础。

1. 有无反馈的判断

若放大电路中存在将输出回路与输入回路相连接的通路，并由此影响放大电路的净输入量，则表明电路引入了反馈；否则电路中便没有反馈。

如图 14.2（a）所示电路中，集成运放的输出端与同相输入端、反相输入端均无通路，故电路中没有引入反馈。如图 14.2（b）所示电路中，电阻 R_2 将集成运放的输出端与反相输入端相连接，因此集成运放的净输入量不但与输入信号有关，还与输出信号有关，所以该电路中引入了反馈。如图 14.2（c）所示的电路中，虽然电阻 R 跨接在集成运放的输出端与同相输入端之间，但是因为同相输入端接地，R 只是集成运放的负载，而不会使 u_o 作用于输入回路，所以电路中没有引入反馈。

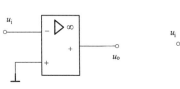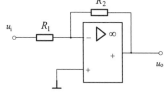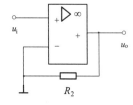

（a）没引入反馈的放大电路　　（b）引入反馈的放大电路　　（c）R 的接入没有引入反馈

图 14.2　有无反馈的判断

由以上分析可知，判断电路是否引入了反馈，首先从形式看电路中有无反馈通路，然后分析有没有影响原来的输入量，最后综合分析得出结论。

2. 直流反馈与交流反馈的判断

如果反馈量只含有直流量，则称为直流反馈；如果反馈量只含有交流量，则为交流反馈。或者说，仅在直流通路中存在的反馈称为直流反馈；仅在交流通路中存在的反馈称为交流反馈。一般在放大电路中，直流反馈、交流反馈并存，直流负反馈主要用于稳定放大电路的静态工作点，交流负反馈主要用于改善放大电路的性能。本章的重点是研究交流负反馈。如图 14.3（a）所示电路中，已知电容 C 对交流信号可视为短路，因此它的直流通路和交流通路分别如图 14.3（b）和图 14.3（c）所示，故该电路中只引入了直流反馈，而没有引入交流反馈（注意：图 14.3（c）没有引入反馈）。

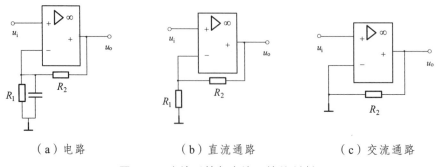

（a）电路　　　　　　（b）直流通路　　　　　　（c）交流通路

图 14.3　直流反馈与交流反馈的判断

3. 正反馈与负反馈的判断

判断电路中正反馈与负反馈的基本方法是瞬时极性法，即令接"地"参考点的电位为零，如果电路中某点在某一瞬时的电位大于零，则该点电位的瞬时极性为正，用 $\oplus$ 表示；如果电路中某点在某一瞬时的电位小于零，则该点电位的瞬时极性为负，用 $\ominus$ 表示。具体做法是：假设电路输入信号在某一瞬时对地的极性，并以此为依据，逐级判断电路中各相关电流的瞬时流向和电位的瞬时极性，从而得到输出信号的瞬时极性；根据输出信号的瞬时极性判断出反馈信号的瞬时极性。若反馈信号使基本放大电路的净输入信号增大，则说明引入了正反馈；若反馈信号使基本放大电路的净输入信号减小，则说明引入了负反馈。

下面通过几个具体的电路来说明。

如图 14.4（a）所示，假设某一瞬时输入电压 u_i 为正，即同相输入端电位的瞬时极性为 $\oplus$，则输出端电位的瞬时极性为 $\oplus$；此时反馈电压 $u_f = \dfrac{R_1}{R_f + R_1} u_o$，$u_f$ 的瞬时极性为 $\oplus$，它使得净输入电压 $u_d = u_i - u_f$ 减小，故为负反馈。

如图 14.4（b）所示，假设某一瞬时输入电压 u_i 为正，即反相输入端电位的瞬时极性为 $\oplus$，则输出端电位的瞬时极性为 $\ominus$（因为输入信号接在反向端）；此时反馈电压 $u_f = \dfrac{R_2}{R_f + R_2} u_o$，$u_f$ 的瞬时极性为 $\ominus$，它使得净输入电压 $u_d = u_i - u_f$ 增大了，故为正反馈。

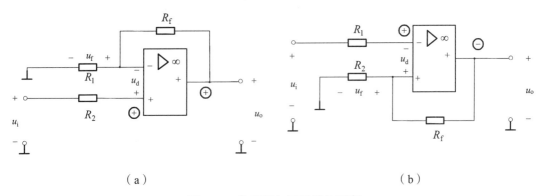

|（a）| |（b）|

图 14.4　负反馈与正反馈的判断

由上述分析可知，对于单个集成运放，若反馈通路引回到运放的反相输入端，则是负反馈；若反馈通路引回到运放的同相输入端，则是正反馈。

需要特别指出，反馈量是仅仅取决于输出量的物理量，而与输入量没有关系。在图 14.4（a）中反馈电压 u_f 不表示 R_1 的实际电压，而只是表示当输出电压作用的结果；在图 14.4（b）中反馈电压 u_f 不表示 R_2 的实际电压，而只是表示当输出电压作用的结果。所以当分析反馈量的瞬时极性时，可以把输出量（输出电压或者输出电流）看成是作用于反馈网络的独立电源。

对于分立元件电路，同样可以利用瞬时极性法来判断电路中的正反馈与负反馈。图 14.5（a）是共射分压式偏置放大电路，其发射极电阻 R_E 上无交流旁路电容；图 14.5（b）是其交流通路，图中 $R_L' = R_C \parallel R_L$，$R_B = R_{B1} \parallel R_{B2}$。$R_E$ 是反馈电阻，它连接共射放大电路的输出回路和输入回路。

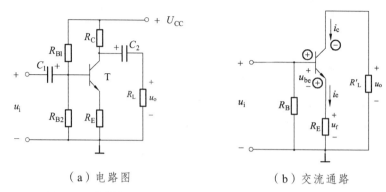

（a）电路图　　　　　　　　（b）交流通路

图 14.5　发射极电阻无旁路电容的共射分压式偏置放大电路

设在正弦输入电压 u_i 的正半周，基极交流电位的瞬时极性为 ⊕（这时 u_{be} 也在正半周），则集电极交流电位的瞬时极性为 ⊖（共射放大电路输出电压与输入电压具有反相关系），因此输出电压 u_o 的参考方向与其实际方向相反，它在负半周。此时电流 i_c（$i_c \approx i_e$）的实际方向与图中的参考方向相同，流过 R_E 上端（发射极）交流电位的瞬时极性为"＋"，$u_f = R_E i_e$ 即为反馈电压，也在正半周。根据图上的参考方向可列出

$$u_{be} = u_i - u_f \tag{14.1.4}$$

式（14.1.4）中，由于三者相位相同，可见净输入电压 u_{be} 减小了，即其有效值 $U_{be} < U_i$，故为负反馈。或者说，反馈提高了发射极的交流电压，使净输入电压 u_{be} 减小了。

上述的是发射极电流的交流分量 i_e 流过电阻 R_E 而产生的负反馈，为交流负反馈。而直流分量 I_E 流过 R_E 所产生的负反馈，为直流负反馈。在静态时，相应的直流分量为 I_E、U_E 和 U_{BE}，负反馈过程如图 14.6 所示。

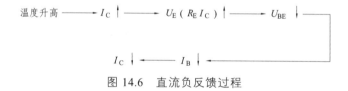

图 14.6　直流负反馈过程

即当温度升高使 I_C 和 I_E 增大时，通过 U_E 的增大反映出来，而后反馈到输入回路与基极电位 V_B（为 R_{B1} 和 R_{B2} 的分压电路所固定）比较，使净输入电压 U_{BE} 减小，I_B 和 I_C 随着减小，并趋于基本不变。这种直流负反馈的作用是稳定静态工作点。

【例 14.1】　判断图 14.7 所示电路中有无引入反馈。若有反馈，判断是直流反馈还是交流反馈，是正反馈还是负反馈。

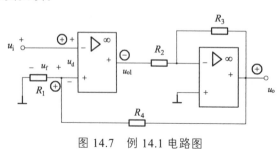

图 14.7　例 14.1 电路图

解： 电阻 R_4 把整个放大电路的输出回路与输入回路进行连接，影响了输入量，故电路中引入了反馈。无论在直流通路还是在交流通路中，反馈通路都存在，故电路中既引入了直流反馈又引入了交流反馈。

利用瞬时极性法可以判断反馈的极性。假设某一瞬时输入电压 u_i 为正，即集成运放第一级的反相端瞬时极性为 $\oplus$，则第一级的输出端电位 u_{o1} 瞬时极性为 $\ominus$，即第二级电路的输入电压对地为 $\ominus$，故第二级电路输出端电位 u_o 瞬时极性为 $\oplus$；$u_f = \dfrac{R_1}{R_1 + R_4} u_o$ 为正，使第一级的净输入电压 $u_d = u_i - u_f$ 减小，故电路中引入了负反馈。

思考与练习

"直接耦合放大电路只能引入直流反馈，阻容耦合放大电路只能引入交流反馈"这种说法正确吗？举例说明。

14.2 负反馈放大电路的四种基本组态

14.2.1 负反馈放大电路方框图

如果把负反馈放大电路的基本放大网络与反馈网络都视为两端口网络，则不同反馈组态表明两个网络的不同连接方式。两个网络的连接如图 14.8 所示。

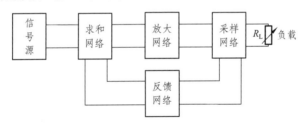

图 14.8 负反馈放大电路方框图

反馈网络通过采样网络与基本放大网络的输出回路连接。常见的采样网络有两种，一种是并联连接，称为电压采样；一种是串联连接，称为电流采样。

反馈网络通过求和网络与基本放大网络的输入回路连接。常见的求和网络有两种，一种是并联连接；一种是串联连接。

14.2.2 四种基本组态的方框图

根据反馈网络与基本放大网络在输入端和输出端的连接方式，可将负反馈放大电路分为电压串联负反馈、电压并联负反馈、电流串联负反馈和电流并联负反馈四种基本组态，其方框图如图 14.9 所示。

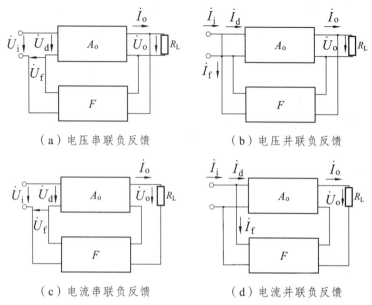

（a）电压串联负反馈　　　　　　　（b）电压并联负反馈

（c）电流串联负反馈　　　　　　　（d）电流并联负反馈

图 14.9　负反馈的四种基本组态

从反馈信号采样来看，图 14.9（a）和图 14.9（b）的反馈信号（$\dot{U}_f$ 和 $\dot{I}_f$）取自输出电压 $\dot{U}_o$，与 $\dot{U}_o$ 成正比，是电压反馈；图 14.9（c）和图 14.9（d）的反馈信号取自输出电流 $\dot{I}_o$，与 $\dot{I}_o$ 成正比，是电流反馈。从放大电路输入端的连接来看，图 14.9（a）和图 14.9（c）的反馈电路出口和信号源串联于基本放大电路的输入回路中，是串联反馈，此时为电压信号叠加，即净输入信号 $\dot{U}_d = \dot{U}_i - \dot{U}_f$；图 14.9（b）和图 14.9（d）的反馈电路出口和信号源并联于基本放大电路的输入回路中，是并联反馈，此时为电流信号的叠加，即净输入信号 $\dot{I}_d = \dot{I}_i - \dot{I}_f$。

14.2.3　负反馈电路的四种基本组态

1. 电压串联负反馈

如图 14.10 所示，根据瞬时极性法易知电路中引入的是负反馈。

反馈电压

$$u_f = \frac{R_1}{R_f + R_1} u_o \tag{14.2.1}$$

由式（14.2.1）可见，反馈电压取自输出电压 u_o，并与 u_o 成正比关系，故引入了电压负反馈。

反馈信号接在集成运放的反相端，输入信号接在其同相端，并以电压形式进行比较，即 u_i 提供电源，u_f 和 u_d 串联，故引入了串联负反馈。

由图 14.10 可知，在输出端反馈信号与输出信号是并联连接（即连接在同一点上），在输入端反馈信号与输入信号是串联连接，属于电压串联负反馈。

2. 电压并联负反馈

如图 14.11 所示，假设某一瞬时输入电压 u_i 为正，即反相输入端电位的瞬时极性为 $\oplus$，则输出端电位的瞬时极性为 $\ominus$。此时反相输入端的电位高于输出端的电位，即输入电流 i_i 和反馈电流 i_f 的实际方向如图 14.11 中所示。净输入电流（差值电流）$i_d = i_i - i_f$，即 i_f 削弱了净输入电流，故引入了负反馈。

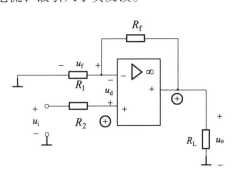
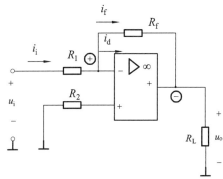

图 14.10　电压串联负反馈电路　　　　图 14.11　电压并联负反馈电路

反馈电流

$$i_f = \frac{u_- - u_o}{R_f} = -\frac{u_o}{R_f} \tag{14.2.2}$$

由式（14.2.2）可见，反馈电流取自输出电压 u_o，并与 u_o 成正比关系（式中负号表示相位相反），故引入了电压负反馈。

反馈信号和输入信号都接在集成运放的反相端，并以电流形式进行比较，即 i_i 提供电源，i_f 和 i_d 并联，故引入了并联负反馈。

由图 14.11 可知，在输出端反馈信号与输出信号是并联连接（即连接在同一点上），在输入端反馈信号与输入信号是并联连接，属于电压并联负反馈。

3. 电流串联负反馈

如图 14.12 所示，从电路结构看，属于同相输入比例运算电路，故

$$u_o = \left(1 + \frac{R_L}{R}\right)u_i$$

输出电流

$$i_o = \frac{u_o - u_-}{R_L} \approx \frac{u_o - u_i}{R_L}$$

整理可得

$$i_o = \frac{u_i}{R} \tag{14.2.3}$$

由式（14.2.3）可见，输出电流 i_o 与负载电阻 R_L 无关，改变接地电阻 R 的阻值，就可以

改变输出电流 i_o 的大小。图 14.12 所示电路，称为同相输入恒流源电路，或者称为电压-电流转换电路。

下面分析反馈类型，根据瞬时极性法易知电路中引入的是负反馈。

反馈电压

$$u_f = Ri_o \qquad\qquad\qquad (14.2.4)$$

由式（14.2.4）可见，反馈电压取自输出电流（即负载电流）i_o，并与 i_o 成正比关系，故引入了电流负反馈。

反馈信号接在集成运放的反相端，输入信号接在其同相端，并以电压形式进行比较，即 u_i 提供电源，u_f 和 u_d 串联，故引入了串联负反馈。

由图 14.12 可知，在输出端反馈信号与输出信号是串联连接（即连接在不同的两点上），在输入端反馈信号与输入信号是串联连接，属于电流串联负反馈。

4. 电流并联负反馈

如图 14.13 所示，根据虚短、虚断概念，有 $i_i \approx i_f$，即

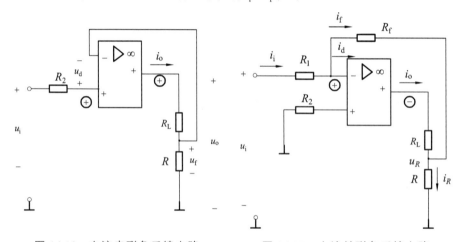

图 14.12　电流串联负反馈电路　　图 14.13　电流并联负反馈电路

$$\frac{u_i - 0}{R_1} \approx \frac{0 - u_R}{R_f}$$

可得

$$u_R \approx -\frac{R_f}{R_1}u_i$$

又有

$$i_o = i_R - i_f$$

$$i_R = \frac{u_R - 0}{R}$$

$$i_f \approx i_i = \frac{u_i}{R_1}$$

整理可得

$$i_o = -\frac{1}{R_1}\left(\frac{R_f}{R}+1\right)u_i \qquad (14.2.5)$$

由式（14.2.5）可见，输出电流 i_o 与负载电阻 R_L 无关，改变电阻 R_f 或 R 的阻值，就可以改变 i_o 的大小。图 4.13 所示电路，称为反相输入恒流源电路。

下面分析反馈类型。

假设某一瞬时输入电压 u_i 为正，即反相输入端电位的瞬时极性为 $\oplus$，则输出端电位的瞬时极性为 $\ominus$。此时反相输入端的电位高于输出端的电位，即输入电流 i_i 和反馈电流 i_f 的实际方向如图 14.13 中所示。净输入电流（差值电流）$i_d = i_i - i_f$，即 i_f 削弱了净输入电流，故引入了负反馈。

由于

$$i_f \approx i_i = \frac{u_i}{R_1}$$

$$i_o = -\frac{1}{R_1}\left(\frac{R_f}{R}+1\right)u_i$$

整理可得反馈电流

$$i_f = -\left(\frac{R}{R_f+R}\right)i_o \qquad (14.2.6)$$

由式（14.2.6）可见，反馈电流取自输出电流 i_o，并与 i_o 成正比关系（式中负号表示相位相反），故引入了电流反馈。

反馈信号和输入信号都接在集成运放的反相端，并以电流形式进行比较，即 i_i 提供电源，i_f 和 i_d 并联，故引入了并联负反馈。

由图 14.13 可知，在输出端反馈信号与输出信号是串联连接（即连接在不同的两点上），在输入端反馈信号与输入信号是并联连接，属于电流并联负反馈。

由以上交流负反馈的电路分析过程可以看出：

（1）电压反馈的特点是反馈信号与输出电压成正比。如果假设 $u_o = 0$（即将 R_L 短路），若此时反馈不存在了，则是电压反馈。从输出端连接方式看，反馈信号是直接从输出端引出的，是电压反馈。

（2）电流反馈的特点是反馈信号与输出电流成正比。如果假设 $i_o = 0$（即将 R_L 开路），若此时反馈不存在了，则是电流反馈。从输出端连接方式看，反馈信号不是直接从输出端引出的，而是从负载电阻 R_L 靠地的一端引出的，是电流反馈。

（3）串联反馈的特点是以电压求和的方式来反映反馈对输入信号的影响，故输入信号和反馈信号分别加在两个输入端（同相和反相）上的，是串联反馈。

（4）并联反馈的特点是以电流求和的方式来反映反馈对输入信号的影响，故输入信号和反馈信号加在同一个输入端（同相或者反相）上的，是并联反馈。

【**例 14.2**】 如图 14.14（a）和图 14.14（b）所示，分别判断从集成运放 A_2 的输出端引回到 A_1 的输入端的反馈电路，是什么类型的反馈。

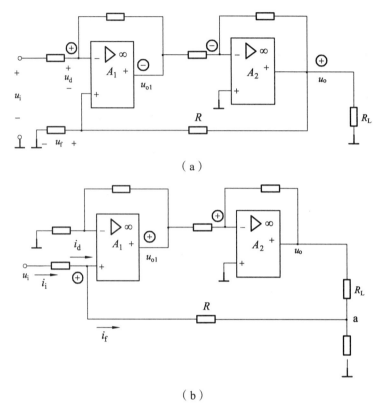

（a）

（b）

图 14.14 例 14.2 电路图

解：

（1）在图 14.14（a）中，

① 反馈电路从 A_2 的输出端直接引出的，故为电压反馈。

② 反馈电压 u_f 和输入电压 u_i 分别加在 A_1 的同相和反相的两个输入端，故为串联反馈。

③ 设 u_i 为正，则 u_{o1} 为负，u_o 为正。反馈电压 u_f 为正，使净输入电压 $u_d = u_i - u_f$ 减小，故为负反馈。

因此，从集成运放 A_2 输出端直接引回到 A_1 同相输入端的反馈，是电压串联负反馈电路。

（2）在图 14.14（b）中，

① 反馈电路从 R_L 的靠地的一端引出的，故为电流反馈。

② 反馈电流 i_f 和输入电流 i_i 加在 A_1 的同一个输入端，故为并联反馈。

③ 设 u_i 为正，则 u_{o1} 为正，u_o 为负，取样 a 点的电位为负。A_1 同相输入端的电位高于 a 点，反馈电流 i_f 的实际方向即如图中所示，它使净输入电流 $i_d = i_i - i_f$ 减小，故为负反馈。

因此，从集成运放 A_2 负载电阻 R_L 靠地一端引回到 A_1 同相输入端的，是电流并联负反馈电路。

【**例 14.3**】 如图 14.15 所示，判断电路中有无引入反馈。若有反馈，判断是直流反馈还是交流反馈，是电压反馈还是电流反馈，是串联反馈还是并联反馈，是正反馈还是负反馈。

解：在图 14.15 中：

① 电阻 R_2 将集成运放的输出回路与输入回路进行连接，影响了输入量，故电路中引入了反馈。

② 无论在直流通路还是在交流通路中，R_2 形成的反馈通路都存在，故电路中既引入了直流反馈，又引入了交流反馈。

③ 从整个放大电路输出端看，反馈电路不是直接从输出端（集电极）引出的，而是从发射极引出的，故为电流反馈。

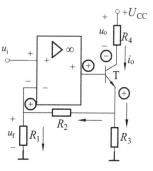

图 14.15　例 14.3 电路图

④ 反馈电压 u_f 和输入电压 u_i 分别加在集成运放的反相和同相的两个输入端，故为串联反馈。

⑤ 利用瞬时极性法可以判断反馈的极性。假设某一瞬时输入电压 u_i 为正，即集成运放同相端瞬时极性为 $\oplus$，则集成运放的输出端电位瞬时极性为 $\oplus$，也就是后级共射放大电路的输入信号基级电位瞬时极性为 $\oplus$，从而共射放大电路的发射级电位瞬时极性为 $\oplus$（共射基本放大电路特点），反馈电压 u_f（由虚断概念、分流公式和欧姆公式可得 $u_f = \dfrac{R_3 R_1}{R_1 + R_2 + R_3} I_o$）为正，使第一级的净输入电压 $u_d = u_i - u_f$ 减小，故电路中引入了负反馈。

【例 14.4】　在图 14.16 所示的两级放大电路中，（1）哪些是直流负反馈？（2）哪些是交流负反馈？并说明其类型。（3）如果 R_f 不接在 T_2 的集电极，而是接在 C_2 与 R_L 之间，两者有何不同？（4）如果 R_f 的另一端不是接在 T_1 的发射极，而是接在它的基极，有何不同，是否会变为正反馈？

解：在图 14.16 中：

（1）R_{E1} 上有两种直流负反馈：一是由本级电流 I_{E1} 产生的；二是由后级集电极直流电压 U_{C2} 经 R_f 和 R_{E1} 分压而产生的。

R_{E2} 上有本级电流 I_{E2} 产生的直流负反馈；由于 R_{E2} 被 C_{E2} 旁路，即交流短路，故无交流负反馈。

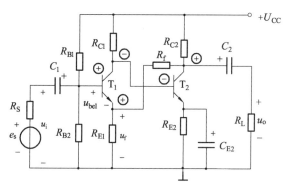

图 14.16　例 14.4 电路图

（2）R_{E1} 上有两种交流负反馈：一是由本级交流分量 i_{e1} 产生的电流串联负反馈（与图 14.5 相同）；二是由后级集电极交流电压（即输出电压 u_o）经 R_f 和 R_{E1} 分压而产生的电压串联负反馈。

关于第二种负反馈，分析过程如下：

假设在输入电压 u_i 的正半周，晶体管 T_1 和 T_2 各极交流电位的瞬时极性有

$$B_1(\oplus) \longrightarrow C_1(\ominus) \longrightarrow B_2(\ominus) \longrightarrow C_2(\oplus) \longrightarrow E_1(\oplus)$$

可见反馈提高了 E_1 的电位，使 U_{be1} 减小，故为负反馈。

反馈电压 $u_f = \dfrac{R_{E1}}{R_f + R_{E1}} u_o$，取自输出电压，故为电压反馈；$u_f$ 与 u_i 在输入端以电压的形式进行比较，净输入电压 $u_{be1} = u_i - u_f$，故为串联反馈。

（3）如果将 R_f 的一端改接在电容器 C_2 与负载电阻 R_L 之间，则因 u_o 中无直流分量，R_{E1} 上就不存在由 R_f、R_{E1} 反馈电路产生的直流负反馈。

（4）如果将 R_f 的另一端改接在 T_1 的基极 B_1，则反馈提高了 B_1 的电位，使 U_{be1} 增大，变成正反馈。

14.2.4　负反馈放大电路的一般表达式

在负反馈放大电路中，反馈信号与输入信号作用相反，使净输入信号减小，即

$$x_d = x_i - x_f \tag{14.2.7}$$

又根据式（14.1.1）～（14.1.3）在中频段可得

$$A_f = \frac{x_o}{x_i} = \frac{x_o}{x_d + x_f} = \frac{x_o / x_d}{1 + x_f / x_d} = \frac{x_o / x_d}{1 + \dfrac{x_f}{x_o} \cdot \dfrac{x_o}{x_d}} = \frac{A_o}{1 + FA_o}$$

即闭环放大倍数与开环放大倍数的关系为

$$A_f = \frac{1}{1 + FA_o} A_o \tag{14.2.8}$$

当引入负反馈时，$FA_o > 0$，表示引入负反馈以后电路的放大倍数为原来开环基本放大电路放大倍数的 $\dfrac{1}{1 + FA_o}$，$A_f < A_o$，放大倍数下降了。（$1 + FA_o$）称为反馈深度，其值越大，负反馈作用越强，A_f 越小。当 $1 + FA_o \gg 1$ 时，称为深度负反馈，则

$$A_f \approx \frac{1}{F} \tag{14.2.9}$$

由式（14.2.9）可见，闭环放大倍数 A_f，几乎仅仅取决于反馈网络，而与基本放大电路没有关系。

思考与练习

（1）在负反馈放大电路的框图中，什么是反馈网络，什么是放大网络？

（2）在图 14.5 所示的分立元件放大电路中，发射极电阻 R_E 上引入了何种类型的交流负反馈？

14.3 负反馈对放大电路性能的影响

在放大电路中经常引入负反馈，虽然降低了放大倍数，但是却能从多方面改善放大电路的工作性能。

14.3.1 提高了放大倍数的稳定性

在集成运放和其他放大电路中，由于温度的变化、器件的老化或更换、负载的变化、电源电压的波动等原因都会引起电压放大倍数的变化，放大倍数的不稳定将影响放大电路的准确性和可靠性。放大倍数的稳定性通常用它的相对变化率来表示。由式（14.2.8）可知

$$\frac{\mathrm{d}A_\mathrm{f}}{\mathrm{d}A_\mathrm{o}} = \frac{1 + FA_\mathrm{o} - A_\mathrm{o}F}{(1+FA_\mathrm{o})^2} = \frac{1}{(1+FA_\mathrm{o})^2} = \frac{1}{1+FA_\mathrm{o}} \cdot \frac{A_\mathrm{f}}{A_\mathrm{o}}$$

即

$$\frac{\mathrm{d}A_\mathrm{f}}{A_\mathrm{f}} = \frac{1}{1+FA_\mathrm{o}} \cdot \frac{\mathrm{d}A_\mathrm{o}}{A_\mathrm{o}} \tag{14.3.1}$$

式（14.3.1）中，$\dfrac{\mathrm{d}A_\mathrm{o}}{A_\mathrm{o}}$ 为无反馈时放大倍数的相对变化率，$\dfrac{\mathrm{d}A_\mathrm{f}}{A_\mathrm{f}}$ 为有反馈时放大倍数的相对变化率，只有 $\dfrac{\mathrm{d}A_\mathrm{o}}{A_\mathrm{o}}$ 的 $\dfrac{1}{1+FA_\mathrm{o}}$。可得

$$\frac{\mathrm{d}A_\mathrm{f}}{A_\mathrm{f}} < \frac{\mathrm{d}A_o}{A_o}$$

由此可见，引入负反馈，放大倍数降低了，但放大倍数的稳定性却提高了。

【例 14.5】 某放大器的开环放大倍数 $A_\mathrm{o} = 50$，由于外界因素（如温度，电源波动，更换元件等）使相对变化 $\dfrac{\mathrm{d}A_\mathrm{o}}{A_\mathrm{o}} = 20\%$，若反馈系数 $F = 0.1$，则闭环放大倍数的相对变化

$$\frac{\mathrm{d}A_\mathrm{f}}{A_\mathrm{f}} = \frac{1}{1+FA} \cdot \frac{\mathrm{d}A_\mathrm{o}}{A_\mathrm{o}} = \frac{1}{1+0.1\times 50} \times 20\% = 3.33\%$$

可见，负反馈大大提高了放大倍数的稳定性。但此时的闭环放大倍数为

$$A_\mathrm{f} = \frac{A_\mathrm{o}}{1+FA_\mathrm{o}} = \frac{50}{1+0.1\times 50} = 8.33$$

比开环放大倍数显著降低，即负反馈是用降低放大倍数的代价来换取提高放大倍数稳定性能的。

在深度负反馈条件下，由于 $A_\mathrm{f} \approx \dfrac{1}{F}$，所以深度负反馈时的闭环放大倍数仅取决于反馈系数 F，而与开环放大倍数 A_o 无关。通常反馈网络仅由电阻构成，反馈系数 F 十分稳定，所以

闭环放大倍数必然是相当稳定的。温度变化、参数改变、电源电压波动等明显影响开环放大倍数的因素，都不会对闭环放大倍数产生较大的影响。

14.3.2 减少非线性失真

非线性失真指的是由于晶体管的非线性特性，使输出信号不能复现输入信号的波形。当引入负反馈之后，可将输出端的失真信号反送到输入端，使净输入信号发生某种程度的失真，经过放大之后，即可使输出信号的失真得到一定程度的补偿。

如图 14.17（a）所示，在无反馈时，输入信号 u_i 为正弦波，由于晶体管的非线性特性，使输出信号 u_o 产生了正半周大、负半周小的非线性失真。当引入负反馈后，如图 14.17（b）所示，将这种失真了的信号经反馈网络（由于反馈电路通常由电阻构成，故 u_f 和 u_o 是一样的失真波形）送回到输入端，与输入信号反相叠加，得到正半周小、负半周大的差值信号 u_d。这样，恰好弥补了放大器的缺陷，使输出信号比较接近正弦波。从本质上说，负反馈是利用失真了的波形来改善波形的失真，因此只能减小失真，不能完全消除失真。

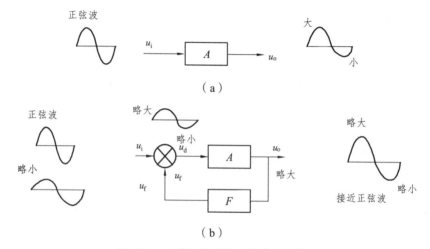

图 14.17 利用负反馈改善波形失真

14.3.3 扩展通频带

集成运放一般都采用直接耦合，没有耦合电容，其低频率特性较好，扩展了通频带；引入负反馈后，在高频段通频带又得到扩展，可以放大直流和交流信号，频率特性曲线如图 14.18 所示。开环时的通频带从 $f = 0$ 延伸到上限频率 f_H。当 $f = f_H$ 时，$\dfrac{\Delta A_o}{A_o} = 0.293$；但在深度负反馈的闭环工作状态下，$\dfrac{\Delta A_f}{A_f} = \dfrac{1}{1 + A_o F} \cdot \dfrac{\Delta A_o}{A_o} < \dfrac{\Delta A_o}{A_o} = 0.293$，从

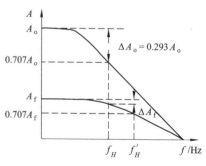

图 14.18 通频带的扩展

而对应 $\dfrac{\Delta A_{\mathrm{o}}}{A_{\mathrm{o}}} = 0.293$ 的闭环工作状态下的上限频率 f'_H 就远大于 f_H，这种现象就是通频带加宽。

14.3.4　对放大电路输入电阻的影响

1. 串联负反馈增大输入电阻

如图 14.19 所示，为串联负反馈放大电路的方框图，开环基本放大电路的输入电阻

$$R_{\mathrm{i}} = \frac{\dot{U}_{\mathrm{d}}}{\dot{I}_{\mathrm{i}}}$$

而整个闭环电路的输入电阻

$$R_{\mathrm{if}} = \frac{\dot{U}_{\mathrm{i}}}{\dot{I}_{\mathrm{i}}} = \frac{\dot{U}_{\mathrm{d}} + \dot{U}_{\mathrm{f}}}{\dot{I}_{\mathrm{i}}} = \frac{\dot{U}_{\mathrm{d}} + A_{\mathrm{o}}F\dot{U}_{\mathrm{d}}}{\dot{I}_{\mathrm{i}}} = (1 + A_{\mathrm{o}}F)\frac{\dot{U}_{\mathrm{d}}}{\dot{I}_{\mathrm{i}}}$$

即

$$R_{\mathrm{if}} = (1 + A_{\mathrm{o}}F)R_{\mathrm{i}} \tag{14.3.2}$$

式（14.3.2）表明，引入负反馈以后，输入电阻增大到 R_{i} 的 $(1 + A_{\mathrm{o}}F)$ 倍。

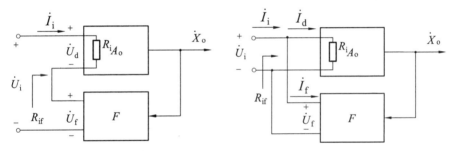

图 14.19　串联负反馈电路的方框图　　图 14.20　并联负反馈电路的方框图

2. 并联负反馈减小输入电阻

如图 14.20 所示为并联负反馈放大电路的方框图，开环基本放大电路的输入电阻

$$R_{\mathrm{i}} = \frac{\dot{U}_{\mathrm{i}}}{\dot{I}_{\mathrm{d}}}$$

而整个闭环电路的输入电阻

$$R_{\mathrm{if}} = \frac{\dot{U}_{\mathrm{i}}}{\dot{I}_{\mathrm{i}}} = \frac{\dot{U}_{\mathrm{i}}}{\dot{I}_{\mathrm{d}} + \dot{I}_{\mathrm{f}}} = \frac{\dot{U}_{\mathrm{i}}}{\dot{I}_{\mathrm{d}} + A_{\mathrm{o}}F\dot{I}_{\mathrm{d}}} = \frac{\dot{U}_{\mathrm{i}}}{(1 + A_{\mathrm{o}}F)\ \dot{I}_{\mathrm{d}}}$$

即

$$R_{\mathrm{if}} = \frac{R_{\mathrm{i}}}{1 + A_{\mathrm{o}}F} \tag{14.3.3}$$

式（14.3.3）表明，引入负反馈以后，输入电阻减小到 R_i 的 $\dfrac{1}{1+A_oF}$。

14.3.5 对放大电路输出电阻的影响

1. 电压负反馈减小输出电阻

电压反馈的放大电路具有稳定输出电压 u_o 的作用，即有恒压输出的特性。以图 14.10 所示的电压反馈放大电路为例。当输入电压 u_i 为一定值，如果输出电压 u_o 由于负载电阻 R_L 的减小而减小时，则反馈电压 u_f 也随之减小，其结果使净输入电压 u_d 增大，于是输出电压就回升到接近原值。上述过程可表示为：

$$R_L \downarrow \rightarrow u_o \downarrow \rightarrow u_f \downarrow \rightarrow u_d \uparrow \rightarrow u_o \uparrow$$

具有恒压输出特性的放大电路的内阻很低，即其输出电阻很低。

2. 电流负反馈增大输出电阻

电流反馈的放大电路具有稳定输出电流 i_o 的作用，即有恒流输出的特性。以图 14.12 所示的电流反馈放大电路为例，当输入电压 u_i 为一定值，如果输出电流 i_o 由于温度升高而增大，则反馈电压 u_f 也随之增大，其结果使净输入电压 u_d 减小，于是输出电流就回落到接近原值。上述过程可表示为：

$$温度 \uparrow \rightarrow i_o \uparrow \rightarrow u_f \uparrow \rightarrow u_d \downarrow \rightarrow i_o \downarrow$$

具有恒流输出特性的放大电路的内阻很高，即其输出电阻较高。

在放大电路中引入不同类型的负反馈后，对放大电路输入电阻和输出电阻的影响也不同，如表 14.1 所示。

表 14.1　交流负反馈四种组态对 r_i 和 r_o 的影响

电阻类型	电压串联	电流串联	电压并联	电流并联
r_i	增大	增大	减小	减小
r_o	减小	增大	减小	增大

14.3.6 放大电路中引入负反馈的一般原则

引入负反馈可以优化放大电路多方面的工作性能，但是反馈类型不同随之产生的影响也不同。故在实际电路中应当根据需求引入合适组态的负反馈。

（1）要稳定静态工作点，引入直流负反馈；要改善放大电路的动态性能指标，引入交流负反馈。

（2）要增大输入电阻，减小信号源内阻上的压降（信号源为电压源），引入串联负反馈；要减小输入电阻，减小信号源内阻上的分流（信号源为电流源），引入并联负反馈。

（3）要稳定输出电压，降低输出电阻，引入电压负反馈；要稳定输出电流，增加输出电阻，引入电流负反馈。

思考与练习

（1）如果输入信号本身是一个失真的正弦量，在电路中引入负反馈后能否改善失真，为什么？

（2）如果需要实现下列要求，在交流放大电路中应引入哪种类型的负反馈？

① 要求输出电压 u_o 基本稳定，并能提高输入电阻。

② 要求输出电流 i_o 基本稳定，并能减小输入电阻。

③ 要求输出电流 i_o 基本稳定，并能提高输入电阻。

（3）为什么集成运放引入的负反馈通常可以认为是深度负反馈？

14.4 RC 正弦波振荡电路

14.4.1 自激振荡

正弦波振荡电路的框图与原理图，如图 14.21，图 14.22 所示。利用反馈电压作为放大电路的输入电压，从而可以在没有外加输入信号的情况下，将直流电源提供的直流电信号变换成一定频率和幅度的正弦交流电信号。像这种在没有外加输入信号的情况下，只依靠电路自身的条件即可产生一定频率和幅度的交流输出信号的现象称为自激振荡。那么怎样才能建立自激振荡呢？

由于放大电路要输出一定频率和幅度的交流电压 $\dot{U}_o$，所需要的输入电压应为

$$\dot{U}_i = \frac{\dot{U}_o}{A_o}$$

而反馈电路所提供的反馈电压应为

$$\dot{U}_f = F\dot{U}_o$$

要想建立起自激振荡则必须

$$\dot{U}_f = \dot{U}_i$$

将 $\dot{U}_i$、$\dot{U}_f$ 代入上式，得

$$A_o F = 1 \tag{14.4.1}$$

要产生自激振荡，反馈电压 $\dot{U}_f$ 与放大电路所需要的输入电压 $\dot{U}_i$ 在大小和相位都必须相等，因此，自激振荡的条件可以分述为以下两点。

（1）自激振荡的相位条件。

反馈电压 $\dot{U}_f$ 的相位必须与放大电路所需要的输入电压 $\dot{U}_i$ 的相位相同，即必须是正反馈。

（2）自激振荡的幅度条件。

反馈电压的大小必须与放大电路所需要的输入电压的大小相等，即必须有合适的反馈量。用公式表示即为

$$|A_o\,\|\,F|=1 \tag{14.4.2}$$

可见，从自激振荡的条件来看，正弦波振荡电路实质上是一个不需要外加输入信号的正反馈放大电路，其闭环电压放大倍数 $A_f \to \infty$。

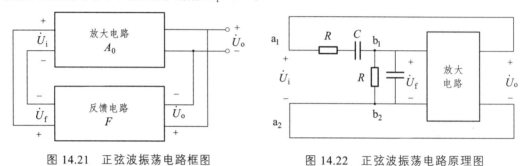

图 14.21　正弦波振荡电路框图　　　　图 14.22　正弦波振荡电路原理图

14.4.2　起振过程

振荡电路中既然只有直流电源，那么，交流信号是哪里来的呢？振荡电路是如何起振的呢？

当电路与电源接通的瞬间，输入端必然会产生微小的电压变化量。它一般不是正弦量，但可以分解成许多不同频率的正弦分量，其中只有与下面即将讨论的由选频网络所决定的频率相同的正弦分量能满

足自激振荡的相位条件。只要 $|A_o\,\|\,F|>1$，$\dot{U}_f$ 就会大于原来的 $\dot{U}_i$，因此该频率的信号被放大后又被反馈电路送回到输入端，使输入端的信号增加，输出信号便进一步增加，如此反复循环下去，输出电压就会

逐渐增大起来。对一般的放大电路来说，$\dot{U}_i$ 较小时，晶体管工作在放大状态，$|A_o|$ 基本不变；$\dot{U}_i$ 较大时，晶体管进入饱和状态，$|A_o|$ 开始减小，当减小到正好满足自激振荡的幅度条件时，输出电压不再增加，振荡达到了稳定，由此可见 $|A_o\,\|\,F|>1$ 是自激振荡的起振条件。因此，归纳起来：

$$|A_o\,\|\,F|>1，开始起振 \tag{14.4.3}$$

$$|A_o\,\|\,F|=1，振荡稳定 \tag{14.4.4}$$

$$|A_o\,\|\,F|<1，不能振荡 \tag{14.4.5}$$

14.4.3 选频网络

选频网络决定了振荡电路的振荡频率。按选频网络的不同，正弦波振荡电路主要有 LC 正弦波振荡电路和 RC 正弦波振荡电路两种。低频范围内（几赫至几十千赫）的正弦波通常用 RC 振荡电路来产生。

图 14.22 所示电路就是以 RC 串、并联电路作为选频网络又兼作反馈电路的振荡电路原理图。放大电

路的输出电压 $\dot{U}_o$ 加到 RC 串、并联电路 a_1a_2 端，从 RC 串、并联电路的 b_1b_2 端取出反馈电压 $\dot{U}_f$ 送到放大电路的输入端。如前所述，该电路要建立起自激振荡并能起振，必须满足下述条件。

1. 相位条件

$\dot{U}_f$ 与 $\dot{U}_o$ 必须相位相同，这需要两个方面都能满足。

（1）从 RC 串并联电路来看，由于

$$\frac{\dot{U}_f}{\dot{U}_o} = \frac{Z_1}{Z_1 + Z_2} = \frac{R//(-jX_C)}{(R - jX_C) + [R//(-jX_C)]} = \frac{1}{3 + j\left(\dfrac{R^2 - X_C^2}{RX_C}\right)}$$

所以，要满足 $\dot{U}_f$ 与 $\dot{U}_o$ 相位相同的条件，分母中的虚部应等于零，即

$$R^2 - X_C^2 = 0$$

$$R = X_C = \frac{1}{\omega_0 C} = \frac{1}{2\pi f_0 C}$$

$$f_0 = \frac{1}{2\pi RC} \tag{14.4.6}$$

这说明只有符合上述频率 f_0 的反馈电压才能与 $\dot{U}_o$ 相位相同。这时的反馈系数为

$$F = \frac{\dot{U}_f}{\dot{U}_o} = \frac{1}{3} \tag{14.4.7}$$

可见，RC 串并联电路既是反馈电路同时又是选频网络。

（2）从放大电路来看，要满足 $\dot{U}_f$ 与 $\dot{U}_o$ 相位相同，必须选用合适的放大电路。如采用两级共射放大电路，或者同相输入差分放大电路，或者运放的同相比例运算电路等。

2. 幅度条件

必须满足式（14.4.4），由于 $F = \dfrac{1}{3}$，所以稳定振荡时放大电路的电压放大倍数应为 $|A_o| = 3$。

3. 起振条件

必须满足式（14.4.3），故起振时必须有 $|A_o| > 3$。

14.4.4 振荡电路

由集成运放组成的 RC 正弦波振荡电路，如图 14.23 所示。由于集成电压放大倍数 $A_o = 1 + \dfrac{R_f}{R_1}$ 而又要求 $|A_o| \geqslant 3$，故需

$$R_f \geqslant 2R_1 \qquad\qquad (14.4.8)$$

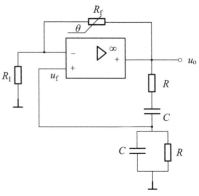

图 14.23　RC 正弦波振荡电路

因此 R_f 采用了非线性电阻，如热敏电阻，它是一种半导体电阻，温度增加时阻值会减小。起振时，$R_f > 2R_1$；稳定振荡时，$R_f = 2R_1$。

实验室里常用的音频信号发生器，它的主要部分就是这种 RC 正弦波振荡器。频率的调节是利用波段开关改变电容值，用电位器改变选频网络的电阻值来实现的。

思考与练习

（1）从 $|A_oF| > 1$ 到 $|A_oF| = 1$，是自激振荡的建立过程，在此过程中，哪个量减小了？

（2）正弦波振荡电路中为什么要有选频电路？没有它是否也能产生振荡？这时输出的是不是正弦信号？

（3）如果将图 14.22 所示电路中的放大电路改用下述放大电路能否满足自激振荡的条件：① 一级共射放大电路。② 一级共集放大电路。③ 一级共基放大电路。

练 习 题

1. 在图 14.24 所示的放大电路中，试找出反馈元件，并说明其反馈类型。

2. 在图 14.25 所示的两级放大电路中，（1）哪些是直流负反馈。（2）哪些是交流负反馈，并说明其类型。（3）如果 R_f 不接在 T_2 的集电极，而是接在 C_2 与 R_L 之间，两者有何不同？（4）如果 R_f 的另一端不是接在 T_1 的发射极，而是接在它的基极，又有何不同，是否会变为正反馈？

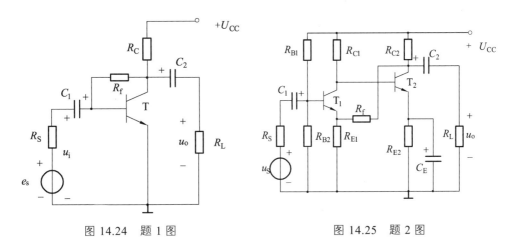

图 14.24　题 1 图　　　　　　图 14.25　题 2 图

3. 判断图 14.26（a）、（b）所示电路的反馈类型。

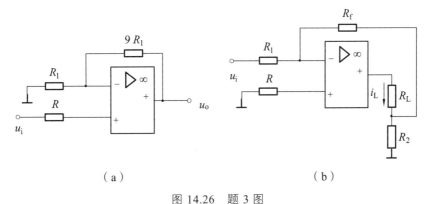

（a）　　　　　　　　　（b）

图 14.26　题 3 图

4. 电路如图 14.27 所示，哪些是交流反馈电路（含本级和级与级之间），并判断反馈极性（正、负反馈）和类型。

5. 电路如图 14.28 所示，若引入级间负反馈，试分析图中 M、N、P 三点中哪两点应连接在一起，并判断所引入的反馈极性（正、负反馈）和类型。

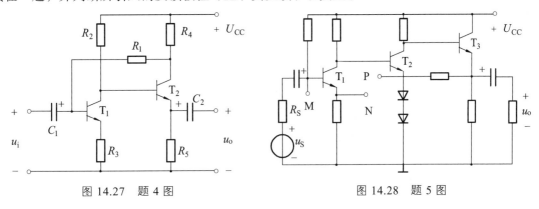

图 14.27　题 4 图　　　　　　图 14.28　题 5 图

6. 试分别用一片单运算放大器连接成符合要求的应用电路：（1）串联电压负反馈放大电路 $A_f = 10$。（2）并联电流负反馈放大电路 $A_f = 10$。

7. 电路如图 14.29 所示，要求：

（1）指出反馈电路，判断反馈的正负及类型。

（2）写出输出电压 u_o 与输入电压 u_i 之间关系的表达式。

（3）输入电阻 r_i 为多少？

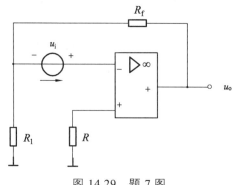

图 14.29　题 7 图

8. 电路如图 14.30 所示，要求：

（1）指出图中的反馈电路，判断反馈极性（正、负反馈）和类型。

（2）若已知 $u_o = -3u_i$ ，$u_i / i_i = 7.5\,\text{k}\Omega$ ，$R_1 = R_6$ ，求电阻 R_6 为多少？

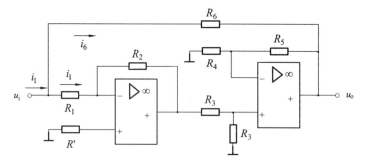

图 14.30　题 8 图

9. 电路如图 14.31 所示，试问 a 端应接在 T_1 管的基极还是发射极才能组成负反馈？属何种类型负反馈？对放大电路的 r_i 和 r_o 有何影响？

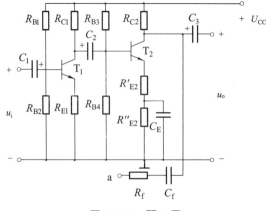

图 14.31　题 9 图

10. 为了实现下述要求，在图 14.32 中应引入何种类型的负反馈？反馈电阻应从何处引至何处？（1）减小输入电阻，增大输出电阻。（2）稳定输出电压，此时输入电阻增大否？（3）稳定输出电流，并减小输入电阻。

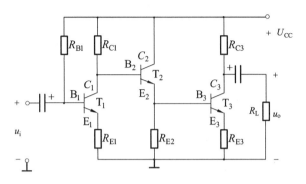

图 14.32　题 10 图

11. 如图 14.33 所示是简易电子琴电路，按下不同琴键（图示为开关）就可以改变 R_2 的阻值。当 $C_1 = C_2 = C$，而 $R_1 \neq R_2$ 时，振荡频率 $f_0 = \dfrac{1}{2\pi C \sqrt{R_1 R_2}}$，且在 f_0 时，$F = \dfrac{1}{2 + \dfrac{R_1}{R_2}}$。

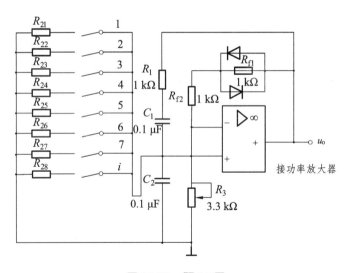

图 14.33　题 11 图

当 $R_2 \gg R_1$ 时，$F \approx \dfrac{1}{2}$。已知八个基本音阶在调时所对应的频率如表 14.2 所示。

表 14.2　音阶频率对照表

C 调	1	2	3	4	5	6	7	i
f_0/Hz	264	297	330	352	396	440	495	528

试问：（1）R_3 大致调到多大才能起振？（2）计算 R_{21}、R_{28}。

12. 试用相位条件判别图 14.34 所示两个电路能否产生自激振荡，并说明理由。

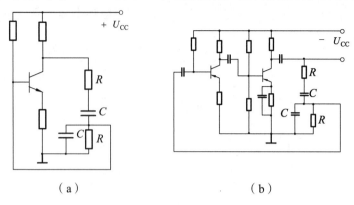

（a）　　　　　　　　（b）

图 14.34　题 12 图

第 15 章　直流稳压电源

在工农业生产和科学实验中，主要采用交流电源，但是在某些场合，如电解、电镀、蓄电池的充电、直流电动机等，都需要用直流电源供电。此外，在电子线路和自动控制装置中还需要用电压非常稳定的直流电源。为了得到直流电源，除了用直流发电机外，目前广泛采用各种半导体直流电源。

如图 15.1 所示是半导体直流电源的原理方框图，它表示把交流电变换为大小合适的直流电的过程。图中各个环节的作用如下：

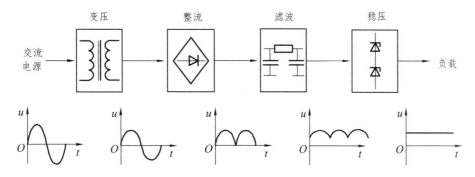

图 15.1　半导体直流电源的原理方框图

（1）整流变压器：将交流电源电压变换为符合整流需要的电压。

（2）整流电路：利用具有单向导电性能的整流元件（二极管、晶闸管等），将正负交替变化的正弦交流电压整流为单方向的脉动电压。

（3）滤波器：尽可能地将单方向脉动电压中的脉动部分滤掉，减小整流电压的脉动程度，以适合负载的需要。

（4）稳压电路：在交流电源电压波动或负载变动时，使直流输出电压稳定。在对直流电压的稳定程度要求较低的电路中，稳压电路也可以不要。

下面将介绍各部分的具体电路构成及其工作原理。

15.1　整流电路

整流电路是利用晶体二极管的单向导电特性，将交流电变换成方向不变、大小随时间变化的脉动直流电的电路。

根据所接交流电源的相数不同，整流电路分为单相整流电路、三相整流电路和多相整流电路。本节主要讨论单相整流电路和三相桥式整流电路。

15.1.1 单相半波整流电路

如图 15.2 所示，单相半波整流电路由变压器和晶体二极管组成。图中 T_r 为电源变压器，其任务是把交流电压变换成适当的交流电压；D 是整流二极管；R_L 为直流负载。

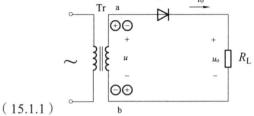

1. 工作原理

变压器的副边电压为

$$u = \sqrt{2}U \sin \omega t \qquad (15.1.1)$$

式中，U 为有效值。

图 15.2 单相半波整流电路

当 u 为正半周时，变压器副边绕组 a 端为正、b 端为负，二极管两端因加正向电压而导通，电流从变压器绕组 a 端流出，经二极管 D、负载电阻 R_L 后，回到变压器副绕组 b 端。如略去二极管的正向电压降，加在负载 R_L 上的电压 u_o 近似等于变压器副边电压，即 $u_o \approx u$。

当 u 为负半周时，副绕组 a 端为负，b 端为正，二极管 D 因承受反向电压截止，电路中可认为无电流流过，负载上无电压，即 $u_o = 0$，u 全部加在二极管两端。因此，尽管 u 是交变的，但由于二极管的单向导电作用，负载 R_L 的电压都是单一方向的脉动直流电压，电路中只在电源电压的半个周期中才有电流通过，所以称为半波整流电路。图 15.3 所示为单相半波整流电路的波形图。

2. 负载上的直流电流和直流电压

由于输出电压是半波脉动电压，因此在整个周期内负载电压平均值定义为：从波形图看，使这半个正弦波与横轴所包围的面积等于一个矩形的面积，矩形的宽度为一个周期，矩形的高度为半波的平均值，如图 15.4 所示。

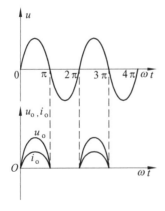

图 15.3 单相半波整流电路的电压与电流波形

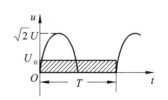

图 15.4 半波电压的平均值

其大小为

$$U_o = \frac{1}{2\pi} \int_0^\pi \sqrt{2}U \sin \omega t d(\omega t) = \frac{\sqrt{2}}{\pi} U = 0.45U \qquad （15.1.2）$$

在工程上，通常是根据负载所要求的直流电压 U_o 的大小来计算变压器副边电压，即

$$U = \frac{U_o}{0.45} = 2.22U_o \qquad （15.1.3）$$

由于二极管 D 与 R_L 是串联的，因此，流过二极管的电流和负载是同一电流，其平均值为

$$I_o = \frac{U_o}{R_L} = 0.45 \frac{U}{R_L} \qquad （15.1.4）$$

据此，可计算变压器副边电流有效值 I

$$I = \sqrt{\frac{1}{2\pi} \int_0^\pi (I_m \sin \omega t)^2 \mathrm{d}\omega t} = 1.57I_o \qquad （15.1.5）$$

3. 整流二极管的选择

二极管在反向截止时，所承受的反向电压为变压器副边电压 u，因此，u 的最大值就是二极管截止时所承受的最大反向电压 U_{DRM}。

$$U_{DRM} = \sqrt{2}U = 3.14U_o \qquad （15.1.6）$$

通过二极管的平均电流等于流过负载的电流，即

$$I_D = I_o \qquad （15.1.7）$$

为了保证二极管安全可靠地工作，应选用最大整流电流和最高反向工作电压大于计算出的 I_D 和 U_{DRM} 的二极管，即应满足 $I_{OM} > I_D$，$U_{RWM} > U_{DRM}$。

单相半波整流电路结构简单，使用元件少，但输出电压低、脉动程度大、整流效率低。这种电路适用于对直流输出电压平滑程度要求不高的小功率整流。

【例 15.1】 有一直流负载，其电阻为 750 Ω，需用单相半波整流电路输出的电压供电，变压器副边电压 $U = 20$ V，试求 U_o、I_o 及 U_{DRM}，并选用二极管。

解：　　　　$U_o = 0.45U = 0.45 \times 20 = 9$ V

$$I_o = \frac{U_o}{R_L} = \frac{9}{750} \text{ A} = 0.012 \text{ A} = 12 \text{ mA}$$

$$U_{DRM} = \sqrt{2}U = \sqrt{2} \times 20 = 28.2 \text{ V}$$

查附录 1，二极管可选用 2AP4（16 mA，50 V）。为了使用安全，二极管的反向工作峰值电压要选得比 U_{DRM} 大一倍左右。

15.1.2 单相桥式整流电路

从前面的内容中，我们知道单相半波整流只利用了电源的半个周期，同时整流电压的脉

动较大。为了克服这些缺点，常采用全波整流电路，其中最常用的是单相桥式整流电路。它由 4 个二极管接成电桥构成，为分析简单起见，把二极管当作理想元件处理，即二极管的正向导通电阻为零，反向电阻为无穷大，如图 15.5（a）所示，图 15.5（b）为其简化图。

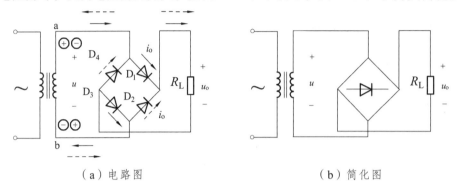

（a）电路图   （b）简化图

图 15.5 单相桥式整流电路及其简化图

在变压器副边电压 u 的正半周时，其极性为上正下负，即 a 点的电位高于 b 点，二极管 D_1 和 D_3 导通，D_2 和 D_4 截止，电流 i_1 的通路是 a→D_1 →R_L →D_3 →b。这时，负载电阻 R_L 上得到一个半波电压，如图 15.6（b）中的 $0～\pi$ 段所示。

在电压 u 的负半周时，变压器副边的极性为上负下正，即 b 点的电位高于 a 点。因此，D_1 和 D_3 截止，D_2 和 D_4 导通，电流 i_2 的通路是 b→D_2 →R_L →D_4 →a。同样，在负载电阻上得到一个半波电压，如图 15.6（b）图中的 $\pi～2\pi$ 段所示。

显然，单相全波整流电路的整流电压的平均值 U_o 比半波整流时增加了一倍，即

$$U_o = \frac{1}{\pi}\int_0^\pi \sqrt{2}U\sin\omega t\, d(\omega t) = \frac{2\sqrt{2}}{\pi}U = 0.9U \tag{15.1.8}$$

负载电阻中的直流电流当然也增加了一倍，即

$$I_o = \frac{U_o}{R_L} = \frac{2\sqrt{2}U}{\pi R_L} = 0.9\frac{U}{R_L} \tag{15.1.9}$$

每两个二极管串联导电半周，即每个二极管中流过的平均电流只有负载电流的一半，即

$$I_D = \frac{1}{2}I_o = 0.45\frac{U}{R_L} \tag{15.1.10}$$

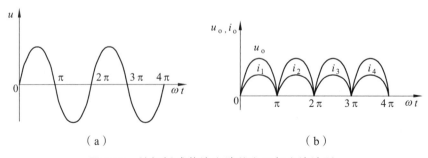

（a）   （b）

图 15.6 单相桥式整流电路的电压与电流波形

至于二极管截止时所承受的最高反向电压U_{DRM}，从图 15.5 可以看出。当 D_1 和 D_3 导通时，如果忽略二极管的正向压降，截止管 D_2 和 D_4 的阴极电位就等于 a 点的电位，阳极电位就等于 b 点的电位。所以截止管所承受的最高反向电压就是电源电压的最大值，即

$$U_{DRM} = \sqrt{2}U \tag{15.1.11}$$

这一点与半波整流电路相同。

据此，可计算变压器副边电流有效值 I

$$I = \sqrt{\frac{1}{\pi}\int_0^\pi (I_m \sin\omega t)^2 \, \mathrm{d}\omega t} = 1.11I_o \tag{15.1.12}$$

为评价波形平稳度，引入脉动系数 S，定义为整流输出电压的基波峰值 U_{o1M} 与 U_o 平均值之比。S 越小越好。用傅氏级数对全波整流的输出 U_o 分解后可得

$$U_o = \sqrt{2}U\left(\frac{2}{\pi} - \frac{4}{3\pi}\cos 2\omega t - \frac{4}{15\pi}\cos 4\omega t - \frac{4}{35\pi}\cos 6\omega t \ldots\right) \tag{15.1.13}$$

$$S = \frac{U_{o1M}}{U_o} = \frac{\dfrac{4\sqrt{2}U}{3\pi}}{\dfrac{2\sqrt{2}U}{2\pi}} = \frac{2}{3} \approx 0.67 \tag{15.1.14}$$

【**例 15.2**】 已知负载电阻 $R_L = 80\,\Omega$，负载电压 $U_o = 110\,\mathrm{V}$。现采用单相桥式整流电路，交流电源电压为 $380\,\mathrm{V}$。（1）选择合适的晶体二极管。（2）求整流变压器的变比及容量。

解：（1）负载电流

$$I_o = \frac{U_o}{R_L} = \frac{110}{80} = 1.4\,\mathrm{A}$$

每个二极管通过的平均电流

$$I_D = \frac{1}{2}I_o = 0.7\,\mathrm{A}$$

变压器副边电压的有效值为

$$U = \frac{U_o}{0.9} = \frac{110}{0.9} = 122\,\mathrm{V}$$

考虑到变压器副边及管子上的压降，变压器的副边电压大约要高出 10%，即 $122 \times 1.1 = 134\,\mathrm{V}$。于是

$$U_{DRM} = \sqrt{2} \times 134 = 189\,\mathrm{V}$$

查附录 1，可选用 2CZ11C 型二极管，其最大整流电流为 1 A，反向工作峰值电压为 300 V。
（2）变压器的变比

$$K = \frac{380}{134} = 2.8$$

变压器副边电流的有效值

$$I = \frac{I_o}{0.9} = \frac{1.4}{0.9} = 1.55 \text{ A}$$

变压器的容量

$$S = UI = 134 \times 1.55 = 208 \text{ V} \cdot \text{A}$$

可选用 BK300（300 V·A），380/134 V 的变压器。

【例 15.3】 试分析图示桥式整流电路中的二极管 D_2 或 D_4 断开时负载电压的波形。如果 D_2 或 D_4 接反，后果如何？如果 D_2 或 D_4 因击穿或烧坏而短路，后果又如何？

解： 当 D_2 或 D_4 断开后，电路为单相半波整流电路。正半周时，D_1 和 D_3 导通，负载中有电流通过，负载电压 $U_o = U$；负半周时，D_1 和 D_3 截止，负载中无电流通过，负载两端无电压，$U_o = 0$。

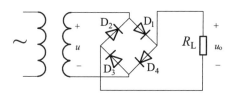

图 15.7　例 15.3 的图

如果 D_2 或 D_4 接反，则正半周是，二极管 D_1、D_4 或 D_2、D_3 导通，电流经 D_1、D_4 或 D_2、D_3 而造成电源短路，电流很大，因此变压器及 D_1、D_4 或 D_2、D_3 将被烧坏。

如果 D_2 或 D_4 因击穿烧坏而短路，则正半周时，情况与 D_2 或 D_4 接反类似，电源及 D_1 或 D_3 也将因电流过大而烧坏。

15.1.3　三相桥式整流电路

前面分析的是单相整流电路，功率一般为几瓦到几百瓦，常用在电子仪器中。然而在一些供电场合要求整流功率高达几千瓦以上，这时就不便于采用单相整流电路了，因为它会造成三相电网负载不平衡，影响供电质量。为此，常采用三相桥式整流电路，如图 15.8 所示。三相桥式整流电路经三相变压器接交流电源。变压器的副边为星形连接，其三相电压 u_a、u_b、u_c 的波形如图 15.9（a）所示。

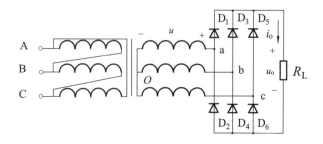

图 15.8　三相桥式整流电路

图 15.8 中 D_1、D_3、D_5 组成一组，其阴极连接在一起；D_2、D_4、D_6 组成另一组，其阳极连接在一起。每一组中 3 管轮流导通，第一组中阳极电位最高者导通，第二组中阴极电位最低者导通，同一时间有且只有两个二极管导通。如图 15.9（a）中，$0 \sim t_1$ 期间，c 相电压为正，b 相电压为负，a 相电压虽然也为正，但低于 c 相电压。因此，在这段时间内，图 15.8 电路中的 c 点电位最高，b 点电位最低，于是二极管 D_5 和 D_4 导通。如果忽略正向管压降，加在负载上的电压 u_o 就是线电压 u_{cb}。由于 D_5 导通，D_1 和 D_3 的阴极电位基本上等于 c 点的电位，因此两管截止。而 D_4 导通，又使 D_2 和 D_6 的阳极电位接近 b 点的电位，故 D_2 和 D_6 也截止。在这段时间内电流通路为 $c \rightarrow D_5 \rightarrow R_L \rightarrow D_4 \rightarrow b$。

在 $t_1 \sim t_2$ 期间，从图 15.9（a）可以看出，a 点电位最高，b 点电位仍然最低。因此从图 15.8 可见，电流通路为 $a \rightarrow D_1 \rightarrow R_L \rightarrow D_4 \rightarrow b$。即 D_1 和 D_4 导通，其余 4 个二极管都截止。负载电压即为线电压 u_{ab}。

同理，在 $t_2 \sim t_3$ 期间，a 点电位最高，c 点电位最低，电流通路为 $a \rightarrow D_1 \rightarrow R_L \rightarrow D_6 \rightarrow c$。

依次类推，就可以列出图 15.8 中所示的二极管的导通次序。共阴极连接的 3 个管（D_1、D_3、D_5）在 t_1、t_3、t_5 等时刻轮流导通；共阳极连接的 3 个管（D_2、D_4、D_6）在 t_2、t_4、t_6 等时刻轮流导通。负载所得整流电压 u_o 的大小等于三相相电压的上下包络线间的垂直距离，即是每个时刻最大线电压的值，如图 15.9（b）所示。它的脉动较小，平均值

$$U_o = 2.34U \tag{15.1.15}$$

式中，U 为变压器副边相电压的有效值。

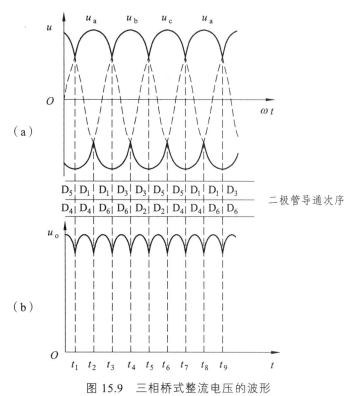

图 15.9　三相桥式整流电压的波形

负载电流 I_o 的平均值为

$$I_o = \frac{U_o}{R_L} = 2.34\frac{U}{R_L}$$ （15.1.16）

由于在一个周期中，每个二极管只有 1/3 的时间导通（导通角为 120°），因此流过每个二极管的平均值电流

$$I_D = \frac{1}{3}I_o = 0.78\frac{U}{R_L}$$ （15.1.17）

每个二极管所承受的最高反向电压为变压器副边线电压的幅值，即

$$U_{DRM} = \sqrt{3}U_m = \sqrt{3} \times \sqrt{2}U = 2.45U$$ （15.1.18）

相比单相桥式整流电路，三相桥式整流电路输出电压的脉动程度大大减小。

思考与练习

（1）设某半波整流电路和某桥式整流电路的输出电压平均值和所带负载大小完全相同，均不加滤波，试问两个整流电路中整流二极管的电流平均值和最高反向电压是否相同？

（2）在图 15.5（a）所示的桥式整流电路中，已知变压器副边电压 $U = 100$ V，$R_L = 3$ kΩ。若忽略二极管的正向电压和反向电流，试求：

① R_L 两端电压的平均值 U_o。

② 流过 R_L 的电流平均值 I_o。

③ 流过二极管的平均电流 I_D 及二极管承受的最高反向电压 U_{DRM}。

（3）有一个电压为 110 V，电阻为 55 Ω 的直流负载，采用单相桥式整流电路（不带滤波器）供电，试求变压器二次绕组电压和电流的有效值，并选用二极管。

（4）试设计一台输出电压为 24 V，输出电流为 1 A 的直流电源，电路形式可采用半波整流或全波整流，试确定两种电路形式的变压器副边绕组的电压有效值，并选定相应的整流二极管。

15.2 滤波电路

整流电路得到的单向脉动直流电还有一定的交流成分，脉动程度较大，不能满足某些负载的要求，因此需要在整流电路之后再加上滤波电路，以改善直流电的平直程度。滤波即把直流脉动电压中的交流成分去掉，使波形变得平直。滤波器通常由电容器和电感组成。

15.2.1 电容滤波

如图 15.10 所示电路中与负载并联的电容就是一个最简单的滤波器。电容滤波器是根据

电容的端电压在电路状态改变时不能跃变的原理制成的。下面分析电容滤波的工作情况。

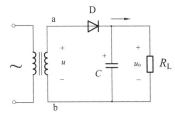

如果在单相半波整流电路中不接电容滤波，输出的电压波形如图 15.11（a）所示。接上电容滤波器后，从图 15.10 中可以看出，在二极管导通时，一方面供电给负载，同时对电容器 C 充电。在忽略二极管正向压降的情况下，充电电压 u_C 与上升的正弦电压 u 一致，如图 15.11（b）中 Om' 段波形所示。电源电压 u 在 m' 点达到最大值，u_C 也达到最大值。而后 u 和 u_C 都开

图 15.10　电容滤波的单相半波整流电路

始下降，u 按正弦规律下降，当 $u < u_C$ 时，二极管因承受反向电压而截止，电容对负载电阻 R_L 放电，负载中仍有电流，而 u_C 按放电曲线 mn 下降。在 u 的下一个正半周内，当 $u > u_C$ 时，二极管再行导通，电容再被充电，重复上述过程。

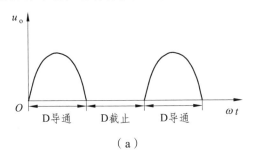

（a）

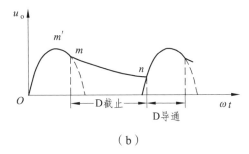

（b）

图 15.11　电容滤波器的作用

电容两端电压 u_C 即为输出电压 u_o，其波形如图 15.11（b）所示。可见输出电压的脉动大为减小，并且电压较高。在空载（$R_L = \infty$）和忽略二极管正向压降的情况下，$U_o = \sqrt{2}U \approx 1.4U$，$U$ 是图 15.10 中变压器副边电压的有效值。但是随着负载的增加（R_L 减小、I_o 增大），放电时间常数 $R_L C$ 减小、放电加快，U_o 也就下降。整流电路的输出电压波形就变成 15.11（b）所示。输出电压 U_o 与输出电流 I_o（即负载电流）的变化关系曲线称为整流电路的外特性曲线，如图 15.12 所示。由图中曲线可见，与无电容滤波时比较，输出电压负载电阻的变化有较大的变化，即外特性较差，或者说带负载能力较差。通常，取

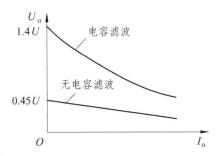

图 15.12　电阻负载和电容滤波的单行半波整流电路的外特性

$$\left.\begin{aligned} U_o &= U(\text{半波}) \\ U_o &= 1.2U(\text{全波}) \end{aligned}\right\} \tag{15.2.1}$$

采用电容滤波时，输出电压的脉动程度与电容的放电时间常数 $R_L C$ 有关系。$R_L C$ 大一些，脉动就小一些。为了得到比较平直的输出电压，一般要求 $R_L \geqslant (10 \sim 15)\dfrac{1}{\omega C}$，即

$$R_L C \geqslant (3 \sim 5)\frac{T}{3} \tag{15.2.2}$$

式中，T 是电源交流电压的周期。

此外，由于二极管的导通时间短（导通角小于 $180°$），但在一个周期内电容的充电电荷等于放电电荷，即通过电容的电流平均值为零。可见在二极管导通期间其电流平均值 i_D 近似等于负载电流的平均值 I_o，因此 i_D 的峰值必然较大，产生电流冲击，容易使管子损坏，在选择二极管时要考虑到这点。

对单相半波带有电容滤波的整流电路而言，当负载端开路时，$U_{DRM} = 2\sqrt{2}U$（最高）。因为在交流电压的正半周时，电容上的电压充到等于交流电压的最大值 $\sqrt{2}U$，由于开路不能放电，这个电压维持不变；而在负半周的最大值时，截止二极管上所承受的反向电压为交流电压的最大值 $\sqrt{2}U$ 与电容上的电压 $\sqrt{2}U$ 之和，即等于 $2\sqrt{2}U$。

对单相桥式整流电流而言，有电容滤波后不影响 U_{DRM}，如表 15.1 所示。

表 15.1   截止二极管上的最高反向电压 U_{DRM}

电 路	无电容滤波	有电容滤波
单相半波整流	$\sqrt{2}U$	$2\sqrt{2}U$
单相桥式整流	$\sqrt{2}U$	$\sqrt{2}U$

总之，电容滤波电路较为简单，输出电压 U_o 较高，脉动也较小，但是外特性较差，且有电流冲击。因此，电容滤波器一般用于要求输出电压较高，负载电流较小且变化也较小的场合。

滤波电容的数值一般在几十微法到几千微法之间，视负载电流的大小而定，其耐压应大于输出电压的最大值，通常都采用极性电容器。

【例 15.4】   有一单相桥式电容滤波的整流电路，如图 15.13 所示。已知交流电源频率为 $50\,\text{Hz}$，设负载电阻 $R_L = 1.2\,\text{k}\Omega$，要求直流输出电压 $U_o = 30\,\text{V}$，选择整流二极管及滤波电容器。

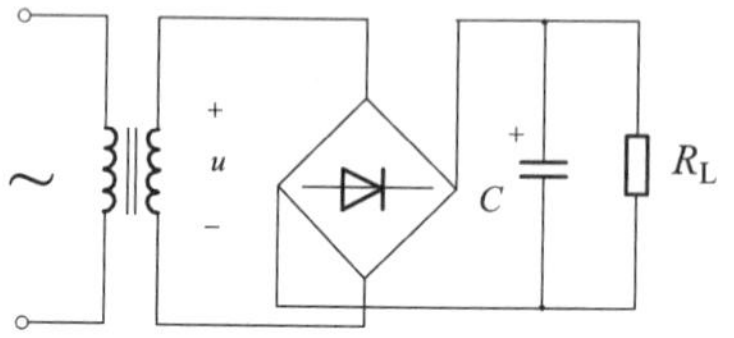

解：（1）选择整流二极管流过二极管的电流，由已知可得

图 15.13   例 15.4 的图

$$I_D = \frac{1}{2}I_o = \frac{1}{2} \times \frac{U_o}{R_L} = \frac{1}{2} \times \frac{30}{1\,200}$$

$$= 0.012\,5\,\text{A} = 12.5\,\text{mA}$$

根据式（15.2.1），取 $U_o = 1.2U$，所以变压器副边电压的有效值

$$U = \frac{U_o}{1.2} = \frac{30}{1.2} = 25\,\text{V}$$

二极管所承受的最高反向电压

$$U_{DRM} = \sqrt{2}U = \sqrt{2} \times 25 = 35\,\text{V}$$

查附录 1，可以选用 2CP11 型二极管，其最大整流电流为 $100\,\text{mA}$，反向工作峰值电压为 $50\,\text{V}$。

（2）选择滤波电容器，根据式（15.2.2），取 $R_LC = 5 \times \dfrac{T}{2}$，即

$$R_LC = 5 \times \frac{1/50}{2} = 0.05 \text{ S}$$

已知 $R_L = 200\ \Omega$，故

$$C \geqslant \frac{0.05}{R_L} = \frac{0.05}{1\ 200} = 42 \times 10^{-6}\ \text{F} = 45\ \mu\text{F}$$

所以，选用 $C = 47\ \mu\text{F}$，耐压为 50 V 的极性电容器。

15.2.2 电感滤波器

电感滤波电路主要适用于负载功率较大即负载电流较大的情况，如图 15.14 所示。

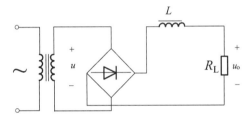

图 15.14　带电感滤波器的单相桥式整流电路

电感滤波电路是在整流电路的输出端和负载电阻之间串接一个电感量较大的铁芯线圈来实现的。电感中流过的电流发生变化时，线圈中要产生自感电动势阻碍电流的变化。当电流增加时，自感电动势的方向与电流的方向相反，自感电动势阻碍电流的增加，同时将能量储存起来，使电流增加缓慢；当电流减小时，自感电动势的方向与电流的方向相同，自感电动势阻止电流的减小，同时将能量释放出来，使电流减小缓慢，因此使负载电流和负载电压脉动大为减小。

电感线圈的滤波功能还可以这样理解：因为电感线圈对整流电流的交流分量具有阻抗，且谐波频率愈高、阻抗愈大，所以它可以滤除整流电压中的交流分量。ωL 比 R_L 大得愈多，则滤波效果愈好。

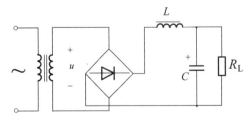

图 15.15　带 LC 滤波器的单相桥式整流电路

电感滤波电路由于自感电动势的作用使二极管的导通角比电容滤波电路时增大，流过二极管的峰值电流减小，外特性较好，带负载能力较强。但是电感量较大的线圈，因匝数较多、体积大，比较笨重，电阻也较大。电感上有一定的直流压降，造成输出电压的下降，电感滤

波电路输出电压平均值 U_o 的大小一般按经验公式计算

$$U_o = 0.9U \tag{15.2.3}$$

如果要求输出电流较大，输出电压脉动很小时，可在电感滤波电路之后再加接电容 C，组成 LC 滤波电路，如图 15.15 所示。该电路对直流分量：$X_L = 0$，L 相当于短路，电压大部分降在 R_L 上；对于谐波分量：f 越高，X_L 越大，电压大部分降在 L 上；也即经过电感滤波之后，利用电容再一次滤掉交流分量，这样，便可得到更为平直的直流输出电压。带 LC 滤波器的整流电路适用于电流较大、要求输出电压脉动很小的场合，用于高频时更为适合。

15.2.3　π 形滤波电路

为了进一步减小输出电压的脉动，可在上述 LC 滤波电路前面并联一个滤波电容 C，构成 π 形 LC 滤波电路，如图 15.16 所示。其滤波效果比 LC 滤波电路更好。但是，这样的电路外特性较差，整流管冲击电流较大。π 形 LC 滤波电路和电容滤波电路的外特性基本相同。

由于电感线圈的体积大而笨重，成本又高，所以有时候用电阻代替电感线圈，构成 π 形 RC 滤波电路，如图 15.17 所示。经过电容 C_1 第一次滤波后，通过 R 和 C_2 再一次滤波。电阻对于交、直流都具有同样降压作用，它和电容配合，使脉动电压的交流成分较多地降落在电阻两端，而较少地降落在负载上，从而起到滤波作用。在一定的 ω 值之下，R 越大、C_2 越大、滤波效果越好；但 R 值大，其直流压降增加，π 形 RC 滤波电路的外特性比电容滤波电路的外特性更差，故只适用于负载电流小而又要求输电电压脉动很小的场合。

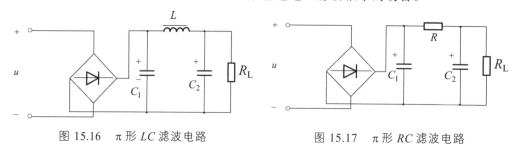

图 15.16　π 形 LC 滤波电路　　　　图 15.17　π 形 RC 滤波电路

思考与练习

（1）电容滤波和电感滤波的特性有什么区别？各适用于什么场合？

（2）单相桥式整流、电容滤波电路，已知交流电源频率 $f = 50\ \text{Hz}$，要求输出直流电压为 $U = 30\ \text{V}$，输出直流电流为 $I_o = 150\ \text{mA}$，试选择二级管及滤波电容。

（3）单相桥式整流电容滤波电路中，用交流电压表测得变压器副边电压 $U_2 = 20\ \text{V}$，用直流电压表测得负载电压，若出现下列几种数值，试分析哪些情况是正常的，哪些情况表明出了故障，并指出发生故障的原因（$U_o = 28\ \text{V}$，$U_o = 18\ \text{V}$，$U_o = 24\ \text{V}$，$U_o = 9\ \text{V}$）。

（4）如图 15.18 所示桥式整流滤波电路，当电路分别出现以下故障时，用万用表直流挡测量输出电压 U_o 的值。

① D_1 被烧断，开路；② D_2 反接；③ R_L 开路；④ C 开路。

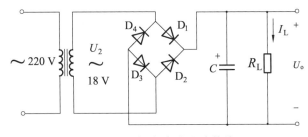

图 15.18　桥式滤波电路整流

15.3　直流稳压电路

经过前面章节可知，经整流和滤波后的输出电压往往会随着交流电源电压的波动和负载的变化而变化。电压的不稳定有时会产生测量和计算误差，引起控制装置工作的不稳定，甚至根本无法正常工作。

稳压电路（稳压器）是为电路或负载提供稳定的输出电压的一种电子设备。稳压电路的输出电压大小基本上与电网电压、负载及环境温度的变化无关。理想的稳压器是输出阻抗为零的恒压源。实际上，它是内阻很小的电压源。其内阻越小，稳压性能越好。精密电子测量仪器、自动控制等都要求有稳定的直流电源供电。

15.3.1　稳压管稳压电路

1. 电路结构

最简单的直流稳压电源是采用稳压管来稳定电压的，如图 15.19 所示。经过整流滤波后得到的直流电压 U_I 加到由电阻 R 和稳压管 D_Z 组成的稳压电路上，负载电阻 R_L 与稳压管 D_Z 并联，故也称为并联式稳压电路。R 为限流电阻，它是稳压电路必不可少的组成元件。稳定输出电压是通过调节 R 上的压降来实现的，下面来分析电路的稳压过程。

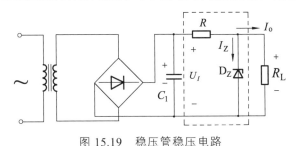

图 15.19　稳压管稳压电路

2. 工作原理

如果电源电压保持不变，而负载电阻 R_L 减小时，输出电流 I_o 增加，流过限流电阻 R 上的电流 I_R 增加，其压降增加，这样输出电压 U_o 将下降，U_o 即为稳压管两端的反向电压。由稳压管的伏安特性可知，当管子两端的电压略为下降时，其电流 I_Z 将急剧减小，亦即由 I_Z 的减小来补偿 I_o 的增大，最终使限流电阻 R 上的电流 I_R 基本保持不变，因此负载电压 U_o 维持基本稳定。上述过程可简明表示为

$$R_L \downarrow \to I_o \uparrow \to I_R \uparrow \to U_o \downarrow \to I_Z \downarrow \to I_R(基本不变) \to U_o(基本不变)$$

当负载电阻增加时，稳压过程则相反。

如果负载电阻 R_L 不变，而电源电压升高，输出电压 U_o 也随之升高。此时稳压管的电流 I_Z 急剧增加，则电阻 R 上的压降 U_R 也增加，以抵消电源电压的增加，从而使负载电压 U_o 基本保持不变，上述过程可简明表示为

$$U \uparrow \to U_o \uparrow \to I_Z \uparrow \to I_R \uparrow \to U_R \uparrow \to U_o \downarrow$$

当电源电压下降时，其过程则相反。

由此可知，稳压管稳压电路是依靠稳压管本身电流的改变来实现稳定电压的。稳压管端电压的微小变化，将引起其电流较大的变化，电阻 R 起着调节电压的作用，以维持输出电压的稳定。

3. 参数选择

选择稳压管时，一般取

$$
\begin{aligned}
U_Z &= U_o \\
I_{ZM} &= (1.5 \sim 3) I_{om} \\
U_I &= (2 \sim 3) U_o
\end{aligned}
\qquad (15.3.1)
$$

稳压管稳压电路结构简单，使用元件少、调试方便，但输出电压不能调节，输出电流受稳压管允许电流的限制。故稳压器稳压电路只适用于电压固定、小负载电流、负载变动不大、质量要求不高的场合。

【例 15.5】 有一稳压管稳压电路，如图 15.19 所示。负载电阻 R_L 由开路变到 3 kΩ，交流电压经整流滤波后得出 $U_I = 30\,\text{V}$。要求输出直流电压 $U_o = 12\,\text{V}$，试选择稳压管 D_Z。

解：根据输出电压为 12 V 的要求，得出负载电流最大值

$$I_{om} = U_o / R_L = \frac{12}{3 \times 10^3}\,\text{A} = 4\,\text{mA}$$

查附录 1，可选择 2CW19 型稳压管，其稳定电压 $U_Z = 11.5 \sim 14\,\text{V}$，稳定电流 $I_Z = 5\,\text{mA}$，最大稳定电流 $I_{ZM} = 18\,\text{mA}$。

15.3.2 恒压源

由稳压管稳压电路和运算放大器可构成恒压源，如图 15.20 所示的两种恒压源。

图 15.20（a）所示是反相输入恒压源，可得出

$$U_o = -\frac{R_f}{R_1}U_Z \tag{15.3.2}$$

图 15.20（b）所示是同相输入恒压源，可得出

$$U_o = \left(1 + \frac{R_f}{R_1}\right)U_Z \tag{15.3.3}$$

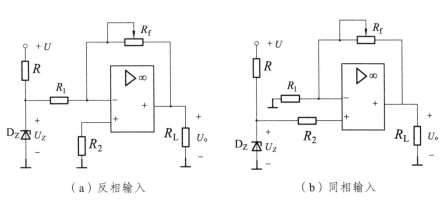

（a）反相输入　　　　　　　　　　（b）同相输入

图 15.20　恒压源

　　稳压管稳压电路的输出电压大小是固定的，基本上由稳压管的稳定电压决定，在使用中很方便。而恒压源的输出电压是可调的，并引入电压负反馈使输出电压更为稳定。

　　注意：改变 R_f 即可调节恒压源的输出电压。

15.3.3　串联型稳压电路

　　为了扩大运算放大器的输出电流的变化范围，将它的输出端接到大电流晶体管 T 的基极，从发射极输出。这样，同相输入恒压源就改变为如图 15.21 所示的串联型稳压电路，其稳压工作原理如下所述。

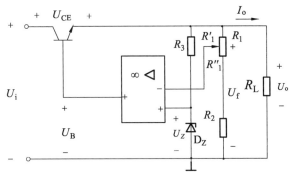

图 15.21　串联型稳压电路

1．电路结构

串联型稳压电路由基准电压、比较放大、取样电路和调整元件四部分组成。

2．稳压过程

如果由于电源电压或负载电阻的变化使输出电压U_o升高，此时，由图 15.21 可得出

$$U_- = U_f = \frac{R_1'' + R_2}{R_1 + R_2} U_o \qquad (15.3.4)$$

即U_f增大。根据运算放大器的特性得

$$U_B = A_{uo}(U_Z - U_f) \qquad (15.3.5)$$

可见U_B随着减小。于是得出如下稳压过程

$$U_o \uparrow \rightarrow U_f \uparrow \rightarrow U_B \downarrow \rightarrow I_C \downarrow \rightarrow U_{CE} \uparrow \rightarrow U_o \downarrow$$

U_o保持稳定。当输出电压降低时，其稳压过程相反。

可见，输出电压的变化量经运算放大器放大后去调整晶体管的管压降U_{CE}，从而达到稳定输出电压的目的。所以通常称晶体管为调整管，这个过程实质上是一个反馈过程。反馈电压U_f取样于输出电压U_o，U_f和基准电压U_Z又分别加在运算放大器的两个输入端，可见图 15.21 所示电路中引入的是串联电压负反馈，故称为串联型稳压电路。

3．输出电压

改变电位器就可调节输出电压。根据同相比例运算电路可知

$$U_o = U_B = \left(1 + \frac{R_1'}{R_1'' + R_2}\right) U_Z \qquad (15.3.6)$$

15.3.4　集成稳压电源

随着集成工艺的发展，集成稳压组件已逐渐代替分立的稳压器。与其他线性组件一样，它具有体积小、重量轻、使用调整方便和运行可靠等优点，因此得到越来越广泛的应用。

所谓集成稳压电源，就是把电源的大部分元件或全部元件制作在一个集成块内，形成一个完整的稳压电路。组成集成稳压电路的基本环节大都采用串联型稳压电路。最简单的集成稳压电源只有输入，输出和公共引出端，故称之为三端集成稳压器。

1．分　类

目前集成稳压电源的种类繁多，具体电路结构也往往有不少差异。按输出电压是否可调可分为固定式和可调式；按照输出电压的正、负极性分为正稳压器和负稳压器；按照引出端子可分为三端和多端稳压器。其中三端稳压器分类如图 15.22 所示。

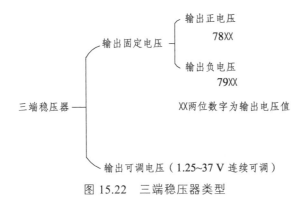

图 15.22　三端稳压器类型

2. 外形和性能特点（7800、7900 系列）

本节主要讨论 W7800 系列（输出正电压）和 W7900 系列（输出负电压）稳压器的使用。

图 15.23 所示是 W7800 系列稳压器的外形、管脚和接线图，其内部电路是串联型晶体管稳压电路。这种稳压器只有输入端 1、输出端 2 和公共端 3 三个引出端，故也称为三端集成稳压器。使用时只需要在输入端和输出端与公共端之间各并联一个电容即可。C_1 用以抵消输入端较长接线的电感效应，防止产生自激振荡，接线不长时也可不用，一般为 0.1 ~ 1 μF。C_2 是为了瞬时增减负载电流时不致引起输出电压有较大的波动，可用 1 μF。W7800 系列输出固定的正电压，有 5 V、6 V、8 V、12 V、15 V、18 V、24 V 等。如 W7815 的输出电压为 15 V。W7900 系列（见图 15.24）输出固定的负电压，其参数与 W7800 基本相同。

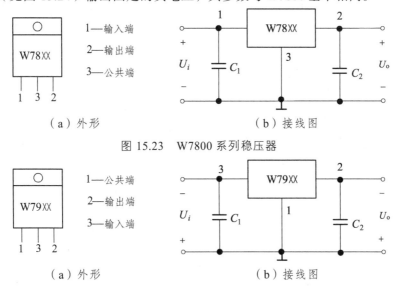

图 15.23　W7800 系列稳压器

图 15.24　W7900 系列稳压器

引入电压调整率 S_U（稳压系数）来反映负载电流和环境温度不变时,电网电压波动对稳压电压的影响，即

$$S_U = \frac{\Delta U_O / U_O}{\Delta U_I} \times 100\% \Bigg|_{\substack{\Delta I_o = 0 \\ \Delta T = 0}} \quad 0.005 \sim 0.02\% \qquad (15.3.7)$$

引入电流调整率 S_I 来反映当输入电压和环境温度不变时，输出电流变化时输出电压保持稳定的能力，即稳压电路的带负载能力。

$$S_I = \frac{\Delta U_O}{U_O} \times 100\% \Bigg|_{\substack{\Delta U_I = 0 \\ \Delta T = 0}} \quad 0.1 \sim 1.0\% \qquad （15.3.8）$$

3. 三端固定输出集成稳压器的应用

下面介绍几种三端集成稳压器的应用电路。

（1）输出为固定电压的电路，如图 15.25 所示。

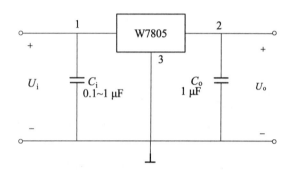

图 15.25　输出为固定电压的电路

C_i 用来抵消输入端接线较长时的电感效应，防止产生自激振荡。即用以改善波形。C_o 用来为了瞬时增减负载电流时，不致引起输出电压有较大的波动，即用来改善负载的瞬态响应。

注意：输入与输出之间的电压不得低于 3 V。

（2）正、负电压同时输出的电路，如图 15.26 所示。

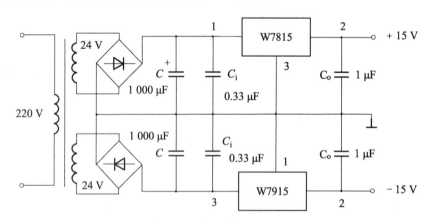

图 15.26　正、负电压同时输出的稳压电路

（3）提高输出电压的电路，如图 15.27 所示。

该电路能使输出电压高于固定输出电压。图中 U_{xx} 为 W78×× 稳压器的固定输出电压，显然

$$U_o = U_{xx} + U_Z \qquad （15.3.9）$$

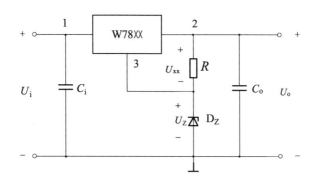

图 15.27　提高输出电压的电路

（4）扩大输出电流的电路，如图 15.28 所示。

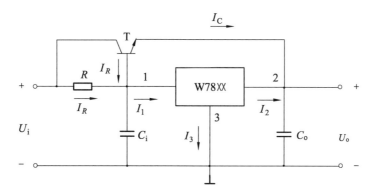

图 15.28　扩大输出电流的电路

当电路所需电流大于 1~2 A 时，可采用外接功率管 T 的方法来扩大输出电流。在图 15.28 中，I_2 为稳压器的输出电流，I_C 是功率管的集电极电流，I_R 是电阻 R 上的电流。I_3 一般很小，可忽略不计，则可得出

$$I_2 \approx I_1 = I_R + I_B = -\frac{U_{BE}}{R} + \frac{I_C}{\beta} \tag{15.3.10}$$

式中，β 是功率管的电流放大系数。设 $\beta = 10$，$U_{BE} = -0.3\ \text{V}$，$R = 0.5\ \Omega$，$I_2 = 1\ \text{A}$，则由上式可得出 $I_C = 4\ \text{A}$。可见输出电流比 I_2 增大了。图 15.28 中电阻 R 的阻值使功率管只能在输出电流较大时才导通。

（5）输出电压可调的电路，如图 15.29 所示。

在图 15.29 所示电路中，$U_- \approx U_+$，于是由基尔霍夫电压定律可得

$$\frac{R_3}{R_3 + R_4} U_{××} = \frac{R_1}{R_1 + R_2} U_o \tag{15.3.11}$$

$$U_o = \left(1 + \frac{R_2}{R_1}\right) \cdot \frac{R_3}{R_3 + R_4} U_{××} \tag{15.3.12}$$

可见用可调电阻来调整电阻 R_2 和 R_1 的比值，便可调节输出电压 U_o 的大小。

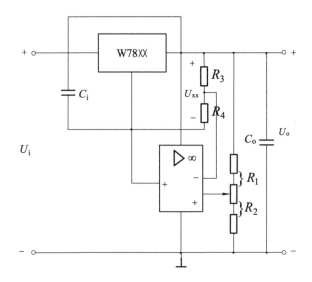

图 15.29　输出电压可调的电路

15.3.5　开关型稳压电源

近年来研制出了调整管工作在开关状态的开关式稳压电源，其调整管只工作在饱和与截止两种状态，即开、关状态，使管耗降到最小，从根本上克服了放大式稳压电源的缺点，使整个电源体积小、效率高、稳压范围大。图 15.30 与图 15.31 所示为串联型开关稳压电路组成框图及波形图。

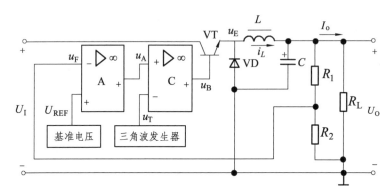

图 15.30　串联型开关稳压电路组成框图

思考与练习

（1）直流稳压电源一般是由哪几个部分组成的？各部分的作用是什么？

（2）串联型稳压电源的组成是怎样的？在外界条件发生改变时，它是如何实现稳压的？

（3）在图 15.19 所示的稳压管稳压电路中，如果 $R=0$，则如何？如将稳压管倒接，又将如何？

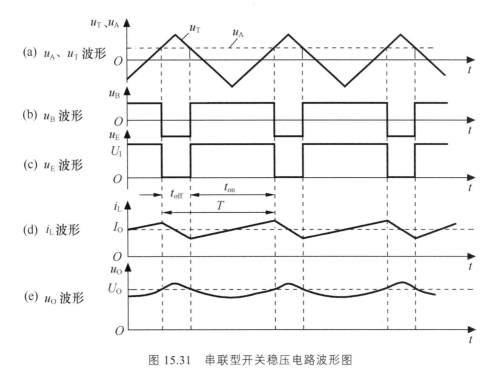

图 15.31　串联型开关稳压电路波形图

练 习 题

1. 有一电压为110 V，电阻为55 Ω的直流负载，采用单相桥式整流电路（不带滤波电路）供电，试求变压器二次绕组电压和电流的有效值，并选用二极管。

2. 图 15.32 所示是二倍压整流电路，$U_o = 2\sqrt{2}U$，试分析之，并标出 U_o 的极性。

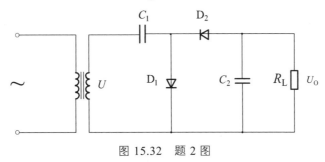

图 15.32　题 2 图

3. 有一电解电源，采用三相桥式整流，如果要求负载直流电压 $U_o = 20$ V，负载电流 $I_o = 200$ A。

（1）试求变压器容量为多少？

（2）选用整流元件。考虑到变压器二次绕组及管子上的压降，变压器的二次侧电压要加大 10%。

4. 设某半波整流电路和某桥式整流电路的输出电压平均值和所带负载大小完全相同，均不加滤波。试问两个整流电路中整流二极管的电流平均值和最高反向电压是否相同？

5. 在如图 15.33 所示的桥式整流电容滤波电路中，$U_2 = 20\text{ V}$，$R_L = 40\ \Omega$，$C = 1\,000\text{ F}$。试问：

（1）正常时 U_o 为多大？

（2）如果测得 U_o 为：① $U_o = 180\text{ V}$；② $U_o = 28\text{ V}$；③ $U_o = 9\text{ V}$；④ $U_o = 24\text{ V}$。电路分别处于何种状态？

（3）如果电路中有一个二极管出现下列情况：① 开路；② 短路；③ 接反。电路分别处于何种状态？是否会给电路带来什么危害？

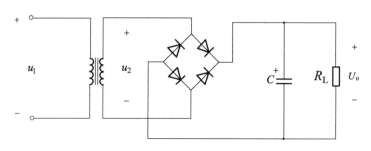

图 15.33　题 5 图

6. 电路如图 15.34 所示，为具有 π形 RC 滤波结构的整流电路，已知交流电源电压 $U = 10\text{ V}$，现要求负载输出电压 $U_o = 10\text{ V}$，负载输出电流 $I_o = 100\text{ mA}$，试求滤波电阻 R。

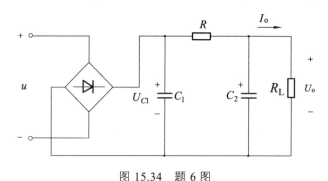

图 15.34　题 6 图

7. 试证明单相半波整流时变压器二次侧电流的有效值 $I = 1.57 I_o$。如果带电容滤波后，是否仍有上述关系？

8. 今要求负载电压 $U_o = 30\text{ V}$，负载电流 $I_o = 150\text{ mA}$，采用单相桥式整流电路，带电容滤波器。已知交流频率为 50 Hz，试选用管子型号和滤波电容器，并与单相半波整流电路比较，带电容滤波器后，管子承受的最高反向电压是否相同？

9. 电路如图 15.35 所示，设 T_2 发射结电压 $U_{BE2} = 0.7\text{ V}$；稳压管的稳压值 $U_Z = 6.3\text{ V}$。

（1）若要求 U_o 的调节范围为 $10 \sim 20\text{ V}$，已选 $R_2 = 350\ \Omega$，则电阻 R_1 及电位器 R_p 应选多大？

（2）若要求调整管压降 U_{CE1} 不小于 4 V，则电源电压 U（有效值）至少应多大？（设滤波电容 C 足够大）

10. 在上题图中，设 T_2 发射结电压 U_{BE2} 可忽略。已知稳压管稳定电压 $U_Z = 6\text{ V}$，要求输出电压在 $9 \sim 18\text{ V}$ 之间可调，求 R_1、R_2 和 R_3 之间应满足什么条件？

11. 根据稳压管稳压电路和串联型稳压电路的特点，试分析这两种电路各适用于什么场合？

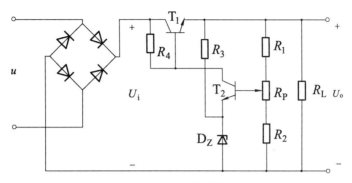

图 15.35　题 9 图

12. 电路如图 15.36 所示，已知 $U_Z = 4\ V$，反馈电路的最大电流限制在 $0.4\ mA$，U_o 在 $6 \sim 18\ V$ 范围内可调，求电阻 R_1 和电位器 R_p 的数值。

13. 在图 15.37 所示电路中，$R_1 = 500\ \Omega$，$R_2 = R_3 = R_4 = 2.5\ k\Omega$，$R_p = 1.5\ k\Omega$，$U_i = 30\ V$，试求输出电压 U_o 的可调范围。

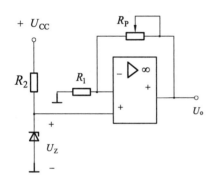

图 15.36　题 12 图

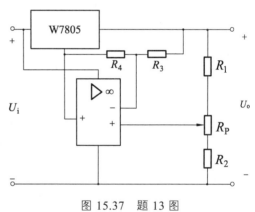

图 15.37　题 13 图

数字电路篇

第 16 章 门电路与组合逻辑电路

基本内容： 本章首先介绍了数字电路信号形式和基本逻辑单元——门电路，其次介绍了 TTL 逻辑门电路和 MOS 逻辑门电路，接着介绍了逻辑函数及其表示方法，以及如何应用这些公式和定理化简逻辑函数，然后介绍了组合逻辑电路的概念及其分析方法，最后介绍了常用的组合逻辑电路，包含加法器、编码器、译码器、数据选择器以及数据比较器。

基本要求： 掌握与门、或门、异或门的逻辑功能；掌握 TTL 门电路和 MOS 门电路的特点，了解 TTL 与非门的主要参数和特性，了解 NMOS 门电路和 CMOS 门电路的基本原理；掌握逻辑代数的基本运算法则和逻辑函数的表示与化简方法；掌握组合逻辑电路的分析，了解组合逻辑电路的设计。了解常用组合逻辑门电路的工作原理。

电子电路中的信号就其性质来说可以分为两类：模拟信号与数字信号。随时间连续变化的信号称为模拟信号，处理模拟信号的电路叫模拟电路；在时间和数值上均离散的信号称为数字信号，处理数字信号的电路叫数字电路。前面章节讨论的都是模拟电路，从本章开始将讨论数字电路。

16.1 概 述

数字电路是电子技术的一个重要组成部分，它所研究的问题主要是电路输入状态与输出状态之间的逻辑关系，其本质上是一个逻辑控制电路，故常称为数字逻辑电路。数字电路结构简单，便于集成化生产，工作可靠，精度高，随着现代电子技术的发展，数字电路的应用越来越广泛。

数字电路所处理的数字信号一般只有高、低电位两种状态，往往用数字"1"或"0"来表示。数字信号通常以脉冲的形式出现。脉冲是一种持续时间很短的跃变信号，可短至几个微秒（μs）甚至几个纳秒（ns，$1\,ns = 10^{-9}\,s$）。实际中最常见的是矩形波和尖顶波，如图 16.1 所示。实际波形图并不像图 16.1 那么理想，实际的矩形波如图 16.2 所示。

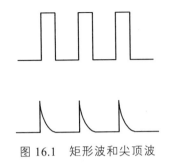

图 16.1　矩形波和尖顶波

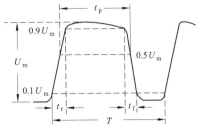

图 16.2　实际的矩形波

为了表征脉冲信号的特征，以便对它进行定量分析，下面以图 16.2 的矩形波为例，来说明脉冲信号波形的一些参数。

（1）脉冲幅度 U_m：脉冲信号变化的最大值。

（2）脉冲上升时间 t_r：脉冲幅度从 $0.1U_m$ 上升到 $0.9U_m$ 所需的时间。

（3）脉冲下降时间 t_f：脉冲幅度从 $0.9U_m$ 下降到 $0.1U_m$ 所需的时间。

（4）脉冲宽度 t_p：　脉冲幅度从上升沿的 $0.5U_m$ 到下降沿的 $0.5U_m$ 所需的时间，这段时间也称为脉冲持续时间。

（5）脉冲周期 T：周期性脉冲信号相邻两个上升沿（或下降沿）的 $0.1U_m$ 两点间的时间间隔。

（6）脉冲频率 f：单位时间的脉冲数，$f = 1/T$。

在数字电路中，通常是根据脉冲信号的有无、个数、宽度和频率来进行工作的，所以数字电路抗干扰能力较强（干扰往往只能影响脉冲的幅度），准确度较高。

同时，由于电位（或称电平）有"高电位"和"低电位"之分，若规定高电位为 1，低电位为 0，则称为正逻辑；若规定高电位为 0，低电位为 1，则称为负逻辑。本书中如无特殊说明，一律采用正逻辑。

此外，脉冲信号还有正、负之分。若脉冲跃变后的值比初始值高，则为正脉冲；反之，则为负脉冲。如图 16.3 所示为两种脉冲在两种逻辑系统下的变化情况。

在实际工作时往往只需要区分出高、低电平就可以知道它所表示的逻辑状态，而高、低电平都有一个允许的区间范围。因此，在数字电路中，无论对元器件参数精度的要求还是对供电电源稳定度的要求都比模拟电路要低一些。

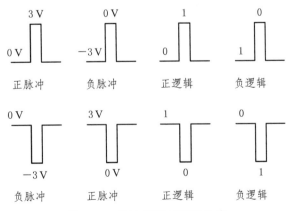

图 16.3　脉冲波形与逻辑约定

16.2　基本逻辑门电路

16.2.1　逻辑门电路的基本概念

逻辑是生产和生活中各种因果关系的抽象概括，也称为逻辑关系。基本的逻辑关系有"与"逻辑、"或"逻辑和"非"逻辑。门电路是实现各种逻辑关系的基本电路，是组成数字电路的基本单元，它的应用极为广泛。所谓"门"，就是一种开关。如果把电路的输入信号看作"条件"，输出信号看作"结果"，当"条件"具备时，"结果"就会发生。因此，门电路的输入信号与输出信号之间存在一定的逻辑关系，故门电路又称为逻辑门电路，是实现一定逻辑关系的开关电路。与基本的逻辑关系相对应，基本逻辑门电路有与门、或门和非门。

门电路的输入和输出都是用电位的高低来表示的。在分析逻辑电路时用 1 和 0 两种相反的状态来表示。如开关接通为 1，断开为 0；1 是 0 的反面，0 也是 1 的反面，用逻辑关系式表示，则有

$$1 = \overline{0} \text{ 或 } 0 = \overline{1}$$

16.2.2　与逻辑和与门

若决定某一事件 F 的所有条件 A 、B 、…同时具备，事件 F 才发生，否则事件就不发生，这样的逻辑关系称为"与"逻辑，常用图 16.4 所示的电路来表示这种关系。图中开关 A 和 B 串联，只有当 A 和 B 同时闭合时，电灯 F 才会亮。因此，灯亮与开关闭合是逻辑与的关系，两个串联开关组成了一个与门电路。与逻辑关系可用下式表示为

$$F = A \cdot B$$

实际电路中，可以用图 16.5 所示电路实现"与"逻辑，它是一个二极管与门电路。A 和 B 为输入端，F 为输出端。图 16.6 给出了与门电路的逻辑符号和波形图。

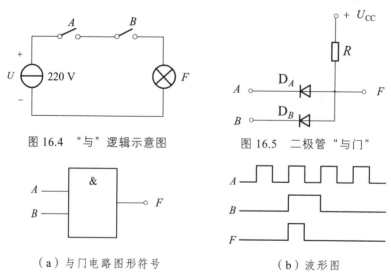

图 16.4　"与"逻辑示意图　　　图 16.5　二极管"与门"

（a）与门电路图形符号　　　　　（b）波形图

图 16.6　与门电逻辑符号及其波形图

当输入变量 A 和 B 全部为 1 时（设电位均为 3 V），D_A 和 D_B 同时导通，若忽略二极管导通时的管压降，输出端电位 F 的电位为 3 V，因此输出变量 F 为 1。

当输入变量不全为 1 时，有一个或两个输入端为 0（设电位为 0.3 V）时，则输出变量 F 为 0。例如，A 为 0，B 为 1，则 D_A 优先导通，输出端电位 F 的电位为 0 V，因此输出变量 F 为 0。D_B 由于承受反向电压而截止。表 16.1 中完整地列出了 4 种输入、输出逻辑状态。

表 16.1　与门逻辑状态表

A	B	F
0	0	0
0	1	0
1	0	0
1	1	1

16.2.3　或逻辑和或门

若决定某一事件 F 的所有条件 A、B、$\cdots$ 中，只要有一个或一个以上条件具备，事件 F 就会发生，这样的逻辑关系称为"或"逻辑。常用图 16.7 所示的电路来表示这种关系。图中开关 A 和 B 并联，当 A 和 B 中任有一个闭合或全闭合时，电灯 F 就会亮。因此，灯亮与开关闭合是逻辑或的关系，两个并联开关组成了一个或门电路。或逻辑关系可用下式表示为

$$F = A + B$$

实际电路中，可以用图 16.8 所示电路实现"或"逻辑，它是一个二极管或门电路。A 和 B 为输入端，F 为输出端。图 16.9 给出了或门电路的逻辑符号和波形图。

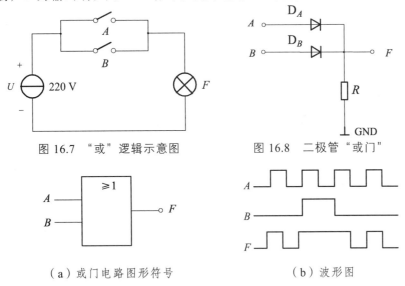

图 16.7　"或"逻辑示意图　　　　图 16.8　二极管"或门"

（a）或门电路图形符号　　　　　　（b）波形图

图 16.9　或门电逻辑符号及其波形图

当输入变量 A 和 B 有一个为 1 时，输出就为 1。例如 A 为 1，B 为 0，则 D_A 优先导通，

输出端电位 F 为高电位，因此输出变量 F 为 1。D_A 由于承受反向电压而截止。

只有当输入变量全为 0 时，输出变量 F 才为 0，此时 D_A 和 D_B 均导通。表 16.2 中完整地列出了 4 种输入、输出逻辑状态。

表 16.2   或门逻辑状态表

A	B	F
0	0	0
0	1	1
1	0	1
1	1	1

16.2.4   非逻辑和非门

若决定某一事件 F 的条件只有一个 A，当 A 成立时，事件 F 不发生，当 A 不成立时，事件 F 就发生，这样的逻辑关系称为"非"逻辑。常用图 16.10 所示的电路来表示这种关系。图中开关 A 和电灯并联，当 A 闭合时，电灯 F 不亮；当 A 断开时，电灯 F 就会亮。因此，灯亮与开关闭合是逻辑非的关系，开关 A 组成了一个非门电路。非逻辑关系可用下式表示

$$F = \overline{A}$$

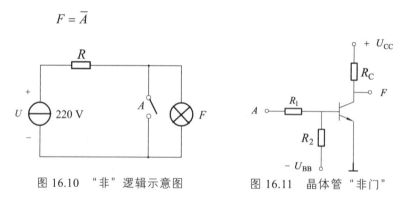

图 16.10   "非"逻辑示意图   图 16.11   晶体管"非门"

实际电路中，可以用图 16.11 所示电路实现"非"逻辑，它是一个晶体管非门电路。A 为输入端，F 为输出端。晶体管非门电路不同于放大电路，其晶体管工作于饱和与截止两种状态。当 A 为 1 时，适当选择 R_1、R_2 的大小，使晶体管饱和导通，其集电极输出 F 为 0；当 A 为 0 时，晶体管截止，其集电极输出 F 为 1。所以非门也称为反相器。加负电源 U_{BB} 是为了使晶体管可靠截止。图 16.12 给出了非门电路的逻辑符号和波形图。

表 16.3 中完整地列出了两种输入、输出逻辑状态。

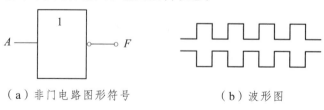

（a）非门电路图形符号   （b）波形图

图 16.12   非门电逻辑符号及其波形图

表 16.3　非门逻辑状态表

A	F
1	0
0	1

思考与练习

（1）表述脉冲波有哪些主要参数，它们各自的含义是什么？

（2）逻辑运算中的"1"和"0"是否表示两个数字？逻辑加法运算和算术加法运算有何不同？

（3）在图 16.13 中给出了输入信号 A 和 B 的波形，试画出与门和或门的输出波形。

图 16.13　题（3）

16.3　TTL 逻辑门电路

前面讨论的基本门电路都是由单个分立的二极管、晶体管以及电阻等元件连接而成，故称为分立元件门电路。为了达到高可靠性和微型化的目的，在实际应用中广泛采用的是集成门电路。集成门电路除了有与门、或门和非门外，还有将它们的逻辑功能组合起来的复合门电路，如与非门、或非门等。其中，应用得最普遍的是与非门电路。TTL 电路是集成门电路中的一类常用电路，它的输入和输出部分都采用晶体管，故称晶体管-晶体管逻辑电路（Transistor-Transistor Logic circuit），简称 TTL 电路。

16.3.1　TTL 与非门电路

如图 16.14 所示是典型的 TTL 与非门电路及其图形符号，它包含输入级、中间级和输出级三个部分。

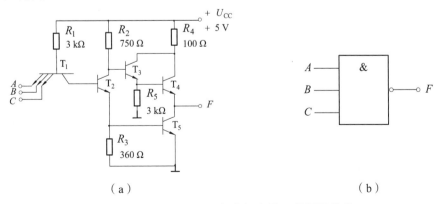

（a）　　　　　　　　　　　　　　（b）

图 16.14　TTL 与非门电路及其图形符号

图中 T_1、R_1 组成输入级。T_1 是多发射极晶体管，它的等效电路如图 16.15 所示。可见其作用和二极管与门一样，用于实现逻辑与的功能。T_2、R_2 和 R_3 组成中间级，由于 T_2 管的集电极和发射极送给 T_5 和 T_3 的基极信号是反相的，因此又称它为倒相级。T_3、T_4、T_5、R_4 和 R_5 组成推拉式输出级。T_3、T_4 构成复合管，作为 T_5 管的负载。采用这种输出级使门电路有较好的带负载能力，并可以提高开关速度。

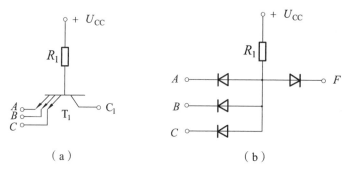

（a）   （b）

图 16.15　多发射级晶体管

1. 输入全为 1 的情况

当输入端 A、B、C 全为 1 时（设电压约为 3.6 V），T_1 管所有发射结均处于反向偏置（其基极电位被钳制在 2.1 V 左右），这时电源 U_{CC} 通过 R_1 和 T_1 的集电极向 T_2 提供足够的基极电流，使 T_2 饱和，T_2 的发射极电流在 R_3 上产生的压降又为 T_5 提供了足够的基极电流，使 T_5 也饱和，所以输出端的电位为

$$V_F = 0.3 \text{ V}$$

即输出为 0。

由于 T_2 管饱和导通，其集电极电位为

$$U_{C2} = U_{CES2} + U_{BE5} \approx 0.3 + 0.7 = 1 \text{ V} = V_{B3}$$

故 T_3 导通，T_3 的发射极电位即 T_4 的基极电位

$$V_{E3} = V_{B4} \approx 1 - 0.7 = 0.3 \text{ V}$$

T_4 的发射极电位也约为 0.3 V，因此 T_4 截止。由于 T_4 截止，当带负载后，T_5 的集电极电流全部由外接负载门灌入。

2. 输入不全为 1 的情况

当输入端有一个或几个为 0 时（设电压约为 0.3 V），此时 T_1 的基极与 0 输入端的发射极之间处于正向偏置。这时电源 U_{CC} 通过 R_1 为 T_1 提供基极电流。T_1 基极电位约为 $0.3 + 0.7 = 1 \text{ V}$，T_1 处于深度饱和状态。由于 T_1 的饱和压降 U_{CES} 很小，T_1 集电极电位接近于发射极电位，略高于 0.3 V，故 T_2、T_5 截止。由于 T_2 截止，其集电极电位接近于 U_{CC}，T_3 和 T_4 因此导通。流过 R_2 的仅仅是 T_3 的基极电流，其值很小，可忽略不计。故输出端的电位为

$$V_F \approx U_{CC} - U_{BE3} - U_{BE4} = 5 - 0.7 - 0.7 = 3.6 \text{ V}$$

即输出为 1。

由于 T_5 截止，当接负载时，电流由 U_{CC} 经 R_4 流向每个负载门。

由上可知，TTL 与非门的逻辑功能为：当输入端全为 1 时，输出为 0；当输入端有一个或多个为 0 时，输出为 1。其逻辑关系可用下式表示

$$F = \overline{A \cdot B \cdot C}$$

表 16.4 所示是与非门逻辑状态表。

表 16.4　与非门逻辑状态表

A	B	C	F
0	0	0	1
0	0	1	1
0	1	0	1
0	1	1	1
1	0	0	1
1	0	1	1
1	1	0	1
1	1	1	0

16.3.2　三态输出与非门电路

在实际应用中，为了减少信号传输线的数量，适应各种数字电路的需要，有时候需要将两个或多个与非门的输出端接在同一信号传输线（总线）上，对每个逻辑门分时控制。为此可采用带有控制端的逻辑门——三态输出与非门。三态输出与非门与上述与非门电路不同，它的输出端除出现 1 和 0 两种状态外，还可以出现第三种高阻状态 Z（即开路状态）。当输出端处于高阻状态时，与非门与信号传输线是隔断的。

如图 16.16 所示是 TTL 三态输出与非门电路及其图形符号。它与图 16.14 相比较，只是

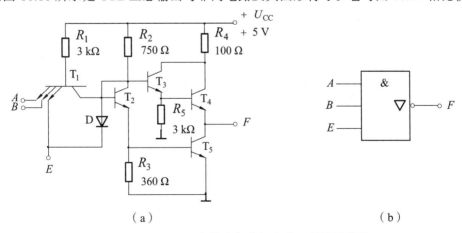

（a）　　　　　　　　　　　　　　　（b）

图 16.16　TTL 三态输出与非门电路及其图形符号

多出了二极管 D，其中 A 和 B 是输入端，E 是控制端，又称使能端。当控制端为高电位时（$E=1$），电路只受 A、B 输入信号的影响，是一个普通的与非门，$F=\overline{A \cdot B}$。当控制端为低电位时（$E=0$），T_1 基极电位约为 1 V，致使 T_2、T_5 截止。同时，二极管 D 将 T_2 的集电极电位钳制在 1 V，从而使 T_4 也截止。由于输出端相连的两个晶体管 T_4 和 T_5 都截止，所以输出端 F 开路处于高阻状态。

表 16.5 所示是三态输出与非门的逻辑状态表。

表 16.5　三态输出与非门逻辑状态表

E	A	B	F
1	0	0	1
	0	1	1
	1	0	1
	1	1	0
0	×	×	高阻

三态门在信号传输中是被广泛采用的。如图 16.17 所示是一个通过三态输出与非门的控制端，利用一条总线把多组数据传送出去的例子。

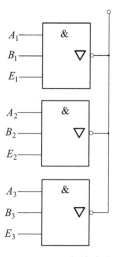

图 16.17　三态输出与非门的应用

16.4　MOS 逻辑门电路

半导体集成门电路按其导电类型来分，可分为双极型和 MOS 型。双极型就是由一般的双极型晶体管组成的集成电路，如 TTL 电路。MOS 型门电路则由绝缘栅场效应管（单极型晶体管）组成。MOS 门电路具有制造工艺简单、集成度高、功耗低、抗干扰能力强等优点，所以发展很快，更便于向大规模集成电路发展。它的主要缺点是工作速度较低。MOS 门电路分为 PMOS 门电路、NMOS 门电路和 CMOS 门电路三种。PMOS 门电路由于其开关速度比较低，加之采用了负电源，不便于和 TTL 电路连接，使它的应用受到了限制。本节主要讨论 NMOS 门电路和 CMOS 门电路。

16.4.1　NMOS 门电路

全部使用 N 沟道 MOS 管组成的门电路称为 NMOS 门电路。由于 NMOS 电路工作速度快、尺寸小，加之 NMOS 工艺水平不断提高和完善，目前许多高速 LSI 数字集成电路产品仍采用 NMOS 工艺制造。

1. NMOS 非门电路

如图 16.18 所示是 NMOS 非门电路。驱动管 T_1 和负载管 T_2 都采用 N 沟道增强型 MOS 管，因此叫做增强型负载反相器。MOS 管导通后的导通电阻与其跨导 g_m 有关。跨导大的其导通电阻小。驱动管 T_1 的跨导较大，一般为 $100 \sim 200\ \mu A/V$；负载管 T_2 的跨导较小，一般为 $5 \sim 10\ \mu A/V$。因此 T_2 导通电阻远比 T_1 大。

当输入端 A 为 1 时，驱动管 T_1 的栅-源电压 U_{GS} 大于它的开启电压，它处于导通状态；负载管 T_2 由于其栅极与漏极相连并接到电源 U_{DD}，其栅-源电压也大于它的开启电压，T_2 总是处于导通状态。但 T_1 的导通电阻远比 T_2 的小，其管压降很小，故输出端 F 为 0。

当输入端 A 为 0 时，驱动管 T_1 的栅-源电压低于它的开启电压，T_1 截止，输出端 F 为 1。其逻辑关系可用下式表示为

$$F = \overline{A}$$

2. NMOS 与非门电路

如图 16.19 所示是 NMOS 与非门电路。T_1 和 T_2 两个驱动管串联，然后与负载管 T_3 串联。当 A、B 两个输入端全为 1 时，T_1 和 T_2 导通，T_3 总是处于导通状态。T_1 和 T_2 的导通电阻都比负载管小得多，因此两个驱动管的管压降都很小，输出端 F 为 0。当输入端有一个或全为 0 时，则串联的驱动管截止，输出端 F 为 1。其逻辑关系可用下式表示为

$$F = \overline{A \cdot B}$$

3. NMOS 或非门电路

如图 16.20 所示是 NMOS 或非门电路。T_1 和 T_2 两个驱动管并联，然后与负载管 T_3 串联。当 A、B 两个输入端其中一个为 1 或全为 1 时，相应的驱动管导通，输出端 F 为 0。当输入端全为 0 时，则并联的驱动管截止，输出端 F 为 1。其逻辑关系可用下式表示为

$$F = \overline{A + B}$$

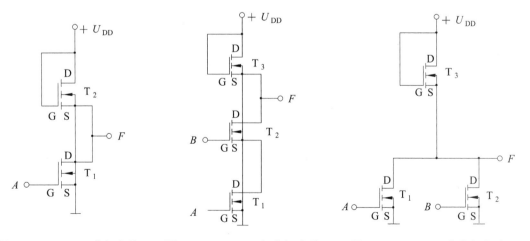

图 16.18　NMOS 非门电路　　图 16.19　NMOS 与非门电路　　图 16.20　NMOS 或非门电路

16.4.2 CMOS 门电路

CMOS 门电路是由 PMOS 管和 NMOS 管组成的一种互补型 MOS 门电路。它的工作速度接近于 TTL 门电路,在大规模和超大规模集成电路中大多采用这种电路。

1. CMOS 非门电路

如图 16.21 所示是 CMOS 非门电路,又称为 CMOS 反相器。驱动管 T_1 采用 N 沟道增强型 MOS 管,负载管 T_2 采用 P 沟道增强型 MOS 管。它们制作在一片硅片上。两管的栅极相连,作为输入端 A;漏极也相连,引出输出端 F。两者连成互补对称结构,衬底都与各自的源极相连。

当输入端 A 为 1(约为 U_{DD})时,T_1 管的栅-源电压 U_{GS} 大于它的开启电压,它处于导通状态;T_2 管由于其栅-源电压小于开启电压的绝对值而处于截止状态。但 T_1 的导通电阻远比 T_2 的小,其管压降很小,故输出端 F 为 0。

当输入端 A 为 0 时,T_1 截止,T_2 导通,故输出端 F 为 1。

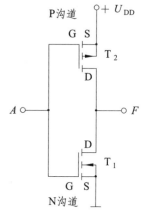

图 16.21 CMOS 非门电路

2. CMOS 与非门电路

如图 16.22 所示是 CMOS 与非门电路。T_1 和 T_2 两个驱动管串联,两管均采用 N 沟道增强型 MOS 管;负载管 T_3 和 T_4 并联,两管均采用 P 沟道增强型 MOS 管。负载管整体与驱动管相串联。

当 A、B 两个输入端全为 1 时,T_1 和 T_2 导通,T_3 和 T_4 管截止。T_1 和 T_2 的导通电阻比负载管 T_3 和 T_4 并联电阻小得多,因此两个驱动管的管压降都很小,输出端 F 为 0。

当输入端有一个或全为 0 时,则串联的驱动管截止,而相应的负载管导通,输出端 F 为 1。

3. CMOS 或非门电路

如图 16.23 所示是 CMOS 或非门电路。T_1 和 T_2 两个驱动管并联,两管均采用 N 沟道增强型 MOS 管;负载管 T_3 和 T_4 串联,两管均采用 P 沟道增强型 MOS 管。

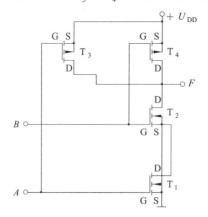

图 16.22 CMOS 与非门电路

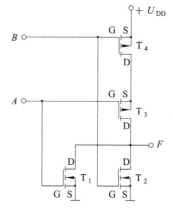

图 16.23 CMOS 或非门电路

当 A、B 两个输入端其中一个为 1 或全为 1 时，相应的驱动管导通，输出端 F 为 0。当输入端全为 0 时，则并联的驱动管截止，输出端 F 为 1。

由上述可知，与非门的输入端愈多，串联的驱动管也愈多，导通时的总阻值就愈大，输出低电位值将会因输入端的增多而提高，所以输入端不能太多。或非门的驱动管是并联的，不存在这个问题。所以在 MOS 电路中或非门用得较多。

16.5 逻辑函数的表示与化简

从各种逻辑关系中可以看到，如果以逻辑变量作为输入，以运算结果作为输出，那么当输入变量的取值确定之后，输出的取值便随之而定。因此输入与输出之间是一种函数关系。这种函数关系称为逻辑函数，写作

$$F = f(A, B, C, \cdots)$$

由于变量和输出的取值只有 0 和 1 两种状态，所以我们所讨论的都是二值逻辑函数。逻辑函数又称布尔函数，是研究二值逻辑问题的主要数学工具，也是分析和设计各种逻辑电路的主要数学工具。

16.5.1 逻辑函数的基本运算法则

逻辑函数中 1 和 0 表示的是两种相反的逻辑状态，而不是数学符号。逻辑代数中的基本运算有与、或、非三种。根据这三种基本运算可以推导出逻辑运算的一些法则，归纳如下。

1. 基本运算律

（1）$0 \cdot A = 0$

（2）$1 \cdot A = A$

（3）$A \cdot A = A$

（4）$A \cdot \overline{A} = 0$

（5）$0 + A = A$

（6）$1 + A = 1$

（7）$A + A = A$

（8）$A + \overline{A} = 1$

（9）$\overline{\overline{A}} = A$

2. 交换律

（10）$A + B = B + A$

（11）$A \cdot B = B \cdot A$

3. 结合律

（12）$(A+B)+C = (A+C)+B = A+(B+C)$

（13）$(A \cdot B) \cdot C = (A \cdot C) \cdot B = A \cdot (B \cdot C)$

4. 分配律

（14）$A \cdot (B+C) = AB+AC$

（15）$A+BC = (A+B)(A+C)$

证明：$(A+B)(A+C) = AA+AB+AC+BC = A+A(B+C)+BC = A(1+B+C)+BC = A+BC$

5. 吸收律

（16）$A+AB = A$

（17）$AB+A\bar{B} = A$

（18）$A(\bar{A}+B) = AB$

（19）$(A+B)(A+\bar{B}) = A$

（20）$A(A+B) = A$

证明：$A(A+B) = AA+AB = A(1+B) = A$

（21）$A+\bar{A}B = A+B$

证明：$A+\bar{A}B = (A+\bar{A})(A+B) = A+B$

结果表明，两个乘积项相加时，如果一项取反后是另一项的因子，则因子是多余的可以消去。

6. 反演律

（22）$\overline{A \cdot B} = \bar{A}+\bar{B}$

（23）$\overline{A+B} = \bar{A} \cdot \bar{B}$

证明：通过列举逻辑变量的全部可能取值来证明，如逻辑状态表 16.6 所示。

表 16.6　逻辑状态表

A	B	$\bar{A}$	$\bar{B}$	$\overline{A \cdot B}$	$\bar{A}+\bar{B}$	$\overline{A+B}$	$\bar{A} \cdot \bar{B}$
0	0	1	1	1	1	1	1
0	1	1	0	1	1	0	0
1	0	0	1	1	1	0	0
1	1	0	0	0	0	0	0

16.5.2　逻辑函数的表示方法

常用的逻辑函数表示方法有逻辑状态表（也称逻辑真值表）、逻辑函数式（也称逻辑式）、逻辑图和卡诺图等。本节只介绍前面三种方法，它们之间可以相互转换。

1. 逻辑状态表

逻辑状态表是将输入变量所有的取值下对应的输出值找出来，以表格的形式来表示逻辑函数，十分直观明了。

输入变量有各种组合：2 个变量有 4 种组合；3 个变量有 8 种组合；4 个变量有 16 种组合。若有 n 个输入变量，则有 2^n 种组合。

在图 16.24 所示的电路中，A、B、C 为三个输入变量，F 为输出变量，根据电路图分析可得到其输入输出的逻辑状态表，如表 16.7 所示。

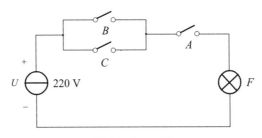

图 16.24　电路

表 16.7　电路逻辑状态表

A	B	C	F
0	0	0	0
0	0	1	0
0	1	0	0
0	1	1	0
1	0	0	0
1	0	1	1
1	1	0	1
1	1	1	1

2. 逻辑式

逻辑式是用与、或、非等运算来表达逻辑函数的表达式。由逻辑状态表可以写出逻辑式。

（1）取 $F=1$（或 $F=0$），列逻辑式。

（2）对一种组合而言，输入变量之间是与逻辑关系。对应于 $F=1$，如果输入变量为 1，则取源变量（如 A）；如果输入变量为 0，则取其反变量（如 $\overline{A}$），然后取乘积项。

（3）各种组合之间，是或逻辑关系，故取以上乘积项之和。

由此，从表 16.7 的逻辑状态表可写出图 16.24 所示电路的逻辑式

$$F = A\overline{B}C + AB\overline{C} + ABC = A(B+C)$$

3. 逻辑图

由逻辑式可以画出逻辑图。逻辑乘用与门实现，逻辑加用或门实现，取反用非门实现。

将逻辑函数中各变量间的与、或、非等逻辑关系用相应的图形符号表示出来，就可以画出表示函数关系的逻辑图。根据图 16.24 所示电路的逻辑式画出其逻辑图，如图 16.25 所示。

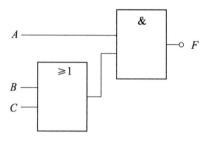

图 16.25　图 16.24 电路的逻辑图

16.5.3　逻辑函数的化简

一个逻辑式可以用不同的表达式表示，相应的也可以画出用不同的逻辑符号表示的逻辑图。逻辑式越是简单，它所表示的逻辑关系越明显，同时也有利于用最少的电子器件实现，可靠性也因此而提高。因此，经常需要通过化简的手段找出逻辑函数的最简形式。

应用逻辑代数的基本运算原则，可以对任何一个逻辑函数进行化简，化简就是要消去函数表达式中多余的乘积项和多余的因子，以求得函数式的最简形式。我们通过下面几个例子来说明逻辑函数的化简。

【例 16.1】　化简下列逻辑函数。

（1）$F_1 = A\bar{B} + B\bar{C} + \bar{B}C + \bar{A}B$

（2）$F_2 = ABC + ABD + \bar{A}B\bar{C} + CD + B\bar{D}$

解：（1）$F_1 = A\bar{B} + B\bar{C} + \bar{B}C + \bar{A}B$

$\qquad = A\bar{B} + B\bar{C} + \bar{B}C(A+\bar{A}) + \bar{A}B(C+\bar{C})$（配项）

$\qquad = A\bar{B} + A\bar{B}C + B\bar{C} + \bar{A}\bar{B}C + \bar{A}BC + \bar{A}B\bar{C}$（法则 14）

$\qquad = A\bar{B}(1+C) + B\bar{C}(1+\bar{A}) + \bar{A}C(\bar{B}+B)$（法则 6，法则 8）

$\qquad = A\bar{B} + B\bar{C} + \bar{A}C$

（2）$F_2 = ABC + ABD + \bar{A}B\bar{C} + CD + B\bar{D}$

$\qquad = ABC + \bar{A}B\bar{C} + CD + B(AD+\bar{D})$（法则 21）

$\qquad = AB(C+1) + \bar{A}B\bar{C} + CD + B\bar{D}$

$\qquad = AB + \bar{A}B\bar{C} + CD + B\bar{D}$（法则 6）

$\qquad = B(A+\bar{A}\bar{C}) + CD + B\bar{D}$

$\qquad = AB + B\bar{C} + CD + B\bar{D}$（法则 21）

$\qquad = AB + B(\bar{C}+\bar{D}) + CD$

$\qquad = AB + B\overline{CD} + CD$（法则 22）

$\qquad = AB + B + CD$（法则 21）

$\qquad = B + CD$

【例 16.2】　试证明 $AB\bar{C} + \overline{\bar{B}+C} + C = B+C$

证：$AB\bar{C} + \overline{\bar{B}+C} + C = AB\bar{C} + \bar{\bar{B}}\cdot\bar{C} + C$

$$= AB\overline{C} + B\overline{C} + C$$
$$= B\overline{C}(A+1) + C$$
$$= B\overline{C} + C = B + C$$

思考与练习

（1）逻辑代数和普通代数有什么区别？

（2）能否将 $AB = AC$，$A + B = A + C$ 这两个逻辑式化简为 $B = C$？

（3）列出逻辑函数 $F = \overline{A}B + BC + AC\overline{D}$ 的逻辑状态表。

（4）利用逻辑代数的基本运算法则化简逻辑式 $F = AB + \overline{A}C + \overline{B}C$，并画出逻辑图。

16.6　组合逻辑电路的分析与设计

由门电路组成的逻辑电路称为组合逻辑电路（Combinational Logic Circuit），简称组合电路。在组合逻辑电路中，任意时刻的输出仅仅取决于该时刻的输入，与电路原来的状态无关，这就是组合逻辑电路在逻辑功能上的共同特点。

16.6.1　组合逻辑电路的分析

组合逻辑电路的分析就是在已知电路结构的前提下，研究其输出与输入之间的逻辑关系。通常采用的分析方法是根据逻辑图从电路的输入到输出逐级写出逻辑函数式，最后得到表示输入、输出关系的逻辑函数式。然后利用逻辑代数对函数式进行化简或变换，以使逻辑关系简单明了。为了使电路的逻辑功能更加直观，有时还可以把逻辑函数式转换为真值表的形式。

【例 16.3】　分析图 16.26（a）所示组合逻辑电路的功能。

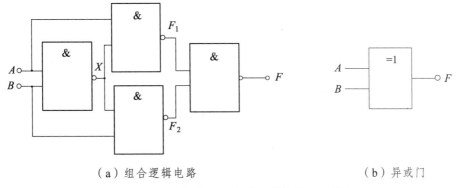

（a）组合逻辑电路　　　　　　　　（b）异或门

图 16.26　组合逻辑电路及其等效图形符号

解：（1）由逻辑图写出逻辑式，并化简。

$$F = \overline{F_1 \cdot F_2} = \overline{\overline{A \cdot X} \cdot \overline{B \cdot X}}$$

$$= \overline{\overline{A \cdot \overline{AB}} \cdot \overline{B \cdot \overline{AB}}} = \overline{A \cdot \overline{AB}} + \overline{B \cdot \overline{AB}}$$

$$= A \cdot \overline{AB} + B \cdot \overline{AB} = A(\overline{A} + \overline{B}) + B(\overline{A} + \overline{B})$$

$$= A\overline{A} + A\overline{B} + B\overline{A} + B\overline{B}$$

$$= A\overline{B} + B\overline{A}$$

（2）由逻辑式列出逻辑状态表，如表 16.8 所示。

表 16.8　异或门逻辑状态表

A	B	F
0	0	0
0	1	1
1	0	1
1	1	0

（3）分析逻辑功能

分析逻辑状态表可知，当输入 A、B 同为 1 或同为 0 时，输出为 0；否则输出为 1。这种逻辑电路称为异或门电路。其图形符号如图 16.26（b）所示。逻辑表达式可简写为

$$F = A\overline{B} + B\overline{A} = A \oplus B$$

【例 16.4】　如图 16.27 所示是一个密码锁控制电路。开锁的条件是：拨对密码；钥匙插入锁眼将开关 S 闭合。当两个条件同时满足时，开锁信号为 1，报警信号为 0，将锁打开；否则，开锁信号为 0，报警信号为 1，接通警铃。试分析密码 $ABCD$ 是多少？

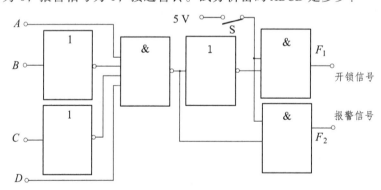

图 16.27　密码锁控制电路

解：由逻辑图写出逻辑式

$$F_1 = 1 \cdot \overline{\overline{\overline{A\overline{B}\overline{C}D}}} = A\overline{B}\overline{C}D$$

$$F_2 = 1 \cdot \overline{\overline{A\overline{B}\overline{C}D}} = \overline{F_1}$$

根据开锁条件 $F_1 = 1$，必需 $A = 1$、$B = 0$、$C = 0$、$D = 1$，所以密码为 1001。密码拨对时，

$F_1 = 1$，而 $F_2 = 0$；拨错时 $F_1 = 0$，$F_2 = 1$，发出报警信号。断开 S 时，$F_1 = 0$，$F_2 = 0$，密码锁不工作。

16.6.2 组合逻辑电路的设计

根据给出的实际逻辑问题，求出实现这一逻辑功能的最简单逻辑电路，这就是设计组合逻辑电路时要求完成的工作。

组合逻辑电路的设计步骤如下：

（1）分析事件的因果关系，确定输入变量和输出变量。并定义逻辑状态的含义，即以二值逻辑的 0、1 两种状态分别表示输入变量和输出变量的两种不同状态。

（2）根据给定的逻辑要求列出逻辑状态表。

（3）根据逻辑真值表写出逻辑函数式。

（4）将逻辑函数化简或变换成适当的形式。

（5）根据化简或变换后的逻辑函数式画出逻辑电路的连接图。

【例 16.5】 设计一个三人投票的表决电路。对于三个人分别用 A、B、C 三个变量表示，1 表示赞成，0 表示反对。用 F 表示表决结果，F 为 1 表示多数赞成，F 为 0 表示多数不赞成。

解： 由题意列出逻辑状态表，如表 16.9 所示，共有八种组合，F 为 1 的只有四种。

表 16.9　逻辑状态表

A	B	C	F
0	0	0	0
0	0	1	0
0	1	0	0
0	1	1	1
1	0	0	0
1	0	1	1
1	1	0	1
1	1	1	1

根据逻辑状态表写出逻辑表达式为：

$$F = \bar{A}BC + A\bar{B}C + AB\bar{C} + ABC$$

$$F = \bar{A}BC + ABC + A\bar{B}C + ABC + AB\bar{C} + ABC$$

$$= (\bar{A} + A)\ BC + (\bar{B} + B)AC + (\bar{C} + C)AB$$

$$= BC + AC + AB$$

由变换化简后的逻辑表达式可以画出逻辑电路的连接图，如图 16.28 所示。

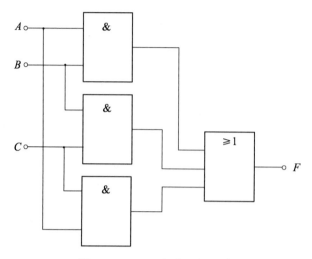

图 16.28　三人表决逻辑电路

在实际的应用中，经常采用与非门、或非门、非门电路，因此在进行组合逻辑电路设计时，还可根据具体要求和情况对最简逻辑表达式进行变换。例如，本例中若要求用与非门来实现逻辑关系，则需对上面逻辑表达式进行变换。

$$F = \overline{\overline{BC + AC + AB}} = \overline{\overline{BC} \cdot \overline{AC} \cdot \overline{AB}}$$

由此可画出逻辑电路连接图，如图 16.29 所示。

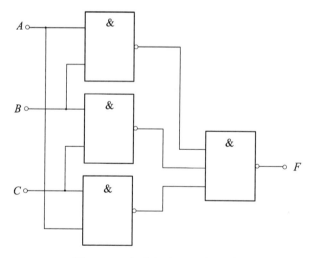

图 16.29　与非门实现逻辑电路

思考与练习

（1）试用与门、或门、非门来组成异或门，并与图 16.26 比较哪种方法所用的门电路最少？

（2）试写出有 A 、 B 、 C 三个输入端的与门、或门、与非门、或非门的逻辑表达式，列出逻辑状态表，画出其逻辑符号。

（3）由逻辑式 $F = \overline{A}BC + A\overline{B}C + AB\overline{C}$ 列出逻辑状态表，并分析它具有什么的逻辑功能？

16.7　常用的组合逻辑电路

常用的组合逻辑电路有加法器、编码器、译码器、数据选择器和数据比较器等。这些逻辑电路的应用非常广泛，为了方便，将它们制成中、小规模的标准化集成电路产品。下面就分别介绍一下这些器件的工作原理。

16.7.1　加法器

在数字系统和计算机中，二进制加法器是基本的运算单元。二进制数是以 2 为基数，只有 0 和 1 两个数码，逢二进一的数制。两个二进制之间的算术运算无论是加、减、乘、除，都可以化作若干步加法运算进行。二进制加法器又有半加器和全加器之分。

1.　半加器

如果不考虑来自低位的进位，只对本位上的两个二进制数求和，称为半加。实现半加的组合逻辑电路叫作半加器。半加器的逻辑状态表如表 16.10 所示。其中 A 、 B 是两个相加的二进制数，F 是半加和数，C 是进位数。

表 16.10　半加器逻辑状态表

A	B	F	C
0	0	0	0
0	1	1	0
1	0	1	0
1	1	0	1

由逻辑状态表可以写出逻辑式

$$F = A\overline{B} + B\overline{A} = A \oplus B$$
$$C = AB$$

根据逻辑式画出逻辑图，如图 16.30（a）所示。可见半加器是由一个异或门和一个与门组成的逻辑电路。图 16.30（b）所示是半加器的图形符号。

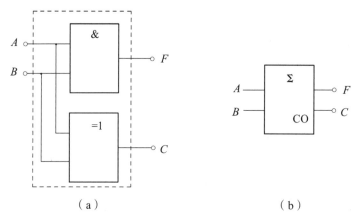

（a） （b）

图 16.30 半加器逻辑图及图形符号

2. 全加器

若考虑低位来的进位，将低位来的进位数连同本位的两个二进制数三者一起求和的组合逻辑电路称为全加器。全加器的逻辑状态表如表 16.11 所示。其中 A_i、B_i 是两个相加的二进制数，C_{i-1} 是来自低位的进位数，F 是相加后得到的本位数，C 是相加后得到的本位进位数。

表 16.11 全加器逻辑状态表

A_i	B_i	C_{i-1}	F	C
0	0	0	0	0
0	0	1	1	0
0	1	0	1	0
0	1	1	0	1
1	0	0	1	0
1	0	1	0	1
1	1	0	0	1
1	1	1	1	1

由逻辑状态表可以写出逻辑式

$$F = \overline{A_i}\,\overline{B_i}C_{i-1} + \overline{A_i}B_i\overline{C_{i-1}} + A_i\overline{B_i}\,\overline{C_{i-1}} + A_iB_iC_{i-1}$$

$$= C_{i-1}(\overline{A_i}\,\overline{B_i} + A_iB_i) + \overline{C_{i-1}}(\overline{A_i}B_i + A_i\overline{B_i})$$

$$= C_{i-1}(\overline{A_i \oplus B_i}) + \overline{C_{i-1}}(A_i \oplus B_i)$$

$$= A_i \oplus B_i \oplus C_{i-1}$$

$$C = \overline{A_i}B_iC_{i-1} + A_i\overline{B_i}C_{i-1} + A_iB_i\overline{C_{i-1}} + A_iB_iC_{i-1}$$

$$= C_{i-1}(\overline{A_i}B_i + A_i\overline{B_i}) + A_iB_i(\overline{C_{i-1}} + C_{i-1})$$

$$= (A_i \oplus B_i)C_{i-1} + A_iB_i$$

根据化简后的逻辑式画出逻辑图。如图 16.31（a）所示。可见全加器是由两个半加器和一个或门组成的逻辑电路。图 16.31（b）所示是全加器的图形符号。

两个多位二进制数相加必须使用全加器。只要依次将低位全加器的进位输出端 CO 接到高位全加器的进位输入端 CI，就可以构成一个多位加法器。如图 16.32 所示为一个四位二进制加法器。

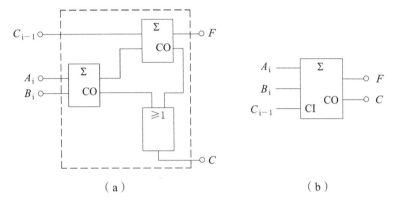

（a）   （b）

图 16.31　全加器逻辑图及图形符号

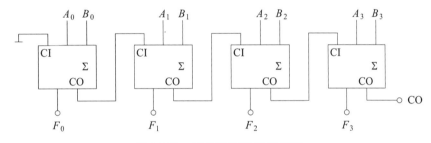

图 16.32　四位串行进位加法器

这种加法器每一位的加法运算都必须等到低一位的进位产生后才能进行，故称为串行进位加法器。这种串行进位加法器最大的缺点是运算速度慢，但其结构简单，因此在对运算速度要求不高的设备中，仍不失为一种可取的电路。

16.7.2　编码器

在数字电路中，为了区分一系列不同的对象和信号，将每个对象和信号用一个二进制代码来表示，这就是编码的含义。目前经常使用的编码器有普通编码器和优先编码器两类。

1. 普通编码器

在普通编码器中，任何时刻只允许输入一个编码信号，否则输出将发生混乱。

1）二进制编码器

二进制编码器就是将某种信号编码成二进制代码的电路。如果把 A_0、A_1、A_2、A_3、A_4、A_5、A_6、A_7 八个信号编成相应的二进制代码输出，编码过程如下。

（1）确定二进制代码位数：因为输入信号有八个，所以采用输出三位二进制代码。这种译码器常称为 3-8 编码器。

（2）列编码表：把待编码的八个信号与相应的二进制代码列成表格。其对应关系是人为确定的，故用三位二进制表示八个信号的方案很多，每种都有一定的规律性。若对信号 A_i 编码时，A_i 为 1，其他信号均为 0，列出编码表如表 16.12 所示。

（3）由编码表写出逻辑表达式

$$F_2 = A_4 + A_5 + A_6 + A_7 = \overline{\overline{A_4}\,\overline{A_5}\,\overline{A_6}\,\overline{A_7}}$$

$$F_1 = A_2 + A_3 + A_6 + A_7 = \overline{\overline{A_2}\,\overline{A_3}\,\overline{A_6}\,\overline{A_7}}$$

$$F_0 = A_1 + A_3 + A_5 + A_7 = \overline{\overline{A_1}\,\overline{A_3}\,\overline{A_5}\,\overline{A_7}}$$

表 16.12　编码表

输　　　入								输　　出		
A_7	A_6	A_5	A_4	A_3	A_2	A_1	A_0	F_2	F_1	F_0
0	0	0	0	0	0	0	1	0	0	0
0	0	0	0	0	0	1	0	0	0	1
0	0	0	0	0	1	0	0	0	1	0
0	0	0	0	1	0	0	0	0	1	1
0	0	0	1	0	0	0	0	1	0	0
0	0	1	0	0	0	0	0	1	0	1
0	1	0	0	0	0	0	0	1	1	0
1	0	0	0	0	0	0	0	1	1	1

（4）由逻辑式画出逻辑图，如图 16.33 所示。

2）二-十进制编码器

二-十进制编码器是将十进制数的 0~9 编成四位二进制代码的电路。每一位十进制数用四位二进制代码来表示，它既具有十进制的特点，又具有二进制的形式，称为二-十进制代码，简称 BCD 码。

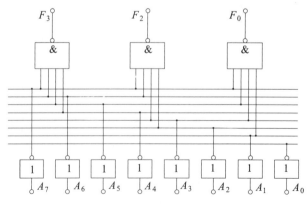

图 16.33　三位二进制编码器逻辑图

四位二进制代码有 16 种状态，其中任意 10 种状态都可以表示十进制数码 0~9。最常用的方法是只取前面 10 个四位二进制数 0000~1001 来表示十进制数码 0~9，舍去后面的 6 个不用，如表 16.13 所示。由于二进制代码各位的权分别为 8、4、2、1，所以这种 BCD 码又称为 8421 码。

表 16.13　8421 编码表

输　入	输　出			
十进制数	F_3	F_2	F_1	F_0
0（A_0）	0	0	0	0
1（A_1）	0	0	0	1
2（A_2）	0	0	1	0
3（A_3）	0	0	1	1
4（A_4）	0	1	0	0
5（A_5）	0	1	0	1
6（A_6）	0	1	1	0
7（A_7）	0	1	1	1
8（A_8）	1	0	0	0
9（A_9）	1	0	0	1

如图 16.34 所示是有 10 个按键的 8421 码编码器的逻辑图。按下某个按键，输入相应的十进制码。由电路可得其逻辑关系为

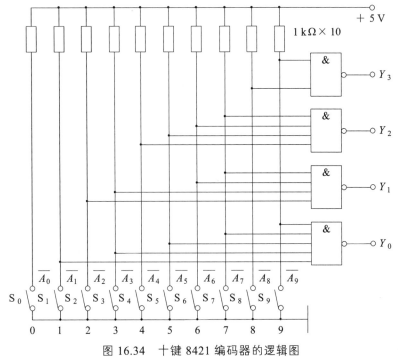

图 16.34　十键 8421 编码器的逻辑图

$$F_3 = A_8 + A_9 = \overline{\overline{A}_8 \overline{A}_9}$$

$$F_2 = A_4 + A_5 + A_6 + A_7 = \overline{\overline{A}_4 \overline{A}_5 \overline{A}_6 \overline{A}_7}$$

$$F_1 = A_2 + A_3 + A_6 + A_7 = \overline{\overline{A}_2 \overline{A}_3 \overline{A}_6 \overline{A}_7}$$

$$F_0 = A_1 + A_3 + A_5 + A_7 + A_9 = \overline{\overline{A}_4 \overline{A}_5 \overline{A}_6 \overline{A}_7 \overline{A}_9}$$

2. 优先编码器

普通编码器每次只允许一个输入端上有信号，而实际中常常出现多个输入端同时有信号的情况。如计算机的多台输入设备同时向主机发出中断请求，希望输入数据，此时就需要优先编码器。在优先编码器电路中，允许同时输入两个以上编码信号。不过在设计优先编码器时已经将所有的输入信号按优先顺序排了队，当几个输入信号同时出现时，只对其中优先权最高的一个进行编码。

CT74LS147 型 10/4 线优先编码器是常用的，表 16.14 所示是其编码表。由表 16.14 可见，共有十个输入变量 $\overline{A}_0 \sim \overline{A}_9$，四个输出信号 $\overline{F}_0 \sim \overline{F}_3$，都采用低电平作为有效信号。输入信号的优先次序为 $\overline{A}_9 \sim \overline{A}_0$，即 $\overline{A}_9$ 优先权最高，$\overline{A}_0$ 优先权最低。当 $\overline{A}_9 = 0$ 时，无论其他输入端有无输入信号（表中用×表示），输出端只对 $\overline{A}_9$ 编码，输出为 0110（输出的不是与十进制码 9 对应的二进制数码，而是其反码，后同）。当 $\overline{A}_9 = 0$，$\overline{A}_8 = 0$ 时，无论其他输入端有无信号，输出只对 $\overline{A}_8$ 编码，输出为 0111。以此类推。

表 16.14　CT74LS147 型优先编码器的编码表

输　入										输　出			
$\overline{A}_9$	$\overline{A}_8$	$\overline{A}_7$	$\overline{A}_6$	$\overline{A}_5$	$\overline{A}_4$	$\overline{A}_3$	$\overline{A}_2$	$\overline{A}_1$	$\overline{A}_0$	$\overline{F}_3$	$\overline{F}_2$	$\overline{F}_1$	$\overline{F}_0$
0	×	×	×	×	×	×	×	×	×	0	1	1	0
1	0	×	×	×	×	×	×	×	×	0	1	1	1
1	1	0	×	×	×	×	×	×	×	1	0	0	0
1	1	1	0	×	×	×	×	×	×	1	0	0	1
1	1	1	1	0	×	×	×	×	×	1	0	1	0
1	1	1	1	1	0	×	×	×	×	1	0	1	1
1	1	1	1	1	1	0	×	×	×	1	1	0	0
1	1	1	1	1	1	1	0	×	×	1	1	0	1
1	1	1	1	1	1	1	1	0	×	1	1	1	0
1	1	1	1	1	1	1	1	1	1	1	1	1	1

16.7.3　译码器

译码器的过程与编码器相反，也就是说，译码是将具有特定含义的二进制代码翻译成对应的信号或十进制数码的过程。常用的译码器电路有二进制译码器、二-十进制显示译码器等。

1. 二进制译码器

二进制译码器的输入信号是 n 位的二进制代码，输出是一组与输入代码一一对应的高、低电平信号，共 2^n 个。二进制译码器有 2-4 译码器、3-8 译码器、4-16 译码器等。

如要设计一个 3-8 译码器，将输入的一组三位二进制代码译成对应的八个输出信号，其过程如下。

（1）列出译码器的逻辑状态表。

设输入为三位二进制代码 A_0、A_1、A_2，输出的八个信号为 $\overline{F_0} \sim \overline{F_7}$，低电平有效。每个输出代表输入的一种组合，若设 $A_2A_1A_0 = 000$ 时，$\overline{F_0} = 0$，其余输出为 1；$A_2A_1A_0 = 001$ 时，$\overline{F_1} = 0$，其余输出为 1，依次类推。则该 3-8 译码器的逻辑状态表如表 16.15 所示。

表 16.15　3-8 译码器的逻辑状态表

输　入			输　出							
A_2	A_1	A_0	$\overline{F_7}$	$\overline{F_6}$	$\overline{F_5}$	$\overline{F_4}$	$\overline{F_3}$	$\overline{F_2}$	$\overline{F_1}$	$\overline{F_0}$
0	0	0	1	1	1	1	1	1	1	0
0	0	1	1	1	1	1	1	1	0	1
0	1	0	1	1	1	1	1	0	1	1
0	1	1	1	1	1	1	0	1	1	1
1	0	0	1	1	1	0	1	1	1	1
1	0	1	1	1	0	1	1	1	1	1
1	1	0	1	0	1	1	1	1	1	1
1	1	1	0	1	1	1	1	1	1	1

（2）由逻辑状态表写出逻辑式。

$$\overline{F_0} = \overline{\overline{A_2}\,\overline{A_1}\,\overline{A_0}} \qquad \overline{F_1} = \overline{\overline{A_2}\,\overline{A_1}A_0} \qquad \overline{F_2} = \overline{\overline{A_2}A_1\overline{A_0}} \qquad \overline{F_3} = \overline{\overline{A_2}A_1A_0}$$

$$\overline{F_4} = \overline{A_2\overline{A_1}\,\overline{A_0}} \qquad \overline{F_5} = \overline{A_2\overline{A_1}A_0} \qquad \overline{F_6} = \overline{A_2A_1\overline{A_0}} \qquad \overline{F_7} = \overline{A_2A_1A_0}$$

（3）由逻辑式画出逻辑图，如图 16.35 所示。

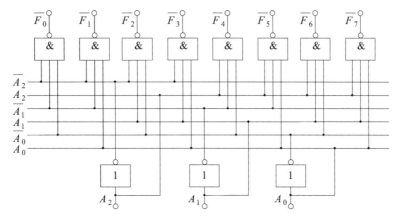

图 16.35　3-8 译码器的逻辑图

3-8 译码器中最常用的是 CT74LS138 型译码器，它还有一个使能端 S_1 和两个控制端 $\overline{S}_2$ 和 $\overline{S}_3$。S_1 高电平有效，$S_1 = 0$ 时，可以译码；$S_1 = 0$ 时，禁止译码，输出全为 1。$\overline{S}_2$ 和 $\overline{S}_3$ 低电平有效，若均为 0，可以译码；若其中之一为 1 或全为 1，则禁止译码，输出也全为 1。

2. 二-十进制显示译码器

在数字电路中，常常要把测量和运算的结果直接用十进制数显示出来，这就要把二-十进制代码通过显示译码器变换成输出信号再去驱动数码显示器。

1）半导体数码管

常用的数码显示器有荧光数码管、液晶数码管和半导体数码管等。下面以应用较多的半导体数码管为例简述数字显示的原理。

半导体数码管简称 LED 数码管，是最常用的一种 7 段显示器件，其内部有 7 个发光二极管（LED）。发光二极管含有一个 PN 结，在正向偏置时，由于多数载流子大量复合释放出能量，其中一部分转变为光能而发光。光的颜色与所用的材料有关，有红、绿、黄等多种。7个发光二极管有共阴极和共阳极两种接法，如图 16.36（a）和图 16.36（b）所示。前者，某一字段接高电平时发光；后者，接低电平时发光。7 个发光二极管各自形成十进制数码的一个字段，其字形结构如图 16.36（c）所示。

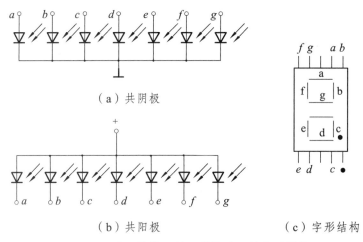

（a）共阴极

（b）共阳极　　　　　（c）字形结构

图 16.36　半导体数码管两种接法及其字形结构

2）显示译码器

显示译码器有 4 个输入端，7 个输出端，将 BCD 码译成对应的数码管的 7 个字段信息，驱动数码管，显示出相应的十进制代码。显示译码器型号繁多，表 16.16 给出了 CT74LS247 型译码器的逻辑状态表，采用共阳极数码管。如采用共阴极数码管，则输出逻辑状态与表 16.16 所示相反。

图 16.37 是 CT74LS247 型译码器的外引线排列图。图中可见 CT74LS247 型译码器除了用于译码功能的 4 个输入端和 7 个输出端外，还设置了 3 个输入控制端，其功能如下。

（1）试灯输入端 $\overline{LT}$：用于检查 7 段数码管各段发光是否正常。当 $\overline{BI} = 1$，$\overline{LT} = 0$ 时，无论 4 个输入为何种状态，数码管 7 段全亮，说明其工作正常。

表 16.16　CT74LS247 型译码器的逻辑状态表

显示十进制数	输　入				输　出						
	A_3	A_2	A_1	A_0	$\overline{a}$	$\overline{b}$	$\overline{c}$	$\overline{d}$	$\overline{e}$	$\overline{f}$	$\overline{g}$
0	0	0	0	0	0	0	0	0	0	0	1
1	0	0	0	1	1	0	0	1	1	1	1
2	0	0	1	0	0	0	1	0	0	1	0
3	0	0	1	1	0	0	0	0	1	1	0
4	0	1	0	0	1	0	0	1	1	0	0
5	0	1	0	1	0	1	0	0	1	0	0
6	0	1	1	0	0	1	0	0	0	0	0
7	0	1	1	1	0	0	0	1	1	1	1
8	1	0	0	0	0	0	0	0	0	0	0
9	1	0	0	1	0	0	0	0	1	0	0

（2）灭灯输入端 $\overline{BI}$：当 $\overline{BI}=0$ 时，无论其他输入信号为何种状态，数码管 7 段全灭；正常译码时，$\overline{BI}$ 应为高电平。

（3）灭 0 输入端 $\overline{RBI}$：用于将不希望显示的 0 熄灭。如显示 00013.700 字样时，将前后多余的 0 熄灭，仅显示 13.7，使显示的结果更加醒目。当 $\overline{BI}=1$，$\overline{LT}=1$，且输入 $A_3A_2A_1A_0=0000$ 时，若 $\overline{RBI}=0$，则不显示 0，若 $\overline{RBI}=1$，则显示 0；当 $A_3A_2A_1A_0$ 为其他组合时，$\overline{RBI}$ 端不起作用，译码器正常输出。

以上 3 个输入控制端均为低电平有效，在正常工作时都接高电平。

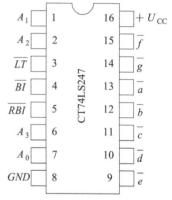

图 16.37　CT74LS247 型译码器的外引线排列图

16.7.4　数据选择器

在数字信号传输过程中，有时需要从一组输入数据中选出某一个来，这时就要用到数据选择器。数据选择器又叫多路选择器或多路开关，它是多输入单输出的组合逻辑电路。它能根据选择控制信号从来自不同地址的多路数据中选择所需要的一组输出。

图 16.38 所示是 74LS153 型双 4 选 1 数据选择器的逻辑电路图。它包含两个完全相同的 4 选 1 数据选择器。两个数据选择器有公共的地址输入端，而数据输出端是各自独立的。通过给定不同的地址代码（即 A_1A_0 状态），即可从 4 个输入数据中选出所要的一个，并送至输出端。下面以其中一个 4 选 1 数据选择器为例说明其工作原理。

图中 $D_3 \sim D_0$ 是 4 个数据输入端，A_1 和 A_0 是地址输入端，F_1 和 F_2 是输出端，$\overline{S_1}$ 和 $\overline{S_2}$ 是使能端，低电平有效。由逻辑图可写出电路的逻辑式

$$F_1 = D_{10}\overline{A_1}\,\overline{A_0}S_1 + D_{11}\overline{A_1}A_0S_1 + D_{12}A_1\overline{A_0}S_1 + D_{13}A_1A_0S_1$$

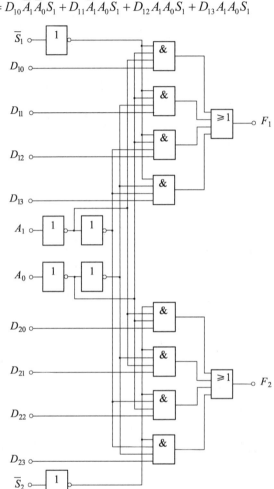

图 16.38　74LS153 型双 4 选 1 数据选择器的逻辑电路图

由逻辑式列出 4 选 1 选择器的功能表，如表 16.17 所示。

表 16.17　4 选 1 数据选择器的功能表

输　入			输　出
$\overline{S_1}$	A_1	A_0	F_1
1	×	×	0
0	0	0	D_0
0	0	1	D_1
0	1	0	D_2
0	1	1	D_3

16.7.5　数据比较器

在一些数字系统中常常要求比较两个数字的大小。为完成这项功能而设计的各种逻辑电路称为数据比较器。数据比较器能对两个位数相同的二进制数 A、B 进行比较。A、B 比较的结果有 3 种：$A > B$、$A < B$、$A = B$，因此数据比较器的输出信号有 3 个：$F_{(A>B)}$、$F_{(A<B)}$ 和 $F_{(A=B)}$。一位二进制数 a_i 与 b_i 进行比较时的功能表如表 16.18 所示。

表 16.18　3-8 译码器的逻辑状态表

输　　入		输　　出		
a_i	b_i	$F_{(A>B)}$	$F_{(A<B)}$	$F_{(A=B)}$
0	0	0	0	1
0	1	0	1	0
1	0	1	0	0
1	1	0	0	1

由逻辑状态表可写出逻辑式

$$F_{(A>B)} = a_i \overline{b_i}$$

$$F_{(A<B)} = \overline{a_i} b_i$$

$$F_{(A=B)} = \overline{a_i}\,\overline{b_i} + a_i b_i$$

根据逻辑式画出逻辑图，如图 16.39 所示。

当多位二进制数进行比较时，首先比较最高位，若两者不等即可判断出大小；若最高位相等则比较次高位，以此类推。如两个四位二进制数进行比较，可用 CT74085 或 CC14585 实现。四位数据比较器的逻辑符号如图 16.40 所示。

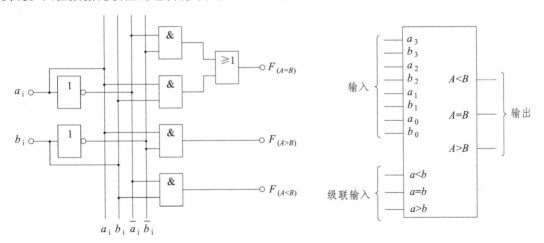

图 16.39　一位二进制数据比较器的逻辑图　　　　图 16.40　四位数据比较器的逻辑符号

级联输入用于超过四位二进制数据比较时使用。如八位二进制数进行比较，可使用两块 CC14585 连接而成。

思考与练习

（1）什么是半加器？什么是全加器？

（2）二进制编码器和二-十进制编码器有何不同？

（3）试画出由两块四位数据比较器组成一个八位数据比较器的接线示意图。

练 习 题

1. 已知输入信号 A、B、C、D 的波形如图 16.41（a）所示，试画出图 16.39 的（b）、（c）、（d）、（e）、（f）、（g）各图所示门电路的输出波形。

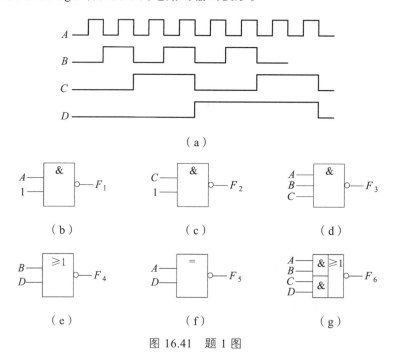

图 16.41　题 1 图

2. 已知逻辑电路及输入信号波形如图 16.42 所示，A 为信号输入端，B 为信号控制端，当输入信号通过三个脉冲后，与非门就关闭，试画出控制信号的波形。

3. 在图 16.43（a）所示电路中，A、B 为信号输入端，E 为使能端，输入信号波形如图 16.43（b）所示。试画出两个输出端 F_1 和 F_2 的波形。

4. 图 16.44（a）所示的是 CMOS 三态"非"门电路。其中 T_1 和 T_3 是 N 沟道增强型管，T_2 和 T_4 是 P 沟道增强型管，E 是使能端。试分析其工作情况。图 16.44（b）所示是其图形符号。

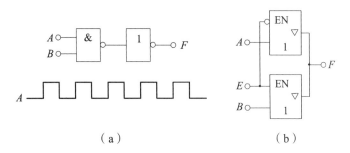

（a）

（b）

图 16.42　题 2 图

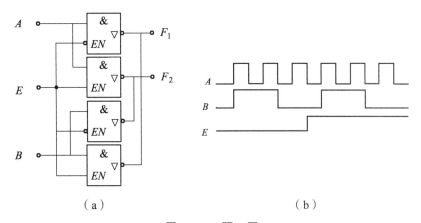

（a）

（b）

图 16.43　题 3 图

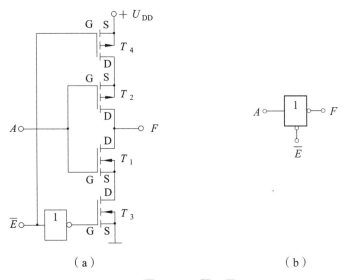

（a）

（b）

图 16.44　题 4 图

5. 根据下列逻辑式，画出逻辑图。

（1）$F = (A + B)C$　　　（2）$F = AB + BC$　　　（3）$F = (A + B)(A + C)$

（4）$F = A + BC$　　　（5）$F = A(B + C) + BC$

6. 应用逻辑代数运算法则化简下列各式。

（1）$F = ABC + (\overline{A} + \overline{B} + \overline{C}) + D$

（2）$F = \overline{\overline{(\overline{A}+B)} + \overline{(A+\overline{B})} + \overline{(\overline{AB})(\overline{AB})}}$

（3）$F = A(\overline{A} + B) + B(B + C) + B$

（4）$(AB + A\overline{B} + \overline{A}B)(A + B + D + \overline{AB}D)$

（5）$AD + \overline{C}D + A\overline{C} + \overline{B}C + D\overline{C}$

（6）$ABC + \overline{A}B + AB\overline{C}$

7. 应用逻辑代数证明下列各式。

（1）$\overline{A\overline{B} + \overline{A}B} = AB + \overline{A}\overline{B}$

（2）$ABCD + \overline{A} + \overline{B} + \overline{C} + \overline{D} = 1$

（3）$\overline{A + B + C} + \overline{D} \cdot (B + C) = 0$

（4）$(A + C)(A + D)(B + C)(B + D) = AB + CD$

（5）$ABC + \overline{A}D + \overline{B}D + \overline{C}D = ABC + D$

（6）$\overline{A}B + AB\overline{C} + \overline{A}B\overline{C} = \overline{A}B + \overline{A}C + B\overline{C}$

8. 用与非门和非门实现下列逻辑式，画出逻辑图。

（1）$F = AB + \overline{A}C$ （2）$F = A + B + \overline{C}$ （3）$F = \overline{A}B + (\overline{A} + B)\overline{C}$

9. 当变量 A、B、C 为 1、0、1 和 0、1、0 时，求下列各逻辑函数的值。

（1）$F = \overline{A}B + BC$

（2）$F = (\overline{A + B + C})(\overline{A} + B + \overline{C})$

（3）$F = (\overline{A}B + A\overline{C})B$

10. 写出图 16.45 所示组合逻辑电路的逻辑函数式。

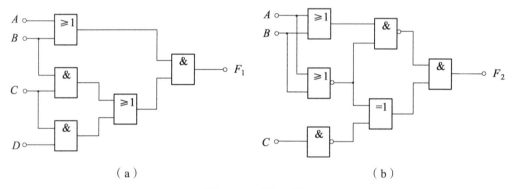

（a）   （b）

图 16.45   题 10 图

11. 已知逻辑函数 $F = A\overline{B} + B\overline{C} + C\overline{A}$，试列出它的逻辑状态表。

12. 某车间有 A、B、C、D 四台电动机，要求：① A 机必须开机。② 其他三台电动机中至少有两台开机。如不满足上述要求，则指示灯熄灭。指示灯亮为"1"，灭为"0"。电动机的开机信号通过某种装置送到各自的输入端，使该输入端为"1"，否则为"0"。试用"与非"门组成指示灯亮的逻辑图。

13. 图 16.46 所示两个电路为奇偶电路。其中判奇电路的功能是输入为奇数个 1 时，输出才为 1；判偶电路的功能是输入为偶数个 1 时，输出才为 1。试分析哪个电路是判奇电路，哪个电路是判偶电路。

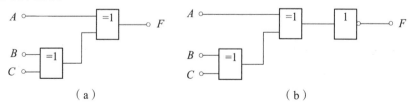

（a）   （b）

图 16.46   题 13 图

14. 保险柜的两层门上各装有一个开关，当任何一层门打开时，报警灯亮，试用一逻辑门来实现。

15. 某同学参加 4 门课程考试，规定如下：

（1）课程 A 及格得 1 分，不及格得 0 分。

（2）课程 B 及格得 2 分，不及格得 0 分。

（3）课程 C 及格得 4 分，不及格得 0 分。

（4）课程 D 及格得 5 分，不及格得 0 分。

若总得分大于 8 分（含 8 分），就可以结业。试用"与非"门画出实现上述要求的逻辑电路。

16. 旅客列车分特快、直快和普快，并依此为优先通行次序。某站在同一时间只能有一趟列车从车站开出，即只能给出一个开车信号，试画出满足上述要求的逻辑电路。设 A、B、C 分别代表特快、直快和普快，开车信号分别为 F_A、F_B 和 F_C。

17. 仿照全加器画出一位二进制数的全减器：输入被减数为 A，减数为 B，低位来的借位数为 C，全减差为 D，向高位的借位数为 C_1。

18. 试设计一个 4-2 线二进制编码器，输入信号为 $\overline{I}_3$、$\overline{I}_2$、$\overline{I}_1$、$\overline{I}_0$，低电平有效。输出的二进制代码用 F_1 和 F_0 表示。

第 17 章　触发器与时序逻辑电路

在本章主要介绍触发器电路结构与特点、触发器功能分类及分析方法、简单时序电路结构和分析方法。

数字逻辑电路通常可以分为两大类，一类是组合逻辑电路，另一类是时序逻辑电路。在前面的章节里分别介绍了组合逻辑电路的基本单元电路——门电路、常用组合电路和组合电路的分析。组合电路能够进行各种逻辑运算和算术运算，但是，组合电路没有记忆功能，时序逻辑电路具有记忆功能，主要由触发器实现的本章。要求掌握：（1）触发器的特点、触发器逻辑功能的表示方法；（2）触发器在逻辑功能上的主要类型，及其各自的功能特点和逻辑功能表示形式；（3）时序逻辑电路的概念及电路结构特点；（4）同步时序电路的一般分析方法。

17.1　触发器的电路结构与特点

电路为什么要有触发器这种结构？因为触发器（flip flop）是数字电路很重要的基础元件，用触发器是因为触发器能保存数据以及电路状态；触发器是在时钟边沿触发，保持时钟同步能让整个电路能同步的工作；乘法器的计算部分是组合逻辑，不需要触发器，计算后的结果可以用触发器保存起来。

在上章所讨论的门电路与组合逻辑电路中，它的输出变量状态完全由当时的输入变量的组合状态来决定，而与电路原来的状态无关，这类电路的共同特点是：不存在内部反馈、不具有记忆功能。现讨论如图 17.1 所示的一类有反馈的电路。

在图 17.1 中，当 $\bar{R}=0$、$\bar{S}=1$ 时，输出 $Q=0$。若此时 $\bar{R}$ 由 0 变为 1，$\bar{S}$ 仍然为 1，即 $\bar{S}\,\bar{R}=1$，输出 Q 保持为 0；当 $\bar{R}=1$、$\bar{S}=0$ 时，输出 $Q=1$。若此时 $\bar{S}$ 由 0 变为 1，而 $\bar{R}$ 仍然为 1，即 $\bar{S}\,\bar{R}=1$，输出 Q 保持为 1。由此可见，当输入信号 $\bar{S}\,\bar{R}=1$ 时，输出 Q 即可以为 0，又可以为 1，输出 Q 的状态与过去的输入有关。这一电路的输出不仅与当前的输入有关，而且还与输入信号的变化过程有关，即该电路具有记忆功能。

在图 17.1 所示的输出端增加一个输出信号 $\bar{Q}$，如图 17.2 所示，则构成一个基本的触发器电路。

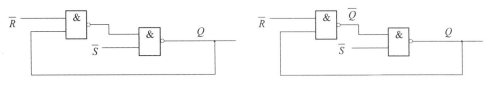

图 17.1　有反馈和记忆的逻辑电路　　　　图 17.2　基本触发器的逻辑电路

触发器是构成时序逻辑电路的基本单元电路，具有记忆功能，能存储一位二进制数码。

触发器的特点：（1）在电路上具有信号反馈，在功能上具有记忆功能；（2）有两个稳定的状态：0 和 1；（3）在适当输入信号作用下，可从一种状态翻转到另一种状态；（4）在输入信号取消后，能将获得的新状态保存下来。

触发器有以下两个基本特性：

（1）有两个稳态，可分别表示二进制数码 0 和 1，无外触发时可维持稳态。

（2）外触发下，两个稳态可相互转换（称翻转）。

触发器电路的分类有以下三种基本方式：

（1）按稳定工作状态分：双稳态触发器、单稳态触发器、无稳态触发器。

（2）按结构分：基本 RS 触发器、同步触发器、主从触发器、边沿触发器。

（3）按逻辑功能分：RS 触发器、JK 触发器、D 触发器、T 和 T′ 触发器。

设计触发器时，需要注意触发器的几个时间特性，满足这些特性触发器才能正常工作。建立时间：是指在时钟沿到来之前数据从不稳定到稳定所需的时间。如果建立的时间不满足要求，那么数据将不能在这个时钟上升沿被稳定的打入触发器。保持时间：是指触发器的时钟信号上升沿到来以后，数据也必须保持一段时间，以便能够稳定读取。如果保持时间不满足要求那么数据同样也不能被稳定的打入触发器。数据输出延时：当时钟有效沿变化后，数据从输入端到输出端的最小时间间隔。

思考与练习

（1）触发器的基本特性是什么？

（2）为什么说触发器具有记忆功能？

17.2　触发器逻辑功能分类及其与电路结构的关系

17.2.1　基本 RS 触发器

基本 RS 触发器是最简单的触发器，也是构成其他各种触发器的基础。基本 RS 触发器既可以由两个交叉耦合的与非门构成，又可以由两个交叉耦合的或非门构成，依次如图 17.3 和图 17.4 所示。现以由与非门构成的基本 RS 触发器为例进行讨论。

1. 工作原理

不难发现，图 17.3 和图 17.4 所示的电路与图 17.1 是完全相同的，只是增加了一个输出端 $\bar{Q}$。作为触发器要求 Q 与 $\bar{Q}$ 在逻辑上是互补的。在图 17.3 中，Q 与 $\bar{Q}$ 是基本触发器的输出端，两者的逻辑状态在正

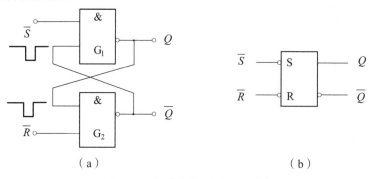

图 17.3　与非门构成的 RS 触发器

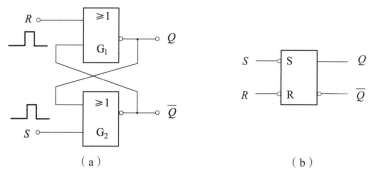

图 17.4　或非门构成的 RS 触发器

常情况下能保持相反（即互补），触发器有两种稳定状态：一个状态是 $Q=1$，$\bar{Q}=0$，称为置位状态（或触发器处于状态 1）；另一个状态是 $Q=0$，$\bar{Q}=1$，称为复位状态（或触发器处于状态 0）。相应的输入端被分别称为直接置位端［直接置"1"端（$\bar{S}$）］和直接复位端［直接置"0"端（$\bar{R}$）］。

下面分别来分析基本 RS 触发器输出与输入的逻辑关系。

1）$\bar{R}=0$、$\bar{S}=1$

此时 $Q\bar{R}=0$，$\bar{Q}$ 的输入端输入一个负脉冲，输出 $\bar{Q}$ 为 1；$\bar{Q}\bar{S}=1$，Q 的输入端输入一个正脉冲，输出 Q 为 0。即 $Q=0$、$\bar{Q}=1$，称为触发器置 0 或复位。

2）$\bar{R}=1$、$\bar{S}=0$

此时 $\bar{Q}\bar{S}=0$，Q 的输入端输入一个负脉冲，输出 Q 为 1；$Q\bar{R}=1$，$\bar{Q}$ 的输入端输入一个正脉冲，输出 $\bar{Q}$ 为 0。即 $Q=1$、$\bar{Q}=0$，称为触发器置 1 或置位。

3）$\bar{R}=1$、$\bar{S}=1$

当 $\bar{R}=1$、$\bar{S}=1$ 时，分两种情况讨论：

（1）触发器前一个输入状态为 $\bar{R}=0$、$\bar{S}=1$，Q 的状态为 0，$\bar{Q}$ 的状态为 1，当前输入时 $\bar{R}$ 由 0 变为 1，此时 $Q\bar{R}=0$，$\bar{Q}$ 的输入端输入一个负脉冲，输出 $\bar{Q}$ 为 1，$\overline{QS}=1$，Q 的输入端输入一个正脉冲，输出 Q 为 0，此时 $Q=0$、$\bar{Q}=1$，保持前一个输出状态。

（2）触发器前一个输入状态为 $\bar{R}=1$、$\bar{S}=0$，Q 的状态为 1，$\bar{Q}$ 的状态为 0，当前输入时 $\bar{S}$ 由 0 变为 1，此时 $Q\bar{R}=1$，$\bar{Q}$ 的输入端输入一个正脉冲，输出 $\bar{Q}$ 为 0，$\overline{QS}=0$，Q 的输入端输入一个负脉冲，输出 Q 为 1，此时 $Q=1$、$\bar{Q}=0$，仍然保持前一个输出状态，称为触发器的记忆功能。

4）$\bar{R}=0$、$\bar{S}=0$

当 $\bar{S}$ 端和 $\bar{R}$ 端同时加负脉冲时，两个"与非"门输出端都为"1"，这与 Q 和 $\bar{Q}$ 的状态应该互补的要求不一致，这种情况是不容许的。另一方面当负脉冲除去后，由于两个与非门的传输时间总是略有区别，当 $\bar{R}$ 和 $\bar{S}$ 同时变为 1 时，触发器的状态即可能保持为 1，又可能保持为 0。这种不确定性是不容许的。因此，使用这种触发器时要避免出现 $\bar{S}$ 端和 $\bar{R}$ 端同时为 0 的情况。

2．功能描述

基本 RS 触发器的功能可由表 17.1 描述，该表称为状态真值表。表中 Q_n 为输入信号改变以前的电路状态，称为现在状态（简称现态）；Q_{n+1} 是输入信号变为当前值后触发器所达到的状态，称为下一状态或次态。由表 17.1 可见，若 $\bar{S}=1$，$\bar{R}$ 由 1 变为 0 时，则触发器将置 0；$\bar{R}=1$、$\bar{S}$ 由 1 变为 0 时，触发器将置 1。因此，输入信号 $\bar{R}$ 和 $\bar{S}$ 均为低电平有效。图 17.5 所示是基本 RS 触发器的输出波形示意图。

表 17.1　基本 RS 触发器的状态真值表

$\bar{R}$	$\bar{S}$	Q_n	Q_{n+1}	功能
0	0	0 1	不定	禁用
0	1	0 1	0	置 0
1	0	0 1	1	置 1
1	1	0 1	0 1	Q_n 保持

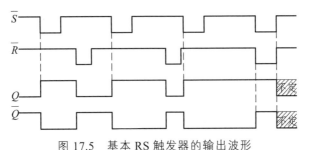

图 17.5　基本 RS 触发器的输出波形

17.2.2　时钟 RS 触发器

上面介绍的基本 RS 触发器具有直接置 0 和直接置 1 的功能，当输入信号 R 或 S 发生变化时，触发器的状态就立即改变。但在时序电路中，要求触发器的翻转时刻受时钟脉冲的控制，而翻转到何种状态由输入信号决定，从而出现了各种受时钟控制的触发器。时钟 RS 触发器是各种时钟触发器的基本形式。

时钟 RS 触发器的逻辑电路如图 17.6（a）所示。图中 R 和 S 为输入信号，为置 0 或置 1端，CP 为时钟脉冲输入端。图 17.6（b）为时钟 RS 触发器的逻辑符号。

在图 17.6 中，"与非"门 G1 和 G2 构成基本触发器，"与非"门 G3 和 G4 构成导引电路，R 和 S 是置 "0" 或 "1" 信号输入端。

在数字电路中所使用的触发器，往往用一种正脉冲来控制触发器的翻转时刻，这种正脉冲就称为时钟脉冲 CP，是一种控制命令。时钟 RS 触发器通过导引电路来实现时钟脉冲对输入端 R 和 S 的控制。当时钟脉冲到来之前，即 CP = 0 时，不论 R 和 S 端的电平如何变化，G3门和 G4 门的输出端均为 "1"，基本触发器保持原状态不变。只有当时钟脉冲来到之后，即 CP = 1 时，触发器才按 R 、S 端的输入状态来决定其输出状态。时钟脉冲过去后，输出状态不变。

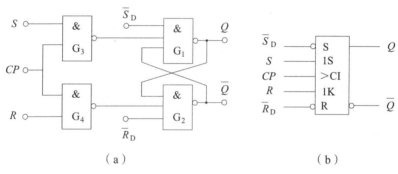

（a）　　　　　　　　　　　　　　　（b）

图 17.6　时钟 RS 触发器

时钟脉冲（正脉冲）来到后，即 CP = 1，G3 门的输出状态受 S 端信号的控制，G4 门受 R端信号的控制。若此时 S = 1 、 R = 0 ，则 G3 门输出将变为 "0"，向 G1 门 "$\overline{S}_\mathrm{D}$" 端送去一个置 "1" 负脉冲，触发器的输出端 Q 将处于 "1" 态。如果此时 S = 0 、 R = 1 ，则 G4 门将向 G2门 "$\overline{R}_\mathrm{D}$" 端送置 "0" 负脉冲，Q 将处于 "0" 态。如果此时 S = R = 0 ，则 G3 门和 G4 门均保持 "1" 态，时钟脉冲过去以后的新状态 Q_{n+1} 和时钟脉冲来到以前的状态 Q_n 一样。如果此时S = R = 1 ，则 G3 门和 G4 门都向基本触发器送负脉冲，

使 G1 门和 G2 门输出端均处于 "1" 态，时钟脉冲过去以后，Q 端是处于 "1" 还是处于 "0" 是不确定的，这种情况应是禁止出现的。

时钟 RS 触发器的波形图如图 17.7 所示。

在图 17.6 中，"触发器"可不经过时钟脉冲 CP 的控制直接置 0 和直接置 1。这是为在工作之前用于初始状态的设置，在工作中处于 "1" 的高电平状态。

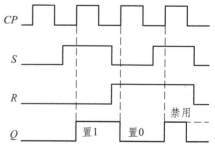

图 17.7　时钟 RS 触发器的波形图

17.2.3 JK 触发器

主从 JK 触发器的逻辑图如图 17.8（a）所示，图 17.8（b）是它的逻辑符号。符号中 $\overline{R}_D$ 及 $\overline{S}_D$ 是直接置 0 和直接置 1 端，所谓直接置 0 和直接置 1 是指该信号对生产 Q 端的作用不受时钟的控制，因此也称为异步置 0 和异步置 1 端，符号上的小圆圈表明是低电平有效。在集成触发器中信号 K 和信号 J 可以有多个，它们的逻辑关系为 $J = J_1 J_2 J_3$，$K = K_1 K_2 K_3$，在图 17.8 中只画出了一个 J 端和一个 K 端。JK 触发器由两个可控的 RS 触发器串连组成，分别称为主触发器和从触发器。通过一个"非"门将两个触发器的 CP 端联系起来。

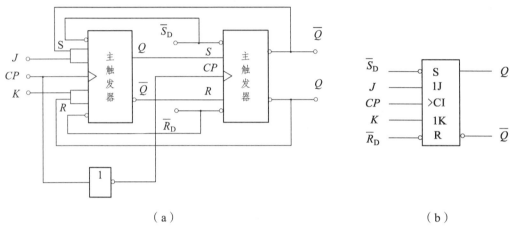

（a）
（b）

图 17.8　主从 JK 触发器的逻辑图

分析图 17.8（a）的 JK 触发器逻辑图可以发现 JK 触发器是在 RS 触发器的基础上稍加改动形成的。JK 触发器的 J、K 信号端与 RS 触发器的 R、S 信号之间的关系为

$$S = J\overline{Q}_n, \quad R = KQ_n$$

将上式代入 RS 触发器的特征方程

$$Q_{n+1} = J\overline{Q}_n + \overline{KQ_n}Q_n \tag{17.2.1}$$

整理方程后，得到 JK 触发器的特征方程

$$Q_{n+1} = J\overline{Q}_n + \overline{K}Q_n \tag{17.2.2}$$

根据 JK 触发器的特征方程和工作原理分 4 种情况讨论 JK 触发器的逻辑功能。

1. $J = 1$，$K = 1$

从 JK 触发器的特征方程可知，当 $J = 1$、$K = 1$ 时，$Q_{n+1} = \overline{Q}_n$。

设时钟脉冲来到之前，即 $CP = 0$ 时，触发器的初始状态为"0"态（即 $Q_n = 0$）。这时主触发器的 $S = J\overline{Q} = 1$、$R = KQ = 0$。当时钟脉冲来到后，即 $CP = 1$ 时，由于主触发器的 $S = 1$ 和 $R = 0$，故翻转为"1"态。当 CP 从"1"下跳为"0"时，这时从触发器的 CP 由 0 变为 1，

从触发器的 $S=1$ 和 $R=0$，它也就翻转为"1"态。反之，设初始状态为"1"态，这时主触发器的 $S=0$ 和 $R=1$，当 $CP=1$ 时，它翻转为"0"态；当 CP 下跳变为"0"时，从触发器也翻转为"0"态。即 $Q_{n+1}=\bar{Q}_n Q_n$。

可见 JK 触发器在 $J=K=1$ 的情况下，来一个时钟脉冲，就使它翻转一次。这表明，在这种情况下，触发器具有计数功能。

2. $J=0$，$K=0$

从 JK 触发器的特征方程可知，当 $J=0$、$K=0$ 时，$Q_{n+1}=Q_n$。

设触发器的初始状态为"0"态。当 $CP=1$ 时，由于主触发器的 $S=0$ 和 $R=0$，它的状态保持不变。当 CP 下跳时，由于从触发器的 $S=0$、$R=1$，也保持原态不变。如果初始状态为"1"态，也保持原态不变。即 $Q_{n+1}=Q_n$。

3. $J=1$，$K=0$

从 JK 触发器的特征方程可知，当 $J=1$、$K=0$ 时，$Q_{n+1}=1$。

设触发器的初始状态为"0"态。当 $CP=1$ 时，由于主触发器的 $S=1$ 和 $R=0$，故翻转为"1"态。当 CP 下跳时，由于从触发器的 $S=1$ 和 $R=0$，故也翻转为"1"态。如果初始状态为"1"态，主触发器由于 $S=1$ 和 $R=0$，当 CP 下跳时也保持"1"态不变。

4. $J=0$，$K=1$

从 JK 触发器的特征方程可知，当 $J=0$、$K=1$ 时，$Q_{n+1}=0$。

通过上面的分析，可以看出主从 JK 触发器在时钟脉冲 $CP=1$ 期间，主触发器接受激励信号，主触发器的状态改变，从触发器状态不变；在 CP 由 1 变为 0 时，从触发器按照主触发器的状态翻转。因为主触发器是一个同步触发器，所以在 $CP=1$ 期间，激励信号始终作用于主触发器。

表 17.2 所示是 JK 触发器的状态真值表。

表 17.2　JK 触发器的状态真值表

J	K	Q_n	Q_{n+1}	功能
0	0	0 1	Q_n	保持
0	1	0 1	0	置 0
1	0	0 1	1	置 1
1	1	0 1	$\bar{Q}_n$	翻转

如图 17.9 所示是 JK 触发器的输出波形图。

17.2.4 D 触发器

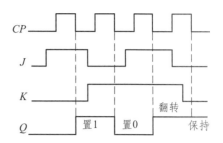

图 17.9 JK 触发器的输出波形图

前面讨论的主从触发器对激励信号的要求比较严格，抗干扰能力弱；而边沿触发器只要求激励信号在时钟触发边沿的前后几个延迟时间内保持不变，触发器就可以稳定地工作。边沿触发器的时钟触发方式有两种：一种是上升沿触发，另一种是下降沿触发。本节以时钟触发方式为上升沿触发的维持阻塞型 D 触发器为例介绍。

上升沿触发器的 D 触发器的逻辑图如图 17.10（a）所示，逻辑符号如图 17.10（b）所示，输出波形图如图 17.10（c）所示。在图 17.10（b）中，符号" > "表示动态输入，说明该触发器响应于该输入端的 CP 信号的边沿。D 为信号输入端或称激励端。

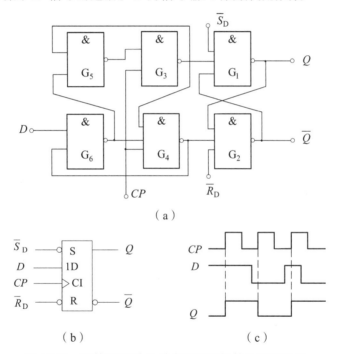

图 17.10 维持阻塞型 D 触发器的逻辑符号和波形图

在图 17.10（a）中，G1、G2 组成基本触发器，G3、G4 组成时钟控制电路，G5、G6 组成数据输入电路。

下面分两种情况来分析维持阻塞型 D 触发器的逻辑功能。

1. D = 0

当时钟脉冲来到之前，即 $CP = 0$ 时，G3、G4 和 G6 的输出均为"1"，G5 因输入端全"1"而输出为"0"。这时，触发器的状态不变。

当时钟脉冲从"0"上跳为"1"，即 $CP = 1$ 时，G6、G5 和 G3 的输出保持原状态未变，而 G4 因输入端全"1"其输出由"1"变为"0"。这个负脉冲一方面使基本触发器置 0，同时反馈到 G6 的输入端，使在 $CP=1$ 期间不论 D 作何变化，触发器保持 "0" 态不变（不会空翻）。

2. D=1

当 $CP=0$ 时，G3 和 G4 的输出为 "1"，G6 的输出为 "0"，G5 的输出为 1，这时触发器的状态不变。

当 $CP=1$ 时，G3 的输出由 "1" 变为 "0"。这个负脉冲一方面使基本触发器置 1，同时反馈到 G4 和 G5 的输入端，使在 $CP=1$ 期间不论 D 作任何变化，只能改变 G6 的输出状态，而其他均保持不变，即触发器保持 "1" 态不变。

由上可知，维持阻塞型 D 触发器具有在时钟脉冲上升沿触发的特点，其逻辑功能为：输出端 Q 的状态随着输入端 D 的状态而变化，但总比输入端状态的变化晚一步，即某个时钟脉冲来到之后 Q 的状态和该脉冲来到之前 D 的状态一样。

综上所述，D 触发器的特性方程为

$$Q_{n+1} = D \tag{17.2.3}$$

表 17.3 所示为 D 触发器的逻辑状态表。

表 17.3　D 触发器的逻辑状态表

D	Q_n	Q_{n+1}	功能
0	0 1	0	置 0
1	0 1	1	置 1

17.2.5　触发器逻辑功能变换

虽然各种触发器的逻辑功能不同，但是按照一定的原则，进行适当的变换，可以将一种逻辑功能的触发器转换成另一种逻辑功能的触发器。下面举例说明。

1. 将 D 触发器转换成 JK 触发器

若要将 D 触发器转换成 JK 触发器，比较两个触发器的特征方程，可以得到转换电路。已知 D 触发器的特征方程为 $Q_{n+1}=D$，JK 触发器的特征方程为 $Q_{n+1}=J\overline{Q}_n+\overline{K}Q_n$。比较两个触发器的特征方程，求得转换电路的方程

$$D = J\overline{Q}_n + \overline{K}Q_n \tag{17.2.4}$$

如果用与非门实现上述表达式，则

$$D = \overline{\overline{J\overline{Q}_n} \cdot \overline{\overline{K}Q_n}} \tag{17.2.5}$$

用 D 触发器和转换电路构成的 JK 触发器如图 17.11 所示。需要注意的是，新转换成的 JK 触发器与原有的 D 触发器时钟边沿一致，都是 CP 的上升沿触发。从式（17.2.4）可知，当 $J=0$，$K=0$ 时，$D=Q_n$，即 $Q_{n+1}=Q_n$；当 $J=1$，$K=0$ 时，$D=1$，即 $Q_{n+1}=1$；当 $J=0$，$K=1$ 时，

$D = 0$，即 $Q_{n+1} = 0$；当 $J = 1$，$K = 1$时，$D = Q_{n+1} = \overline{Q}_n$。从上述分析可知，其逻辑结果与 JK 触发器的逻辑结果完全一致。

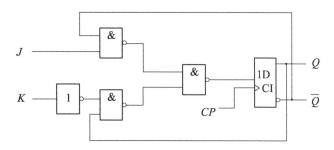

图 17.11 D 触发器和转换电路构成的 JK 触发器

2. 将 JK 触发器转换成 D 触发器

若要将 JK 触发器转换成 D 触发器，可以采用相似的方法。

JK 触发器的特征方程为 $Q_{n+1} = J\overline{Q}_n + \overline{K}Q_n$，D 触发器的特征方程为 $Q_{n+1} = D$，比较两式，将 D 触发器的特征方程进行下面的变换

$$Q_{n+1} = D = D(Q_n + \overline{Q}_n) = DQ_n + D\overline{Q}_n \tag{17.2.6}$$

比较 JK 及 D 触发器变换后的方程，令 $J = D$，$K = \overline{D}$，则可将 JK 触发器的逻辑功能转换成 D 触发器的逻辑功能，转换的逻辑功能图如图 17.12（a）所示，逻辑符号如图 17.12（b）所示。

当 $D = 1$，即 $J = 1$ 和 $K = 0$ 时，在 CP 的下降沿触发器翻转为（或保持）"1" 态；$D = 0$，即 $J = 0$ 和 $K = 1$ 时，在 CP 的下降沿触发器翻转为（或保持）"0"。变换后的 D 触发器是在时钟脉冲 CP 的下降沿翻转。

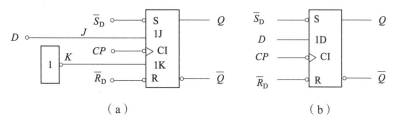

（a） （b）

图 17.12 JK 触发器转换成 D 触发器的逻辑功能图和符号

思考与练习

（1）$\overline{R}$ 端通常被称为_____端，$\overline{S}$ 端通常被称为_____端。

（2）为什么要禁止出现 $\overline{R} = 0$、$\overline{S} = 0$ 的情况？

（3）在时钟 RS 触发器中 CP 的作用是什么？

（4）简述时钟 RS 触发器的工作过程。

（5）依据表达式 $Q_{n+1} = J\bar{Q}_n + \bar{K}Q_n$ 和图 17.8 描述 JK 触发器的工作原理。

17.3　时序逻辑电路的分析方法

时序电路可分为同步时序电路和异步时序电路两大类。

就异步电路而言，又可分成脉冲型和电平型两类。前者的输入信号为脉冲，后者的输入信号为电平。图 17.4 所示的基本 RS 触发器响应输入信号 $\bar{R}$ 和 $\bar{S}$ 的电平，就是一个典型的电平异步电路。

由于各种触发器都是由基本 RS 触发器构成的，从这个意义上说，任何时序电路本质上都是电平异步电路。然而，电平异步电路的设计较为复杂，电路各部分之间的时间关系也难以协调。因此，人们用简单的电平异步电路（如 RS 电路）精心地构成了各种时钟触发器。这样，对于广大的数字电路或系统的设计人员来说，就可以用这些触发器作为记忆元件构成同步时序电路和脉冲异步电路，而不必深入地了解电平异步电路的工作机理和设计方法。

由于脉冲异步电路有许多缺点，在实际的数字系统中，同步时序电路得到了最为广泛的应用。因此，本书将不对电平异步时序电路和脉冲异步时序电路展开讨论，而只讨论同步时序电路。

17.3.1　时序电路概述

1.　时序电路的特点及其结构

在有些逻辑电路中，任一时刻的输出信号不仅取决于该时刻输入信号，而且还与电路原来的状态有关，或者说，与电路原来的输入信号有关。具备这种功能的电路被称为时序逻辑电路。时序电路中含有存储电路，以便存储电路某一时刻之前的状态，这些存储电路多数由触发器构成。

时序电路的基本结构如图 17.13 所示，它由组合电路和存储电路两部分组成。

图 17.13 中 X（X_1、X_2、…、X_n）是时序电路的输入信号，Z（Z_1、Z_2、…、Z_m）是时序电路的输出信号，W（W_1、W_2、…、W_h）是存储电路的输入信号，Y（Y_1、Y_2、…、Y_k）是存储电路的输出信号，存储电路所需要的时钟信号未标出，这些信号之间的逻辑关系可以用下列三个方程表示。

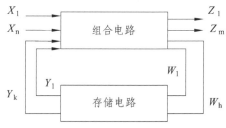

图 17.13　时序逻辑电路结构图

输出方程：$Z(t_n) = F[X(t_n), Y(t_n)]$　　　　　　　　　　　　（17.3.1）

驱动方程：$W(t_n) = H[X(t_n), Y(t_n)]$　　　　　　　　　　　　（17.3.2）

状态方程：$Y(t_{n+1}) = G[W(t_n), Y(t_n)]$　　　　　　　　　　　（17.3.3）

方程中 t_n、t_{n+1} 表示相邻的两个离散时间，$Y(t_n)$ 表示各触发器在加入时钟之前的状态，简称现态或原状态。$Y(t_{n+1})$ 则表示加入时钟之后触发器的状态，简称次态或新状态。由输出方程可知，t_n 时刻时序电路的输出 $Z(t_n)$ 与该时刻的输入 $X(t_n)$ 和触发器现态 $Y(t_n)$ 有关。

时序电路的特点：构成时序逻辑电路的基本单元是触发器，时序电路在任何时刻的稳定输出，不仅与该时刻的输入信号有关，而且还与电路原来的状态有关。

2. 时序电路的分类

时序电路应用广，电路种类多，因此时序电路有多种分类方式。

根据时序电路输出信号的特点不同，可以将时序电路分为穆尔型（Moore）电路和米里型（Mealy）电路。实际中，有的时序电路输出只与触发器现态 $Y(t_n)$ 有关，与输入 $X(t_n)$ 无关。因此，时序电路的输出方程可写成

$$Z(t_n) = F[Y(t_n)] \tag{17.3.4}$$

这种时序电路称穆尔型电路，输出仅决定于存储电路的状态，与电路当前的输入无关。

输出符合式（17.3.1）的时序电路，则称为米里型电路，输出不仅取决于存储电路的状态，而且还决定于电路当前的输入。

根据时序电路中时钟信号的连接方式，可将其分为同步时序电路和异步电路两大类。

在同步时序电路中，存储电路里所有触发器的时钟端与同一个时钟脉冲源相连，在同一个时钟脉冲作用下，所有触发器的状态同时发生变化。因此，时钟脉冲对存储电路的更新起着同步作用，故称这种时序电路为同步时序电路。同步时序电路的特点是所有触发器状态的变化都是在同一时钟信号操作下同时发生。

异步时序电路没有统一的时钟脉冲，有的触发器的时钟输入与时钟脉冲相接，而有些触发器的时钟输入不与时钟脉冲相连，后者的状态变化则不与时钟脉冲源同步。异步时序电路的特点是触发器状态的变化不是同时发生。

17.3.2 同步时序电路的分析

同步时序电路的分析是根据给定的同步时序电路，首先列写方程；然后分析在时钟信号和输入信号的作用下，电路状态的转换规律以及输出信号的变化规律；最后说明该电路完成的逻辑功能。由于同步时序电路中所有触发器都是在同一个时钟信号作用下工作，因此同步时序电路的分析要比异步时序电路的分析简单。

下面介绍同步时序电路的分析步骤：

（1）根据给定的同步时序电路列写方程，主要方程有时序电路的输出方程和各触发器的驱动方程。

（2）将触发器的驱动方程代入对应触发器的特征方程，求出各触发器的状态方程，也就是时序电路的状态方程。

（3）根据时序电路的输出方程和状态方程，计算时序电路的状态转换表、状态转换图或时序图三种形式中的任何一种，它们之间可以互相转换。状态转换表也称态序表。

（4）根据上述分析结果，用文字描述给定同步时序电路的逻辑功能。

这里给出的分析步骤不是必须执行且固定不变的步骤，实际应用中可以根据具体情况有所选取。如有的时序电路没有输出信号，分析时也就没有输出方程。

思考与练习

（1）简述时序电路的特点。

（2）什么是同步时序电路?

17.4 常用的时序逻辑电路

触发器具有时序逻辑的特征，可以由它组成各种逻辑时序电路，在本节只介绍寄存器和计数器的时序逻辑电路。

17.4.1 寄存器

寄存器与移位寄存器均是数字系统中常见的主要器件，寄存器用来存放二进制数码或信息，移位寄存器除具有寄存器的功能外，还可以将数码移位。

寄存器用来暂时存放参与运算的数据和运算结果。一个触发器只能寄存一位二进制数，要存多位数时，就得用多个触发器。常用的有四位，八位，十六位等寄存器。

寄存器存放数码的方式有并行和串行两种。并行方式就是数码各位从对应位输入端同时输入到寄存器中；串行方式就是数码从一个输入端逐位输入到寄存器中。

从寄存器取出数码的方式也有并行和串行两种。在并行方式中，被取出的数码各位在对应于各位的输出端上同时出现；而在串行方式中，被取出的数码在一个输出端逐位出现。

寄存器分为数码寄存器和移位寄存器两种，其区别在于有无移位的功能。

寄存器的功能是存放二进制数码，就必须具有记忆单元，即触发器，每个触发器能存放一位二进制码，存放 N 位数码就应具有 N 个触发器。寄存器为了保证正常存放数码，还必须有适当的门电路组成控制电路。下面介绍两种寄存器。

1. 2 位代码寄存器

图 17.14 所示是由基本 RS 触发器和门电路构成的 2 位代码寄存器。图 17.14（a）为双拍工作方式，先由负脉冲清零，再由正脉冲接收输入代码。图 17.14（b）为单拍工作方式，不需要事先清零。凡有置 0、置 1 功能的各种触发器均可作寄存器。

以图 17.14（a）为例说明工作原理。设输入数据为 11，当接收脉冲为 1 时，G1 和 G2 的输出为 0，使 0、1 两个 RS 触发器的输出 Q_1 和 Q_2 均为 1，即输出为 11。

2. 数码寄存器

图 17.15 所示是一种四位数码寄存器。输入端是 4 个与门，输入四位二进制数 $d_0 \sim d_3$。当与门的输入信号 $IE = 1$ 时，把输入与门打开，$d_0 \sim d_3$ 便可输入。当时钟脉冲 $CP = 1$ 时，$d_0 \sim d_3$ 以取反的方式寄存在 4 个 D 触发器 $FF_0 \sim FF_3$ 的 $\bar{Q}$ 端。输出端是 4 个三态非门。取出数据时，使三态门的输出端控制信号 $OE = 1$，$d_0 \sim d_3$ 便可从三态门的 $Q_0 \sim Q_3$ 端输出。

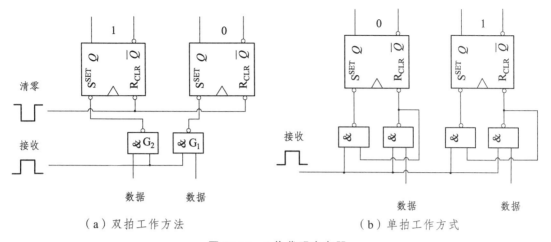

（a）双拍工作方法　　　　　　　（b）单拍工作方式

图 17.14　2 位代码寄存器

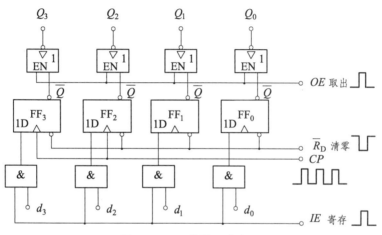

图 17.15　四位数码寄存器

17.4.2　移位寄存器

具有移位功能的寄存器称为移位寄存器，简称移存器。移存器除了可以寄存数码外，还可以在时钟脉冲的控制下将所存的数码向左移或右移一位。也就是指寄存器的数码可以在移位脉冲的控制下依次进行移位。在此仅介绍单向移位寄存器。

图 17.16 所示是由 JK 触发器组成的 4 位移位寄存器。FF_0 接成触发器，数码由 D 端输入。设寄存的二进制数为"1011"，按移位脉冲（即时钟脉冲）的工作节拍从高位到低位依次串行送到 D 端。首先 $D=1$，第一个移位脉冲的下降沿来到时使触发器 FF_0 翻转，$Q_0=1$，其他仍保持"0"态。接着 $D=0$，第二个移位脉冲的下降沿来到时使 FF_0 和 FF_1 同时翻转，由于 FF_1 的 J 端为 1，FF_1 的 K 端为 0，所以 $Q_1=1$、$Q_0=0$，Q_2 和 Q_3 仍为"0"。以后过程如表 17.4 所示，移位一次，存入一个新数码，直到第 4 个脉冲的下降沿来到时，存数结束。这时，可以从 4 个触发器的 Q 端得到并行的数码输出。

如果经过 4 个移位脉冲，则所存的"1011"逐位从 Q_3 端串行输出。

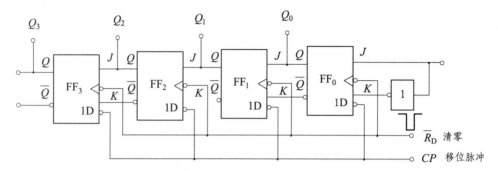

图 17.16 由 JK 触发器组成的四位移位寄存器

表 17.4 移位寄存器的状态表

移位脉冲	寄存器中的数码				移位过程
	Q_3	Q_2	Q_1	Q_0	
0	0	0	0	0	清 零
1	0	0	0	1	左移一位
2	0	0	1	0	左移二位
3	0	1	0	1	左移三位
4	1	0	1	1	左移四位

17.4.3 计数器

在数字电路中，能够记忆输入脉冲个数的电路称为计数器，计数器是一个十分重要的逻辑器件。计数器按其计数方式的不同可以分为同步计数器和异步计数器，每一种计数器又可以分为二进制计数器、十进制计数器和任意进制计数器。

1. 二进制计数器

二进制只有 0 和 1 两个数码。所谓二进制加法，就是"逢二加一"，即 0 + 1=1，1 + 1=10。也就是每当本位是 1，再加 1 时，本位便变为 0，而向高位进位，使高位加 1。

由于双稳态触发器有"1"和"0"两个状态，所以一个触发器可以表示一位二进制数，如果要表示 n 位二进制数，就得用 n 个触发器。

根据上述，我们可以列出四位二进制加法计数器的状态表，如表 17.5 所示，表中还列出对应的十进制数。

要实现表 17.5 所列的四位二进制加法计数，必须用 4 个双稳态触发器，它们具有计数功能。采用不同的触发器可有不同的逻辑电路，即使用同一种触发器也可得出不同的逻辑电路。下面介绍两种二进制加法计数器。

1）异步二进制加法计数器

采用从低位到高位逐位进位的方式工作。构成原则是：对一个多位二进制数来讲，每一位如果已经是 1，则再记入 1 时应变为 0，同时向高位发出进位信号，使高位翻转。

表 17.5　四位二进制加法计数状态转换表

计数顺序	电路状态				等效十进制数	进位输出 C
	Q_3	Q_2	Q_1	Q_0		
0	0	0	0	0	0	0
1	0	0	0	1	1	0
2	0	0	1	0	2	0
3	0	0	1	1	3	0
4	0	1	0	0	4	0
5	0	1	0	1	5	0
6	0	1	1	0	6	0
7	0	1	1	1	7	0
8	1	0	0	0	8	0
9	1	0	0	1	9	0
10	1	0	1	0	10	0
11	1	0	1	1	11	0
12	1	1	0	0	12	0
13	1	1	0	1	13	0
14	1	1	1	0	14	0
15	1	1	1	1	15	1
16	0	0	0	0	0	0

　　异步计数器的计数脉冲 CP 不是同时加到各位触发器。最低位触发器由计数脉冲触发翻转，其他各位触发器有时需由相邻低位触发器输出的进位脉冲来触发，因此各位触发器状态变换的时间先后不一，只有在前级触发器翻转后，后级触发器才能翻转。

　　如图 17.17 所示为用 4 个主从型 JK 触发器来组成的四位异步二进制加法计数器。每个触发器的 J、K 端悬空，相当于"1"，故具有计数功能。触发器的进位脉冲从 Q 端输出送到相邻高位触发器的 C，这符合主从型触发器在输入正脉冲的下降沿触发的特点。图 17.18 所示是它的工作波形图。

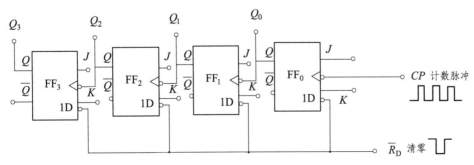

图 17.17　JK 型触发器构成的四位异步二进制加法计数器

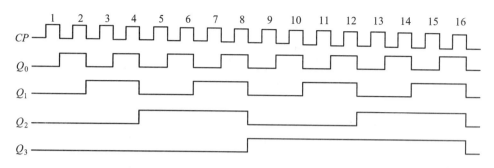

图 17.18　图 17.17 所示电路的波形图

这种触发器所以称为"异步"加法计数器，是由于计数脉冲不是同时加到各位触发器的 CP 端，而只加到最低位触发器，其他各位触发器则由相邻低位触发器输出的进位脉冲来触发，因此它们状态的变换有先有后，是异步的。

2. 同步二进制加法计数器

同步计数器：计数脉冲同时接到各触发器，计数脉冲到来时各触发器可以同时翻转。异步二进制加法计数器线路连接简单，各触发器是逐级翻转，因此工作速度较慢。同步计数器由于各触发器同步翻转，因此工作速度快，但接线较复杂。

同步计数器组成原则：根据翻转条件，确定触发器级间连接方式——找出 J、K 输入端的连接方式。

构成原则：对一个多位二进制数来讲，当在其末尾上加 1，若要使第 i 位改变（由 0 变 1，或由 1 变 0），则第 i 位以下皆应为 1。

如：　　1 0 1 1 0 1 1
　　　+　　　　　　　1
　　　=　1 0 1 1 1 0 0

由上可知，高四位状态未变，而低三位状态发生变化。

从状态表 17.6 可看出，最低位触发器 FF_0 每来一个脉冲就翻转一次；FF_1 当 $Q_0 = 1$ 时，再来一个脉冲则翻转一次；FF_2 当 $Q_0 = Q_1 = 1$ 时，再来一个脉冲则翻转一次。

如果计数器还是用 4 个主从型 JK 触发器组成，根据表 17.5 可得出各位触发器的 J、K 端的逻辑关系式：

（1）第一位触发器 FF_0，每来一个计数脉冲就翻转一次，$J_0 = K_0 = 1$。

（2）第二位触发器 FF_1，在 $Q_0 = 1$ 时再来一个脉冲才翻转，$J_1 = K_1 = Q_0$。

（3）第三位触发器 FF_2，在 $Q_1 = Q_2 = 1$ 时再来一个脉冲才翻转，故 $J_2 = K_2 = Q_1 Q_2$；

（4）第四位触发器 FF_3，在 $Q_2 = Q_1 = Q_0 = 1$ 时再来一个脉冲才翻转，故 $J_3 = K_3 = Q_2 Q_1 Q_0$。

根据以上关系可以得到四位二进制同步加法计数器级间连接的逻辑关系如表 17.7 所示。

由上述逻辑关系可得出图 17.19 所示的四位同步二进制加法计数器的逻辑图。图 17.19 中，每个触发器有多个 J 端和 K 端，J 端之间和 K 之间都是"与"的逻辑关系。

表 17.6　二进制加法计数器状态表

脉冲数 （CP）	二进制数		
	Q_2	Q_1	Q_0
0	0	0	0
1	0	0	1
2	0	1	0
3	0	1	1
4	1	0	0
5	1	0	1
6	1	1	0
7	1	1	1
8	0	0	0

表 17.7　四位二进制同步加法计数器级间连接的逻辑关系

	触发器翻转条件	J、K 端逻辑表达式
FF_0	每输入一 CP 翻一次	$J_0 = K_0 = 1$
FF_1	$Q_0 = 1$	$J_1 = K_1 = Q_0$
FF_2	$Q_1 = Q_0 = 1$	$J_2 = K_2 = Q_1 Q_0$
FF_3	$Q_2 = Q_0 = 1$	$J_3 = K_3 = Q_2 Q_1 Q_0$

在上述的四位二进制加法计数器中，当输入第 16 个计数脉冲时，又将返回初始状态 "0000"。如果还有第五位触发器的话，这时应是 "10000"，即十进制数 16。但是现在只有四位，这个数就记录不下来，这称为计数器的溢出。因此，四位二进制加法计数器，能记得的最大十进制数为 $2^4 - 1 = 15$。n 位二进制加法计数器，能记录的最大十进制数为 $2^n - 1$。

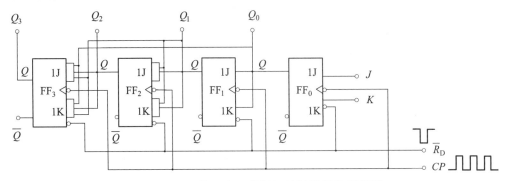

图 17.19　四位同步二进制加法计数器的逻辑图

3. 二-十进制计数器

前面介绍了四位二进制计数器，在四位二进制计数器的基础上可以得出四位十进制计数器，所以称为二-十进制计数器。

二-十进制采用 8421 编码方式，取四位二进制数前面的"0000"～"1001"来表示十进制的 0~9 这 10 个数码，而去掉后面的"1010"～"1111"等 6 个数。也就是计数器计到第 9 个脉冲时再来一个脉冲，即由"1001"变为"0000"。经过 10 个脉冲循环一次。表 17.8 所示是 8421 码十进制加法计数器的状态表。

表 17.8　十进制加法计数器状态表

脉冲数（CP）	二进制数				十进制数
	Q_3	Q_2	Q_1	Q_0	
0	0	0	0	0	0
1	0	0	0	1	1
2	0	0	1	0	2
3	0	0	1	1	3
4	0	1	0	0	4
5	0	1	0	1	5
6	0	1	1	0	6
7	0	1	1	1	7
8	1	0	0	0	8
9	1	0	0	1	9
10	0	0	0	0	进位

1）同步十进制计数器

与二进制加法计数器比较（比较表 17.5 与表 17.8），来第 10 个脉冲不是由"1001"变为"1010"，而是恢复为"0000"，即要求第二位触发器 FF_1 不得翻转，保持"0"态，第四位触发器 FF_3 应翻转为"0"。十进制加法计数器采用 4 个主从型 JK 触发器组成时，J、K 端的逻辑关系式如下。

（1）第一位触发器 FF_0，每来一个计数脉冲就翻转一次，$J_0 = 1$、$K_0 = 1$。

（2）第二位触发器 FF_1，在 $Q_0 = 1$ 时再来一个脉冲翻转，而在 $Q_3 = 1$ 时不得翻转，故 $J_1 = Q_0 Q_3$、$K_1 = Q_0$。

（3）第三位触发器 FF_2，在 $Q_1 = Q_0 = 1$ 时再来一个脉冲翻转，故 $J_2 = Q_1 Q_0$，$K_2 = Q_1 Q_0$。

（4）第四位触发器 FF_3，在 $Q_2 = Q_1 = Q_0 = 1$ 时，再来一个脉冲翻转，并来第 10 个脉冲时应由"1"翻转为"0"，故 $J_3 = Q_2 Q_1 Q_0$，$K_3 = Q_0$。

根据以上关系可以得到四位二进制同步加法计数器级间连接的逻辑关系如表 17.9 所示。

表 17.9　四位十进制同步加法计数器级间连接的逻辑关系

	触发器翻转条件	J、K 端逻辑表达式
FF_0	每输入一 CP 翻一次	$J_0 = K_0 = 1$
FF_1	$Q_0 = 1$	$J_1 = Q_0 Q_3$，$K_1 = Q_0$
FF_2	$Q_1 = Q_0 = 1$	$J_2 = K_2 = Q_1 Q_0$
FF_3	$Q_2 = Q_0 = 1$	$J_3 = Q_2 Q_1 Q_0$，$K_3 = Q_0$

根据四位十进制同步加法计数器级间连接的逻辑关系可得出图 17.20 所示同步十进制加法计数器的逻辑图。图 17.21 是十进制加法计数器的工作波形图。

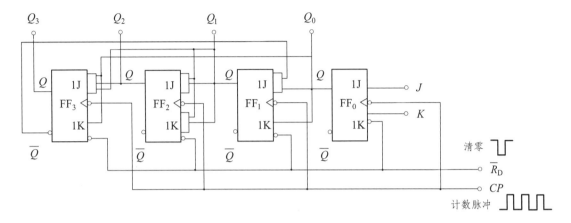

图 17.20　十进制同步加法计数器的逻辑图

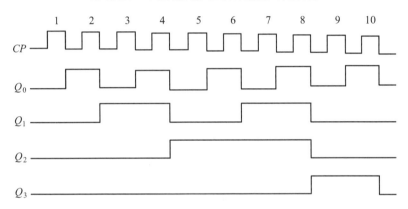

图 17.21　十进制加法计数器的工作波形图

比较四位十进制同步加法计数器级间连接的逻辑关系和图 17.19、图 17.20 中各位触发器 J 、K 端的连接方式，将发现只有触发器 FF_1 的 J 端和触发器 FF_3 的 K 端连接方式不同。

2）异步十进制计数器

图 17.22（a）所示是 CT74LS290 型二-五-十进制计数器的逻辑图，图 17.22（b）是外引线排列图，表 17.10 是功能表。$R_{0(1)}$ 和 $R_{0(2)}$ 是清零输入端，从表 17.10 可见，当两端全为"1"时，将 4 个触发器清零。$S_{9(1)}$ 和 $S_{9(2)}$ 是置 9 输入端，同样，由功能表可见，当两端全为"1"时，$Q_3Q_2Q_1Q_0 =1001$，即表示十进制数 9。清零时，$S_{9(1)}$ 和 $S_{9(2)}$ 中至少有一端为"0"，不使置 1，以保证清零可靠进行。它有两个时钟脉冲输入端 CP_0 和 CP_1。下面按二-五-十进制 3 种情况来分析。

（1）只输入计数脉冲 CP_0，由 Q_0 输出，FF_1～FF_3 三位触发器不用，为二进制计数器。

（2）只输入计数脉冲 CP_1，由 Q_3、Q_2、Q_1 端输出，为五进制计数器。

（3）将 Q_0 端与 CP_1 端连接，输入计数脉冲 CP_0。这时，由逻辑图得出各位触发器的 J、K 端的逻辑关系式：

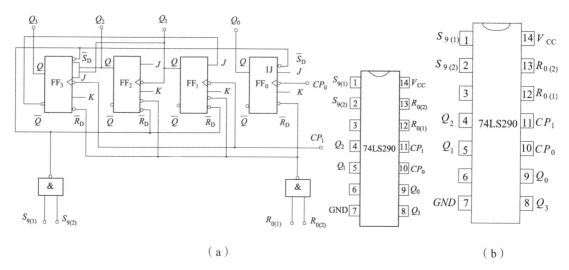

（a）　　　　　　　　　　　　　　（b）

图 17.22　CT74LS290 型二-五-十进制计数器的外引线排列图

表 17.10　74LS290 功能表

时　钟		清零输入		置 9 输入		输　出			
CP_0	CP_1	$R_{0(1)}$	$R_{0(2)}$			Q_3	Q_2	Q_1	Q_0
$\times$	$\times$	1	1	0	$\times$	0	0	0	0
$\times$	$\times$	1	1	$\times$	0	0	0	0	0
$\times$	$\times$	0	$\times$	1	1	1	0	0	1
$\times$	$\times$	$\times$	0	1	1	1	0	0	1
CP	0					二进制数，Q_0 输出			
0	CP	有 0		有 0		五进制计数，$Q_3Q_2Q_1$			
CP	CP					十进制计数，$Q_3Q_2Q_1Q_0$			

$$J_0 = 1, \qquad K_0 = 1$$
$$J_1 = Q_3, \qquad K_1 = 1$$
$$J_2 = 1, \qquad K_2 = 1$$
$$J_3 = Q_2Q_1, \qquad K_3 = 1$$

　　而后逐步由现状态分析下一状态（从初始状态"0000"开始）。一直分析到恢复为"0000"为止。列出状态表，可知为 8421 码十进制计数器。

　　3）任意进制计数器

　　用一片 CT74LS290 构成 10 以内的任意进制计数器。下面以构成六进制计数器为例加以介绍。其六进制计数器的输出状态如表 17.11 所示。

表 17.11 六进制计数器的输出状态表

脉冲数 (CP)	二进制数				六进制数
	Q_3	Q_2	Q_1	Q_0	
0	0	0	0	0	0
1	0	0	0	1	1
2	0	0	1	0	2
3	0	0	1	1	3
4	0	1	0	0	4
5	0	1	0	1	5

从表 17.11 可知, 六进制计数器的输出从 "0000" 开始到 "0101" 结束。当状态 "0110" 出现时, 将 $Q_2 = 1$, $Q_1 = 1$ 送到复位端 R_{01} 和 R_{02}, 使计数器立即清零, 状态 "0110" 仅瞬间存在。当计数器清零后, 重新开始新一轮计数。这样, 计数器的计数变为六进制计数方式。据此, 画出六进制计数器连线图如图 17.23 所示。

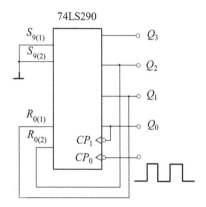

图 17.23 六进制计数器连线图

思考与练习

（1）如何区分数码寄存器和移位寄存器？

（2）异步二进制加法计数器与同步二进制加法计数器的主要区别是什么？

17.5 由 555 定时器组成的单稳态触发器和无稳态触发器

双稳态触发器具有两个稳定的状态, 从一个稳定状态翻转到另一个稳定状态由触发脉冲触发, 触发脉冲消失后, 稳定状态能一直保持。单稳态触发器在信号未加之前处于稳定状态, 在触发脉冲的触发下, 触发器发生翻转, 但新的稳态只能暂时保持（暂稳态）, 经过一定时间后自动翻转到原来的稳定状态。所以只有一个稳定状态, 故称为 "单稳态" 触发器。无稳态触发器没有稳定状态, 也不需外加触发脉冲, 就能输出一定频率的矩形脉冲, 由于矩形波含有大量的谐波, 所以称为多谐振荡器。通过对 555 定时器外部不同的连接, 可以构成单稳态触发器和无稳态触发器（多谐振荡器）。

17.5.1 由 555 定时器组成的单稳态触发器

如图 17.24 所示是 555 定时器的逻辑电路, 图 17.25 所示是 555 定时器的外引线排列图。

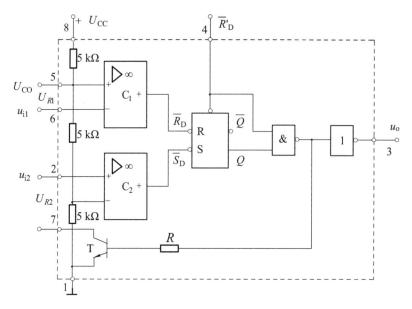

图 17.24　555 定时器的逻辑电路

555 定时器含有两个电压比较器 C_1 和 C_2 ，一个由"与非"门组成的基本 RS 触发器，一个与门，一个非门，一个放电晶体管 T 以及由 3 个 5 kΩ 的电阻组成的分压器。比较器 C_1 的参考电压为 $2/3U_{CC}$ ，加在同相输入端；C_2 的参考电压为 $1/3U_{CC}$ ，加在反相输入端，两个电压均由分压器上取得。5 端外接固定电压 U_{CO} ，则 $U_{R1} = U_{CO}$ ；若 5 端不用时需经电容接地以防干扰。555 定时器的管脚作用请查阅 555 定时器手册。

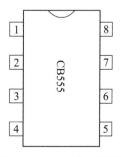

图 17.25　555 定时器的外引线排列图

通过对 555 定时器的外引线接线方式的改变，可以构成由 555 定时器组成的单稳态触发器，如图 17.26 所示。图中 R 和 C 是外接元件，触发脉冲 u_i 由 2 端输入。其波形图如图 17.27 所示。

当触发脉冲尚未输入时。u_i 为"1"，其值大于 $1/3U_{CC}$ ，故比较器 C_2 的输出为"1"。若触发器原状态 $Q = 0$ ，$\overline{Q} = 1$ ，则晶体管 T 饱和导通，$u_C = 0.3$ V ，其值远低于 $2/3U_{CC}$ ，故比较器 C_1 的输出也为"1"，触发器的状态保持不变。若触发器原状态 $Q = 1$ ，$\overline{Q} = 0$ ，则晶体管 T 截止，U_{CC} 通过 R 对电容 C 充电，当 u_C 上升略高于 $2/3U_{CC}$ 时，比较器 C_1 的输出为"0"，将触发器置 0，翻转为 $Q = 0$ ，$\overline{Q} = 1$ 。

可见，在稳定状态时 $Q = 0$ ，输出电压 u_o 为"0"。

在 t_1 时刻，输出触发负脉冲，其幅度低于 $1/3U_{CC}$ ，故 C_2 的输出为"0"，将触发器置 1，u_o 由"0"变为"1"，电路进入暂稳状态。这时因 $Q = 0$ ，晶体管截止，电源对电容 C 充电。虽然在 t_2 时刻触发脉冲已消失，C_2 的输出变为"1"，但充电继续进行，直到 u_C 上升略高于 $2/3U_{CC}$ 时（在 t_3 时刻），C_1 的输出为"0"，从而使触发器自动翻转到 $Q = 0$ 的稳定状态。此后电容迅速放电。

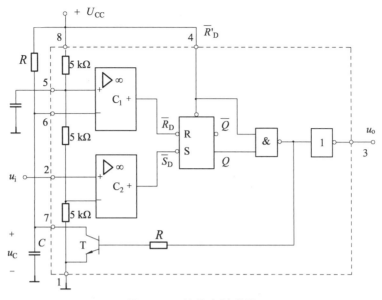

图 17.26 单稳态触发器

输出是矩形脉冲，其宽度（暂稳状态持续时间）为

$$t_p = RC\ln 3 = 1.1RC \qquad (17.5.1)$$

由式（17.5.1）可知：

（1）改变 RC 值，可改变脉冲宽度 t_p，从而可以进行定时控制。如在图 17.28 中，单稳态触发器输出的是一宽度为 t_p 的矩形脉冲，把它作为"与"门输入信号之一，只有在它存在的 t_p 时间内（如 1 s 内），信号 u_A 才能通过"与"门。

（2）输入脉冲的波形往往是不规则的（如由光电管构成的脉冲源），这种波形的边沿不陡、幅度不齐，不能直接输入

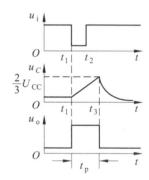

图 17.27 单稳态触发器波形图

到数字装置，需要经单稳态触发器或另外某种触发器整形。因为单稳态触发器的输出只有"1"和"0"两种状态，在 RC 值一定时，就可得到幅度和宽度一定的矩形波形输出脉冲，如图 17.29 所示。

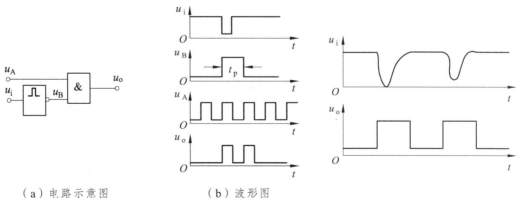

（a）电路示意图　　　（b）波形图

图 17.28 单稳态触发器的定时控制　　　图 17.29 脉冲整形

17.5.2 由 555 定时器组成的无稳态触发器

图 17.30 所示是由 555 定时器组成的多谐振荡器，R_1、R_2 和 C 是外接元件。图 17.31 所示是其波形图。

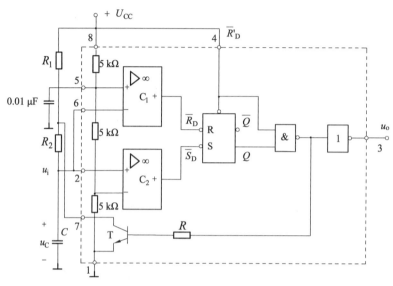

图 17.30 555 定时器组成的多谐振荡器

接通电源 U_{CC} 后，它经电阻 R_1 和 R_2 对电容 C 充电，当 u_C 上升略高于 $2/3U_{CC}$ 时，比较器 C_1 的输出为"0"，将触发器置"0"，u_o 为"0"。这时 $Q=1$，放电管 T 导通，电容 C 通过 R_2 和 T 放电，u_o 下降。当 u_C 下降略低于 $1/3U_{CC}$ 时，比较器 C_2 的输出为"0"，将触发器置"1"，u_C 又由 "0"变为"1"。由于 $Q=0$，放电管 T 截止，U_{CC} 又经 R_1 和 R_2 对电容 C 充电。如此重复上述过程，u_o 为连续的矩形波，如图 17.31 所示。

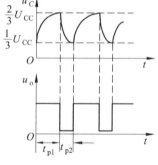

图 17.31 波形图

第一个暂稳状态的脉冲宽度 t_{p1}，即 u_C 从 $1/3U_{CC}$ 充电上升到 $2/3U_{CC}$ 所需的时间为

$$t_{p1} \approx (R_1 + R_2)C\ln 2 = 0.7(R_1 + R_2)C \qquad (17.5.2)$$

第二个暂稳状态的脉冲宽度 t_{p2}，即 u_C 从 $2/3U_{CC}$ 放电下降到 $1/3U_{CC}$ 所需的时间为

$$t_{p2} \approx R_2 C\ln 2 = 0.7R_2 C \qquad (17.5.3)$$

振荡周期 $\qquad T = t_{p1} + t_{p2} \approx 0.7(R_1 + 2R_2)C \qquad (17.5.4)$

振荡频率 $\qquad f = 1/T = 1.43/(R_1 + 2R_2) \qquad (17.5.5)$

由 555 定时器组成的振荡器，最高工作频率可达 300 kHz。

输出波形的占空比可调的多谐振荡器如图 17.32 所示。图中用 D_1 和 D_2 两只二级管将电容 C 的充放电电路分开，并接一电位器 R_p。

充电电路

$$U_{CC} \to R_1' \to D_1 \to C \to \text{"地"}$$

放电电路

$$C \to D_2 \to R_2' \to T \to \text{"地"}$$

充电和放电的时间分别为

$$t_{p1} \approx 0.7R_1'C , \quad t_{p1} \approx 0.7R_2'C$$

占空比为

$$D = t_{p1}/(t_{p1}+t_{p2}) = R_1'/(R_1'+R_2')$$

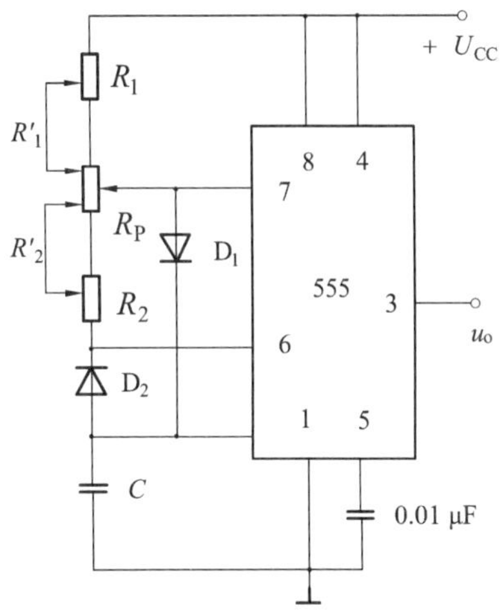

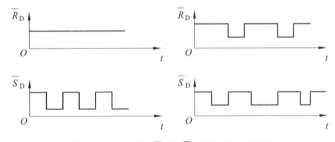

图 17.32　占空比可调的多谐振荡器

思考与练习

（1）什么是单稳态触发器？

（2）单稳态触发器对波形为什么有整形的功能？

练习题

1. 加载到由 RS 触发器上的信号如图 17.33 所示，试画出 Q 及 $\bar{Q}$ 端的波形。

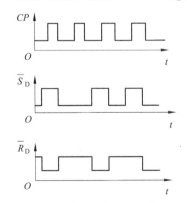

图 17.33　加于 $\bar{R}_D$ 及 $\bar{S}_D$ 端的输入波形

2. 如图 17.34 所示为时钟 RS 触发器输入波形，试画出 Q 及 $\bar{Q}$ 端的波形。

图 17.34　时钟 RS 触发器的输入波形

3. 试画出图 17.8 所示电路中，主从型 JK 触发器的输出波形。（设初态为 0。）

4. 画出图 17.35 所示电路在图示输入信号的作用下 Q_1 及 Q_2 的波形。

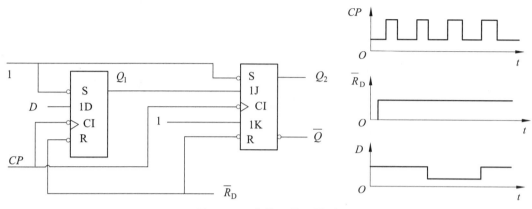

图 17.35　电路及输入波形

5. 已知时钟脉冲 CP 的波形如图 17.36 所示，试分别画出图 17.36 中各触发器输出端 Q 的波形。

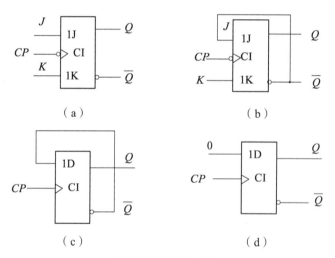

图 17.36　题 5 图

6. 在图 17.37 中试画出 Q_1 和 Q_2 端的波形，时钟脉冲的波形如图 17.35 所示。如果时钟脉冲的频率是 2 000 Hz，则 Q_1 和 Q_2 端输出波形的频率为多少？（设初始状态 $Q_1 = Q_2 = 0$。）

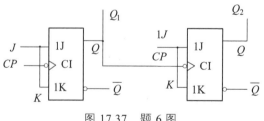

图 17.37　题 6 图

7. 试画出图 17.38 中所示主从型 JK 触发器的输出 Q_A 和 Q_B 的波形。（设初态 = 0。）

8. 试用 3 个 D 触发器构成三位移位寄存器。

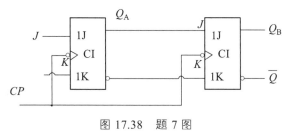

图 17.38　题 7 图

9. 分析图 17.39 所示电路寄存器寄存数码的原理和过程，说明它是数码寄存器还是移位寄存器。

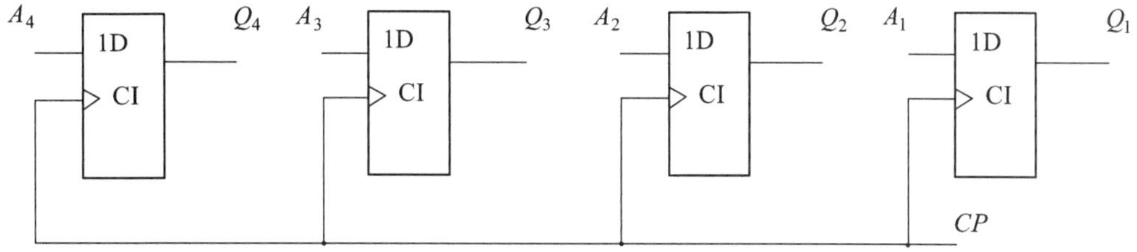

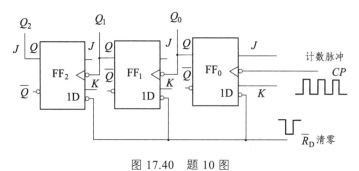

图 17.39　题 9 图

10. 图 17.40 所示为主从 JK 触发器构成的三位二进制加法器，试分析其工作过程。

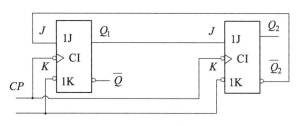

图 17.40　题 10 图

11. 图 17.41 所示是由 2 个 JK 触发器构成的时序逻辑电路，设开始时 $Q_1 = 0$、$Q_2 = 0$。（1）写出两个触发器翻转的条件，画出 Q_1 和 Q_2 的波形图。（2）说明它是几进制计数器，是同步计数器还是异步计数器。

图 17.41　题 11 图

12. 图 17.42 所示是两个异步二进制计数器，试分析哪个是加法计数器，哪个是减法计数器，并分析它们的级间连接方式有何不同。

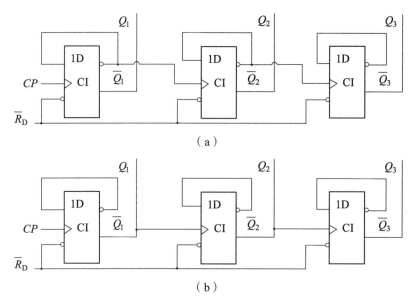

（a）

（b）

图 17.42　题 12 图

13. 使用 74LS290 型（其电路如图 17.22 所示）计数器构成十六进制计数器。

14. 图 17.43 所示为自动控制灯电路，当用手触摸金属片 J 时，小电珠亮 10 s，试说明其工作过程。

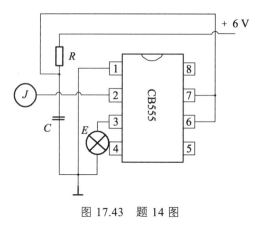

图 17.43　题 14 图

第 18 章　模拟量与数字量的转换

　　模拟量是随时间连续变化的量，绝大多数非电量（如温度、压力、速度、位移等）都是连续变化的模拟量。它们可以通过相应的传感器变换为连续变化的模拟量——电压或电流，如传感器输出的 4~20 mA 电流或 1~5 V 的电压。而数字量是不连续变化的量，表现为 0（低电平）和 1（高电平）两种状态。在实际的应用中，特别是在计算机控制中，在其接口电路上经常要进行模拟量和数字量的转换，即：输入计算机的是数字量，从计算机输出到控制现场的是模拟量。这就要求进行模拟量和数字量的转换。

　　能将数字量转换为模拟量的装置称为数-模转换器，简称 D/A 转换器或 DAC；能将模拟量转换为数字量的装置称为模-数转换器，简称 A/D 转换器或 ADC。

　　学习要求：（1）掌握 DAC 和 ADC 的定义及应用；（2）了解 DAC 的组成、R-2R 网络型 D/A 转换器、转换技术指标；（3）了解 ADC 组成、逐次逼近型 A/D 转换器、转换技术指标。

18.1　数模转换和模数转换简介

18.1.1　模拟量、数字量以及二者的相互转换

　　连续变化的物理量称为模拟（Analog，A）量。如电流强度、温度、压力、生物的生长过程等，模拟量是可以连续取值的。

　　有规律但不连续的变化量称为数字（Digital，D）量，也称为离散量。数字量是不能连续取值的，日常生活中只有"个数"属于数字量。A/D 转换器（Analog to Digital Converter，ADC）是模拟-数字转换器；而 D/A 转换器（Digital to Analog Converter，DAC）则相反。

　　要用数字系统处理模拟量，就需要将模拟量转换为数字量。另一方面，实际中往往需用被数字系统处理过的量去控制连续动作的执行机构，如电机转速的连续调节等，所以又需要将数字量转换为模拟量。图 18.1 所示是一个数字控制系统框图，图中被控制对象可以是温度、压力、速度、位移、图像的亮度等。这些连续变化的模拟量通过各种传感器变成电压、电流或频率等电量，经 A/D 转换变成数字信号，送到数字系统进行加工处理，处理后的数字信息再经 D/A 转换变成电的模拟量，送到执行结构，对被控对象进行控制。

　　如正在流行的 MP3 播放器，就是通过 D/A 转换将数字

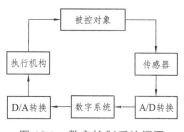

图 18.1　数字控制系统框图

信号还原成优美动听的音乐模拟信号的，而那些数字信号是由原声模拟信号经过 A/D 转换得到的。

18.1.2　D/A 转换的基本原理

要将模拟量 A 转换为数字量 D，需要一个模拟参考量，使得

$$A = DR \qquad\qquad （18.1.1）$$

$$\max\{A\} = R$$

$$0 \leqslant D \leqslant 1$$

即数字量 D 是一个不大于 1 的 n 进制数。这里的 D 是二进制数

$$D = a_1 2^{-1} + a_2 2^{-2} + \cdots + a_n 2^{-n}, \qquad a_n \in (0, 1) \qquad （18.1.2）$$

实际中通常用一个参考电压 U_{DEF} 作模拟参考量。图 18.2 所示是将 D/A 转换器比作数字式电位器，其中 U_{REF} 是电位器的输入电压，A 是输出电压，而 D 则是电位器的分压系数，电位器滑动的位置由 D 决定。

图 18.3 所示是 D/A 转换器的转换特性，输入是离散的二进制数，输出是模拟量（如电压）。

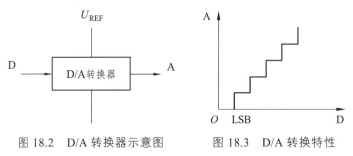

图 18.2　D/A 转换器示意图　　图 18.3　D/A 转换特性

注意：A 虽是模拟量，但并不能取任意值，而只能根据输入量 D 得到某些特定值。

将式（18.1.2）代入式（18.1.1）并稍做变换

$$A = DR = (a_1 2^{n-1} + a_2^{n-1} + \cdots a_n 2^0)R / 2^n$$

再变换系数

$$A = DR = (D_{n-1} 2^{n-1} + D_{n-2} 2^{n-1} + \cdots D_n 2^0)R / 2^n \qquad （18.1.3）$$

式（18.1.3）是一个二进制整数乘以一个基本单位，这个基本单位称为量化单位，A 为量化单位的整数倍。由图 18.3 可以看出，量化单位就是输入量 D 的一个最低有效位（Least Significant Bit，LSB）所对应的模拟量。

18.1.3　A/D 转换的基本原理

A/D 转换的过程与 D/A 转换刚好相反，实际上是一个将模拟信号变换为数字信号的编码过程。类同于 D/A 转换，若模拟参考量为 R，则输出数字量 D 和输入模拟量 A 之间的关系为

$$D \approx A / R \qquad\qquad (18.1.4)$$

图 18.4（a）所示是 A/D 转换示意图。

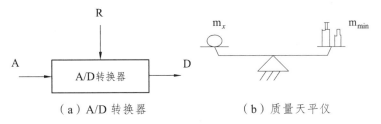

（a）A/D 转换器　　　　　（b）质量天平仪

图 18.4　A/D 转换器与质量天平仪

图 18.4（b）所示形象地用天平测量质量说明了 A/D 转换的过程。图中左托盘中的物体 m_x 为模拟量 A，为使天平平衡，右托盘中放上适当的砝码组合。质量最小的砝码 m_{min} 为基准量 R，砝码组合质量的总和代表了数字量 D。稍做分析可实现，数字量 D 永远不能精确地表示被测物体的质量，而只能以一个最小砝码的精度逼近。例如 m_x 的真值为 244.2 g，$m_{min} = 1\,g$，则除了放上大砝码（即 2 个 100 g 和 4 个 10 g）以外，只能放上 4 个最小砝码，误差为 – 0.2 g。再如为 243.7 g 时也只放 4 个，误差为 0.3 g。这个例子也解释了式（18.1.4）中的约等号。

m_{min} 称为量化单位，无论 m_{min} 多小，总不能是无穷小，由 m_{min} 不能是无穷小而带来的误差称为量化误差。必须指出，量化误差是不能消除的。但这并不意味着由于采用了 A/D 转换器而使整个系统处理数据的精度降低。A/D 转换得出的数字量可以提供较模拟量更多的有效数字，使得数据处理的总体精度大为提高，这也是数字系统的优势之一。

图 18.5 所示表示了 A/D 转换关系曲线，图中 D 的最低有效位 LSB 即为量化误差。

在转换过程中，一般要求输入信号不能发生变化，不然会增加转换误差，需要反复比较的转换方式更是如此。通常的解决方法是在 A/D 转换电路前设计取样-保持（S/H）电路，使输入 A/D 转换器的信号在一次转换时间内保持不变。但在工作频率较低、转换速率相对较快的情况下，取样-保持电路可以省去。

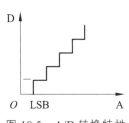

图 18.5　A/D 转换特性

思考与练习

（1）什么是模拟量和数字量？

（2）试用天平称重原理说明 A/D 转换的过程。

18.2 数模（D/A）转换器

18.2.1 R-2R 网络型 D/A 转换器

数-模转换器有很多种，在此只介绍目前用得较多的 R-2R 网络型 D/A 转换器（也称倒梯形电阻网络数-模转换器），其转换电路如图 18.6 所示。电路由 R 和 $2R$ 两种阻值的电阻、电子模拟开关 $S_0 \sim S_3$ 和运算放大器组成。运算放大器接成反向比例运算电路，其输出为模拟电压 U_o；$d_0 \sim d_3$ 是输入数字量，是数码寄存器存放的四位二进制数，各位的数码分别控制相应位的模拟开关，当二进制数码为 1 时，开关接到运算放大器的反相输入端；二进制数码为 0 时接"地"。

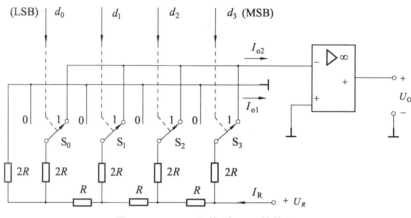

图 18.6　R-2R 网络型 D/A 转换器

考虑到运算放大器的虚地特性，无论输入数字量 d_i 为何值，即无论 $2R$ 电阻接 1 还是接 0，对于 R-$2R$ 电阻网络来说，各 $2R$ 电阻的下端都相当于接地，所以从每个电阻 R 向左看过去对地电阻都为 $2R$。因此在网络中的电流分配应该是由基准电源 U_R 流出的总电流 I_R 向左每流过一个电阻 $2R$ 就被分流一半，这样流过 n 个 $2R$ 电阻的电流分别是 $I_R/2$，$I_R/4$，$\cdots$，$I_R/2^n$。第 i 个电流是流向地或是流向运算放大器，由输入数字量 d_i 所控制的电子开关 S_i 确定。流向运算放大器的总电流为

$$i = \frac{U_R}{2^n} \sum_{i=0}^{n-1} d_i 2^i, \ \ d_i \in (0,\ 1) \tag{18.2.1}$$

又因为从基准电流 U_R 向左看的对地电阻为 R，所以从基准电源流出的电流为

$$I_R = U_R / R$$

代入公式（18.2.1），得到

$$i = \frac{U_R}{2^n R} \sum_{i=0}^{n-1} d_i 2^i, \ \ d_i \in (0,\ 1) \tag{18.2.2}$$

运算放大器输出电压为

$$u_o = -iR_f = -\frac{U_R R_f}{2^n R} \sum_{i=0}^{n-1} d_i 2^i \, , \, d_i \in (0, 1) \tag{18.2.3}$$

当 $R_f = R$ 时，运算放大器输出电压为

$$u_o = -iR_f = -\frac{U_R}{2^n} \sum_{i=0}^{n-1} d_i 2^i \, , \, d_i \in (0, 1) \tag{18.2.4}$$

18.2.2　D/A 转换器的主要技术指标

（1）分辨力与分辨率：分辨力是指 D/A 转换器输出模拟量最小值的能力。由式（18.1.3）可知，分辨力为 $R/2^n$，也就是最低有效位 LSB 所对应的模拟量，记作 R_{LSB}。

分辨率通常指 D/A 转换器输入数字的二进制位数。显然，位数越多，D/A 转换器所能输出的最小模拟量值也就越小，因此分辨力与分辨率是统一的。有时对二者不加区分，泛指 D/A 转换器的位数。为方便起见，也用其他进制数（主要是十进制）表示分辨率，如三位十进制数等。

（2）满量程：满量程即 D/A 转换器可输出模拟量的最大值。当式（18.1.3）中 D 的所有位均为 1 时，A 取最大值

$$A_{max} = R_{LSB}(2^n - 1) \tag{18.2.5}$$

一般情况下，D/A 转换器中的模拟量输出都以电压形式出现，参考量也多为电压，因而式（18.2.5）变为

$$u_{max} = U_{LSB}(2^n - 1) \tag{18.2.6}$$

通常用 $U_{LSB}2^n$ 即分辨力的 2^n 倍指代满量程，称为标称满量程。如八位二进制 D/A 转换器，满量程为（$2^8 - 1$），即（1111 1111），通常用 $2^8 U_{LSB}$ 即（1 0000 0000）U_{LSB} 指代满量程。又如三位十进制 D/A 转换器，满量程为 999，通常用 1 000 指代满量程。

（3）非线性误差：D/A 转换器的理想特性是任何两个相邻数码所对应的输出模拟量之差都相同，这个差值就是一个 LSB，即理想转换特性应该是线性的。而在满量程范围内偏离理想转换特性的最大值称为非线性误差。一般要求非线性误差不大于 0.5 LSB。

（4）建立时间：指从输入数字信号稳定到输出模拟信号稳定所需要的时间。建立时间决定了 D/A 转换器输出信号所能达到的最高重复频率。

（5）温度系数：在规定范围内，温度变化时，增益、线性度、零点及偏移等参数的变化量分别称为增益温度系数、线性度温度系数、零点温度系数、偏移温度系数。温度系数直接影响着转换精度，一般 D/A 转换器的温度系数约在 $\pm 50 \times 10^{-6}$/℃ 范围内，高精度 D/A 转换器约在 $\pm 1.5 \times 10^{-6}$/℃ 范围内。

思考与练习

（1）在图 18.6 中为什么 $I_R = U_R / R$？

（2）在 D/A 转换器中，输入数字的二进制位数越多则 D/A 转换器的分辨率越高。这种提法是否正确？

18.3　模数（A/D）转换器

18.3.1　A/D 转换器

模-数转换器也有很多种，在此只介绍目前用得较多的逐次比较型模-数转换器。在图 18.4（b）中，假如用 6 g，4 g，2 g，1 g 的砝码去称为 11 g 的 m_x，第一次放上 6 g 的砝码若其值 < 11 g，保留 6 g 砝码，再放上 4 g 砝码；若其值 < 11 g，保留 4 g 砝码，再放上 2 g 砝码；若其值 > 11 g，放弃 2 g 砝码，再放上 1 g 砝码；若其值 = 11g，保留。如此放上的砝码分别为 6 g，4 g，1 g。

类似的，在逐次比较型 A/D 转换器中，电路首先由逐次比较寄存器给出的最大电压砝码。如 $n = 4$ 时，先给出 1000，由 D/A 转换器转换为模拟电压，与输入电压 u_x 进行比较。若 u_x 较大，则再加上数字码 100，即给 D/A 转换器加上 1100；若 u_x 较小，则去掉 1000，换上 0100；如此循环，最终逼近 u_x。如此往复，就构成了逐次比较型 A/D 转换器。由于每次比较都以低一位的精度逼近输入模拟电压值，所以逐次比较型转换器又称为逐位逼近型 A/D 转换器。逐位逼近型模-数转换器一般由顺序脉冲发生器、逐次逼近寄存器、数-模转换器和电压比较器等几部分组成。

四位逐位逼近型 A/D 转换器的原理图如图 18.7 所示。现结合原理图说明四位逐位逼近型 A/D 转换器的工作原理。

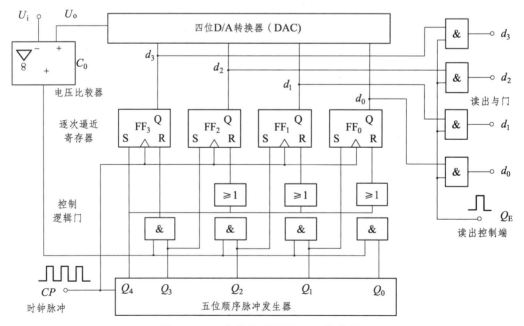

图 18.7　四位逐位逼近型 A/D 转换器

1. 电路的组成

（1）逐次逼近寄存器是由 4 个 RS 触发器 FF_3、FF_2、FF_1、FF_0 组成，其输出是四位二进制数 $d_3d_2d_1d_0$。

（2）顺序脉冲发生器是由 5 个 D 触发器 $D\text{-}FF_1 \sim D\text{-}FF_5$ 连续模数为 5 的环型计数器组成。将计数器中第 1 位 $D\text{-}FF_1$ 先 1 后，则 1 按 $D\text{-}FF_1 \rightarrow D\text{-}FF_2 \rightarrow D\text{-}FF_3 \rightarrow D\text{-}FF_4 \rightarrow D\text{-}FF_5$ 在时钟 CP 的控制下循环输出 1。3 个主从 RS 触发器用来寄存数字码，触发器 $D\text{-}FF_1$ 用来寄存二进制数的最低位（LSB）码，触发器 $D\text{-}FF_3$ 用来寄存二进制数的最高位（MSB）码。

Q_4 端接 FF_3 的 S 端及 3 个"或"门的输入端；Q_3、Q_2、Q_1、Q_0 分别接 4 个控制"与"门的输入端，其中 Q_3、Q_2、Q_1 还分别接 FF_2、FF_1、FF_0 的 S 端。

（3）数-模转换器的输入来自逐次逼近寄存器，D/A 转换器将这个输入数字量转换为相应的模拟电压 U_o，送到电压比较器的同相输入端。

（4）电压比较器用于比较输入电压 U_i（加在反向输入端）与 U_o 的大小以确定输出端电位的高低：若 $U_i < U_o$ 则输出端为"1"；若 $U_i \geqslant U_o$ 则输出端为"0"。它的输出端接到 4 个控制"与"门的输入端。

（5）图 18.7 中有 4 个"与"门和 3 个"或"门，用来控制逐次逼近寄存器的输出，这种门是电路的控制逻辑门。

（6）当读出控制端 $E = 0$ 时，4 个"与"门封闭；当 $E = 1$ 时，把它们打开，输出 $d_3d_2d_1d_0$，即为转换后的二进制数。这是电路的读出"与"门。

2. 工作原理

转换周期是从 Q_0，Q_1，Q_2，Q_3，Q_4 均等于 0 的情况下开始的，即 $Q_4Q_3Q_2Q_1Q_0 = 0000$。此时 $d_3d_2d_1d_0 = 0000$。当第一个时钟脉冲 CP 的上升沿来到时，$Q_4Q_3Q_2Q_1Q_0 = 1000$。使逐次逼近寄存器的输出 $d_3d_2d_1d_0 = 1000$，加载到数-模转换器（DAC）上。在它的输出即可得到相应的模拟电压 U_o。比较器 C_0 的取值为：如果 $U_i \geqslant U_o$，$C_0 = 0$；如果 $U_i < U_o$，$C_0 = 1$。当 $C_0 = 0$ 时，在下一个时钟 CP 时间内 $Q_4Q_3Q_2Q_1Q_0 = 0100$；如果 $C_0 = 0$，d_3 仍然保持为 1，此时 $d_3d_2d_1d_0 = 1100$，加载到数-模转换器（DAC）上。在它的输出即可得到更新的模拟电压 U_o。比较器 C_0 的取值为：如果 $U_i \geqslant U_o$，$C_0 = 0$；如果 $U_i < U_o$，$C_0 = 1$。所以在第二个 CP 期间内，MSB 保留为 1 还是变为逻辑 0 取决于 U_i 与 U_o 的比较结果。接下去两个时钟 CP 重复上面的过程，得到后面的 3 位码。当 $Q_E = 1$ 时，打开输出门，从 $d_3d_2d_1d_0$ 读出经逐次比较后的二进制码。

显然，在把模拟量输入转换为数字量输出期间，输入模拟量应该保持不变，应设有取样-保持电路。同时取样应与转换同步工作。$Q_E = 1$ 时，读出数字量同时进行取样。从 $Q_4 = 1$ 到 $Q_0 = 1$ 期间内保持取样信号不变，实现同步。

在转换器工作时，触发器不断地转换，DAC 开关不断接通与断开。比较器输出电平 C_0 从一个电平转移到另一个电平。所有这些都将产生时间延迟，这些参数对转换精度有一定的影响。而转换精度主要取决于 DAC 的精度。

在图 18.7 所示电路中，采用有舍有入量化方法，在 DAC 输出端可以加入一个固定的反相电压，使量化误差减小。如在这个四位 DAC 中，转换范围是从 0000 到 1111，假设它代表的电压范围为 0 ~ 7 V，LSB 码代表 1 V，所以需要补加电压 – 0.5 V，这样一来，在数字输入为 0000 时，模拟输出电压 $u_o = (0 - 0.5)\ \text{V} = -0.5\ \text{V}$。在整个测量范围内最大量化误差不会超过 0.5 V，最大模拟输入电压可达到 7.5 V。

【例 18.1】 如果基准电压 $U_R = -12\ \text{V}$，输入模拟电压为 7.6 V。依据图 18.7 分析其转换过程。

转换开始前，先将 FF_3、FF_2、FF_1、FF_0 清零，并置顺序脉冲 $Q_4Q_3Q_2Q_1Q_0 = 10000$ 状态。

当第一个时钟脉冲 CP 的上升沿来时，使逐次逼近寄存器的输出 $d_3d_2d_1d_0 = 1000$，加载到 DAC 转换器上。由式（18.2.4）可知，此时的 DAC 的输出电压为

$$U_o = -\frac{U_R}{2^4}d_3 \cdot 2^3 = (12/16) \times 8 = 6\ \text{V}$$

因 $U_o < U_i$，故比较器 C_0 的输出为 0。同时，顺序脉冲右移一位，变为 $Q_4Q_3Q_2Q_1Q_0 = 01000$ 状态。

当第二个时钟脉冲 CP 的上升沿来时，使 $d_3d_2d_1d_0 = 1100$。此时的 DAC 的输出电压为

$$U_o = -\frac{U_R}{2^4}(d_3 \cdot 2^3 + d_2 \cdot 2^2) = (12/16) \times 12 = 9\ \text{V}$$

因 $U_o > U_i$，比较器 C_0 的输出为 1。同时，顺序脉冲右移一位，变为 $Q_4Q_3Q_2Q_1Q_0 = 00100$ 状态。

当第三个时钟脉冲 CP 的上升沿到来时，使 $d_3d_2d_1d_0 = 1010$。此时 $U_o = (12/16) \times 10 = 7.56\ \text{V}$，$U_o < U_i$，比较器的输出为 "0"。同时，$Q_4Q_3Q_2Q_1Q_0 = 00010$。

当第四个时钟脉冲 CP 的上升沿到来时，使 $d_3d_2d_1d_0 = 1011$。此时 $U_o = 8.25\ \text{V}$，$U_o > U_i$，比较器 C_0 的输出为 1。同时，$Q_4Q_3Q_2Q_1Q_0 = 00001$。

当第五个时钟脉冲 CP 的上升沿到来时，$d_3d_2d_1d_0 = 1010$。此即为转换结果。此时，若在 Q_E 端输入一个正脉冲，即 $Q_E = 1$，则将 4 个读出的 "与" 门打开，$d_3d_2d_1d_0$ 得以输出。同时 $Q_4Q_3Q_2Q_1Q_0 = 10000$，返回原始状态。

转换误差为 0.1 V。误差决定于转换器的位数，位数越多，误差越小。

18.3.2 A/D 转换器的主要技术指标

（1）分辨力与分辨率：分辨力是 A/D 转换器分辨最小模拟量的能力，是二进制数的一个码距，即一个 LSB。

分辨率通常指 A/D 转换器的二进制位数。同 D/A 转换器一样，分辨力与分辨率有时不加区分。二进制位数越多，A/D 转换器分辨最小模拟量的能力也就越强。为方便起见，也用其他进制数（主要是十进制数）表示分辨率，如四位十进制数等。有时十进制数的最高位不能到 9，常用分数表示，分子表示可达到的最大值，分母表示标称值。如某 A/D 转换器最大可表示为 19 999，称为 $4\frac{1}{2}$ 位。又如最大可表示为 3 999，称为 $3\frac{1}{2}$ 位。

（2）量化误差：量化误差通常是指 1 个 LSB 的输出变化对应模拟量的范围。如前所述，这是一个不可消除的误差。

（3）转换精度：转换器的转换精度不仅仅取决于量化误差，而是由多种因素决定的。转换器的转换精度一般表示为

$$\gamma \pm n\text{LSB}$$

其中，γ 为满量程相对误差；nLSB 是量化带来的误差。如某 A/D 转化器的精度为 ($\pm 0.5\% \pm$ 1)LSB，± 1LSB 称为一个字误差，通常即为量化误差。为方便起见，有时也用十进制数表示精度，($\pm 0.1\% \pm 0.002\%$) mV。

（4）线性误差：指由 LSB 量化误差带来的阶梯误差。

（5）转换时间：完成一次转换所用的时间。

（6）转换速率：每秒转换的次数。值得注意的是，转换速率与转换时间不一定是倒数关系。两次转换过程允许有部分时间的重叠，因此转换速率大于转换时间的倒数，这称为管线（Pipelining）工作方式。这种工作方式对于提高 A/D 转换器的转换速率是非常有效的。

思考与练习

（1）四位逐位逼近型 A/D 转换器中逐位逼近的含义是什么？

（2）A/D 转换器的转换精度是否与转换位数有关？

练 习 题

1. 在图 18.6 中，当 $d_3 d_2 d_1 d_0 = 1101$ 时，试计算输出电压 U_o。设 $U_R = 8$ V，$R_f = R$。

2. 在图 18.6 中，设 $U_R = 10$ V，$R_f = R = 10$ kΩ，当 $d_3 d_2 d_1 d_0 = 1001$ 时，试求此时的 I_R、U_o 以及支路电流 I_3、I_1。

3. 在图 18.7 中，设 $U_R = 10$ V，$U_i = 6.2$ V，试说明逐次比较的过程和转换的结果。

附表 1　常用半导体二极管参数

参　数		最大整流电流 I_{OM}/mA	最大整流电流时的正向压降 U_F/V	反向工作峰值电压 U_{RWM}/V
型 号	2AP1	16		20
	2AP2	16		30
	2AP3	25		30
	2AP4	16	≤1.2	50
	2AP5	16		75
	2AP6	12		100
	2AP7	12		100
	2CP10			25
	2CP11			50
	2CP12			100
	2CP13			150
	2CP14			200
	2CP15	100	≤1.5	250
	2CP16			300
	2CP17			350
	2CP18			400
	2CP19			500
	2CP20			600
	2CZ11A			100
	2CZ11B			200
	2CZ11C			300
	2CZ11D	1 000	≤1	400
	2CZ11E			500
	2CZ11F			600
	2CZ11G			700
	2CZ12A			50
	2CZ12B			100
	2CZ12C			200
	2CZ12D	3 000	≤0.8	300
	2CZ12E			400
	2CZ12F			500
	2CZ12G			600

附表 2   常用稳压管参数

参　数	稳定电压 U_z /V	稳定电流 I_z /mA	耗散功率 P_z /mW	最大稳定电流 I_{ZM} /mA	动态电阻 r_z /Ω
测试条件	工作电流等于稳定电流	工作电压等于稳定电压	−60～+50 ℃	−60～+50 ℃	工作电流等于稳定电流
型号　2CW11	3.2～4.5	10	250	55	≤70
2CW12	4～5.5	10	250	45	≤50
2CW13	5～6.5	10	250	38	≤30
2CW14	6～7.5	10	250	33	≤15
2CW15	7～8.5	5	250	29	≤15
2CW16	8～9.5	5	250	26	≤20
2CW17	9～10.5	5	250	23	≤25
2CW18	10～12	5	250	20	≤30
2CW19	11.5～14	5	250	18	≤40
2CW20	13.5～17	5	250	15	≤50
2DW7A	5.8～6.6	10	200	30	≤25
2DW7B	5.8～6.6	10	200	30	≤15
2DW7C	6.1～6.5	10	200	30	≤10

参考文献

[1] 秦曾煌. 电工学[M]. 7 版. 北京：高等教育出版社，2009.

[2] 姚海彬. 电工技术[M]. 北京：高等教育出版社，1999.

[3] NILSSON J W, RIEDEL S. 周玉坤，冼立勤，李莉，宿淑春等译. 电路[M]. 10 版. 北京：电子工业出版社，2015.

[4] 唐介. 电工学[M]. 北京：高等教育出版社，2004.

[5] 邱关源. 电路（第五版）[M]. 5 版. 罗先觉 修订. 北京：高等教育出版社，2011.

[6] 李瀚荪. 电路分析（上册）[M]. 4 版. 北京：高等教育出版社，2006.

[7] 王艳丹. 电工技术与电子技术实验指导[M]. 2 版. 北京：清华大学出版社，2012.

[8] 王楚等. 电磁学[M]. 北京：北京大学出版社，2000.

[9] 吴晓君，杨向明. 电气控制与可编程控制器应用[M]. 北京：中国建材工业出版社，2004.

[10] 孙路生. 电工学基本教程[M]. 北京：高等教育出版社，1994.

[11] 王成忠，杨德成，李桂兰. 电工技术[M]. 重庆：重庆大学出版社，1994.

[12] 刘柏青. 电力系统及电气设备概论[M]. 武汉：武汉大学出版社，2005.

[13] 孙成群. 供配电注册电器工程师工作图表手册[M]. 北京：中国水利水电出版社，2005.

[14] 陈怡，蒋平，万秋兰. 高山电力系统分析[M]. 北京：中国电力出版社，2005.

[15] 严克宁. 电力工程[M]. 北京：中国电力出版社，2005.

[16] 方承远. 工厂电气控制技术[M]. 北京：机械工业出版社，2004.

[17] 倪远平. 现代低压电器及其控制技术[M]. 重庆：重庆大学出版社，2003.

[18] 商国才. 电力系统自动化[M]. 天津：天津大学出版社，1999.

[19] 史仪凯. 电子技术[M]. 北京：科学出版社，2004.

[20] 林育兹. 电工电子学[M]. 北京：电子工业出版社，2005.

[21] 李中发. 电工技术学习指导与习题解答[M]. 北京：中国水利水电出版社，2005.

[22] 韩朝. 电工学电子技术全程辅导[M]. 北京：北京理工大学出版社，2005.

[23] 樊利民，罗昭智，朱宁西，丘晓华. 电工电子技术习题解[M]. 广州：华南理工大学出版社，2006.

[24] 华成英，童诗白. 模拟电子技术[M]. 北京：高等教育出版社，2006.

[25] 付家才. 电工电子学习指导[M]. 北京：化学工业出版社，2003.

[26] 刘全忠. 电子技术[M]. 北京：高等教育出版社，1999.

[27] 秦曾煌. 电工学简明教程[M]. 3 版. 北京：高等教育出版社，2015.

[28] 叶挺秀，张佰尧. 电子电工学[M]. 北京：高等教育出版社，2004.

[29] 邱关源. 电路 [M]. 2 版. 北京：高等教育出版社，2006.

[30] 康巨珍，慷晓明. 电路原理[M]. 北京：国防工业出版社，2006.

[31] 孙玉坤，陈晓平. 电路原理[M]. 北京：机械工业出版社，2006.

[32] 江缉光，刘秀成. 电路原理[M]. 北京：清华大学出版社，2007.

[33] 董维杰，白凤仙. 电路分析[M]. 北京：科学出版社，2007.

[34] 詹跃东. 电机及拖动基础[M]. 重庆：重庆大学出版社，2002.

[35] 李发海，王岩. 电机与拖动基础[M]. 4 版. 北京：清华大学出版社，2012

[36] 姜三勇. 电工学学习辅导与习题解答（上册）[M]. 7. 北京：高等教育出版社，2011.

[37] 王英. 电工技术基础（电工学 1）[M]. 2 版. 北京：机械工业出版社，2016.

[38] 常玲，郭莉莉，马丽娜. 电工技术基础[M]. 北京：清华大学出版社，2014.

[39] 徐淑华. 电工电子技术[M]. 4 版. 北京：电子工业出版社，2017.

[40] 王桂琴，王幼林. 电工电子技术[M]. 2 版. 北京：机械工业出版社，2017.

[41] 宋玉阶. 电工与电子技术[M]. 武汉：华中科技大学出版，2012.

[42] 李海. 电工电子技术[M]. 2 版. 南京：东南大学出版社，2013.

[43] 赵卫国. 电工技术基础实践与应用 [M]. 北京：北京理工大学出版社，2017.

[44] 赵宗友. 电工电子技术级应用[M]. 北京：北京理工大学出版社，2016.

[45] 吴建国. 电工与电子技术学习指南[M]. 武汉：华中科技大学出版社，2012.

[46] 贾建平. 电工电子技术[M]. 武汉：华中科技大学出版社，2014.

[47] 韩东宁. 电工技术基础[M]. 北京：北京邮电大学出版社，2014.

[48] 启新. 电机与拖动基础 [M]. 北京：中国电力出版，2012.

[49] 卢明等. 电工电子技术基础 [M]. 重庆：重庆大学出版社，2015.

[50] 程珍珍. 电工电子技术及应用[M]. 北京：北京理工大学出版社，2015.

[51] 刘翠玲. 电机与拖动[M]. 北京：北京理工大学出版社，2016.

[52] 赵连友，王德军. 电机与拖动[M]. 北京：电子工业出版社，2017.

[53] 唐介，刘娆. 电机与拖动[M]. 3 版. 北京：高等教育出版社，2014.

[54] 汤天浩，谢卫. 电机与拖动[M]. 3 版. 北京：机械工业出版社，2017.

[55] 试汤蕴璆. 电机学[M]. 5 版. 北京：机械工业出版社，2015.

[56] 孙旭东，王善铭. 电机学[M]. 北京：清华大学出版社，2006.

[57] 林瑞光. 电机与拖动基础[M]. 浙江：浙江大学出版社，2002.

[58] 李明. 电机与电力拖动[M]. 北京：电子工业出版社，2004.

[59] 邱阿瑞. 电机与电力拖动[M]. 北京：电子工业出版社，2002.

[60] 张广溢，郭前岗. 电机学[M]. 2 版. 重庆：重庆大学出版社，2006.

[61] 许建国. 电机与电力拖动[M]. 北京：高等教育出版社，2004.

[62] 陈振源. 电子技术基础[M]. 北京：高等教育出版社，2001.

[63] 李言武. 可编程控制技术 [M]. 北京：北京邮电大学出版社，2011.

[64] 汤煊琳. 工厂电气控制技术 [M]. 北京：北京理工大学出版社，2009.

[65] 周斐. 电气控制与 PLC 原理[M]. 南京：南京大学出版社，2011.

[66] 杨龙麟. 电子测量技术 [M]. 3 版. 北京：人民邮电出版社，2009.

[67] 陆绮荣. 电子测量与应用 [M]. 北京：人民邮电出版社，2009.

[68] 张建霞. 电工仪表与测量 [M]. 北京：中国电力出版社，2010.

[69]　罗利文. 电气与电子测量技术[M]. 北京：电子工业出版社，2011.

[70]　姚娅川，罗毅. 模拟电子技术[M]. 北京：化学工业出版社，2010.

[71]　姚娅川，李咏红，刘永春. 模拟电子技术学习指导及习题精选[M]. 北京：北京大学出版社，2013.

[72]　阎石. 数字电子技术基础[M]. 北京：高等教育出版社，2004.

[73]　朱建堃. 电工学·电子技术·导教·导学·导考[M]. 西安：西北工业大学出版社，2001.

[74]　伍爱莲. 电工电子技术[M]. 北京：机械工业出版社，1996.

[75]　杨素行. 模拟电子技术基础简明教程[M]. 3 版. 北京：高等教育出版社，2006.

[76]　唐朝仁. 模拟电子技术基础[M]. 北京：清华大学出版社，2014.

[77]　沈任元. 模拟电子技术基础[M]. 北京：机械工业出版社，2013.

[78]　高吉祥. 模拟电子技术[M]. 4 版. 北京：电子工业出版社，2016.

[79]　杜宇人，蒋中，刘国林. 电工学（下册）[M]. 北京：科学出版社，2011.

[80]　曹才开，熊幸明. 电工电子技术[M]. 北京：机械工业出版社，2015.

[81]　李中发. 电工电子技术基础[M]. 北京：中国水利水电出版社，2003.

[82]　陈新龙，胡国庆，张玲. 电工电子技术（下）[M]. 北京：电子工业出版社，2004.

[83]　周永萱，袁芳，高鹏毅. 电工电子学[M]. 武汉：华中科技大学出版社，2003.

[84]　宋淑然，罗兴吾，洪德梅. 电工电子技术[M]. 广东：广东高等教育出版社，2002.

[85]　李守成. 电工电子技术[M]. 成都：西南交通大学出版社，2002.

[86]　孙文卿，朱承高. 电工学试题汇编[M]. 北京：北京高等教育出版社，1993.

[87]　候建军. 数字电子技术基础[M]. 北京：高等教育出版社，2003.

[88]　（美）托茨（Tocci，R.J.）等著. 数字系统原理与应用[M]. 10 版. 北京：机械工业出版社，2006.

[89]　郑慰萱. 数字电子技术基础[M]. 北京：高等教育出版社，1990.

[90]　王毓银. 数字电路与逻辑设计[M]. 3 版. 北京：高等教育出版社，2002.